名师名著　全国高等学校优秀教材奖　　国家级精品

U0622471

"十二五"普通高等教育本科国家级规划教材

教育部高等学校材料类专业教学指导委员会规划教材

石油和化工行业"十四五"规划教材

高分子化学
POLYMER CHEMISTRY

第六版

潘祖仁　主编　　李伯耿　副主编

新形态教材
本书配有数字资源与在线增值服务

认准正版

易读书坊

1. 扫描左边二维码并关注
"易读书坊"公众号
2. 刮开正版授权码涂层，
点击资源，扫码认证

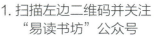
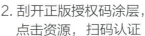

I676734

刮开涂层
扫码认证

化学工业出版社
·北京·

内容简介

《高分子化学》教材自 1986 年初版以来，已多次重印和再版，本书为第六版。

全书共分 9 章，分别是绪论、缩聚和逐步聚合、自由基聚合、自由基共聚合、离子聚合、配位聚合、开环聚合、聚合物化学改性与反应性聚合物、聚合物的老化与降解。绪论简要介绍了聚合物的结构、性能、分类和命名、聚合反应的主要特点；其后 6 章详细介绍了各机理或类型的聚合反应；再分章介绍了聚合物如何通过化学反应获得新的结构和性能，以及因化学反应而出现的老化、降解现象与再资源化的途径。各章末均附有习题。

本书可作为高等院校材料、化工和化学专业本科生的专业必修课或选修课教材，也可供相关专业研究生及高分子领域科技工作者参考。

图书在版编目（CIP）数据

高分子化学 / 潘祖仁主编；李伯耿副主编.

6 版. -- 北京：化学工业出版社，2024. 8. --（"十二五"普通高等教育本科国家级规划教材）（教育部高等学校材料类专业教学指导委员会规划教材）（石油和化工行业"十四五"规划教材）. -- ISBN 978-7-122-46549-8

Ⅰ. O63

中国国家版本馆 CIP 数据核字第 2024CX0926 号

责任编辑：王　婧　杨　菁　　　文字编辑：李姿娇
责任校对：宋　夏　　　　　　　　装帧设计：张　辉

出版发行：化学工业出版社
　　　　　（北京市东城区青年湖南街 13 号　邮政编码 100011）
印　　装：高教社（天津）印务有限公司
787mm×1092mm　1/16　印张 19¼　字数 467 千字
2025 年 6 月北京第 6 版第 1 次印刷

购书咨询：010-64518888　　　　　售后服务：010-64518899
网　　址：http://www.cip.com.cn
凡购买本书，如有缺损质量问题，本社销售中心负责调换。

定　　价：49.00 元

序

　　本教材由我国著名高分子化工专家、聚合反应工程学科奠基人潘祖仁教授主编，于 1980 年作为全国高等学校试用教材初次出版，后于 1986 年重写，迄今已五次修订再版，印数累计达 80 余万册，为我国高校化工、化学和材料类专业高分子化学课普遍使用，先后获国家级优秀教材奖、优秀畅销书奖、化工部优秀教材一等奖，并被列为普通高等教育"十一五"国家级规划教材、"十二五"普通高等教育本科国家级规划教材、国家级精品课程教材、国家级精品资源共享课教材。

　　《高分子化学》（第五版）2011 年出版至今已有 13 年。随着国家"双一流"建设、高等教育"质量工程"和新工科建设项目等的实施，以及长期的高分子化学课程教学和相关科研工作的经历，我们越来越感到该教材已有修订的必要。作为文风、文笔、教学及科研工作深得潘祖仁先生生前信任的嫡传弟子，我们有幸获得了潘先生著作权法定继承人的修订授权。

　　《高分子化学》前五版均以聚合反应和聚合物化学反应为主经线、聚合物品种为副纬线，相互交织深化，举一而反三。第六版修订中保持了这一特色，并进一步突出了高分子化学家为获得高性能聚合物材料对其分子结构的精心构思和精准定制，突出了聚合物从产生到消亡整个过程中分子结构的演化，希望能充分体现 21 世纪以来高分子化学领域的最新发展，体现高分子工作者在建设资源节约型、环境友好型社会中的思考与行动，使之更具前沿性和时代性。

　　与第五版相比，第六版主要作了如下修订：引入了近十几年来高分子化学领域的一些最新发展，如超分子聚合物、开环易位聚合、聚合物的点击化学修饰和动态共价交联等；强化了 20 世纪末兴起、近年来发展日趋成熟的一些聚合反应的机理和特征描述，如活性自由基聚合、茂金属引发聚合等；新增了一些当今有重要应用的聚合物品种的介绍，如乙烯/α-烯烃共聚物、聚环烯烃、热塑性弹性体、生物可降解聚合物等；补充了聚合反应或聚合物化学反应的一些先进测试手段，如量热法测定聚合速率、老化箱和热重分析仪考察聚合物的老化与降解等。同时，将原第 5 章聚合方法的大部分内容并入第 3 章自由基聚合，并增加了逐步聚合、离子聚合和配位聚合等方法的描述；将原分散在各章中的聚合热力学集中到第 1 章绪论中，以方便读者了解各类聚合反应聚合热的巨大差异，避免误解；将原第 9 章聚合物的化学反应拆分为聚合物化学改性与反应性聚合物、聚合物的老化与降解两章，前者重点阐述聚合物化学反应在聚合物高性能化与功能化方面的重要应用，后者重点阐述聚合物在服役期内和役后处置时发生的主要化学反应。

　　为避免过多的内容重复，本次修订删去了第五版各章末的内容提要；按国际惯例，改为词条索引，可作为本书的主要知识点，方便读者学习。习题方面，新增了若干思考题；因一些测算方法已被替代，删去了部分计算题，并删去了各计算题的参考答案；读者如感兴趣，可参考贾红兵主编的《高分子化学导读与题解》。对于部分思考题，一些 AI 工具也会给出答案，但仍建议读者根据所学的知识仔细分析思考，以判断正误。

相较第五版，第六版末的参考文献相对较新。主要因为：①编者新近阅读了一些内容新颖的国外教材和专著，吸纳了一些新内容。②第五版参考的绝大多数国内外教材都已修订再版；本次修订也有所借鉴。③一些年代较久远的参考书已难寻见，故而删去。此外，编者的一些研究生近年开展了高分子化学的前沿研究，也有不少研究者发表了优秀的学术论文，这些都为本次修订提供了启示和参考，在此不一一详列。

第六版自由基聚合、自由基共聚合两章由罗英武、李伯耿修订；其余各章由李伯耿修订，并由李伯耿对全书作统稿。

本次修订未经已过世 12 年的潘祖仁先生审阅，但保留了潘先生原教材的编写指导思想和特色。黄飞鹤、范志强、范宏、王文俊、刘平伟、介素云、徐丽、肖扬可、朱丽倩、王晓月等老师和研究生为本次修订提供了指导和帮助，在此一并表示衷心的感谢！

由于水平有限，本次修订难免有疏漏之处，敬请广大读者指正。

李伯耿　罗英武
2024 年 8 月于浙江大学

第一版序

高分子化学是工科院校高分子化工和有关专业学生必修的专业基础课，也被列为理科、师范院校化学系学生的必修课或选修课。此外，由于聚合物的产量大、品种多、应用广、经济效益高，并已渗透到每一科学技术领域和部门，许多非高分子专业的学生毕业后，也从事聚合物的研究、生产和应用。这就迫切要求有一本较好的教科书或有参考价值的参考书。

国外有不少以"高分子化学"命名的教本或专著，除介绍聚合原理和方法外，还涉及聚合物的结构、性能、成型工艺及应用。在有限的篇幅内，能够对"聚合物科学和工艺基础"作简要、全面又不肤浅的介绍，是颇不容易的。很希望国内也有这一类导论式的专著，作为非高分子专业学生选修课的教材。

在高分子化工专业教学计划中，同时列有高分子化学、高分子物理（结构与性能）、聚合物成型工艺及设备诸课程。在这种情况下，高分子化学内容的重点则应放在聚合反应原理上，但不能忽视与结构、性能、应用等方面的联系。本着这一观点，在本书的绪论中，以简短的篇幅一一点出聚合物的分子量、微观结构、物理状态、热转变温度、机械性能、用途等，以引起重视，并希望在讲授以后各章时加以渗透。对这些内容需要深入了解时，则须参考其他教材或专著。

从聚合物材料角度考虑，可以按照聚合物的类别品种来介绍其合成、结构、性能和应用。而本书则以化学和化工的观点，按照聚合机理和方法的共同规律，在绪论之后，依次论述自由基聚合、自由基共聚、聚合方法、离子聚合、配位聚合、逐步聚合和聚合物的化学反应诸章。这样处理，似更有利于问题的深入。

从化学课程系统来看，有机化学和物理化学是高分子化学的重要基础，不同作者可以根据各自的专长，侧重某一方面来进行写作。但本书兼顾两方面而稍偏于物理化学，以聚合反应机理和动力学为主线，贯穿全书。考虑到本书是工科学生的教材，学生毕业以后，多数去工业研究部门和工厂工作，因此在编写时，力求理论联系实际，着重介绍比较成熟的理论和知识，而对尚有争议、处于发展中的内容则从简，甚至割爱。如生物高分子是重要的研究领域，本书却未作反映。

各种聚合反应的机理和动力学互有差异，但始终认定本书的总目标是要解决聚合速率、平均聚合度、聚合物微观结构、共聚物组成等的影响因素和如何控制的问题。除单体外，对引发剂、催化剂、链转移剂、阻聚剂、乳化剂、分散剂等及其作用，也给予必要的重视。活性种是决定聚合机理和动力学的核心，本书并无过多的笔触作详细的描述，给化学系学生讲课或给研究生讲授高分子专题时，则可补充和发挥。

自由基聚合、自由基共聚、逐步聚合三章内容比较成熟，应成为全书的重点。而离子聚合和配位聚合中有些理论还在发展中，文献极其浩繁，材料难以系统。 在一般高分子化学书籍中，除乳液聚合外，对其他聚合方法叙述甚简。 考虑到不少工科院校在高分子化工专业教学计划中，并无聚合物生产工艺课程，还考虑到聚合机理和动力学应该紧密联系实际，本书以聚合反应工程的观点，适当扩大了聚合方法（过程）的内容，并举了一些实例。聚合物的化学反应一章，尤其是近年来功能高分子的迅速发展，内容包罗万象，本章各节均可发展成为独立的选课或专著。 在篇幅有限的条件下，只能兼顾各部分内容，作知识性介绍，不作深入论述，目的是给学生一些想法，以打开他们的思路。

　　逐步聚合主要是官能团间的聚合反应，先介绍似乎便于与有机化学相衔接。 但先讲授自由基聚合，可能会给学生以新鲜之感。 许多聚合物的化学反应是官能团间的反应，逐步聚合与之紧连在一起似更有利。 共聚合可以放在离子聚合之后介绍。 但自由基共聚的资料毕竟比较齐全和系统，紧接在自由基聚合之后，更有好处。 少量离子共聚内容则放在离子聚合章内。 这样处理更有利于离子聚合和配位聚合的紧密联系。

　　烯类单体通过连锁加聚，在结构形式上变化不大，虽然加聚物的性能有明显的差异。而带官能团的单体经缩聚或逐步聚合后，却形成结构和性能都有显著差别的缩聚物。 因此在逐步聚合一章内，通过缩聚机理和聚合方法的具体应用，介绍了许多种缩聚物的合成；在体形缩聚中凝胶点预测之前，介绍了许多种预聚物。 表面看来，前后格调似不统一。 但这样处理，却可反映出缩聚反应的多样性，补充许多有关缩聚物的知识。

　　配位聚合由北京化工大学焦书科编写，离子聚合和聚合方法中乳液聚合由浙江大学于在璋编写，其他由浙江大学潘祖仁执笔，并对全书修改通稿。

　　由于水平的限制，本书在内容选择上和文字表达上均可能存在错误和缺点，敬请读者指正。

编者

第二版序

本教材自 1986 年出版以来，广为各校理、工科有关专业所选用，1992 年还被评为第二轮全国优秀教材奖。 这 10 年间，高分子工业和高分子科学均有较大的发展，作者在教学和科研上有所积累，使用本教材的教师也有所反馈，有必要作进一步修订再版。

教材的撰写和修订均应有明确的指导思想。 曾为国家教委高教司编的《高等教育优秀教材建设文集》(清华大学出版社，1993)，写过一篇"教材就应该是教材"的论文，其中观点仍可供修订时参考。 文中提到：教材就应该是教材，有别于专著、手册、大全、科普读物。 教材应该阐明成熟的基本概念和基本原理，又要点出最新成就和发展方向；既要考虑科学系统性，又要遵循教学规律性；既要与前后课程相衔接，又要与相邻学科相联系。 在分量上，应该根据学时多少，贯彻少而精的原则，适当控制；在方法上，应该深入浅出，循序渐进；在文字上，应该文理通顺，精练流畅。

在理论上指导思想说说容易，但由于个人的积累和学识限制，实际动笔修订时，却感到诸多困难。 在学科飞速发展的年代里，往往一章、一节甚至一个关键词都可以写成一本专著，要想把众多内容尤其是日新月异的发展情况，压缩在有限的字数内，颇不容易。 能用几百或几千个字把基本概念阐述清楚，就很不错了。 通读原书三遍，在学时和教材篇幅有限的条件下，觉得原教材大部分相对比较成熟，并已为许多教师所熟悉，可以相对稳定。因此，只稍动了下列两方面。

1. 对第 6 章配位聚合作了文字处理，使与全书一致，以弥补初版时来不及统一的不足。同时适当增添了引发剂的发展情况。

2. 以简短的文字，着重在发展方向上，增添了少许内容。 如在有关章节中增添了液晶高分子结构性能和制备原理的概念、自由基速率常数测定方法进展、乳液聚合技术和应用的进展，并改写了接枝共聚等。

潘祖仁

1996 年 3 月于杭州

第三版序

　　高分子化学是化工、化学、材料等系科修读的课程。 近年来专业设置向宽的方向调整，选读的学生反而增多。 一方面高分子有广阔的应用前景，不仅金属材料、无机材料、高分子材料在材料结构中三足鼎立，而且无机化工、有机化工、高分子化工在化工工艺中也平分秋色。 另一方面，高分子化学逐渐发展为基础学科，与四大化学并列，成为第五大化学；如果缺少高分子，化学学科，尤其应用化学系科，将会存在缺陷。 本教材自 1986 年初版和 1997 年再版以来，持续被广泛选用。 进入 21 世纪，多方面希望能有第三版。

　　应该说，近年来高分子化学逐步走向成熟，但新的聚合反应和新型聚合物的合成仍不断涌现。 修订第三版时和撰写第一版的指导思想一致，教材要以成熟的基础为主，适当顾及新的发展方向。 根据结构性能要求，如何考虑聚合物的分子设计以及聚合反应的分子设计问题，应该在基础教材中埋下引线。

　　根据这一指导思想，对第二版作了增删和修改。 为了不扩大版面，增加的字数远少于删除的篇幅；但在总体内容上却更加丰富精练。 除了活性自由基聚合、乳液聚合方法的发展、乙烯配位聚合等整节插入外，其他增添则散见各章节内，不一一列举。 离子聚合、配位聚合、逐步聚合、聚合物化学反应各章中一些次要内容均有所删节，但无损于整体要求。为了适应广大读者的使用习惯，不在原有章节目录上作过多的变动，但在具体内容上却作了不少调整，使更合理系统，这在开环聚合、线形和体形聚合物、聚合物化学反应中则有更多的反映。 在修订过程中，对文句也作了较多的修改简化，增加了可读性。

　　本书作为本科生教材，内容已够丰富了，其中很大一部分还是国外研究生的教学内容。修订第三版时，本想作更多的删节，终因不忍割爱，有所保留，也好给讲课教师留下自由选择的余地。

　　教材使用面广，祈请多方指正!

潘祖仁

2002 年 2 月

于浙江大学化工系

第四版序

《高分子化学》自 1986 年初版以来，再版两次。 由于时间仓促，第二、三版只作了局部修订。 修订的宗旨是保留核心内容，有选择性地增加一些新材料，删节次要部分，简化文字。 修订的结果是内容有所增加，版本更简洁，但原有体系未动。

高分子科学在发展，教材也在更新。 高分子化学应该不再是某一传统化学学科的分支和延伸，而应该考虑作整个化学学科和物理、工程、材料、生物乃至药物等许多学科基础的交叉和综合。 高分子科学对其他科学技术的影响愈来愈大，实际上已经开始步入核心科学。 另一方面，近些年来，专业设置趋宽，高分子化学已经成为化学、化工、材料、轻工等众多系科学生广泛修读的课程，高分子化学教材应该适应更广的使用面。 教材和教学往往需要经历"少→多→少"不断深化的多次反复过程。

第四版仍以聚合反应和聚合物化学反应的机理/动力学作主经线，进一步考虑配以适当的聚合物品种作纬线，意在交织深化。 剖析聚合机理的一般规律时，紧密结合典型聚合物作个例分析，以便"举一"；简介聚合物时，希望体现某单体聚合的特殊性，使融合于一般机理规律之中，起到"反三"的作用。 这样编排，还希望形成合成-结构-性能-应用的整体概念。

第四版作了一些体系上的变动，并补充了新内容，力求使本书更加充实。

1. 将缩聚和逐步聚合提前至第 2 章。 线形缩聚和体形缩聚的机理集中于前，缩聚物品种各论移后。 增添了较多的缩聚物品种，给教师讲授提供选择余地。

2. 自由基聚合一章（第 3 章）内热力学部分提前，以符合先热力学后动力学的逻辑思维。

3. 离子聚合一章（第 6 章）中，将机理比较简单的阴离子聚合提前，有利于循序渐进。

4. 开环聚合独立成章（第 8 章），增添了较多的新内容，体现发展方向。

5. 更新和增添了较多的习题，以便学生选做。

与第三版比较，第四版中的逐步聚合、离子聚合、开环聚合、聚合物化学反应四章内容有所增加，约增加了 23%，而其他五章在字数上有所减少，约减 14%，但主要源于文字的进一步提炼和次要内容的舍弃。 有点巧合，增减相抵，两版字数大致相同，但本版内容更充实，版面更简洁。

从浩繁的科研文献资料、专著到教材，应该是再创造的过程；从教材到具体教学，也应该是再创造的过程。 教材、教学的水平与作者、教师对学科的掌握程度、理解深度、科研素养、知识丰度，以及教学理念、教学经验、概括能力、表达水平等许多因素有关，教师也不可能对教材中的每一部分都熟悉吃透。 作者对上述诸多因素都存在缺陷，只是被敬业精神所驱使，改写成第四版。 此外，全部文字、式子、图表重新输入计算机，再次排版。 业务水平和计算机使用技巧两方面均不随人意，难免错误，祈请指正。

潘祖仁

2007 年 2 月于浙江大学

第五版序

　　编写教材应该是再创造的工作，不宜直接抄录剪辑复制。 讲课也应该是再创造的劳动，不宜照本宣科。 教材建设和教学实践均无止境，只有不断凝练，才能成为精品。 为此，进一步做了第五版的修订工作。

　　此处重申一下第四版修订的指导思想：以聚合反应和聚合物化学反应作主经线，适当配以聚合物品种作副纬线，相互交织深化；剖析聚合反应一般规律时，瞄准机理和动力学核心，紧密结合典型聚合物作个例分析，以便"举一"；简介聚合物时，紧密联系结构性能特征，体现某单体聚合反应的特殊性，使融合于一般聚合机理规律之中，起到"反三"的作用；并希望形成合成-结构-性能-应用的整体概念。

　　第五版修订时的指导思想未变，只是在分寸掌握上作了微调，尤其在聚合物品种内容的表述上，紧扣聚合机理和结构性能关系。 教材中较多的聚合物品种，讲课时可以择要介绍。 全书尽力避免局限于定性的肤浅表述，力求上升到量化说理剖析，以培养严谨的科学逻辑思维和科研方法，因此保留了较多的图表数据。

　　相对于第四版，第五版大致有如下变动：改写了少数节、段落和个别文句，删去若干次要内容，使表述更简洁精练，更适于教学；方程式和反应式适当放大，上下留有较多空间，使更醒目；版面图表设置适当调整，重制了许多表格，增强可读性；每章末都附上提要，与思考题相呼应；计算题附上答案，便于自我检查，更详细的解题过程则可参考贾红兵主编的《高分子化学（第四版）导读与题解》。

　　本版书末附了更多的参考文献，粗分成以下三部分：

　　第一部分主要是 20 世纪 70 ~ 80 年代以来的国外教材，其中一部分本世纪还多次再版。 这些教材在内容范围、深浅程度、教学方法上都存在着差异，但各有特色，编者经过广泛阅读吸收消化以后，理清了思路，形成了自己的体系，为编写《高分子化学》提供了基础。

　　第二部分是国内教材。 20 世纪 90 年代以来，国内陆续出版了多种《高分子化学》教材，各有特色。 尤其是本世纪问世的几本，更值得参考。 有几本习题解答也一并列入参考文献中。 各本教材都不可避免地会有局限性，讲课教师可以博采众长，形成自己的特色。

　　第三部分是一些专著。 高分子化学方面的专著甚多，某章某节都可以写成专著。 本版只选择编者当年曾经参考过的少数几本。 编者曾经阅读过的原始论文数量较多，不便一一详列。

　　很希望本书第五版更趋完善，但个别错误和不足之处仍难避免，祈请指正！

潘祖仁

2011 年 2 月 15 日于浙江大学

目　录

3 自由基聚合 067

4 自由基共聚合 141

5　离子聚合 166

6　配位聚合 195

7 开环聚合 218

8 聚合物化学改性与反应性聚合物 241

1

绪 论

　　高分子化合物简称高分子，有天然与合成之分。大多数高分子的分子结构可用重复单元表示，故高分子也称聚合物（polymer）。高分子化学是研究高分子合成与化学反应的一门学科。

　　高分子多用作材料，其性能繁多，决定这些性能的便是高分子的结构。高分子物理多研究高分子结构与性能之间的关系；而高分子化学除要研究高分子合成反应（聚合）与化学反应的机理和动力学外，还要研究揭示这两类反应中反应条件与产物结构之间的内在关系。

1.1　高分子的结构

　　高分子材料的结构具有多层次性，可粗分为分子结构（多指链结构）和分子的聚集态结构，如图 1-1 所示。高分子的合成与化学反应过程决定了其分子结构。分子结构和分子聚集时所处的受力环境则共同决定了高分子的聚集态结构，其中分子结构是内因，受力环境是外因。

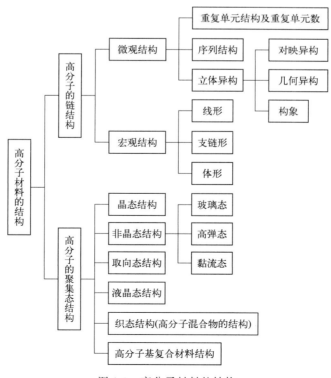

图 1-1　高分子材料的结构

1.1.1　分子结构

单个高分子往往是由许多简单的结构单元通过共价键键接而成的，宏观上主要呈线形，也有可能呈支链形和网络状的体形（也叫交联形），如图 1-2 所示。高分子的分子结构多指线形或支链高分子中的链结构。

(a) 线形
(b) 支链形

(c) 交联形

图 1-2　高分子的宏观结构

线形高分子可能带有侧基，侧基不能称作支链。图中的支链形仅仅是简单的示意，实际上可能是星形、梳形、树枝形等更复杂的结构。线形和支链形高分子可溶解、可熔化，具有热塑性。体形高分子虽可看作是分子量为无穷大的单个分子，但在实际的高分子合成过程中是要尽可能避免的，因为这样的产物很难进行后处理和成型加工。制备这种体形高分子材料制品，通常的做法是，先合成出线形或支链形的预聚物，再在成型过程中进行预聚物的交联反应，预聚物一经交联固化就不再可溶、可熔，即具有热固性。

1.1.1.1　重复单元与重复单元数

如前所述，单个高分子是由许多简单的结构单元通过共价键键接而成的。例如聚氯乙烯由氯乙烯结构单元重复键接而成。

$$\sim CH_2CH-CH_2CH-CH_2CH-CH_2CH \sim$$
$$\quad\ | \qquad\ | \qquad\ | \qquad\ |$$
$$\quad Cl \qquad Cl \qquad Cl \qquad Cl$$

式中，符号"$\sim$"代表碳链骨架，略去了端基。为方便起见，上式一般缩写成如下结构简式：

$$\left[CH_2CH \right]_n$$
$$\qquad\ |$$
$$\qquad Cl$$

对于聚氯乙烯一类加聚物，方（或圆）括号内是结构单元，也就是重复单元；括号表示重复连接；n 代表重复单元数，也定义为聚合度（DP）。许多重复单元连接成线形大分子，类似一条链子，因此重复单元俗称作链节。

用于高分子合成的化合物称作单体，单体通过聚合反应，才转变成大分子的结构单元。聚氯乙烯的结构单元与单体的元素组成相同，只是电子结构有所改变，因此聚氯乙烯的结构单元与单体单元相同。

聚乙烯的分子式习惯写成 $\left[CH_2CH_2 \right]_n$，而不写成 $\left[CH_2 \right]_n$，以便容易看出其单体为乙烯。

由一种单体聚合而成的聚合物称为均聚物，如上述的聚氯乙烯和聚乙烯。由两种或两种以上单体共聚而成的聚合物则称作共聚物，如丁二烯与苯乙烯的共聚物，其结构式一般表示为

$$\left[(CH_2-CH=CH-CH_2)_x (CH_2-CH)_y \right]_n$$

式中，若 x、y 为任意值，则称共聚反应为无规共聚，相应的产物为无规共聚物。这种由结构单元无规排列组成的高分子，重复单元无法确定，但结构单元与单体单元仍然相同。

若 x、y 的值均较大，则共聚物呈嵌段状，共聚反应称为嵌段共聚，相应的产物称为嵌段共聚物。若 x、y 均等于 1，则共聚产物的链结构呈两结构单元交替排列状，称为交替共聚物，其重复单元可清晰地表示为

$$-CH_2-CH=CH-CH_2-CH_2-CH-$$

聚酰胺一类聚合物的结构式具有另一特征，例如聚己二酰己二胺（尼龙-66）：

$$-\hspace{-2pt}[NH(CH_2)_6NH\cdot CO(CH_2)_4CO]_n\hspace{-2pt}-$$

$$\underbrace{\leftarrow 结构单元\rightarrow \mid \leftarrow 结构单元\rightarrow}$$
$$\overbrace{\leftarrow\qquad 重复单元\qquad\rightarrow}$$

式中，方括号内的重复单元由—$NH(CH_2)_6NH$—和—$CO(CH_2)_4CO$—两种结构单元组成，分别由己二胺 $NH_2(CH_2)_6NH_2$ 和己二酸 $HOOC(CH_2)_4COOH$ 两种单体经缩聚反应而得（结构单元与单体单元略有不同）。对苯二甲酸乙二醇酯（涤纶聚酯）的情况也相似。

$$-\hspace{-2pt}[OCH_2CH_2O\cdot OC-\langle\bigcirc\rangle-CO]_n\hspace{-2pt}-$$

这类聚合物的单体自身不能均聚，它们间的缩聚物也就不能称为共聚物。对于这类聚合物，多将两种结构单元总数称作聚合度（$\overline{X}_n$），结构单元数是重复单元数 n 的 2 倍，因此 $\overline{X}_n = 2n = 2DP$。聚合物的分子量应该是结构单元数 $\overline{X}_n$ 和两种结构单元的平均分子量的乘积。书刊中有时会出现这两种不同定义的聚合度，初学时应注意区别。

1.1.1.2 分子量及其分布

聚合物的分子量（即相对分子质量，本书按高分子学科的习惯仍称"分子量"）M 是重复单元的分子量 M_0 与重复单元数 n 或聚合度（DP）的乘积，即

$$M = nM_0 = DP\cdot M_0 \tag{1-1}$$

高分子合成过程中，单个高分子的形成实际上是众多单体分子经无数次反应而键接成一条大分子链的概率事件。这种概率事件必然会导致分子间链长的差异，因此聚合产物实际上是不同分子量（或聚合度）同系物的混合物，分子量存在着一定的分布。实验和工业聚合过程中，反应器内各处可能还存在物料浓度和温度的差异，也可能存在物料的停留时间分布，这些都会使聚合产物产生分子量分布。

因此，通常所指的聚合物的分子量，是众多大分子分子量的平均值。表示平均分子量的方法有多种，最常用的是数均分子量和重均分子量。

（1）数均分子量（$\overline{M}_n$）

通常由渗透压、蒸气压等依数性方法测定，其定义是聚合物样品的总质量 m 被其分子总数所平均。

$$\overline{M}_n = \frac{m}{\sum n_i} = \frac{\sum n_i M_i}{\sum n_i} = \frac{\sum m_i}{\sum(m_i/M_i)} = \sum x_i M_i \tag{1-2}$$

（2）重均分子量（$\overline{M}_w$）

通常由光散射法测定，其定义为

$$\overline{M}_w = \frac{\sum m_i M_i}{\sum m_i} = \frac{\sum n_i M_i^2}{\sum n_i M_i} = \sum w_i M_i \tag{1-3}$$

以上两式中，n_i、m_i、M_i 分别代表链长为 i 的大分子的分子数、质量和分子量；Σ 为对所有链长为 i 的分子从 $i=1$ 到 ∞ 作加和。

凝胶渗透色谱（GPC）可以同时测得数均分子量和重均分子量。

（3）黏均分子量（$\overline{M}_v$）

对于高分子稀溶液，通常有

$$[\eta] = K\overline{M}_v^{\alpha} \tag{1-4}$$

式中，$[\eta]$ 为高分子在某溶剂中的特性黏数；K 和 α 为方程的参数，α 一般在 0.5～0.9 之间。

因此，可通过特性黏数的测定来计算黏均分子量 $\overline{M}_v$。也可通过 GPC 测定，由下式来计算 $\overline{M}_v$：

$$\overline{M}_v = \left(\frac{\sum m_i M_i^{\alpha}}{\sum m_i}\right)^{1/\alpha} = \left(\frac{\sum n_i M_i^{\alpha+1}}{\sum n_i M_i}\right)^{1/\alpha} \tag{1-5}$$

比较式（1-2）、式（1-3）和式（1-5），可以想见，对于同一聚合物样品，低分子量部分对数均分子量贡献较大，而高分子量部分对重均分子量的贡献较大。三种分子量的大小依次为 $\overline{M}_w > \overline{M}_v > \overline{M}_n$。

（4）分子量分布

聚合物的分子量分布，常称作多分散性，有两种表示方法。

① 分子量分布指数 又称多分散性指数（polydispersity index，PDI），其定义为 $\overline{M}_w/\overline{M}_n$ 的比值，可用来表征分子量分布宽度。若分子量均一，则 $\overline{M}_w = \overline{M}_n$，因此 $\overline{M}_w/\overline{M}_n = 1$。通常，聚合物的分子量分布指数在 1.5～2.0 至 20～50 之间，随聚合方法而定。比值越大，则分布越宽，分子量越不均一。

② 分子量分布曲线 通常由 GPC 测得。如图 1-3 所示，横坐标上注有 $\overline{M}_w$、$\overline{M}_v$、$\overline{M}_n$ 的相对大小。数均分子量处于分布曲线顶峰附近，近于最可几分子量。平均分子量相同，其分布可能不同，因为同分子量部分所占的百分比不一定相等。

分子量及其分布是影响聚合物性能的重要因素。如图 1-4 所示，聚合物强度随聚合度的增大而增加，A 点是初具强度的最低分子量，以千计。但非极性和极性聚合物的 A 点最低聚合度有所不同，如聚酰胺约 40，纤维素 60，乙烯基聚合物则在 100 以上。A 点以上聚合物的强度随聚合度的增大而迅速增加，到临界点 B 后，强度变化趋缓。C 点以后，强度不再显著增加。关于 B 点的聚合度，聚酰胺约 150，纤维素 250，乙烯基聚合物则在 400 以上。常用缩聚物的聚合度约 100～200，而烯类加聚物通常在 500～1000 以上，相当于分子量 2 万～30 万，天然橡胶和纤维素超过此值。

典型聚合物的分子量见表 1-1。

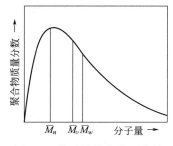

图 1-3 分子量分布典型曲线

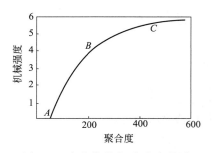

图 1-4 聚合物强度-聚合度关系

表 1-1 常见聚合物的分子量

塑 料	分子量/万	纤 维	分子量/万	橡 胶	分子量/万
高密度聚乙烯	6~30	涤纶	1.8~2.3	天然橡胶	20~40
聚氯乙烯	5~15	尼龙-66	1.2~1.8	丁苯橡胶	15~20
聚苯乙烯	10~30	维尼纶	6~7.5	顺丁橡胶	25~30
聚碳酸酯	2~6	纤维素	50~100	氯丁橡胶	10~12

分子量分布中，低分子量部分往往使聚合物热变形温度和强度降低，而过高分子量部分又会使聚合物难以塑化成型。不同用途的高分子材料往往有不同的分子量分布要求，合成纤维的分子量分布宜窄，而合成橡胶的分子量分布不妨较宽。

1.1.1.3 序列结构

线形大分子链中结构单元间可能有多种键接方式。乙烯基聚合物以头尾键接为主，杂有少量头头或尾尾键接。以聚氯乙烯大分子为例：

$$\sim CH_2CH - CH_2CH - \overset{头尾}{CH_2CH} - \overset{头头}{CHCH_2} - \overset{尾尾}{CH_2CH} - CH_2CH \sim$$
$$\underset{Cl}{|} \quad \underset{Cl}{|} \quad \underset{Cl}{|} \quad \underset{Cl}{|} \quad \underset{Cl}{|} \quad \underset{Cl}{|}$$

两种或多种单体共聚时，结构单元间键接的序列结构有更多的变化。如 M_1、M_2 为单体的二元共聚物，两结构单元间的键接方式有：

$$\sim\sim\sim M_1 M_2 \ M_2 M_1 \ M_2 \ M_2 \ M_2 M_1 M_1 \ M_2 M_1 M_1 M_1 \ M_2 \ M_2 \sim\sim\sim$$

显然，这种无规键接方式形成的共聚物的性能，与 $M_1 M_2$ 完全交替键接的共聚物有较大的差异，也与 M_1 长段与 M_2 长段形成的嵌段共聚物不同。

1.1.1.4 立体异构

大分子链的结构单元中，取代基在空间可能有不同的排布方式，形成多种立体构型（简称立构）的异构，主要有对映异构和几何异构两类。决定因素主要是聚合反应时的引发体系。

① 对映异构 聚丙烯中的叔碳原子具有手性特征，甲基在空间的排布方式如图 1-5 所示。为方便说明，将主链绘成锯齿形，排在一平面上，如甲基 R 全部处在平面的上方，则形成全同（等规）立构；如 R 规则地相间于平面的两侧，则形成间同（间规）立构；如 R 无规排布在平面的两侧，则形成无规立构。R 基团不能因绕主链的碳-碳键旋转而改变构型。这三种构型的聚丙烯性能差别很大。苯乙烯的聚合也有产生性能完全不同的三种构型的可能。

② 几何异构 几何异构是大分子链中的双键引起的。如 1,3-丁二烯、异戊二烯类共轭二烯烃的 1,4 加成聚合物主链中有碳碳双键，与双键连接的碳原子不能绕主链旋转，因此形成了顺式和反式两种几何异构体，顺式和反式聚合物的性能有很大的差异。例如聚异戊二烯，其顺、反两种几何异构体如下式所示；顺式聚异戊二烯（或天然橡胶）是性能优异的橡胶，而反式聚异戊二烯则是半结晶的塑料。

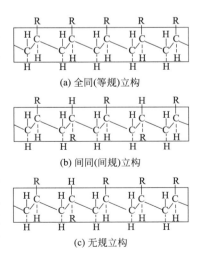

(a) 全同(等规)立构

(b) 间同(间规)立构

(c) 无规立构

图 1-5 聚丙烯大分子的立体异构（R＝CH₃）

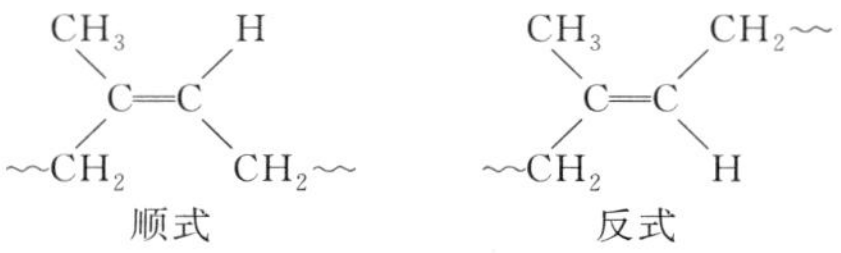

顺式   反式

1.1.2 聚集态结构

单体以结构单元的形式通过共价键连接成大分子，大分子链再以次价键聚集成聚合物。与共价键的键能（$130\sim630\,kJ\cdot mol^{-1}$）相比，分子间次价键的键能（约 $8.4\sim42\,kJ\cdot mol^{-1}$）要弱得多，分子间的距离（$0.3\sim0.5\,nm$）比分子内原子间的距离（$0.11\sim0.16\,nm$）也要大得多。因此，高分子的聚集态结构也在很大程度上决定了聚合物的性能。

聚合物聚集态可以粗分为非晶态（无定形）和晶态两类。许多聚合物处于非晶态；有些部分结晶，有些高度结晶，但结晶度很少达到 100%。聚合物的结晶能力与其分子结构密切相关，涉及规整性、分子链柔性、分子间力等。结晶程度还受温度和分子取向的外力等因素的影响。

线形聚乙烯分子结构简单规整，易紧密排列而结晶，结晶度可高达 90% 以上；带支链的聚乙烯结晶度就低得多（$55\%\sim65\%$）。聚四氟乙烯结构与聚乙烯相似，结构对称而不呈现极性，氟原子也较小，容易紧密堆砌，结晶度高。

聚酰胺-66 分子结构与聚乙烯有点相似，且酰胺键分子间有较强的氢键，有利于结晶。涤纶树脂分子结构并不复杂，也比较规整，但主链中的苯环赋予了分子链一定的刚性，且无强极性基团，结晶就比较困难，须在适当的温度下经过拉伸才能达到一定的结晶度。

聚氯乙烯、聚苯乙烯、聚甲基丙烯酸甲酯等带有体积较大的侧基，分子难以紧密堆砌，而呈非晶态。

天然橡胶和有机硅橡胶分子中含有双键或醚键，分子链柔顺，在室温下处于无定形的高弹状态。如温度适当，经拉伸，则可规则排列而暂时结晶；但拉力一旦去除，规则排列不能维持，立刻恢复到原来的完全无序状态。

还有一类结构特殊的液晶高分子。这类晶态高分子受热熔融（热致性）或被溶剂溶解（溶致性）后，失去了固体的刚性，转变成液体，但其中晶态分子仍保留着有序排列，呈各向异性，形成兼有晶体和液体双重性质的过渡状态，特称为液晶态。

1.2 高分子的热性能与力学性能

1.2.1 热性能

热性能和力学性能是高分子材料的最基本性能。高分子的热性能主要指高分子的受热形变和受热降解等性能。前者与高分子的聚集态结构关系密切，后者主要取决于分子结构。

无定形和晶态热塑性聚合物低温时都呈玻璃态，受热至某一温度（通常为一较窄的温度范围）时，则转变成高弹态（橡胶态）或柔韧的可塑状态。这一转变温度称作玻璃化温度（又称玻璃化转变温度），记为 T_g，代表链段能够运动或主链中价键能扭转的最低温度。晶态聚合物继续受热，则出现另一热转变温度——熔点，记为 T_m，代表整个大分子易运动的温度。

T_g 和 T_m 是表征聚合物聚集态的重要参数。玻璃化温度 T_g 可通过膨胀计法测得的聚合物比体积-温度曲线的斜率变化来求取。如图 1-6 所示，温度低于 T_g 时，聚合物处于玻璃态，性脆，链段（运动单元）运动受限，比体积随温度的变化率小，即曲线起始斜率较小。温度高于 T_g 时，聚合物转变成高弹态，链段能够比较自由地运动，比体积随温度的变化率变大。由曲线转折处或两直线延长线的交点，即可求得 T_g。

T_g 也可用热机械分析仪来测定。测定原理是试样在一定荷重下加热升温，观察形变随温度的变化，结果如图 1-7 所示。初始，形变随温度的变化较小，即曲线斜率较小，处于玻璃态。即将进入高弹态时，形变迅速增大；进入高弹态后，形变变化又趋平。转折温度就定为玻璃化温度。如继续升温，形变又迅速变大，进入黏流态；从高弹态到黏流态的转折温度 T_f 定义为黏流温度。玻璃态、高弹态、黏流态是聚合物所特有的力学状态。

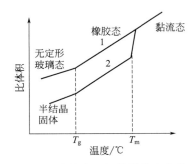

图 1-6 非晶态和部分结晶聚合物
比体积与温度的关系

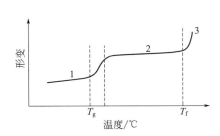

图 1-7 聚合物形变-温度曲线
1—玻璃态；2—高弹态；3—黏流态

无定形聚合物处于 T_g 以上的温度时，先从硬橡胶慢慢转变成软的弹性体，再转变成胶状和液体，每一转变都是渐变过程，并无突变。而晶态聚合物的行为却有所不同，当环境温度介于 T_g 与 T_m 之间时，它一直处于高弹态（橡胶态）或柔韧状态；当环境温度高于 T_m 时，它直接液化。

晶态聚合物往往结晶不完全，存在缺陷，加上分子量有一定的分布，因此有一熔融温度范围。部分晶态聚合物的熔点随分子量的变化见图 1-8。开始阶段，聚合物熔点随分子量的增大而增大，然后趋向平缓，接近定值。

T_g 和 T_m 可用来评价聚合物的耐热性。塑料处于玻璃态或部分结晶态，T_g 是非晶态聚合物的使用上限温度，T_m 则是晶态聚合物的使用上限温度。实际使用时，非晶态塑料一般 T_g 要求比室温高 50~75℃；晶态塑料则可以 T_g 低于室温，而 T_m 高于室温。橡胶处于高弹态，T_g 为其使用下限温度；使用时，其 T_g 一般须比室温低 75℃。大部分合成纤维是晶态聚合物，如尼龙、涤纶、腈纶、维尼纶等，其 T_m 往往比室温高 150℃ 以上，便于烫熨。

在大分子链中引入芳杂环、极性基团和交联是提高玻璃化温度和耐热性的三大重要措施。除了分子量及其分布、立构规整性外，聚合产物的 T_g 和 T_m 往往也是聚合过程需关注的重要参数。

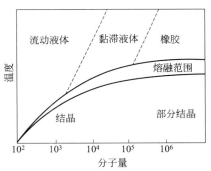

图 1-8 部分晶态聚合物的熔融曲线

聚合物的热降解决定了聚合物加工温度的上限。一些具有较高熔点的晶态聚合物，例如聚丙烯腈，温度上升至尚未到其熔点，就会发生聚合物的热降解。因此，腈纶、聚丙烯腈基碳纤维原丝都只能采取溶液纺，不能熔融纺。

聚合物的热降解实际上是一种聚合物的化学反应。对此，第9章将作进一步的介绍。

1.2.2 力学性能

力学性能又称机械性能。根据用途，材料有结构材料和功能材料之分。良好的力学性能是结构材料的必要条件；但即使是功能材料，除了突出功能外，往往对力学性能也有一定的要求。

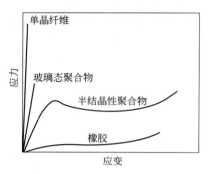

图 1-9　聚合物的应力-应变曲线

聚合物的力学性能可以用拉伸试验的应力-应变曲线（见图 1-9）中的以下三个重要参数来表征：

① 弹性模量　代表物质的刚性或对变形的阻力；以起始应力除以相对伸长率来表示，即应力-应变曲线的起始斜率。

② 拉伸强度　使试样破坏的应力（$N \cdot cm^{-2}$）。

③（最终）断裂伸长率（％）。

分子量、热转变温度（玻璃化温度和熔点）、立构规整性、结晶度往往是聚合物合成阶段需要表征的参数，而力学性能则是聚合物制品的质量指标。一般极性、结晶度、玻璃化温度愈高，则机械强度也愈大，而伸长率则较小。

橡胶、纤维、软硬塑料的结构和性能有很大的差别，可从应力-应变曲线上看出。

（1）橡胶

橡胶具有高弹性，很小的作用力就能产生很大的形变（500％～1000％），外力除去后，能立刻恢复原状。橡胶类通常为非极性非晶态的聚合物，分子链柔性大，玻璃化温度低（如－55～－120℃），室温下处于卷曲状态，拉伸时伸长，有序性增加，熵减小；除去应力后，则回缩，熵增大。少量交联可以防止大分子滑移。拉伸起始弹性模量小（<70$N \cdot cm^{-2}$），拉伸后诱导结晶，将使模量和强度增高。伸长率500％时，强度往往可增至2000$N \cdot cm^{-2}$。

丁苯橡胶是合成橡胶中的第一大品种，并超过了天然橡胶，顺丁橡胶次之。其他尚有乙丙橡胶、丁腈橡胶、丁基橡胶、氯丁橡胶等。

（2）纤维

与橡胶相反，纤维不易变形，断裂伸长率小（<10％～50％），模量（>35000$N \cdot cm^{-2}$）和拉伸强度（>35000$N \cdot cm^{-2}$）都很高。纤维用聚合物往往带有一些极性基团，以增加次价键力，并有较高的结晶能力，拉伸可以提高结晶度。纤维的熔点应该在200℃以上，以利热水洗涤和烫熨，但不宜高于300℃，以便熔融纺丝。纤维用聚合物应能溶于适当溶剂中，以便溶液纺丝，但不应溶于干洗溶剂中。纤维用聚合物的 T_g 应适中，过高，不利于拉伸；过低，则易使织物变形。尼龙-66是典型的合成纤维，其中酰胺基团有利于在分子间形成氢键，拉伸后，结晶度高，T_m（265℃）和 T_g（50℃）适宜，拉伸强度（70000$N \cdot cm^{-2}$）和模量（500000$N \cdot cm^{-2}$）都很高，而断裂伸长率却较低（<20％）。

目前涤纶纤维是世界和我国第一大化纤品种，尼龙类次之，腈纶居第三。其他尚有氨纶、维尼纶（聚乙烯醇缩甲醛）、丙纶（聚丙烯）、氯纶（聚氯乙烯）等。

（3）塑料

塑料的力学性能介于橡胶和纤维之间，有很广的范围，从接近橡胶的软塑料到接近纤维的硬塑料都有。

聚乙烯是典型的软塑料，模量为 $20000N \cdot cm^{-2}$，拉伸强度为 $2500N \cdot cm^{-2}$，断裂伸长率为 500%。聚丙烯和尼龙-66 也可归属于软塑料。软塑料结晶度中等，T_m 和 T_g 范围较宽，拉伸强度（$1500 \sim 7000N \cdot cm^{-2}$）、模量（$15000 \sim 35000N \cdot cm^{-2}$）、断裂伸长率（$20\% \sim 800\%$）都可以从中到高。

硬塑料的特点是刚性大，难变形，拉伸强度（$3000 \sim 8500N \cdot cm^{-2}$）和模量（$70000 \sim 350000N \cdot cm^{-2}$）较高，而断裂伸张率却很低（$0.5\% \sim 3\%$）。硬塑料用聚合物多具有刚性链，属非晶态。酚醛树脂和脲醛树脂因有交联而刚性增加，聚苯乙烯（$T_g = 95℃$）和聚甲基丙烯酸甲酯（$T_g = 105℃$）因有较大的侧基而使刚性增加。

合成高分子中，塑料的产量占了 2/3 以上，品种也最多，如聚乙烯、聚丙烯、聚氯乙烯、聚苯乙烯等通用塑料，聚甲醛、聚碳酸酯、聚砜、聚苯醚等工程塑料，氟塑料、芳族聚酰胺、聚酰亚胺、液晶高分子等特种塑料。

1.3　高分子的分类和命名

1.3.1　高分子的分类

可以从不同专业角度，对高分子进行分类，例如按来源、合成方法、用途、热行为、结构等来分类。按来源，可分为天然高分子、合成高分子、改性高分子；按用途，可粗分为合成树脂和塑料、合成橡胶、合成纤维等；按热行为，可分为热塑性高分子和热固性高分子；按聚集态，可分为橡胶态、玻璃态、部分结晶态等。

从化学的角度，则按主链结构将高分子分为碳链高分子、杂链高分子和元素有机高分子三大类。

（1）碳链高分子

大分子主链完全由碳原子组成。绝大部分烯类和二烯类单体的加成聚合物属于这一类，如聚乙烯、聚氯乙烯、聚丁二烯、聚异戊二烯等，详见表 1-2。

表 1-2　碳链高分子

高分子	缩写	重复单元	单体	玻璃化温度 $T_g/℃$	熔点 $T_m/℃$
聚乙烯	PE	$-CH_2-CH_2-$	$CH_2=CH_2$	-125	线形 135
聚丙烯	PP	$-CH_2-CH-$ $\quad\quad\ \ \|$ $\quad\quad\ CH_3$	$CH_2=CH$ $\quad\quad\ \|$ $\quad\quad\ CH_3$	-10	全同 176
聚异丁烯	PIB	$\quad\quad\ CH_3$ $\quad\quad\ \|$ $-CH_2-C-$ $\quad\quad\ \|$ $\quad\quad\ CH_3$	$\quad\quad\ CH_3$ $\quad\quad\ \|$ $CH_2=C$ $\quad\quad\ \|$ $\quad\quad\ CH_3$	-73	44
聚苯乙烯	PS	$-CH_2-CH-$ $\quad\quad\ \ \|$ $\quad\quad\ C_6H_5$	$CH_2=CH$ $\quad\quad\ \|$ $\quad\quad\ C_6H_5$	95(100)	间同 274

续表

高分子	缩写	重复单元	单体	玻璃化温度 T_g/℃	熔点 T_m/℃
聚氯乙烯	PVC	$\begin{array}{c}-CH_2-CH-\\ \mid \\ Cl\end{array}$	$\begin{array}{c}CH_2=CH\\ \mid \\ Cl\end{array}$	81	
聚偏氯乙烯	PVDC	$\begin{array}{c}Cl\\ \mid \\ -CH_2-C-\\ \mid \\ Cl\end{array}$	$\begin{array}{c}Cl\\ \mid \\ CH_2=C\\ \mid \\ Cl\end{array}$	−17	198
聚氟乙烯	PVF	$\begin{array}{c}-CH_2-CH-\\ \mid \\ F\end{array}$	$\begin{array}{c}CH_2=CH\\ \mid \\ F\end{array}$	−20	200
聚四氟乙烯	PTFE	$-CF_2CF_2-$	$CF_2=CF_2$		327
聚三氟氯乙烯	PCTFE	$\begin{array}{c}-CF_2-CF-\\ \mid \\ Cl\end{array}$	$\begin{array}{c}CF_2=CF\\ \mid \\ Cl\end{array}$	45	219
聚丙烯酸	PAA	$\begin{array}{c}-CH_2-CH-\\ \mid \\ COOH\end{array}$	$\begin{array}{c}CH_2=CH\\ \mid \\ COOH\end{array}$	106	
聚丙烯酰胺	PAM	$\begin{array}{c}-CH_2-CH-\\ \mid \\ CONH_2\end{array}$	$\begin{array}{c}CH_2=CH\\ \mid \\ CONH_2\end{array}$	6	
聚丙烯酸甲酯	PMA	$\begin{array}{c}-CH_2-CH-\\ \mid \\ COOCH_3\end{array}$	$\begin{array}{c}CH_2=CH\\ \mid \\ COOCH_3\end{array}$	10	
聚甲基丙烯酸甲酯	PMMA	$\begin{array}{c}CH_3\\ \mid \\ -CH_2-C-\\ \mid \\ COOCH_3\end{array}$	$\begin{array}{c}CH_3\\ \mid \\ CH_2=C\\ \mid \\ COOCH_3\end{array}$	105	
聚丙烯腈	PAN	$\begin{array}{c}-CH_2-CH-\\ \mid \\ CN\end{array}$	$\begin{array}{c}CH_2=CH\\ \mid \\ CN\end{array}$	97	317
聚醋酸乙烯酯	PVAc	$\begin{array}{c}-CH_2-CH-\\ \mid \\ OCOCH_3\end{array}$	$\begin{array}{c}CH_2=CH\\ \mid \\ OCOCH_3\end{array}$	28	
聚乙烯醇	PVA	$\begin{array}{c}-CH_2-CH-\\ \mid \\ OH\end{array}$	$\begin{array}{c}CH_2=CH(假想)\\ \mid \\ OH\end{array}$	85	258
聚乙烯基乙基醚		$\begin{array}{c}-CH_2-CH-\\ \mid \\ OCH_2CH_3\end{array}$	$\begin{array}{c}CH_2=CH\\ \mid \\ OCH_2CH_3\end{array}$	−42	
聚丁二烯	PB	$-CH_2CH=CHCH_2-$	$CH_2=CHCH=CH_2$	−108	2
聚异戊二烯	PIP	$-CH_2C(CH_3)=CHCH_2-$	$CH_2=C(CH_3)CH=CH_2$	−73	
聚氯丁二烯	PCP	$\begin{array}{c}-CH_2C=CH-CH_2-\\ \mid \\ Cl\end{array}$	$\begin{array}{c}CH_2=CCH=CH_2\\ \mid \\ Cl\end{array}$		

（2）杂链高分子

大分子主链中除了碳原子外，还有氧、氮、硫等杂原子，如聚醚、聚酯、聚酰胺等缩聚物和杂环开环聚合物（见表1-3），天然高分子多属于这一类。这类高分子都有特征基团，如醚键（—O—）、酯键（—OCO—）、酰胺键（—NHCO—）等。

表 1-3　杂链高分子和元素有机高分子

类　型	高分子	典型结构单元	典型单体	T_g/℃	T_m/℃
聚醚 —O—	聚甲醛	$-OCH_2-$	H_2CO 或 $(H_2CO)_3$	−82	175
	聚环氧乙烷	$-OCH_2CH_2-$	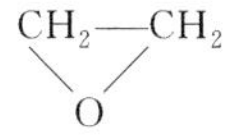 $CH_2{-}CH_2$（环氧乙烷）	−67	66
	聚双（氯甲基）丁氧环	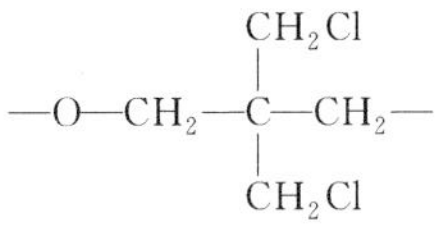 $-O{-}CH_2{-}C(CH_2Cl)_2{-}CH_2-$	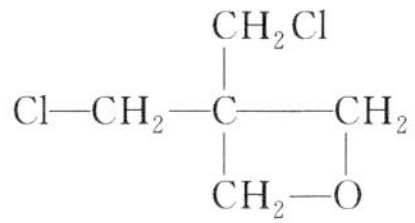 $Cl{-}CH_2{-}C(CH_2Cl)_2{-}CH_2{-}$	10	
	聚苯醚	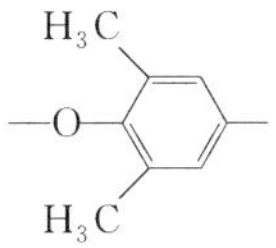 （2,6-二甲基苯醚结构单元）	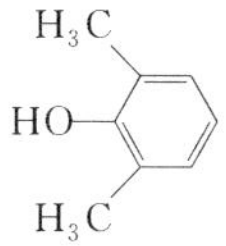 H_3C 2,6-二甲基苯酚	220	480
	环氧树脂	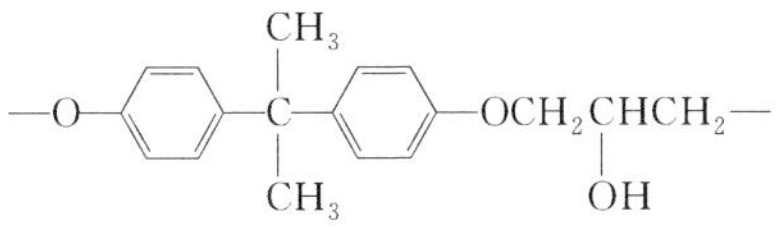 （双酚A环氧结构单元）	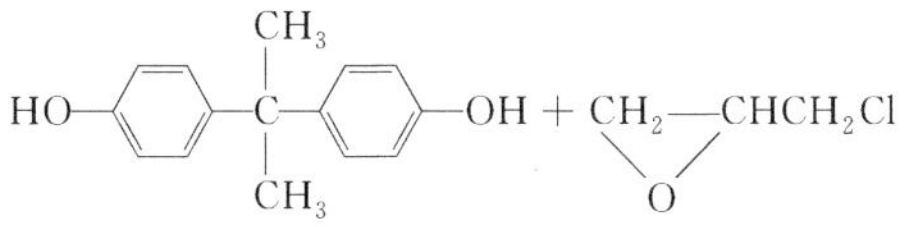 双酚A + $CH_2{-}CHCH_2Cl$		
聚酯 —OCO—	涤纶树脂	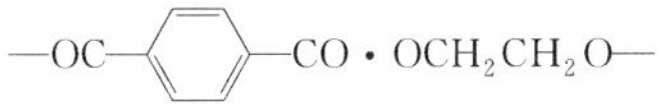 （对苯二甲酸乙二酯结构单元）	 $HOOC{-}{-}COOH + HOCH_2CH_2OH$	69	267
	聚碳酸酯	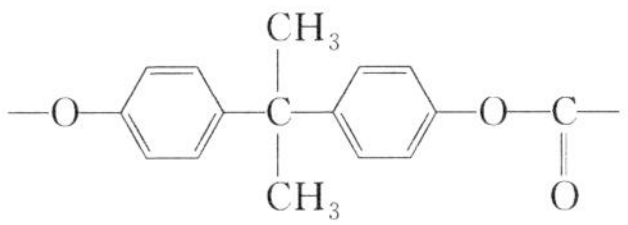 （双酚A碳酸酯结构单元）	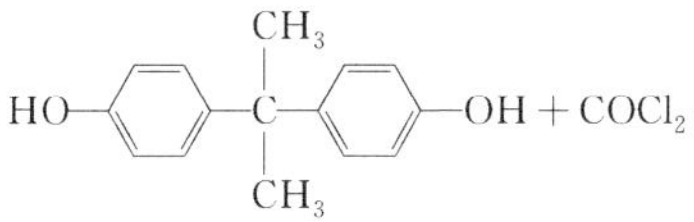 双酚A + $COCl_2$	149	265
	不饱和聚酯	$-OCH_2CH_2OCOCH{=}CHCO-$	$HOCH_2CH_2OH + \cdots$ 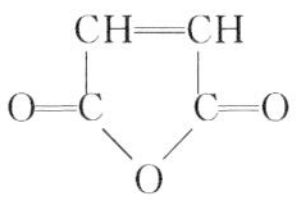		
	醇酸树脂	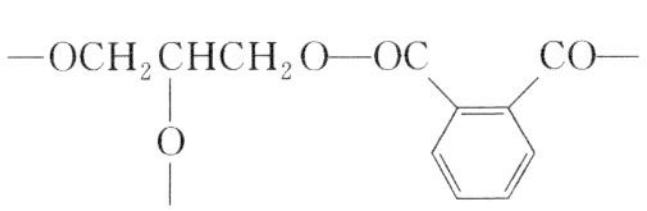 （邻苯二甲酸酯结构单元）	$HOCH_2CHOHCH_2OH + \cdots$ 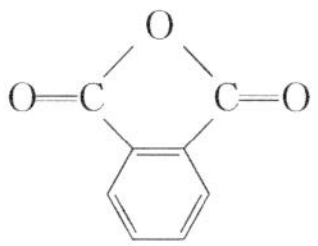		

续表

类型	高分子	典型结构单元	典型单体	T_g/℃	T_m/℃
聚酰胺 —NHCO—	尼龙-66	—HN(CH₂)₆NHOC(CH₂)₄CO—	$H_2N(CH_2)_6NH_2 + HOOC(CH_2)_4COOH$	50	
	尼龙-6	—HN(CH₂)₅CO—	$HN(CH_2)_5CO$	49	228
聚氨酯 —NHCOO—		—O(CH₂)₂O—CNH(CH₂)₆NHC— (C=O)	$HO(CH_2)_2OH + OCN(CH_2)_6NCO$		
聚脲 —NHCONH—		—NH(CH₂)₆NH—CNH(CH₂)₆NHC— (C=O)	$NH_2(CH_2)_6NH_2 + OCN(CH_2)_6NCO$		
聚砜 —SO₂—	双酚 A 聚砜	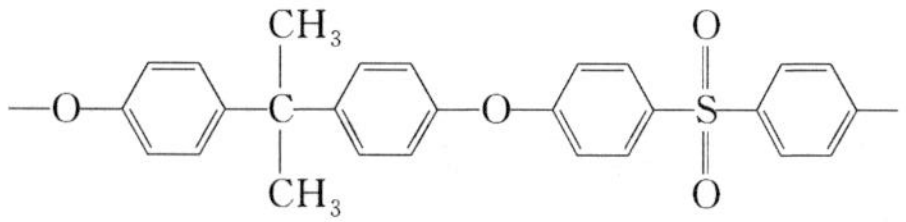	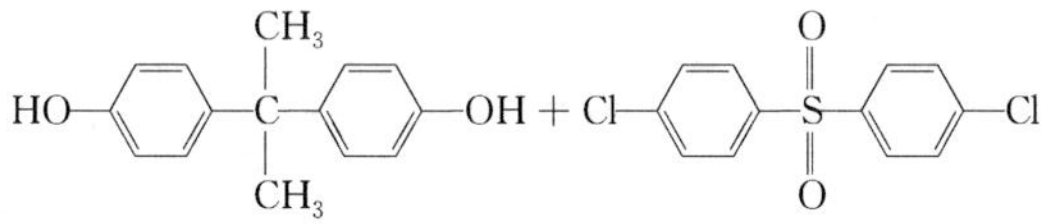	195	
酚醛	酚醛树脂	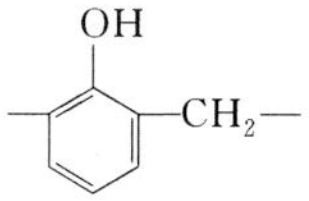	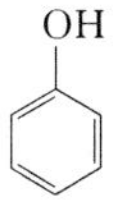 (OH on benzene + HCHO)		
脲醛	脲醛树脂	—NHCNH—CH₂— (C=O)	$CO(NH_2)_2 + HCHO$		
聚硫	聚硫橡胶	—CH₂CH₂—S₄—	$ClCH_2CH_2Cl + Na_2S_4$	−50	205
聚硅氧烷 —OSiR₂—	硅橡胶			−123	

（3）元素有机高分子（半有机高分子）

大分子主链中没有碳原子，主要由硅、硼、铝和氧、氮、硫、磷等原子组成，但侧基多半是有机基团，如甲基、乙基、乙烯基、苯基等。聚硅氧烷（有机硅橡胶）是典型的例子（见表 1-3）。

如果主链和侧基均无碳原子，则成为无机高分子，如硅酸盐类。

1.3.2　高分子的命名

合成高分子的名称常按单体或聚合物结构来命名，即所谓的习惯命名法。有时也会有商品俗名。1972 年，国际纯粹与应用化学联合会（IUPAC）对线形聚合物提出了结构系统命名法。

（1）习惯命名法

聚合物名称常以单体名为基础来命名。如烯类聚合物以烯类单体名前冠以"聚"字来命名，例如乙烯、氯乙烯的聚合物分别称为聚乙烯、聚氯乙烯。表 1-2 中的聚合物都按这种方法命名。

由两种单体聚合而成的共聚物，常摘取两单体的简名，后缀"树脂"或"橡胶"两字来命名。例如，由苯酚和甲醛缩聚而成的产物形似天然树脂，故称酚醛树脂；由丁二烯和苯乙烯共聚而得的聚合物，以及由乙烯和丙烯共聚而得的产物，均具橡胶的特性，故称丁苯橡胶、乙丙橡胶。目前，合成树脂的称谓已扩展到未加有助剂的所有聚合物的粉料和粒料。

对于杂链聚合物，习惯按其特征结构来命名，如聚酰胺、聚酯、聚碳酸酯、聚砜等。这类聚合物具体到某一品种，则另有其名。如由己二胺和己二酸缩聚而成的聚酰胺，其学名为聚己二酰己二胺，国外商品名为尼龙-66（聚酰胺-66）。尼龙后的前一数字代表二元胺的碳原子数，后一数字则代表二元酸的碳原子数；如只有一位数，则代表氨基酸的碳原子数，如尼龙-6 是己内酰胺或氨基己酸的聚合物。我国习惯以"纶"字作为合成纤维商品名的后缀字，如聚对苯二甲酸乙二醇酯纤维称为涤纶，聚丙烯腈纤维称为腈纶，聚酰胺纤维称为锦纶，聚氨酯（全称聚氨基甲酸酯）纤维称为氨纶，聚乙烯醇缩甲醛纤维称为维尼纶等，其他如丙纶、氯纶则分别代表聚丙烯、聚氯乙烯的纤维。

有些聚合物按单体名来命名容易引起混淆，例如结构式为 $\left[OCH_2CH_2 \right]_n$ 的聚合物，可从环氧乙烷、乙二醇、氯乙醇或氯甲醚来合成，因为环氧乙烷单体最常用，故通常称作聚环氧乙烷。按结构，该聚合物应称作聚氧化乙烯。

（2）系统命名法

国际纯粹与应用化学联合会对线形聚合物提出的命名原则和程序是：先确定重复单元结构，再排好其中次级单元次序，给重复单元命名，最后冠以"聚"字。写次级单元时，先写侧基最少的元素，再写有取代的亚甲基，然后写无取代的亚甲基。这一次序与习惯命名法有些不同，现举 4 例比较如下：

| $\left[CHCH_2 \right]_n$
    \|
    Cl | $\left[CH{=}CHCH_2CH_2 \right]_n$ | $\left[O{-}CHCH_2 \right]_n$
         \|
         F | $\left[CHCH_2 \right]_n$
    \|
    COOCH_3 |
|---|---|---|---|
| 系统命名：聚 1-氯代亚乙基 | 聚 1-亚丁烯基 | 聚氧化 1-氟代亚乙基 | 聚[1-(甲氧羰基)亚乙基] |
| 习惯命名：聚氯乙烯 | 聚丁二烯 | 聚氧化氟乙烯 | 聚丙烯酸甲酯 |

IUPAC 系统命名法比较严谨，但有些聚合物，尤其是缩聚物的名称过于冗长，例如：

	习惯命名	系统命名
─NH(CH₂)₅CO─ₙ	聚己内酰胺	聚［亚氨基（1-氧代己基）］
─NH(CH₂)₆NH·OC(CH₂)₄CO─ₙ	聚己二酰己二胺	聚（亚氨基六亚甲基亚氨基己二酰）
─O(CH₂)₂O·OCC₆H₄CO─ₙ	聚对苯二甲酸乙二醇酯	聚（氧亚乙基氧对苯二甲酰）

为方便起见，许多聚合物都有英文的缩写，例如聚甲基丙烯酸甲酯的英文缩写为 PM-MA。书刊中第一次出现比较不常用的英文缩写时，应注出全名。在学术性比较强的论文中，不希望用商品俗名，但不反对用能够反映单体结构的习惯名称，也鼓励使用系统命名。

1.4　聚合反应

1.4.1　聚合反应的分类

由低分子单体合成聚合物的反应总称为聚合反应。聚合反应有两种不同的分类方法。

1.4.1.1　按单体结构和反应类型分类

按单体结构和反应类型，可将聚合反应分为官能团间的缩合聚合、双键的加成聚合和环状单体的开环聚合三大类。这一分类比较简明，目前仍在沿用。

（1）缩聚

缩聚是缩合聚合的简称，是含两个或两个以上官能团的单体多次缩合成聚合物的反应。除形成缩聚物外，这类反应还有水、醇、氨或氯化氢等低分子副产物产生。缩聚物的结构单元要比单体少若干原子。如己二胺和己二酸反应生成聚己二酰己二胺（尼龙-66）就是缩聚的典型例子。

$$n\,H_2N(CH_2)_6NH_2 + n\,HOOC(CH_2)_4COOH \longrightarrow H\!-\!\!\left[HN(CH_2)_6NHOC(CH_2)_4CO\right]_n\!\!OH + (2n-1)H_2O$$

聚酯、聚碳酸酯、酚醛树脂、脲醛树脂等都由缩聚而得，详见表1-3。

（2）加聚

烯类单体因 π 键断裂而加成聚合起来的反应称作加聚反应，产物称作加聚物，如氯乙烯加聚生成聚氯乙烯。加聚物结构单元的元素组成与其单体相同，仅仅是电子结构有所变化，因此加聚物的分子量是单体分子量的整数倍，见式(1-1)。

$$n\,CH_2\!\!=\!\!CH \longrightarrow \left[CH_2CH\right]_n$$
$$\qquad\quad |\qquad\qquad\quad\ |$$
$$\qquad\ Cl\qquad\qquad\quad Cl$$

烯类单体的加聚物多属于碳链聚合物，详见表1-2。单烯类聚合物（如聚苯乙烯）为饱和聚合物，而双烯类聚合物（如聚异戊二烯）大分子中还留有 C═C 双键，可进一步反应。

（3）开环聚合

环状单体 σ 键断裂而聚合成线形聚合物的反应称作开环聚合。杂环开环聚合物是杂链聚合物，其结构类似缩聚物。开环聚合时无低分子副产物产生，又有点类似加聚。例如环氧乙烷开环聚合成聚氧化乙烯，己内酰胺开环聚合成聚己内酰胺（尼龙-6）。

$$n\,CH_2\!\!-\!\!CH_2 \longrightarrow \left[OCH_2CH_2\right]_n$$
$$\qquad\ \ \backslash\ O\ /$$

环氧乙烷　　　　　聚氧化乙烯

$$n\,HN(CH_2)_5CO \longrightarrow \left[HN(CH_2)_5CO\right]_n$$

己内酰胺　　　　　聚酰胺-6

除以上三大类之外，还有多种聚合反应，如聚加成、消去聚合、异构化聚合等。这些聚合反应很难归入上述分类中。

聚加成

$$n\,HO(CH_2)_4OH + n\,O\!\!=\!\!C\!\!=\!\!N(CH_2)_6N\!\!=\!\!C\!\!=\!\!O \xrightarrow{\text{分子间转移}} \{\!\!-O(CH_2)_4OCONH(CH_2)_6NHCO\!\!-\!\!\}_n$$
丁二醇　　　　　　六亚甲基二异氰酸酯　　　　　　　　　　　　　　聚氨酯

消去聚合

$$n\,CH_2N_2 \xrightarrow[\text{加热}]{BF_3} \{\!\!-CH_2\!\!-\!\!\}_n + n\,N_2$$

异构化聚合

$$n\,CH_2\!\!=\!\!CH\!\!-\!\!CONH_2 \xrightarrow{\text{分子内转移}} \{\!\!-CH_2CH_2CONH\!\!-\!\!\}_n$$
丙烯酰胺　　　　　　　　　　　　聚酰胺-3

1.4.1.2 按聚合机理分类

20 世纪 50 年代，Flory 根据机理和动力学，将聚合反应分成逐步聚合和连锁聚合两大类。这两类聚合反应的转化率和聚合物分子量随时间的变化均有很大的差别。个别聚合反应可能介于两者之间。

（1）逐步聚合

多数缩聚和聚加成反应属于逐步聚合，其特征是低分子转变成高分子的过程缓慢逐步进行，每步反应的速率和活化能大致相同。两单体分子反应，形成二聚体；二聚体与单体反应，形成三聚体；二聚体间反应，则成四聚体。反应早期，单体很快聚合成二、三、四聚体等，这些低聚物常称作齐聚物。短期内单体转化率很高，但基团的反应程度却很低。随后，低聚物间继续相互缩聚，分子量缓慢增加，直至基团反应程度很高（>98%）时，分子量才达到较高的数值，如图 1-10 中的曲线 3。在逐步聚合过程中，聚合体系主要由分子量递增的系列中间产物组成。

（2）连锁聚合

多数烯类单体的加聚反应属于连锁聚合。连锁聚合需要活性中心，活性中心可以是自由基、阴离子或阳离子，因此有自由基聚合、阴离子聚合和阳离子聚合。连锁聚合过程由链引发、链增长、链终止等基元反应组成，各基元反应的速率和活化能差别很大。链引发形成活性中心，链增长系活性中心与单体的加成，链终止则使活性中心消失或失活。传统的自由基聚合过程中，分子量随转化率变化不大，如图 1-10 中的曲线 1；除微量引发剂外，体系始终由单体和高分子量聚合物组成，没有分子量递增的中间产物；转化率却随时间而增加，单体则相应减少。活性阴离子聚合的特征是分子量随转化率而线性增加，如图 1-10 中的曲线 2。

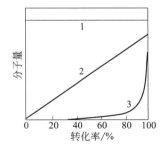

图 1-10　分子量-转化率关系图
1—自由基聚合；2—活性阴离子聚合；3—缩聚反应

根据聚合机理，可进一步了解聚合反应的动力学，进而控制聚合速率、分子量等。

本书主要按聚合机理的分类方法，依次介绍各种聚合反应的基本规律和特征。

1.4.2 聚合热力学

1.4.2.1 聚合热力学的基本概念

聚合热力学主要讨论聚合反应的可能性，以及聚合-解聚的平衡问题。设聚合反应的单体为初态，聚合物为终态，聚合反应式以及聚合前后相关热力学参数的变化简示如下：

$$nM \rightleftharpoons -[M]_n-$$

自由能	G_1	G_2	$\Delta G = G_2 - G_1$
焓	H_1	H_2	$\Delta H = H_2 - H_1$
熵	S_1	S_2	$\Delta S = S_2 - S_1$

聚合自由能差 ΔG 的正负是单体能否聚合的判据。$\Delta G < 0$ 时，单体才有聚合的可能；若 $\Delta G > 0$，聚合物将解聚；若 $\Delta G = 0$，则单体聚合与聚合物解聚处于可逆平衡状态。

自由能差 ΔG、焓差 ΔH、熵差 ΔS 之间存在如下关系：

$$\Delta G = \Delta H - T\Delta S \tag{1-6}$$

聚合反应使通常紊乱运动的单体小分子键接成结构规整的聚合物大分子，无序性减小，故 $\Delta S < 0$，$-T\Delta S$ 项为正值。只有 $\Delta H < 0$，且绝对值大于 $-T\Delta S$ 时，才会有 $\Delta G < 0$，聚合才有可能。因此，聚合反应一般为放热反应。

1.4.2.2 聚合热

聚合热在热力学上是判断聚合倾向的重要参数，在工程上则是确定聚合工艺条件和反应器传热设计的必要数据。

各类单体的聚合热差异很大，分述如下。

（1）烯类单体的聚合热

大部分烯类单体的聚合熵差 ΔS 近于定值，通常聚合温度（$50 \sim 100℃$）下，$-T\Delta S = 30 \sim 42 kJ \cdot mol^{-1}$，聚合热 $-\Delta H > 40 kJ \cdot mol^{-1}$（见表1-4）。因此，绝大多数烯类单体的 $\Delta G < 0$。

表1-4　25℃时部分单体的聚合焓差和聚合熵差（从液态单体转变成非晶态聚合物）

单体	$-\Delta H^{\ominus}/(kJ \cdot mol^{-1})$	$-\Delta S^{\ominus}/(J \cdot mol^{-1} \cdot K^{-1})$	单体	$-\Delta H^{\ominus}/(kJ \cdot mol^{-1})$	$-\Delta S^{\ominus}/(J \cdot mol^{-1} \cdot K^{-1})$
乙烯	95.0	100.4	丙烯酸	66.9	
丙烯	85.8	116.3	丙烯酰胺	62.0	
1-丁烯	79.5	112.1	丙烯酸甲酯	78.7	
异丁烯	51.5	119.7	甲基丙烯酸甲酯	56.5	117.2
丁二烯	73	89.0	丙烯腈	72.4	
异戊二烯	72.5	85.8	乙烯基醚	60.2	
苯乙烯	69.9	104.6	醋酸乙烯酯	87.9	109.6
α-甲基苯乙烯	35.1	103.8	马来酸酐	59	
四氟乙烯	155.6	112.1	甲醛	54.4[①]	
氯乙烯	95.6		乙醛	约0	
偏二氯乙烯	75.3				

① 从气态单体转变成非晶态聚合物。

烯类单体中取代基的位阻效应、共轭效应以及氢键、基团电负性等因素，对聚合热都有不同程度的影响，需综合考虑其结果。

① 位阻效应　取代基的位阻效应将使聚合热降低。以乙烯的聚合热（$95.0 kJ \cdot mol^{-1}$）作为参比，单取代的位阻效应影响不大，例如丙烯（$85.8 kJ \cdot mol^{-1}$）、醋酸乙烯酯（$87.9 kJ \cdot mol^{-1}$）的聚合热稍有降低。1,1-双取代烯类位阻效应的影响就要大得多，例如异丁烯（$51.5 kJ \cdot mol^{-1}$）、甲基丙烯酸甲酯（$56.5 kJ \cdot mol^{-1}$）的聚合热就远低于乙烯。1,2-双取代烯类很难均聚，就是因为位阻效应。

② 共振能和共轭效应　共振使内能降低，从而使聚合热降低。具有共轭效应的苯乙烯（$69.9 kJ \cdot mol^{-1}$）、丙烯腈（$72.4 kJ \cdot mol^{-1}$）、丁二烯（$73 kJ \cdot mol^{-1}$）、异戊二烯（$72.5 kJ \cdot$

mol^{-1}）的聚合热相近，都比乙烯低得多。

丙烯中甲基的超共轭效应和位阻效应使聚合热有所降低。异丁烯中 2 个甲基的位阻效应和超共轭效应，使其聚合热降得更多。α-甲基苯乙烯中苯环的共轭效应、甲基的超共轭效应和两基团的位阻效应，使聚合热（35.1kJ·mol^{-1}）降得更低。

③ 强电负性取代基的影响　F、Cl、NO$_2$ 等强电负性基团将使聚合热增加。氯乙烯（95.6kJ·mol^{-1}）、硝基乙烯（90.8kJ·mol^{-1}）、偏二氟乙烯（129.7kJ·mol^{-1}）等都有较高的聚合热。四氟乙烯中氟原子的强电负性大大减弱了 C＝C 的 π 键键能（400～440kJ·mol^{-1}），致使四氟乙烯的聚合热特别高（155.6kJ·mol^{-1}）。

④ 氢键和溶剂化的影响　氢键会使聚合热降低。例如丙烯酸（66.9kJ·mol^{-1}）、甲基丙烯酸（42.3kJ·mol^{-1}）、丙烯酰胺（62.0kJ·mol^{-1}，在苯中）、甲基丙烯酰胺（35.1kJ·mol^{-1}，在苯中）的聚合热都比较小，其中带甲基的则更低，这是双取代的位阻效应和氢键叠加影响的结果。

聚合热可由量热法、燃烧热法、热力学平衡法来实测，也可由标准生成热来计算，还可由聚合前后键能的变化来估算。因为 $\Delta H = \Delta U + p \Delta V$，当定容变化时，$\Delta H = \Delta U$，即焓的变化等于内能的变化。例如乙烯聚合成聚乙烯时，1 个 π 键（608.2kJ·mol^{-1}）转变成 2 个 σ 键（352kJ·mol^{-1}），储存在乙烯单体分子中的 π 键内能就以聚合热的形式释放出来，聚合热的估算结果为

$$-\Delta H = 2U_\sigma - U_\pi = (2 \times 352 - 608.2)kJ·mol^{-1} = 95.8kJ·mol^{-1}$$

（2）缩聚类单体的聚合热

二元酸与二元醇进行缩聚反应时，羧酸中的 C—O 键转变为酯中的 C—O 键，同时醇中的 O—H 键转变为水的 O—H 键，聚合前后物质的总内能变化不大，实际聚合热低，仅 10.5kJ·mol^{-1}。而且，缩聚反应的单体极性高，分子的聚集相对有规，初始熵 S_1 本身较小，虽然聚合物的熵 S_2 更小，仍会 $\Delta S < 0$，但 $-T\Delta S$ 的绝对值小。通常的聚合温度下，ΔG 较接近于零。因此，缩聚反应多处于聚合和解聚的可逆平衡状态，平衡常数低。

二元酸与二元胺的缩聚反应或氨基酸的缩聚反应中，伯氨基单体中的 N—H 键和羧酸中的 O—H 键转变为聚酰胺中的 N—O 键和水中的 O—H 键，聚合前后物质的总内能变化也不大，实际聚合热也较低（24kJ·mol^{-1}）。

（3）环状单体的聚合热

环状单体的开环聚合，聚合前后键的类型不变，聚合热来自环张力能的释放。

环的张力有两类：一类是键角变形引起的角张力，另一类是氢或取代基间斥力造成的构象张力。三、四元环角张力和聚合热很大，易开环聚合。五元环键角为 108°，角张力和 ΔH 甚小，ΔS 项对能否开环聚合起了重要作用。环己烷六元环呈椅式或船式，键角变形趋于零，$\Delta H \approx 0$，ΔG 为正，无法聚合。五元环和七元环因邻近氢原子相斥，形成构象张力。八元以上环的氢或取代基处于拥挤状态，因斥力而形成跨环张力（构象张力）。十一元以上环的跨环张力消失。较大环的 ΔH 和 ΔS 贡献相近，都不能忽略。

根据上述分析，不同大小环烷烃的热力学稳定性次序大致如下：

$$3、4 \ll 5、7 \sim 11 < 12 \text{ 以上}、6$$

实际上九元以上的环较少，环烷烃在热力学上容易开环的程度可简化为 3、4 > 8 > 7、5。

六元环以外的环烷烃在热力学上虽有开环聚合倾向，但因极性小，不易被离子活性种所进攻，产物分子量很低，因此不能用作聚乙烯的单体，仅选作杂环开环聚合的参比物。

环上取代基的存在不利于开环聚合，连接有大侧基的线形大分子不稳定，容易解聚而成环。原因是环上侧基间的距离大（如下式中的 a），斥力或内能小，而线形大分子上的侧基间或侧基与链中原子间的距离小（如下式中的 b 和 c），斥力或内能相对较大，因此含大侧基的环状单体不易开环聚合。

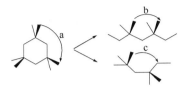

如果侧基较小，环状低聚物和线形聚合物中分子内斥力相近，不影响聚合。

比较无取代基和有取代基的环烷烃，随着取代程度的增加，$-\Delta H$ 依次递减，聚合难度递增。杂环单体的情况也类似。如二甲基硅氧烷的聚合产物含有 87% 线形聚合物和 13% 环状四、五聚体；而带氟丙基的硅氧烷聚合产物$\underset{n}{\left[(F_3CC_2H_4)Si(CH_3)-O\right]}$，则含有 86.5% 环状三至六聚体。

工业上环烷烃的聚合很少，杂环单体的开环聚合则较多见。典型环醚和环缩醛的聚合热数据见表 1-5。

表 1-5 部分环醚和环缩醛的聚合热和聚合熵

单　　体	环大小	$-\Delta H/(kJ\cdot mol^{-1})$	$-\Delta S/(J\cdot mol^{-1}\cdot K^{-1})$
环氧乙烷	3	94.5	
丁氧环	4	81	
四氢呋喃	5	15	49
二氧五环	5	16.7	45.9
三氧六环	6	4.5	18
二氧七环	7	15.1	48.1
二氧八环	8	53.8	
甲醛		31.1	79.2

1.5 　高分子化学发展简史

人类生活与高分子密切相关，食物中的蛋白质和淀粉就是高分子。远在几千年以前，人类就使用棉、麻、丝、毛、皮等天然高分子作织物材料，使用竹木作建筑材料。纤维造纸、皮革鞣制、油漆应用等都是天然高分子早期的化学加工。

直至 20 世纪 20～30 年代，还只有少数几种合成高分子，而目前合成高分子材料的体积产量已经远超过钢铁和金属的总和。高分子材料已成为与金属材料、无机材料并列的，各应用领域和日常生活不可或缺的材料。目前我国高分子材料的年产量高居世界第一位。

1838 年曾进行过氯乙烯、苯乙烯的聚合，但真正工业化还是 90 年以后的事。19 世纪中叶，天然高分子的化学改性开始发展，如天然橡胶的硫化（1839 年）、硝化纤维赛璐珞的出现（1868 年）、黏胶纤维的生产（1893～1898 年）。20 世纪初期，开始出现了第一种合成树脂和塑料——酚醛塑料，1909 年工业化。第一次世界大战期间，出现了丁钠橡胶。20 世纪 20 年代，醇酸树脂、醋酸纤维、脲醛树脂也相继投入生产。

19 世纪，还没有高分子的名称，也不知道高分子的结构，连分子量的测定方法都未建立。

19～20 世纪之交，初步确定天然橡胶由异戊二烯构成、纤维素和淀粉由葡萄糖残体构成，但还不知道共价结合，疑是胶体。1890～1919 年间，Emil Fischer 通过蛋白质的研究，开始涉及聚合物的结构，对以后高分子概念的建立起了重要作用。直至 1920 年，Hermann Staudinger 才提出聚苯乙烯、橡胶、聚甲醛等都是由共价键结合的大分子，后又经历了近 10 年，才于 1929 年确立了大分子假说，创建了高分子学科。1953 年，他因此而获得了诺贝尔化学奖。

20 世纪 30～40 年代是高分子化学和工业开始兴起的时代，两者相互促进。从 20 世纪 20 年代末期开始，Carothers 着手系统研究合成聚酯和聚酰胺的缩聚反应，1935 年尼龙-66 研制成功，并于 1938 年实现了工业化。30 年代，还工业化了一批经自由基聚合而成的烯类加聚物，如聚氯乙烯（1927～1937 年）、聚醋酸乙烯酯（1936 年）、聚甲基丙烯酸甲酯（1927～1931 年）、聚苯乙烯（1934～1937 年）、高压聚乙烯（1939 年）等。自由基聚合的成功已经突破了经典有机化学的范围。缩聚和自由基聚合奠定了早期高分子化学学科发展的基础。

在缩聚和自由基聚合等基本原理指导下，40 年代，高分子工业以更快的速度发展。相继开发了丁苯橡胶、丁腈橡胶、氟树脂、ABS 树脂等，属于阳离子聚合机理的丁基橡胶也在这一时期生产。同时发展了乳液聚合和共聚合的基本理论，逐步改变了完全依靠经验摸索的时代。陆续工业化的缩聚物有不饱和聚酯、有机硅、聚氨酯、环氧树脂等。由于原料问题，1940 年开发成功的涤纶树脂，到 1950 年才工业化。聚丙烯腈纤维也在解决了溶剂问题以后，才于 1948～1950 年投产。

Paul J. Flory 在缩聚和加聚机理系统化和高分子溶液理论方面做出了杰出的贡献，于 1974 年获得了诺贝尔化学奖。高分子溶液理论和分子量测定推动了高分子化学的发展。物理和物理化学中的许多表征技术，如核磁共振、红外光谱、X 射线衍射、光散射等，对高分子结构的剖析和确定起了重要作用。

50～60 年代，出现了许多新的聚合方法和聚合物品种，高分子化学和工业发展得更快，规模也更大。

1953～1954 年，Ziegler、Natta 等发明了有机金属络合催化体系，合成了高密度聚乙烯和等规聚丙烯，开拓了高分子合成的新领域，二人因而于 1963 年获得了诺贝尔化学奖。几乎同时，Szwarc 对阴离子聚合和活性聚合的研究做出了贡献。这些为以后聚烯烃、顺丁橡胶、异戊橡胶、乙丙橡胶以及苯乙烯-丁二烯-苯乙烯三嵌段共聚物（SBS）等的发展提供了理论基础。

继 50 年代末期聚甲醛、聚碳酸酯出现以后，60 年代还开发了聚砜、聚苯醚、聚酰亚胺等工程塑料，许多耐高温和高强度的合成材料也层出不穷。这给缩聚反应开辟了新的方向。可以说，60 年代是聚烯烃、合成橡胶、工程塑料，以及离子聚合、配位聚合、溶液聚合大发展的时期，与以前的聚合物品种、聚合方法一起，形成了合成高分子全面繁荣的局面。

70～80 年代，高分子化学学科更趋成熟，进入了新的时期。新聚合方法、新型聚合物，以及新的结构、性能和用途不断涌现。除了原有聚合物以更大规模、更加高效地工业生产外，更重视新合成技术的应用以及高性能、功能、特种聚合物的研制开发。新的合成方法涉及茂金属催化聚合、活性自由基聚合、基团转移聚合、丙烯酸类-二烯烃易位聚合、以 CO_2 为介质的超临界聚合等。高性能涉及超强、耐高温、耐烧蚀、耐油、低温柔性等，相关的聚合物有芳杂环聚合物、液晶高分子、梯形聚合物等。此外，还开发了一些新型结构聚合物，如星形和树枝状聚合物、新型接枝和嵌段共聚物、无机-有机杂化聚合物等。应用聚合方法来合成多肽和蛋白质，联通了高分子化学与生物化学。Robert B. Merrifield 创建了固相接肽技术，为合成多肽做出了杰出贡献，于 1984 年获得了诺贝尔化学奖。

功能高分子除继续延伸原有的反应功能和分离功能外，更重视光电功能和生物功能的研究和开发。Alan J. Heeger、Alan G. MacDiarmid 和白川英树（Hideki Shirakawa）在导电高分子方面的贡献，使他们共同获得了 2000 年诺贝尔化学奖。光电功能高分子（如杂化聚合物-陶瓷材料）在半导体器件、光电池、传感器、质子电导膜中起着重要作用。在生物医药领域中，生物功能高分子除了本身是医用高分子外，还涉及药物控制释放和酶的固载，胶束、胶囊、微球、水凝胶、生物相容界面等都成了新的研究内容。

高分子材料的快速发展与大规模应用，越来越引起人们对其环境影响的担忧。尤其是进入 21 世纪，各国政府相继出台了一次性塑料制品的限塑令，推动了聚乳酸、聚丁二酸丁二醇酯、聚（己二酸-co-对苯二甲酸丁二醇酯）、聚羟基脂肪酸酯等生物可降解的脂肪族聚酯的工业化。但它们并不是一类新的聚合物，早在 1932 年，Carothers 就已实现了聚乳酸的合成。只是当时人们更青睐于制造成本低廉、力学性能与加工性能优异的芳族聚酯。

减少高分子材料对环境影响的另一条途径是，热固性高分子的热塑化。分子间的交联可有效提升塑料的耐热、耐溶剂及力学性能。但传统的化学交联导致这些高分子材料制品不能像热塑性高分子那样，可以重加工与回用。2011 年，Leibler 等人提出了 vitrimer 的概念，即将交联网络中的化学交联改为缔合型动态共价键，使材料在高温下展现出类似于玻璃的流动行为，因而被称为类玻璃高分子。类玻璃高分子所具有的动态共价交换网络使之能够在保持网络结构完整的情况下实现自愈合及再加工，同时动态共价键交换反应使之具有形状记忆行为。目前，利用动态共价键进行热固性树脂预聚物的交联，正成为热固性树脂热塑化的一条主要途径。

传统橡胶的成型加工是将柔性高分子链化学交联成网络，因而，传统的橡胶制品也不能像热塑性高分子那样塑化加工与回用。20 世纪 60 年代开发的 SBS，以物理的热可逆交联替代了传统橡胶中的化学交联，因而可以像热塑性塑料那样熔融加工，同时又具有一定的弹性，故被称为热塑性弹性体（TPE）。此后，各类软硬嵌段结构的 TPE，如聚氨酯、聚酯、聚酰胺、聚烯烃等类热塑性弹性体相继产生，发展速度远快于传统硫化橡胶。然而，物理交联的次价键毕竟远弱于化学交联的共价键，因而 TPE 的耐热、耐溶剂及力学性能并不理想。近年来，人们也正尝试利用动态共价键来进行柔性高分子链的化学交联，从而开发出一类高性能的 TPE。

超分子聚合物是一类新的聚合物，它是由高分子和/或小分子构筑基元通过非共价键自组装而形成的具有高分子特征的聚集体。形成超分子聚合物的驱动力为可逆和高度定向的分子间次价键力（即非共价键），如氢键、配位作用、主客体识别、π-π 相互作用等。与传统的共价键聚合物类似，超分子聚合物按拓扑结构分类可分为线形、支化、交联三大类；但分子间次价键力所展现出的可逆性和灵活性，使超分子聚合物在可重复加工性、刺激响应性、环境适应性和自愈性等方面展现出了巨大的潜力。

超分子聚合物的研究最早可追溯到诺贝尔奖获得者 Lehn 等于 1990 年报道的基于三重氢键作用构筑的具有液晶性质的超分子聚合物。由于三重氢键的作用不够强，因此在溶液中很难得到高分子量的超分子聚合物。此后，通过发展结合常数达到 1000 万 $L \cdot mol^{-1}$ 的自配对四重氢键体系，实现了有机溶剂中高分子量超分子聚合物的构筑。超分子聚合物不仅可以由某一种非共价作用力驱动形成，还可以由几种作用力共同驱动形成。超分子聚合物可望在一些特殊的环境和场合发挥不可替代的作用，如组织工程、生物医学、光电材料等领域，从而与传统的共价键聚合物形成有效的互补。

　　高分子科学推动了化工、材料等相关行业的发展，也丰富了化学、化工、材料诸学科。在高分子学科的形成过程中，也离不开其他学科的基础和相关行业的推动。高分子化学还逐渐与生物学科相互渗透。目前几乎 50% 以上的化工、化学工作者，以及材料、轻纺乃至机械、土木、建筑、交通等行业的众多工程技术人员都在从事高分子的研究开发工作。

　　高分子化学已经不再是有机化学、物理化学等某一传统化学学科的分支，而是整个化学学科和物理、工程、生物乃至药物等许多学科的交叉和综合，今后还会进一步丰富和完善。高分子科学在其他科学技术领域中的影响愈来愈大，实际上已经步入核心科学。

思 考 题

　　1.请自行从人工智能（AI）工具或网络资源上查阅，下列物质各是由什么高分子材料制作的，试写出它们的分子结构式。

　　足球场人造草坪、篮球内胆、手机照相镜头、泳装面料、冷鲜食品包装箱、塑料门窗、假体隆鼻材料。

　　2.什么叫玻璃化温度？橡胶和塑料的玻璃化温度有何区别？聚合物的熔点有什么特征？

　　3.例举日常生活中所用的几种合成橡胶。它们的玻璃化温度范围一般为多少？它们为什么具有回弹性？

　　4.俗称涤纶、锦纶、腈纶、氨纶、维尼纶、丙纶、氯纶等合成纤维的聚合物，按结构特征各应称作什么？它们的单体、结构单元、重复单元各是什么？分别按单体-聚合物的结构变化和聚合机理说出它们的聚合反应类型。

　　5.比较乙烯、苯乙烯、甲基丙烯酸甲酯、四氟乙烯、环氧乙烷，以及二元酸与二元醇的聚合反应热，说明为什么不能笼统地将聚合反应列为强放热反应，指出哪几个聚合反应的热安全风险较大。

　　6.快递包装中哪些是高分子材料？从环境保护的角度，你觉得用生物降解高分子材料好，还是用热塑性高分子材料好？

　　7.教室或宿舍中，有哪些物品用到了高分子材料？它们的分子结构呈线形还是体形？它们属于热塑性高分子还是热固性高分子？

　　8.汽车中，有哪些部件用到了高分子材料？它们的分子结构呈线形还是体形？它们是热塑性高分子还是热固性高分子？常温下它们呈晶态还是非晶态？

　　9.写出下列单体的聚合反应式，以及单体、聚合物的名称。

　　　　a. $CH_2 = CHF$　　　　　b. $CH_2 = C(CH_3)_2$　　　　c. $HO(CH_2)_5COOH$　　　　d. $\begin{matrix} CH_2 - CH_2 \\ | \quad\quad | \\ CH_2 - O \end{matrix}$

　　　　e. $NH_2(CH_2)_6NH_2 + HOOC(CH_2)_4COOH$

　　10.按如下结构式写出聚合物和单体名称以及聚合反应式，说明属于加聚、缩聚还是开环聚合，连锁聚合还是逐步聚合。

　　　　a. $\left[CH_2C(CH_3)_2 \right]_n$　　　　　　　　　b. $\left[NH(CH_2)_6NHCO(CH_2)_4CO \right]_n$

　　　　c. $\left[NH(CH_2)_5CO \right]_n$　　　　　　　　　d. $\left[CH_2C(CH_3) = CHCH_2 \right]_n$

　　11.写出下列聚合物的单体结构式和常用的聚合反应式。

　　聚丙烯腈、天然橡胶、丁苯橡胶、聚甲醛、聚苯醚、聚四氟乙烯、聚二甲基硅氧烷。

计 算 题

　　1.求下列混合物的数均分子量、重均分子量和分子量分布指数。

　　　　a.组分 A：质量 = 10g，分子量 = 30000

　　　　b.组分 B：质量 = 5g，分子量 = 70000

　　　　c.组分 C：质量 = 1g，分子量 = 100000

　　2.等质量的聚合物 A 和聚合物 B 共混，计算共混物的 $\overline{M}_n$ 和 $\overline{M}_w$。

　　　　聚合物 A：$\overline{M}_n = 35000$，$\overline{M}_w = 90000$

　　　　聚合物 B：$\overline{M}_n = 15000$，$\overline{M}_w = 300000$

2

缩聚和逐步聚合

2.1 引言

绪论中提到，按单体-聚合物组成结构变化，可将聚合反应分成缩聚、加聚、开环聚合三类；而按机理，又可分成逐步聚合和连锁聚合两类。缩聚和逐步聚合两词并非同义词，却易混用，原因是几乎全部缩聚都属于逐步聚合机理，而且逐步聚合的绝大部分也属于缩聚。因此，本章选取典型缩聚反应作为逐步聚合的代表来剖析其机理和共同规律，而后介绍重要缩聚物和逐步聚合物。

1907 年，世界上首次研制成功的第一种合成高分子（酚醛树脂）就是由缩聚反应合成的。20 世纪二三十年代，在 Staudinger 确立高分子学说和创建高分子学科的初期，Carothers 就对合成聚酯和聚酰胺的缩聚反应进行了系统研究，可以说从经典有机化学向高分子化学发展也从缩聚反应开始。目前缩聚反应在高分子合成中仍占重要地位，除酚醛树脂、脲醛树脂、醇酸树脂、环氧树脂、聚酯、聚酰胺等通用缩聚物（见表 1-3）外，聚碳酸酯、聚苯硫醚、聚砜等工程塑料，以及芳族聚酰胺、聚酰亚胺、液晶高分子等高性能聚合物也由缩聚反应来合成。此外，聚硅氧烷、硅酸盐等半无机或无机高分子，纤维素、核酸、蛋白质等天然高分子，都可以看作缩聚物，可见缩聚涉及面甚广。

缩聚是基团间的反应，乙二醇和对苯二甲酸缩聚成涤纶聚酯，己二胺和己二酸缩聚成聚酰胺-66，都是典型的例子：

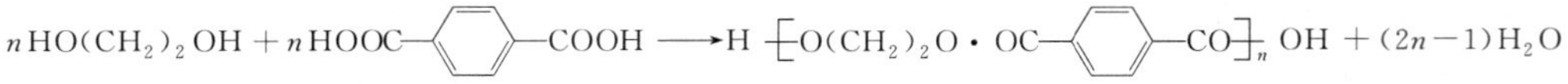

$$n\,HO(CH_2)_2OH + n\,HOOC-\!\!\!\!\bigcirc\!\!\!\!-COOH \longrightarrow H\!\left[O(CH_2)_2O\cdot OC-\!\!\!\!\bigcirc\!\!\!\!-CO\right]_n\!OH + (2n-1)H_2O$$

$$n\,H_2N(CH_2)_6NH_2 + n\,HOOC(CH_2)_4COOH \longrightarrow H\!\left[NH(CH_2)_6NH\cdot OC(CH_2)_4CO\right]_n\!OH + (2n-1)H_2O$$

它们均属逐步聚合机理。还有些非缩聚的逐步聚合，如合成聚氨酯的聚加成、制聚苯醚的氧化偶合、己内酰胺经水催化合成尼龙-6 的开环聚合、制梯形聚合物的 Diels-Alder 加成反应等，见表 2-1。这些聚合产物多数是杂链聚合物，与缩聚物相似。

也有形式类似缩聚而按连锁机理进行的聚合反应，如对二甲苯热氧化脱氢合成聚（对二亚甲基苯）、重氮甲烷制聚乙烯等。但这些反应甚少应用于高分子的合成。

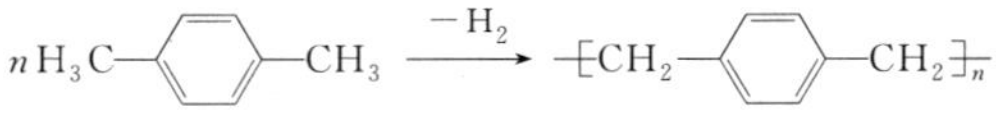

$$n\,H_3C-\!\!\!\!\bigcirc\!\!\!\!-CH_3 \xrightarrow{-H_2} \left[CH_2-\!\!\!\!\bigcirc\!\!\!\!-CH_2\right]_n$$

$$n\,CH_2N_2 \xrightarrow{-N_2} \left[CH_2\right]_n$$

表 2-1　非缩聚型的逐步聚合反应

聚合物	逐步聚合反应
聚氨酯	$n\,\mathrm{O{=}C{=}N-R-N{=}C{=}O} + n\,\mathrm{HO-R'-OH} \longrightarrow \left[\!\!\begin{array}{c}\mathrm{O}\ \ \ \mathrm{H}\ \ \ \ \ \mathrm{H}\ \ \ \mathrm{O}\\ \mathrm{C-N-R-N-C-O-R'-O}\end{array}\!\!\right]_n$
聚苯醚	$n\,\mathrm{(CH_3)_2C_6H_3OH} + \dfrac{n}{2}\mathrm{O_2} \xrightarrow[-\,\mathrm{H_2O}]{\mathrm{Cu^+}\text{-胺类}} \left[\!\!\begin{array}{c}\mathrm{CH_3}\\ \mathrm{C_6H_2 - O}\\ \mathrm{CH_3}\end{array}\!\!\right]_n$
聚酰胺-6	$n\,\mathrm{NH(CH_2)_5CO} \xrightarrow{\mathrm{H^+}} \left[\mathrm{NH(CH_2)_5CO}\right]_n$
Diels-Alder 加成物	$n\,\mathrm{(H_2C{=})_2C_6H_8} + n\,\mathrm{O{=}C_6H_4{=}O} \longrightarrow [\cdots]_n$

2.2　缩聚反应

缩聚是缩合聚合的简称，是官能团单体多次重复缩合而形成缩聚物的过程。进行缩合和缩聚反应的两种官能团（如羟基和羧基）可以分属于两种单体分子，如乙二醇和对苯二甲酸；也可能同在一种单体分子上，如羟基酸。缩合和缩聚反应的结果，除主产物外，还伴有副产物产生。

（1）缩合反应

醋酸与乙醇的酯化是典型的缩合反应，除主产物醋酸乙酯外，还有副产物水产生。

$$\mathrm{CH_3COOH} + \mathrm{HOC_2H_5} \Longleftrightarrow \mathrm{CH_3CO \cdot OC_2H_5} + \mathrm{H_2O}$$

一分子中能参与反应的官能团数称作官能度（f），醋酸和乙醇的官能度都是 1，该反应体系简称 1-1（官能度）体系。单官能度的辛醇和 2-官能度的邻苯二甲酸酐缩合反应的结果，主产物为邻苯二甲酸二辛酯，可用作增塑剂，该体系就称作 1-2 体系。

$$\mathrm{C_6H_4(CO)_2O} + 2\mathrm{C_8H_{17}OH} \Longleftrightarrow \mathrm{C_8H_{17}O \cdot OCC_6H_4CO \cdot OC_8H_{17}} + 2\mathrm{H_2O}$$

1-1、1-2、1-3 等体系都有一种原料是单官能度，其缩合结果，只能形成低分子化合物。

考虑官能度时，需以参与反应的基团为准。例如苯酚在一般反应中，酚羟基是反应基团，官能度为 1；而与甲醛反应时，酚羟基的邻、对位氢才是参与反应的基团，官能度应该是 3；p-甲酚的官能度只有 2。

（2）缩聚反应

二元酸和二元醇的缩聚反应是缩合反应的发展。例如己二酸和己二醇进行酯化反应时，第一步缩合成羟基酸二聚体（如下式中 $n=1$），以后相继形成的低聚物都含有端羟基和/或端羧基，可以继续缩聚，聚合度逐步增加，最后形成高分子量线形聚酯。

$$n\,\mathrm{HOOC(CH_2)_4COOH} + n\,\mathrm{HO(CH_2)_6OH} \Longleftrightarrow \mathrm{HO}\left[\mathrm{OC(CH_2)_4CO \cdot O(CH_2)_6O}\right]_n\mathrm{H} + (2n-1)\mathrm{H_2O}$$

以 a、b 代表官能团，A、B 代表结构单元，则 2-2 官能度体系线形缩聚的通式可表示如下：

$$n\,\mathrm{aAa} + n\,\mathrm{bBb} \Longleftrightarrow \mathrm{a}\left[\mathrm{AB}\right]_n\mathrm{b} + (2n-1)\mathrm{ab}$$

同一分子若带有能相互反应的两种基团，如羟基酸，经自缩聚，也能制得线形缩聚物。

$$n\,HORCOOH \Longleftrightarrow H{\left[ORCO\right]}_n OH + (n-1)H_2O$$

氨基酸的缩聚也类似。这类单体称作 2-官能度体系，其缩聚通式如下：

$$n\,aRb \Longleftrightarrow a{-}R_n{-}b + (n-1)ab$$

线形缩聚的首要条件是以 2-2 或 2-官能度体系为原料。采用 2-3 或 2-4 官能度体系时，例如邻苯二甲酸酐与甘油或季戊四醇反应，除了按线形方向缩聚外，侧基也能缩聚，先形成支链，进一步产生凝胶，形成体形结构，因此称作体形缩聚。

综上所述，1-1、1-2、1-3 官能度体系缩合，将形成低分子物；2-2 或 2-官能度体系缩聚，形成线形缩聚物；2-3、2-4 或 3-3 等官能度体系则形成体形缩聚物。本章先讨论线形缩聚和体形缩聚的逐步机理，除聚合速率外，分子量控制是线形缩聚的关键，凝胶点的控制则是体形缩聚的关键；之后，再介绍重要缩聚物和逐步聚合物。

可进行缩聚反应的基团种类很多，如—OH、—NH$_2$、—COOH、—COOR、—COCl、—OCOCO—、—H、—Cl、—SO$_3$H、—SO$_2$Cl 等，缩聚常用单体见表 2-2。缩聚物链中都留有特征基团，如醚（—O—）、酯（—OCO—）、酰胺（—NHCO—）、砜（—SO$_2$—）等基团。

表 2-2　缩聚和逐步聚合常用单体

单体种类	基团	二元		多元	
醇	—OH	乙二醇	HO(CH$_2$)$_2$OH	丙三醇	C$_3$H$_5$(OH)$_3$
		丁二醇	HO(CH$_2$)$_4$OH	季戊四醇	C(CH$_2$OH)$_4$
酚	—OH	双酚 A	HO—〔苯环〕—C(CH$_3$)$_2$—〔苯环〕—OH		
羧酸	—COOH	己二酸	HOOC(CH$_2$)$_4$COOH	均苯四甲酸 〔结构式〕	
		癸二酸	HOOC(CH$_2$)$_8$COOH		
		对苯二甲酸	HOOC—〔苯环〕—COOH		
酸酐	—CO—O—CO—	邻苯二甲酸酐 〔结构式〕	马来酸酐 〔结构式〕	均苯四甲酸酐 〔结构式〕	
酯	—COOCH$_3$	对苯二甲酸二甲酯 H$_3$COOC—〔苯环〕—COOCH$_3$			
酰氯	—COCl	光气	COCl$_2$		
		己二酰氯	ClOC(CH$_2$)$_4$COCl		
胺	—NH$_2$	己二胺	H$_2$N(CH$_2$)$_6$NH$_2$	均苯四胺 〔结构式〕	尿素 CO(NH$_2$)$_2$
		癸二胺	H$_2$N(CH$_2$)$_{10}$NH$_2$		
		间苯二胺 〔结构式〕			
异氰酸	—N=C=O	苯二异氰酸酯 〔结构式〕	甲苯二异氰酸酯 〔结构式〕		

续表

单体种类	基团	二元		多元	
醛	—CHO	甲醛　HCHO	糠醛 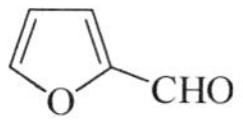 O—CHO		
氢	—H	甲酚 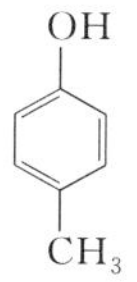 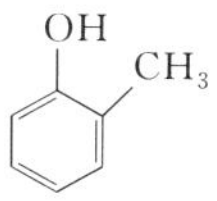 OH CH₃ / OH CH₃		苯酚 OH	间苯二酚 OH OH
氯	—Cl	二氯乙烷　ClCH₂CH₂Cl 二氯二苯砜　Cl—◯—SO₂—◯—Cl			

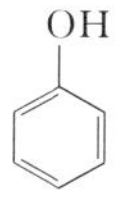

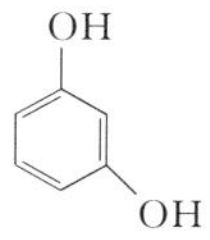

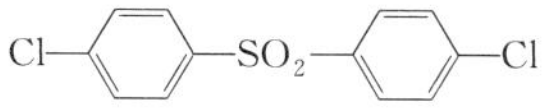

改变官能团种类、改变官能度、改变官能团间的结构单元，就可合成难以计数的缩聚物。

（3）共缩聚

羟基酸或氨基酸一种单体的缩聚，可称作均缩聚或自缩聚；由二元酸和二元醇两种单体进行的缩聚是最普通的杂缩聚。从改进缩聚物结构性能角度考虑，还可以将自缩聚或杂缩聚加另一种或两种单体进行所谓的"共缩聚"。例如以少量丁二醇与乙二醇、对苯二甲酸共缩聚，可以降低涤纶聚酯的结晶度和熔点，增加柔性，改善熔纺性能。

均缩聚和共缩聚的反应并无本质差异，但从改变聚合物组成结构、改进性能、扩大品种角度考虑，却很重要。因此，不必苛求区分这些名词，统称缩聚或逐步聚合即可。

2.3　线形缩聚反应的机理

聚酯、聚酰胺-66、聚酰胺-6、聚碳酸酯、聚砜、聚苯醚等合成纤维和工程塑料都由线形缩聚或逐步聚合而成，反应规律相似。

分子量是影响聚合物性能的重要因素。不同缩聚物对分子量有着不同的要求，见表2-3；同种缩聚物用作纤维或工程塑料时对分子量的要求也不同。因此，分子量的影响因素和控制就成为线形缩聚中的核心问题。

表 2-3　线形缩聚物和逐步聚合物的分子量

聚合物	平均分子量/万	重复单元数	特性黏数$[\eta]/(dL \cdot g^{-1})$
涤纶聚酯	2.1～2.3	110～220	0.69～0.72
聚酰胺-66	1.2～1.8	50～90	
聚酰胺-6	1.5～2.3	130～200	2.1～2.3
聚碳酸酯	2～8	70～280	0.7
聚砜	2.2～3.5	50～80	0.45
聚苯醚	2.5	200	0.5±0.3

2.3.1　线形缩聚和成环倾向

线形缩聚时，需考虑单体及其中间产物的成环倾向。一般情况下，五、六元环的结构比较稳定。例如 ω-羟基酸 $HO(CH_2)_n COOH$，当 $n=1$ 时，经双分子缩合后，易形成六元环乙交酯。

$$2HOCH_2COOH \longrightarrow HOCH_2CO \cdot OCH_2COOH \longrightarrow O=C \underset{O-CH_2}{\overset{CH_2-O}{\big\langle \quad \big\rangle}} C=O$$

当 $n=2$ 时，β-羟基失水，可能形成丙烯酸。当 $n=3$ 或 4 时，则易分子内缩合成稳定的五、六元环内酯。当 $n \geqslant 5$ 时，则主要形成线形聚酯，并有少量环状单体与之平衡。氨基酸的缩聚情况也相似。环化还可能形成三聚体或更大的低聚物，但较少形成 12 元或 15 元以上的环。单体成环和开环的情况详见第 7 章。

单体浓度对成环或线形缩聚倾向也有影响。成环是单分子反应，低浓度有利于成环；缩聚则是双分子反应，高浓度才有利于线形缩聚。

2.3.2　线形缩聚机理

线形缩聚具有典型的逐步聚合的机理特征，有些还会出现可逆平衡。

（1）逐步特性

以二元酸和二元醇的缩聚为例，两者第一步缩聚，形成二聚体羟基酸。

$$HOROH + HOOCR'COOH \Longrightarrow HORO \cdot OCR'COOH + H_2O$$

二聚体羟基酸的端羟基或端羧基可以与二元酸或二元醇反应，形成三聚体。

$$HORO \cdot OCR'COOH + HOROH \Longrightarrow HORO \cdot OCR'CO \cdot OROH + H_2O$$

$$HOOCR'COOH + HORO \cdot OCR'COOH \Longrightarrow HOOCR'CO \cdot ORO \cdot OCR'COOH + H_2O$$

二聚体也可以自缩聚，形成四聚体。

$$2HORO \cdot OCR'COOH \Longrightarrow HOOCR'CO \cdot ORO \cdot OCR'CO \cdot OROH + H_2O$$

含羟基的任何聚体和含羧基的任何聚体都可以相互缩聚，如此逐步进行下去，分子量逐渐增加，最后得到高分子量聚酯，通式如下：

$$n\text{-聚体} + m\text{-聚体} \Longrightarrow (n+m)\text{-聚体} + 水$$

缩聚反应无特定的活性种，各步反应速率常数和活化能基本相等。缩聚早期，单体很快消失，转变成二、三、四聚体等低聚物，转化率就很高，以后则是低聚物间的缩聚，使分子量逐步增加。在此情况下，用转化率来评价聚合深度已无意义，而改用基团的反应程度来表述反应的深度则更为确切。

以等摩尔二元酸和二元醇（或羟基酸）的缩聚反应为例。起始时（$t=0$）体系中的羧基数或羟基数 N_0 等于当时二元酸和二元醇的分子总数，也等于反应时间 t 时二元酸和二元醇的结构单元总数。t 时刻的残留羧基数或羟基数 N 等于当时的聚酯分子数，因为 1 个聚酯分子平均带有 1 个端羧基和 1 个端羟基。

定义反应程度 p 为参与反应的基团数（N_0-N）占起始基团数 N_0 的比，即

$$p = \frac{N_0 - N}{N_0} = 1 - \frac{N}{N_0} \tag{2-1}$$

如将大分子的结构单元数定义为聚合度 $\overline{X}_n$，则

$$\overline{X}_n = \frac{结构单元总数}{大分子数} = \frac{N_0}{N} \qquad (2\text{-}2)$$

由以上两式，就可建立聚合度与反应程度的关系。

$$\overline{X}_n = \frac{1}{1-p} \qquad (2\text{-}3)$$

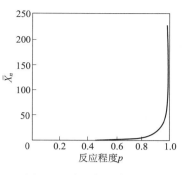

图 2-1　缩聚物聚合度与
反应程度的关系

式(2-3)表明聚合度随反应程度的增加而增加，见图 2-1。

由式(2-3)容易算出，反应程度 $p = 0.9$ 时，聚合度还只有 10。而涤纶聚酯的聚合度要求 $100 \sim 200$，这就得将 p 提高到 $0.99 \sim 0.995$。

单体纯度高和两基团数相等是获得高分子缩聚物的必要条件。某一基团过量，就会使缩聚物封端，不再反应，分子量受到限制。此外，可逆反应也限制了分子量的提高。

（2）可逆平衡

聚酯化和低分子酯化反应相似，都是可逆平衡反应，正反应是酯化，逆反应是水解。

$$-OH + -COOH \Longrightarrow -OCO- + H_2O$$

平衡常数的表达式为

$$K = \frac{k_1}{k_{-1}} = \frac{[-OCO-][H_2O]}{[-OH][-COOH]} \qquad (2\text{-}4)$$

缩聚反应的可逆程度可由平衡常数来衡量。根据其大小，可将线形缩聚粗分为以下三种情形：

① 平衡常数小，如聚酯化反应，$K \approx 4$，低分子副产物水的存在限制了分子量的提高。故需在高真空条件下脱水，方能制得较高分子量的缩聚物。

② 平衡常数中等，如聚酰胺化反应，$K = 300 \sim 400$，水对分子量有所影响。聚合早期，可在水介质中进行；后期则需在一定的真空条件下脱水，以提高反应程度和分子量。

③ 平衡常数很大，$K > 1000$，可以看作不可逆，如合成聚砜一类的逐步聚合。

逐步特性是所有缩聚反应所共有的，而各类缩聚反应的可逆平衡程度却有明显差别。

2.3.3　缩聚中的副反应

缩聚通常在较高的温度下进行，往往伴有基团消去、化学降解、链交换等副反应。

（1）消去反应

二元羧酸受热会脱羧，引起原料基团数比的变化，从而影响到产物的分子量。因此常用比较稳定的羧酸酯来代替羧酸进行缩聚反应，避免羧基的脱除。

$$HOOC(CH_2)_n COOH \longrightarrow HOOC(CH_2)_n H + CO_2$$

二元胺有可能进行分子内或分子间的脱氨反应，进一步还可能导致支链或交联。

$$2H_2N(CH_2)_n NH_2 \longrightarrow \begin{cases} 2(CH_2)_{n-1}^{\overset{\displaystyle CH_2}{|}} NH + 2NH_3 \\ H_2N(CH_2)_n NH(CH_2)_n NH_2 + NH_3 \end{cases}$$

（2）化学降解

聚酯化和聚酰胺化是可逆反应，逆反应水解就是化学降解之一。合成缩聚物的单体往往就是缩聚物的降解试剂，例如醇或酸可使聚酯类醇解或酸解。

$$H\text{--}[ORO \cdot OCR'CO]_m[ORO \cdot OCR'CO]_p\text{--}OH$$

$$+ HORO\text{--}H \longrightarrow H\text{--}[ORO \cdot OCR'CO]_m OROH + H\text{--}[ORO \cdot OCR'CO]_p OH$$

$$+ HO\text{--}[OCR'COOH \longrightarrow H\text{--}[ORO \cdot OCR'CO]_m OH + HOOCR'CO\text{--}[ORO \cdot OCR'CO]_p OH$$

又如胺类可使聚酰胺进行氨解。

$$H\text{--}[NHRNH \cdot OCR'CO]_m[NHRNH \cdot OCR'CO]_p\text{--}OH + H\text{--}[NHRNH_2 \longrightarrow$$

$$H\text{--}[NHRNH \cdot OCR'CO]_m NHRNH_2 + H\text{--}[NHRNH \cdot OCR'CO]_p OH$$

化学降解将使聚合物分子量降低，聚合时应设法避免。但化学降解可使废弃聚合物降解成单体或低聚物，以回收利用。例如，废涤纶聚酯与过量乙二醇共热，可以醇解成对苯二甲酸乙二醇酯低聚物；废酚醛树脂与过量苯酚共热，可以酚解成低分子酚醇。

（3）链交换反应

同种线形缩聚物受热时，通过链交换反应，将使分子量分布变窄。两种不同缩聚物（如聚酯与聚酰胺）共热，也可进行链交换反应，形成嵌段共聚物，如聚酯-聚酰胺。

2.4 线形缩聚动力学

2.4.1 官能团等活性概念

一元酸和一元醇只需一步反应就成酯，某温度下只有一个速率常数。由二元酸和二元醇合成聚合度为 100 的聚酯，需要缩聚 99 步。需从分子结构和体系黏度两方面来考虑基团反应的活性问题。

表 2-4 为不同碳链长度的一元酸与乙醇的酯化反应的速率常数（k）。可见，当 $n=1\sim3$ 时，酯化速率常数迅速降低；但当 $n>3$ 时，酯化速率常数几乎不变。因为诱导效应只能沿碳链传递 $1\sim2$ 个原子，对羧基的活化作用也只限于 $n=1\sim2$。$n=3\sim17$ 时，活化作用微弱，速率常数趋向定值。二元酸系列与乙醇的酯化情况也相似，并与一元酸的酯化速率常数相近。可见在一定聚合度范围内，基团活性与聚合物分子量大小无关，于是形成了官能团等

表 2-4 羧酸与乙醇的酯化速率常数（25℃）

单位：L·mol^{-1}·s^{-1}

N	H(CH$_2$)$_n$COOH	(CH$_2$)$_n$(COOH)$_2$
	$k/10^4$	$k/10^4$
1	22.1	
2	15.3	6.0
3	7.5	8.7
4	7.5	8.4
5	7.4	7.8
6		7.3
8	7.5	
9	7.4	
11	7.6	
13	7.5	
15	7.7	
17	7.7	

活性的概念。

聚合体系的黏度随分子量的增加而增加，一般认为分子链的移动减弱，从而使基团活性降低。但实际上端基的活性并不取决于整个大分子质心的平移，而与端基链段的活动有关。在聚合度不高、体系黏度不大的情况下，端基链段的活动并未受太大影响。两链段一旦靠近，适当黏度反而不利于分开，有利于持续碰撞，这给"等活性"提供了条件。但到聚合后期，黏度过大后，端基链段活动也受到阻碍甚至包埋，端基活性才会下降。

2.4.2 不可逆线形缩聚动力学

许多缩聚反应具有可逆平衡特性，具体实施时，需要创造不可逆的条件，使反应向形成缩聚物的方向移动。不可逆和可逆平衡条件下的缩聚动力学并不相同。

酯化和聚酯化是可逆平衡反应，如能及时排除副产物水，就符合不可逆的条件。

酸是酯化和聚酯化的催化剂，羧酸首先质子化，而后质子化种再与醇反应成酯，因为碳氧双键的极化有利于亲核加成。

$$\underset{}{\sim}\overset{O}{\overset{\|}{C}}-OH + H^+A^- \underset{k_2}{\overset{k_1}{\rightleftharpoons}} \underset{+}{\sim}\overset{OH}{\overset{\|}{C}}-OH + A^-$$

$$\underset{+}{\sim}\overset{OH}{\overset{\|}{C}}-OH + \sim OH \underset{k_4}{\overset{k_3}{\rightleftharpoons}} \underset{\underset{+}{\sim OH}}{\sim\overset{OH}{\overset{\|}{C}}-OH} \overset{k_5}{\rightleftharpoons} \sim\overset{O}{\overset{\|}{C}}-O\sim + H_2O + H^+$$

在及时脱水的条件下，上式中的逆反应可以忽略，即 $k_4 = 0$；加上 k_1、k_2、k_5 都比 k_3 大，因此，聚酯化速率或羧基消失速率由该步反应来控制：

$$R_p = -\frac{d[COOH]}{dt} = k_3[C^+(OH)_2][OH] \tag{2-5}$$

式(2-5) 中质子化种的浓度 $[C^+(OH)_2]$ 难以测定，可以引入平衡常数 K' 的关系式加以消去。

$$K' = \frac{k_1}{k_2} = \frac{[C^+(OH)_2][A^-]}{[COOH][HA]} \tag{2-6}$$

将式(2-6) 的关系代入式(2-5)，得

$$-\frac{d[COOH]}{dt} = \frac{k_1 k_3[COOH][OH][HA]}{k_2[A^-]} \tag{2-7}$$

考虑到酸 HA 的离解平衡 $HA \rightleftharpoons H^+ + A^-$，HA 的电离平衡常数 K_{HA} 为

$$K_{HA} = \frac{[H^+][A^-]}{[HA]} \tag{2-8}$$

将式(2-8) 的关系代入式(2-7)，就得到酸催化的酯化速率方程。

$$-\frac{d[COOH]}{dt} = \frac{k_1 k_3[COOH][OH][H^+]}{k_2 K_{HA}} \tag{2-9}$$

酯化反应是慢反应，一般由外加无机酸来提供 H^+，催化加速酯化反应；无外加酸条件

第2章

下的聚酯化动力学行为有些差异。现按两种情况分述如下。

（1）外加酸催化聚酯化动力学

强无机酸常用作酯化的催化剂，聚合速率由酸催化和自催化两部分组成。在缩聚过程中，外加酸或氢离子浓度几乎不变，而且远远大于低分子羧酸自催化的影响，因此，可以忽略自催化的速率。将式（2-9）中的 $[H^+]$（$=[HA]$）与 k_1、k_2、k_3、K_{HA} 合并而成 k'。如果原料中羧基数和羟基数相等，即 $[COOH]=[OH]=c$，则式（2-9）可简化成

$$-\frac{dc}{dt}=k'c^2 \tag{2-10}$$

上式表明为二级反应，经积分，得

$$\frac{1}{c}-\frac{1}{c_0}=k't \tag{2-11}$$

引入反应程度 p，并将式（2-1）中的羧基数 N_0、N 以羧基浓度 c_0、c 来代替，则得

$$c=c_0(1-p) \tag{2-12}$$

将式（2-12）和式（2-3）代入式（2-11），得

$$\frac{1}{1-p}=k'c_0t+1 \tag{2-13}$$

$$\overline{X}_n=k'c_0t+1 \tag{2-14}$$

以上两式表明 $1/(1-p)$ 或 $\overline{X}_n$ 与 t 呈线性关系。以对甲苯磺酸为催化剂，己二酸与癸二醇、一缩二乙二醇的缩聚动力学曲线见图2-2，p 从 0.8 一直延续到 0.99（$\overline{X}_n=100$），线性关系良好。说明官能团等活性概念基本合理。

由图2-2中直线部分的斜率可求得速率常数 k'，见表2-5。从表中数据可看出，即使在较低温度下，外加酸聚酯化的速率常数也比较大，因此工业上聚酯化总要外加酸作催化剂。

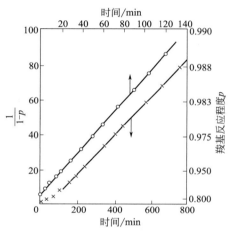

图2-2 对甲苯磺酸催化己二酸酯化动力学曲线

○—癸二醇，161℃；×——缩二乙二醇，109℃

表2-5 酸催化聚酯化和聚酰胺化的速率常数

单　体	催化剂	T/℃	k'/(kg·mol^{-1}·min^{-1})	A/(kg·mol^{-1}·min^{-1})	E/(kJ·mol^{-1})
HOOC(CH$_2$)$_4$COOH＋ HO(CH$_2$)$_2$O(CH$_2$)$_2$OH	0.4%对甲苯磺酸	109	0.013		
HOOC(CH$_2$)$_4$COOH＋ HO(CH$_2$)$_{10}$OH	0.4%对甲苯磺酸	161	0.097		
H$_2$N(CH$_2$)$_6$COOH	间甲酚（溶剂）	175	0.012	1.7×10^{12}	121.4
H$_2$N(CH$_2$)$_{10}$COOH	间甲酚（溶剂）	176	0.011	1.4×10^{13}	130

表2-5附有氨基酸自缩聚的动力学参数，其在无催化剂条件下的速率常数与酸催化的聚酯化相当，表明氨基和羧基的反应速率较快，也说明氨基的活性比羟基高。

（2）自催化聚酯化动力学

在无外加酸的情况下，聚酯化仍能缓慢地进行，主要依靠羧酸本身来催化。有机羧酸的电离度较低，即使是醋酸，电离度也只有 1.34%；硬脂酸不溶于水，难以电离。据此可以预计到，在二元酸和二元醇的聚酯化过程中，随着聚合度的提高，体系将从少量电离逐步趋向不电离，催化作用减弱，情况比较复杂，现分两种情况进行分析。

① 羧酸不电离　可以预计到，缩聚物增长到较低的聚合度，就不溶于水，末端羧基就难电离出氢离子，但聚酯化反应还可能缓慢进行，推测羧酸经双分子络合如下式，起到质子化和催化作用。

$$[R—\overset{\displaystyle |}{\underset{\displaystyle OH}{C}}—OH]^{\oplus\ominus} OOCR$$

在这种情况下，2 分子羧酸同时与 1 分子羟基参与缩聚，就成为三级反应，速率方程成为

$$-\frac{dc}{dt}=kc^3 \tag{2-15}$$

将上式变量分离，经积分，得

$$\frac{1}{c^2}-\frac{1}{c_0^2}=2kt \tag{2-16}$$

将式(2-12)代入式(2-16)，得

$$\frac{1}{(1-p)^2}=2kc_0^2 t+1 \tag{2-17}$$

如引入聚合度与反应程度的关系［式(2-3)］，则得聚合度随时间变化的关系式：

$$\overline{X}_n^2=2kc_0^2 t+1 \tag{2-18}$$

式(2-17)和式(2-18)表明，如果 $1/(1-p)^2$ 或 $\overline{X}_n^2$ 与 t 呈线性关系，聚酯化动力学行为应该属于三级反应。

② 羧酸部分电离　单体和聚合度很低的初期缩聚物，难免有小部分羧酸可能电离出氢离子，参与质子化。按式(2-8)，解得 $[H^+]=[A^-]=K_{HA}^{1/2}[HA]^{1/2}$，加上 $[COOH]=[OH]=[HA]=c$，代入式(2-9)，将各速率常数和平衡常数合并成综合速率常数 k，则成下式：

$$-\frac{dc}{dt}=kc^{5/2} \tag{2-19}$$

式(2-19)表明聚酯化为二级半反应。同理，作类似处理，则得

$$\overline{X}_n^{3/2}=\frac{3}{2}kc_0^{3/2}t+1 \tag{2-20}$$

式(2-20)表明，如果 $\overline{X}_n^{3/2}$ 与 t 呈线性关系，则可判断属于二级半反应。

无外加酸时，聚酯化究竟属于二级半反应还是三级反应，曾经成为长期争议的问题。

图 2-3 是己二酸与多种二元醇自催化聚酯化的动力学曲线，可见很难统一成同一反应级

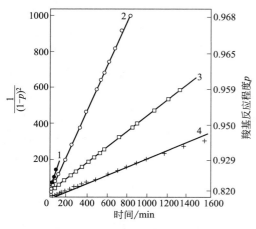

图 2-3　己二酸自催化聚酯化动力学曲线

1—癸二醇，202℃；2—癸二醇，191℃；

3—癸二醇，161℃；4——缩二乙二醇，166℃

数。在低反应程度区（$p<0.8$），曾有二级半甚至二级反应的报道。

当 $p<0.8$ 或 $\overline{X}_n<5$ 时，$1/(1-p)^2$ 与 t 不呈线性关系，这不是聚酯化所特有的，而是酯化反应的普遍现象。随着缩聚反应的进行和羧酸浓度的降低，介质的极性、酸-醇的缔合度、活度、体积等都将发生相应的变化，最终导致速率常数 k 的降低和对三级动力学行为的偏离。

高反应程度部分应该是需要着重研究的区域，因为高聚合度才能保证聚酯的强度。$p>0.8$后，介质性质基本不变，速率常数趋向恒定，才遵循式（2-17）的线性关系。其中曲线 1～3 代表己二酸和癸二醇的聚酯化反应在很广的范围内都符合三级反应动力学行为；但己二酸与一缩二乙二醇的聚酯化反应（曲线 4），只在 $p=0.80\sim0.93$ 范围内才呈线性关系，这一范围反应程度的变化虽然只有 13%，但占了 45% 的缩聚时间。

后期动力学行为的偏离可能是反应物的损失和存在逆反应的结果。为了提高反应速率并及时排除副产物水，聚酯化常在加热和减压条件下进行，可能造成醇的脱水、酸的脱羧以及挥发损失。缩聚初期，基团浓度高，反应物的少量损失并不重要，但 $p=0.93$ 时，0.3% 反应物的损失，就可能引起 5% 的基团浓度误差。此外，缩聚后期黏度变大，水分排除困难，逆反应也不容忽视。

取 $1/(1-p)^2$-t 图直线部分的斜率，就可求得速率常数 k，由 Arrhenius 式 $k=A\exp[-E/(RT)]$ 求取的频率因子 A 和活化能 E 列于表 2-6 中。表中以 mol·kg^{-1} 作单位来代替常用的 mol·L^{-1}，因为缩聚过程中体积收缩，不是定值，以 kg 作单位有其方便之处。

表 2-6　己二酸自催化聚酯化动力学参数

二元醇	$A/(\text{kg}^2\cdot\text{mol}^{-2}\cdot\text{min}^{-1})$	$E/(\text{kJ}\cdot\text{mol}^{-1})$	$k(202℃)/(\text{kg}^2\cdot\text{mol}^{-2}\cdot\text{min}^{-1})$
乙二醇			约 0.005
癸二醇	4.8×10^4	58.6	0.0175
十二碳二醇			0.0157
一缩二乙二醇	4.7×10^2	46	0.0041

2.4.3　可逆平衡线形缩聚动力学

若聚酯化反应在密闭系统中进行，或水的排除不及时，则逆反应不容忽视，与正反应构成可逆平衡。如果羧基数和羟基数相等，令起始浓度为 c_0，时间 t 时刻的浓度为 c，则酯的浓度为 c_0-c。水全未排除时，水的浓度也是 c_0-c。如果一部分水排除，设残留水浓度为 n_w。

$$\text{—COOH} + \text{HO—} \underset{k_{-1}}{\overset{k_1}{\rightleftharpoons}} \text{—OCO—} + H_2O$$

起始	c_0	c_0	0	0
t 时，水未排除	c	c	c_0-c	c_0-c
t 时，水部分排除	c	c	c_0-c	n_w

聚酯反应的总速率是正、逆反应速率之差。水未排除时，速率为

$$R = -\frac{dc}{dt} = k_1 c^2 - k_{-1}(c_0 - c)^2 \qquad (2-21)$$

水部分排除时的总速率为

$$-\frac{dc}{dt} = k_1 c^2 - k_{-1}(c_0 - c) n_w \qquad (2-22)$$

将式（2-12）和平衡常数 $K = k_1 / k_{-1}$ 代入式（2-21）和式（2-22），得

$$\frac{dp}{dt} = k_1 c_0 \left[(1-p)^2 - \frac{p^2}{K} \right] \qquad (2-23)$$

$$\frac{dp}{dt} = k_1 c_0 \left[(1-p)^2 - \frac{p n_w}{c_0 K} \right] \qquad (2-24)$$

式（2-24）表明，总反应速率与反应程度、低分子副产物含量、平衡常数有关。当 K 值很大和/或 n_w 很小时，式（2-24）右边第二项可以忽略，就与外加酸催化的不可逆聚酯动力学相同。

线形缩聚动力学的研究多选用聚酯化反应作代表，关键集中在催化剂和平衡两问题上。羧基和羟基的酯化反应活性并不高，需要加酸作催化剂。酯化的平衡常数很小，必须在减压条件下及时脱除副产物水。其他逐步聚合的催化剂和平衡问题并不相同，应另作考虑。

2.5 线形缩聚物的聚合度

影响缩聚物聚合度的因素有反应程度、平衡常数和基团数比，基团数比往往为控制因素。剖析诸因素之前，有必要再次明确一下聚合度的定义。2-2 体系的缩聚物 a[A—B]$_n$b 由两种结构单元（A、B）组成 1 个重复单元（A—B），结构单元数是重复单元数的 2 倍。处理动力学问题时，通常以结构单元数来定义聚合度，记作 $\overline{X}_n$ （$=2n$）。

2.5.1 反应程度和平衡常数对聚合度的影响

两种基团数相等的 2-2 体系进行线形缩聚时，曾导得缩聚物的聚合度与反应程度的关系，如式（2-3）：$\overline{X}_n = 1/(1-p)$。涤纶、尼龙等的 $\overline{X}_n = 100 \sim 200$，要求反应程度 $p > 0.99$。

聚酯化是典型的可逆反应，如果不将副产物水及时排除，正逆反应将构成平衡，总速率等于零，反应程度将受到限制。对于封闭体系，两种基团数相等时，由式（2-23）得

$$(1-p)^2 - \frac{p^2}{K} = 0 \qquad (2-25)$$

解得

$$p = \frac{\sqrt{K}}{\sqrt{K}+1} \qquad (2-26)$$

$$\overline{X}_n = \frac{1}{1-p} = \sqrt{K}+1 \qquad (2-27)$$

聚酯化反应的 $K \approx 4$，在密闭系统内，按式（2-27）计算，最高的 $p = 2/3$，$\overline{X}_n = 3$，表明所得产物仅仅是三聚体。因此需在高度减压的条件下及时排除副产物水。由式（2-24）得

$$(1-p)^2 - \frac{p n_w}{c_0 K} = 0 \tag{2-28}$$

$$\overline{X}_n = \frac{1}{1-p} = \sqrt{\frac{c_0 K}{p n_w}} \tag{2-29}$$

式（2-29）表示聚合度与平衡常数的平方根成正比，与水含量的平方根成反比，如图 2-4 和图 2-5 所示。

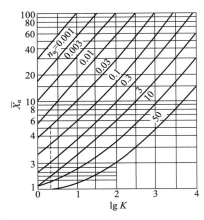

图 2-4　聚合度与平衡常数、
副产物浓度的关系

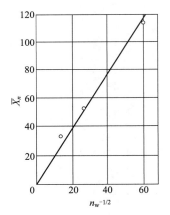

图 2-5　羟基十一烷基酸缩聚物
聚合度与水浓度的关系

对于平衡常数很小（$K = 4$）的聚酯化反应，欲获得 $\overline{X}_n \approx 100$ 的聚酯，必须在高度减压（$<70\mathrm{Pa}$）条件下，充分脱除残留水分（$<4 \times 10^{-4}\,\mathrm{mol \cdot L^{-1}}$）。聚合后期，体系黏度很大，水的扩散困难，要求设备使反应物料有良好的表面更新，以创造较大的汽化扩散界面。

对于聚酰胺化反应，$K = 400$，欲达到相同的聚合度，则可以在稍低的真空度下，允许稍高的残留水分（$<0.04\,\mathrm{mol \cdot L^{-1}}$）。至于 K 值很大（>1000）而对聚合度要求不高（几到几十）的体系，例如可溶性酚醛树脂（预聚物），则完全可以在水介质中缩聚。

2.5.2　基团数比对聚合度的影响

上述反应程度和平衡常数对缩聚物聚合度影响的理论剖析，以两种单体基团数相等为前提。实际操作时，两基团数往往不相等。进行理论分析时，需引入两基团数比或摩尔比 r 这一参数，工业上则多用过量摩尔分数 q 表示。

二元酸（aAa）和二元醇（bBb）进行缩聚，设 N_a、N_b 为 a、b 的起始基团数，分别为两种单体分子数的 2 倍。按定义，设 $r = N_a / N_b \leqslant 1$，即 bBb 过量，则 q 与 r 有如下关系：

$$q = \frac{(N_b - N_a)/2}{N_a/2} = \frac{1-r}{r} \tag{2-30}$$

或

$$r = \frac{1}{q+1} \tag{2-31}$$

两基团数相等的措施有三：①单体高度纯化和精确计量；②两基团同在一单体分子上，如羟基酸、氨基酸；③二元胺和二元酸成盐。实际操作时，往往在这些措施的基础上，再使某种二元单体微过量或另加少量单官能团物质，来封锁端基，以控制聚合度。

现按两基团数不相等和相等的 2 种情况加以分析。

（1）2-2 体系基团数不相等（非化学计量）

以 aAa 单体为基准，bBb 微过量。设基团 a 的反应程度为 p，则 a 的反应数为 $N_a p$，这也是 b 的反应数。a 的残留数为 $N_a - N_a p$，b 的残留数则为 $N_b - N_a p$，a+b 的残留总数为 $N = N_a + N_b - 2N_a p$。因每一大分子链有 2 个端基，故大分子数是端基数的一半，即 $(N_a + N_b - 2N_a p)/2$。按定义，聚合度等于结构单元数除以大分子总数，即

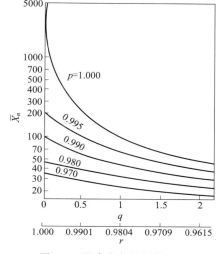

图 2-6　聚合度与基团数比、反应程度的关系

$$\overline{X}_n = \frac{(N_a + N_b)/2}{(N_a + N_b - 2N_a p)/2} = \frac{1+r}{1+r-2rp} \tag{2-32}$$

该式表达了聚合度 $\overline{X}_n$ 与基团数比 $r(=N_a/N_b<1)$、反应程度 p 的关系，见图 2-6。据此，就可通过基团数比 r 来控制缩聚物聚合度。

考虑 2 种极限情况：

① $r=1$ 或 $q=0$，式（2-32）可简化为式（2-3），即

$$\overline{X}_n = \frac{1}{1-p}$$

② $p=1$，则得

$$\overline{X}_n = \frac{1+r}{1-r} \tag{2-33}$$

如 $r=1$、$p=1$，则聚合度为无穷大，成为一个大分子。实际上，反应程度 p 不可能等于 1。

（2）两基团数相等的体系

包括 2-2 体系（aAa+bBb）或 2 体系（aRb，如羟基酸），另加微量单官能团物质 Cb（其基团数为 N_b'），则按下式计算基团数比 r：

$$r = \frac{N_a}{N_b + 2N_b'} \tag{2-34}$$

式中，分母中的"2"表示 1 分子单基团 b 的 Cb 与双官能团的过量 bBb 相当，因为过量的 bBb 只有一个基团 b 起封端作用，另一基团 b 不起反应，类似单官能团 Cb。

由上式求得 r 值后，也可以应用式（2-32）来计算聚合度。

上述定量分析表明，线形缩聚物的聚合度与两基团数比或过量分率密切相关。任何原料都很难做到两种基团数相等，微量杂质（尤其单官能团物质）的存在、分析误差、称量不准、聚合过程中的挥发损失和分解损失都可能造成基团数的不相等，应尽可能避免。

2.6　线形缩聚物的聚合度分布

聚合产物是聚合度不等的许多大分子的混合物，聚合度存在着一定的分布。

2.6.1　聚合度分布函数

Flory 应用统计方法，根据官能团等活性理论，推导出线形缩聚物的聚合度分布函数式，对于 aAb 和 aAa/bBb 基团数相等的体系都适用。

考虑含有 x 个结构单元 A 的 x-聚体（aA_xb），定义 t 时 1 个 A 基团的反应概率为反应程度 p。x-聚体中 A 基团发生 $x-1$ 次反应的概率为 p^{x-1}，而最后 1 个 A 基团未反应的概率为 $1-p$，于是，形成 x-聚体的概率为 $p^{x-1}(1-p)$。这一值应等于聚合反应体系中 x-聚体的数量分率（N_x/N），其中，N_x 和 N 分别为 x-聚体的分子数和大分子总数。

因此，x-聚体的数量分布函数为

$$N_x = Np^{x-1}(1-p) \tag{2-35}$$

可从式(2-1) 导出 t 时大分子总数 N 与起始单体分子数（或结构单元数）N_0、反应程度 p 的关系 $N = N_0(1-p)$。代入式(2-35)，则得

$$N_x = N_0 p^{x-1}(1-p)^2 \tag{2-36}$$

如果忽略端基的质量，则 x-聚体的质量分数或质量分布函数为

$$\frac{W_x}{W} = \frac{xN_x}{N_0} = xp^{x-1}(1-p)^2 \tag{2-37}$$

式(2-35) 和式(2-37) 分别是反应程度为 p 时的数量分布函数和质量分布函数，也称最可几分布函数，或 Flory、Flory-Schulz 分布函数。相应的分布图见图 2-7 和图 2-8。

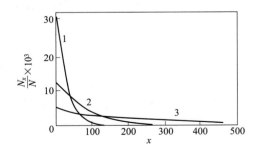

图 2-7　不同反应程度下线形缩聚物
分子量的数量分布曲线
1—$p=0.9600$；2—$p=0.9875$；3—$p=0.9950$

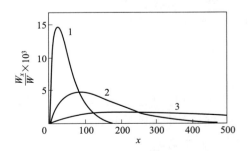

图 2-8　不同反应程度下线形缩聚物
分子量的质量分布曲线
1—$p=0.9600$；2—$p=0.9875$；3—$p=0.9950$

　　从图 2-7 可以看出，不论反应程度如何，单体分子比任何 x-聚体大分子都要多，这是数量分布的特征。质量分布函数的情况则不相同。如图 2-8 所示，以质量为基准，有一极大值；低分子和高分子所占的质量分数都小。

2.6.2　聚合度分布指数

　　参照式(1-2) 数均分子量的定义，数均聚合度可以写成下式：

$$\overline{X}_n = \frac{\sum xN_x}{\sum N_x} = \frac{\sum xN_x}{N} = \sum_{x=1}^{\infty} x\,\frac{N_x}{N} \tag{2-38}$$

　　将式(2-35) 关系代入式(2-38)，得

$$\overline{X}_n = \sum x\,p^{x-1}(1-p) = \frac{1-p}{(1-p)^2} = \frac{1}{1-p} \tag{2-39}$$

　　式(2-39) 结果与式(2-3) 相同。

　　同理，可以导得重均聚合度有如下式：

$$\overline{X}_w = \sum x\,\frac{W_x}{W} = \sum x^2 p^{x-1}(1-p)^2 = \frac{1+p}{1-p} \tag{2-40}$$

　　联立式(2-39) 和式(2-40)，得聚合度分布指数为

$$\frac{\overline{X}_w}{\overline{X}_n} = 1 + p \approx 2 \tag{2-41}$$

　　尼龙-66 经凝胶色谱分级后，由实验测得的聚合度分布情况与上述理论推导结果相近。许多逐步聚合物的 $\overline{X}_w/\overline{X}_n$ 实验值接近 2，都说明了统计理论分布的可靠性。

　　如果官能团活性随分子大小而变，则聚合度分布就要复杂得多，也难作数学处理。

2.7　体形缩聚和凝胶化

　　前面已经提到，2-2 官能度体系（A-A＋B-B）进行缩聚，将形成线形缩聚物；如有 3 或 3 以上官能度的单体参与，则将成为体形缩聚物，如合成酚醛树脂的 2-3 体系、合成脲醛树脂的 2-4 体系。涂料的配方则更复杂，在 2-3 体系的基础上，根据产物性能的需要，还发展有 1-2-3、2-2-3、1-2-2-3 等多种体系，详见后文。

　　但是，A-B 型 2-官能度单体加少量多官能度（$f>2$）单体 A_f 进行缩聚，却只能形成支链结构，中心支化点连有 f 条支链，$f=3$ 时的结构示例如下式。结果，各支链末端均被基团 A 封锁，无法交联。如另加有 B-B 型单体，就有可能将上述支链大分子交联起来。

$$\begin{array}{c}\text{A—BA—BA—BA} \!\!-\!\!\!\begin{array}{c}\vdash\\ \end{array}\!\!\!\!-\text{AB—AB—AB—A}\\ \text{AB—AB—A}\end{array}$$

　　多官能团单体聚合到某一程度，开始交联，黏度突增，气泡也难上升，出现了凝胶化现象，这时的反应程度称作凝胶点，其值称为临界反应程度 p_c。

　　凝胶不溶于任何溶剂中，相当于许多线形大分子交联成一整体，其分子量可以看作无穷

大。出现凝胶时，交联网络中有许多溶胶，溶胶还可以进一步交联成凝胶。因此在凝胶点以后，交联反应仍在进行，溶胶量不断减少，凝胶量相应增加。凝胶化过程中体系的物理性能发生了显著变化，如凝胶点处黏度突变；充分交联后，则刚性增加、尺寸稳定等。

热固性聚合物制品的生产过程多分成预聚物制备和成型固化两个阶段。预聚时，如反应程度超过凝胶点，聚合物将固化在聚合釜内而报废。因此，凝胶点是体形缩聚中首要的控制指标。

2.7.1　Carothers 法凝胶点的预测

（1）两基团数相等

针对 A 和 B 基团数相等的缩聚反应，Carothers 推导了凝胶点 p_c 与缩聚体系平均官能度 $\overline{f}$ 之间的关系。定义单体混合物的平均官能度为每一分子平均带有的基团数。

$$\overline{f} = \frac{\sum N_i f_i}{\sum N_i} \tag{2-42}$$

式中，N_i 是官能度为 f_i 的单体 i 的分子数。例如 2mol 甘油（$f=3$）和 3mol 邻苯二甲酸酐（$f=2$）体系共有 5mol 单体和 12mol 官能团，故

$$\overline{f} = \frac{2 \times 3 + 3 \times 2}{2 + 3} = \frac{12}{5} = 2.4$$

Carothers 方程的理论基础是凝胶点时的数均聚合度等于无穷大。

设体系中混合单体的起始分子数为 N_0，则起始基团数为 $N_0 \overline{f}$。令 t 时的分子数为 N，则凝胶点前的反应基团数为 $2(N_0 - N)$，系数 2 代表 1 个分子有 2 个基团反应成键。则反应程度 p 为基团参与反应部分的比例，或任一基团的反应概率，可由 t 时前参与反应的基团数除以起始基团数来求得。

$$p = \frac{2(N_0 - N)}{N_0 \overline{f}} \tag{2-43}$$

因为聚合度 $\overline{X}_n = N_0 / N$，代入式（2-43），则得

$$p = \frac{2}{\overline{f}}\left(1 - \frac{1}{\overline{X}_n}\right) \tag{2-44}$$

将式（2-44）重排，变换成反应混合物数均聚合度的函数，注意并非所形成聚合物的数均聚合度。

$$\overline{X}_n = \frac{2}{2 - p\overline{f}} \tag{2-45}$$

凝胶点时，考虑 $\overline{X}_n$ 为无穷大，由式（2-44）可求得凝胶点时的临界反应程度 p_c 为

$$p_c = \frac{2}{\overline{f}} \tag{2-46}$$

摩尔比为 2：3 的甘油-苯酐体系的 $\overline{f} = 2.4$，按式（2-46）可算得 $p_c = 0.833$，但实际值

小于这一数据。式(2-46) 的前提为 $\overline{X}_n = +\infty$，但凝胶点时体系中还有许多溶胶，$\overline{X}_n$ 并非无穷大。

以上只限于两基团数相等的条件，两基团数不相等时需加以修正。

（2）两基团数不相等

① 两组分体系　以 1mol 甘油和 5mol 邻苯二甲酸酐体系为例，用式(2-42) 计算得

$$\overline{f} = \frac{1 \times 3 + 5 \times 2}{1 + 5} = \frac{13}{6} \approx 2.17$$

根据这一数据，似可制得高聚物；若按式(2-46) 计算得凝胶点 $p_c = 2/2.17 \approx 0.922$，似应产生交联，且貌似交联度比较深。但这两个结论都是错误的。原因是两基团数比 $r = 3/10 = 0.3$，苯酐过量很多，1mol 甘油与 3mol 苯酐反应后，甘油中的羟基全部被封端，留下 2mol 苯酐或 4mol 羧基不再反应，理应不参与平均官能度的计算。

$$C_3H_5(OH)_3 + 5C_6H_4(CO)_2O \longrightarrow C_3H_5(OCOC_6H_4COOH)_3 + 2C_6H_4(CO)_2O$$

因此，两种基团数不相等时，平均官能度应以非过量基团数的 2 倍除以分子总数来求取，因为反应程度和交联与否取决于含量少的组分。一部分过量反应物并不参与反应。

$$\overline{f} = \frac{2N_A f_A}{N_A + N_B} \tag{2-47}$$

上例应为 $\overline{f} = 2 \times 1 \times 3/(1+5) = 1$。这样低的平均官能度只能说明体系仅生成低分子物质，不会凝胶化。

② 多组分体系　两种基团数不相等的多组分体系的平均官能度可作类似计算，计算时只考虑参与反应的基团数，不计算未参与反应的过量基团。以 A、B、C 三组分体系为例，三者分子数分别为 N_A、N_B、N_C，官能度分别为 f_A、f_B、f_C。A 和 C 的基团相同（如 A），A 基团总数少于 B 基团数，即 $N_A f_A + N_C f_C < N_B f_B$，则平均官能度按下式计算：

$$\overline{f} = \frac{2(N_A f_A + N_C f_C)}{N_A + N_B + N_C} \tag{2-48}$$

制备醇酸树脂的配方可能比 2-2-3 体系还要复杂。只要应用式(2-48) 来计算平均官能度，然后代入式(2-46)，即可求得凝胶点。

两例醇酸树脂的配方见表 2-7，试计算凝胶点，判断有无交联固化风险。

表 2-7　醇酸树脂配方示例

配方一	官能度	原料/mol	基团/mol	配方二	官能度	原料/mol	基团/mol
亚麻油酸	1	1.2	1.2	亚麻油酸	1	0.8	0.8
邻苯二甲酸酐	2	1.5	3.0	邻苯二甲酸酐	2	1.8	3.6
甘油	3	1.0	3.0	甘油	3	1.2	3.6
1,2-丙二醇	2	0.7	1.4	1,2-丙二醇	2	0.4	0.8
合计		4.4	8.6	合计		4.2	8.8

第一例中羧基少于羟基，平均官能度按羧基数计算，得 $\overline{f} = 2 \times (1.2 + 3.0)/4.4 \approx$ 1.909 < 2。预计预聚阶段不产成凝胶，无固化风险。在涂料使用过程中，借亚麻油酸中不饱

和双键的氧化和交联而固化。

第二例中羧基数与羟基数相等，$\overline{f}=8.8/4.2\approx2.095$，代入式(2-46)，得 $p_c=0.955$，即达到这一反应程度将产生凝胶，有交联风险。

（3）Carothers 方程在线形缩聚中聚合度的计算

还可应用式(2-45)，由平均官能度来计算线形聚合物的聚合度。对于两种基团数不相等的缩聚反应，先按式(2-47)或式(2-48)计算 $\overline{f}$，则可由式(2-45)计算得某一反应程度 p 时的 $\overline{X}_n$。以表 2-8 中制备尼龙-66 时的原料组成为例，由量少的羧基计算得 $\overline{f}=2\times1.99/2=1.99$，则由式(2-45)可计算得 $p=0.99$ 时 $\overline{X}_n=67$。如果 $p=1$，则 $\overline{X}_n=200$。

表 2-8　尼龙-66 的配方组成

原　料	官能度	单体/mol	基团/mol
$H_2N(CH_2)_6NH_2$	2	1	2
$HOOC(CH_2)_4COOH$	2	0.99	1.98
$H_3C(CH_2)_4COOH$	1	0.01	0.01
合计		2.00	3.99

2.7.2　Flory 统计法

根据官能团等活性的概念和无分子内反应的假定，Flory 根据统计法推导出凝胶点时反应程度的表达式。推导时引入支化系数 α，其定义是大分子链末端支化单元上某一基团产生另一支化单元的概率。只有多官能团单体才是支化单元。

（1）简单情况分析

以三官能团单体 $A_f(f=3)$ 为基础，与其他多官能团单体反应。

对于 3-3 体系，A 和 B 反应一次，消耗一个基团 B，产生 2 个新的生长点 B，继续反应时，就支化。每一点的临界支化概率 α_c 或凝胶点的临界反应程度 p_c 为 1/2。

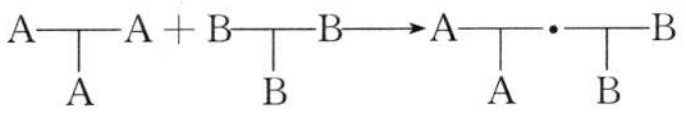

对于 4-4 体系，反应一次，则产生 3 个新的生长点，于是 $\alpha_c=p_c=1/3$。

对于 A、B 基团数相等的体系，产生凝胶的临界支化系数 α_c 普遍关系为

$$\alpha_c=\frac{1}{f-1} \tag{2-49}$$

对于 3-2 体系，反应一次，消去一个基团 B，只产生 1 个生长点，还不能支化。需要再与 A 反应一次，才能支化。2 次反应的概率为 $p_c^2=\alpha_c=1/2$，因此 $p_c=(\alpha_c)^{1/2}\approx0.707$。

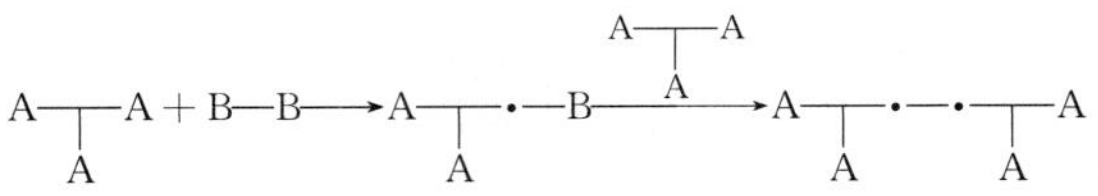

（2）普遍情况分析

体形缩聚通常采用两种 2-官能度单体（A-A、B-B），另加多官能度单体 $A_f(f>2)$，例如 2-2-3 体系。基团 A 来自 A-A 和 A_f。这一体系的反应式如下：

$$A\text{-}A + B\text{-}B + A_f \longrightarrow A_{f-1}\text{-}A \cdot [B\text{-}B \cdot A\text{-}A]_n \cdot B\text{-}B \cdot A\text{-}A_{f-1}$$

上式的形成过程如下：端基 A_f 与 B-B 缩聚；端基 B 与 A-A 缩聚，端基 A 与 B-B 缩聚，如此反复 n 次；最后端基 B 与 A_f 缩聚。形成上式的总概率就是各步反应概率的乘积，计算方法如下。

令 p_A 和 p_B 分别为基团 A 和 B 的反应程度，ρ 为支化单元（A_f）中 A 基团数占混合物中 A 基团总数的分率，$1-\rho$ 为 A-A 中的 A 基团数占混合物中 A 基团总数的分率，则

基团 B 与支化单元 A_f 反应的概率 $= p_B\rho$

基团 B 与非支化单元 A-A 反应的概率 $= p_B(1-\rho)$

因此形成上述两支化点间链段的总概率为各步反应概率的乘积。

支化单元 A_f 中基团 A 与 B-B 的反应概率 —— $p_A \cdot [p_B(1-\rho) \cdot p_A]^n \cdot p_B\rho$ —— 基团 B 与支化单元 A_f 中基团 A 的反应概率
括号内 B-B 与 A-A 的反应概率 —— 括号内 A-A 与 B-B 的反应概率

上式中指数 n 代表 B-B-A-A 重复 n 次，概率就应该自乘 n 次，即 $[p_B(1-\rho) \cdot p_A]^n$。对所有 n 值（$0\sim+\infty$）进行加和。根据 $\sum\limits_{n=0}^{+\infty} Q^n = 1 + Q + Q^2 + \cdots = \dfrac{1}{1-Q}$，经变换，得

$$\alpha = \sum_{n=0}^{+\infty} [p_A p_B(1-\rho)]^n p_A p_B \rho = \frac{p_A p_B \rho}{1 - p_A p_B(1-\rho)} \tag{2-50}$$

将两基团数比 $r = p_B/p_A$ 代入式（2-50），得

$$\alpha = \frac{r p_A^2 \rho}{1 - r p_A^2(1-\rho)} = \frac{p_B^2 \rho}{r - p_B^2(1-\rho)} \tag{2-51}$$

由式（2-51）可算出多官能团体系缩聚时任一转化程度下的 α 值。联立式（2-49）和式（2-51），则得

$$(p_A)_c = \frac{1}{[r + r\rho(f-2)]^{1/2}} \tag{2-52}$$

式（2-52）表示凝胶点是基团数比 r、支化单元分率 ρ、官能度 f 的函数，该式可用来计算凝胶点。

2.7.3 凝胶点的测定方法

多官能团体系缩聚至某一反应程度，黏度急增，难以流动，副产物汽化产生的气泡也无法上升，这时的临界反应程度就定为凝胶点，可取样分析残留官能团来计算。

凝胶点理论估算值往往偏离实测值。例如甘油和等基团数的二元酸缩聚时，测得凝胶点 $p_c = 0.765$。按 Carothers 方程［式（2-46）］计算，$p_c = 0.833$，偏高原因是将凝胶点时的数均聚合度当作无穷大。实际上，聚合度不太高时就开始凝胶化，而且大于和小于平均

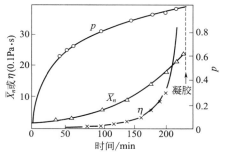

图 2-9 一缩二乙二醇、丁二酸、己三酸缩聚时 p、$\overline{X}_n$、η 随时间的变化

聚合度的分子都有，大于平均聚合度的先凝胶化。按 Flory 统计法式（2-52）计算，p_c = 0.709，更接近并略低于实验值。Flory 就一缩二乙二醇和丁二酸或己三酸体系（2-2 体系），改变己三酸（$f=3$）量，研究了两种基团数相等和不相等条件下的缩聚情况，实测凝胶点的结果见表 2-9 和图 2-9。

表 2-9　一缩二乙二醇、丁二酸、己三酸缩聚体系的凝胶点

$r=\dfrac{[COOH]}{[OH]}$	ρ	凝胶点 p_c			
		按式（2-46）计算	按式（2-52）计算	实验值	实测 α
1.000	0.293	0.951	0.879	0.911	0.59
1.000	0.194	0.968	0.916	0.939	0.59
1.002	0.404	0.933	0.843	0.894	0.62
0.800	0.375	1.063	0.955	0.991	0.58

由图 2-9 可看出，该体系缩聚 230min 后出现凝胶，黏度大，实测得 $p_c = 0.91$，$\overline{X}_n = 25$。当 $r=1$，$\rho=0.293$ 时，按式（2-46）计算，得 $p_c = 0.951$，较实测值大；按统计法式（2-52）计算，则 $p_c = 0.88$，较实测值略低，见表 2-9。分子内环化、官能团非等活性都可能是计算值偏低的原因。

2.8　缩聚和逐步聚合的实施方法

2.8.1　缩聚和逐步聚合的热力学和动力学特征

缩聚反应热力学和动力学的典型参数见表 2-10。

表 2-10　缩聚反应热力学和动力学的典型参数

单体和原料	催化剂	$T/℃$	$k\times10^3$ /(L·mol^{-1}·s^{-1})	E_a /(kJ·mol^{-1})	$-\Delta H$ /(kJ·mol^{-1})
聚酯化					
HO(CH$_2$)$_{10}$OH + HOOC(CH$_2$)$_4$COOH	无	161	0.075	59.4	
HO(CH$_2$)$_{10}$OH + HOOC(CH$_2$)$_4$COOH	酸	161	1.6		
HOCH$_2$CH$_2$OH + p-HOOCC$_6$H$_4$COOH	无	150			10.5
p-HOCH$_2$CH$_2$OOCC$_6$H$_4$COOCH$_2$CH$_2$OH	无	275	0.5	188	
p-HOCH$_2$CH$_2$OOCC$_6$H$_4$COOCH$_2$CH$_2$OH	Sb$_2$O$_3$	275	10	58.6	
HO(CH$_2$)$_6$OH + ClOC(CH$_2$)$_8$COCl	无	58.8	2.0	41	
聚酰胺化					
piperasine + p-ClOCC$_6$H$_4$COCl	无		$10^7 \sim 10^8$		
H$_2$N(CH$_2$)$_6$NH$_2$ + HOOC(CH$_2$)$_8$COOH	无	185	1.0	100.4	
H$_2$N(CH$_2$)$_5$COOH	无	235			24
酚醛缩聚					
C$_6$H$_5$OH + HCHO	酸	75	1.1	77.4	
聚氨酯化					
m-OCN—C$_6$H$_4$—NCO		60	0.40(k_1)	31.4	
+ HOCH$_2$CH$_2$OCO(CH$_2$)$_4$COOCH$_2$CH$_2$OH			0.03(k_2)	35.0	

缩聚的聚合热不大（10～25kJ·mol^{-1}），活化能却较高（40～100kJ·mol^{-1}）。相反，乙烯基单体加聚的聚合热较高（50～95kJ·mol^{-1}），而活化能却较低（15～40kJ·mol^{-1}）。为了保证合理的速率，缩聚多在较高的温度（150～275℃）下进行。为弥补高温所致的反应器热损失，就得外加热，另需设法避免单体挥发或热分解损失。

此外，缩聚反应平衡常数与温度的关系如下：

$$\frac{\mathrm{d}\ln K}{\mathrm{d}T}=\frac{\Delta H}{RT^2}$$ (2-53)

ΔH 为负值，温度升高，平衡常数变小，逆反应将增加。但高温有利于小分子的副产物汽化而真空脱除，因此高温聚合仍有利于获得高分子量的缩聚产物。

2.8.2　逐步聚合的实施方法

欲使线形逐步聚合成功，必须考虑下列原则和措施：

① 原料要尽可能纯净；

② 单体按化学计量配制，加微量单官能团物质或使某双官能团单体微过量来控制分子量；

③ 尽可能提高反应程度；

④ 采用减压或其他手段去除副产物，使反应向聚合物方向移动。

实施逐步聚合有熔融聚合、溶液聚合、界面缩聚、固相缩聚等四种方法。其中熔融聚合最常用，固相缩聚则往往作为提高缩聚物分子量的重要手段。

（1）熔融聚合

在单体和聚合物熔点以上进行的聚合，相当于本体聚合，只有单体和少量催化剂，产物纯净。聚合热不大，为了弥补热损失，尚需外加热。对于平衡缩聚，则需减压，及时脱除副产物。预聚阶段，产物分子量和黏度不高，混合和副产物的脱除并不困难。只在后期（反应程度＞97％～98％），对设备传热和扩散传质才有更高的要求。根据聚合体系黏度的变化，将预缩聚与终缩聚分置于不同结构的聚合反应器内，实施分段聚合更为合理。

熔融聚合法用得很广，如合成涤纶聚酯、酯交换法合成聚碳酸酯、合成聚酰胺等。

（2）溶液聚合

单体与催化剂在适当的溶剂中进行的聚合。所用的单体一般活性较高，聚合温度可以较低，副反应也较少。如属平衡缩聚，则可通过反应蒸馏或加碱成盐除去副产物。溶液聚合的缺点是溶剂脱除与回收能耗大，聚合物中残余溶剂的脱除比较困难。

聚砜合成多采用溶液聚合法；尼龙-66 的合成前期为水介质的缩聚，后期转为熔融缩聚。

（3）界面缩聚

将两种单体，如二元胺和二酰氯，分别溶于水和有机溶剂中，配成互不相溶的溶液，聚合就在界面处进行。界面缩聚限于活性高的单体，室温下就能聚合。水中需加碱来中和副产物氯化氢，防止氯化氢与胺结合成盐，减慢反应。碱量过多，又易使二酰氯水解成羧酸或单酰氯，使速率和分子量降低。界面缩聚中反应速率快于扩散传质速率，界面处两单体的浓度往往低于它们在各自相中的主体浓度，因而反应动力学受扩散控制，应有足够的搅拌强度，保证单体及时传递。

界面缩聚的优点有缩聚温度较低、不必严格等基团数比、分子量较高等。但原料酰氯较贵，溶剂回收成本较高。光气法合成聚碳酸酯是界面缩聚的重要应用。

以上三种聚合方法还将在 2.9 节几种重要缩聚物的各论中有所反映。

（4）固相缩聚

在玻璃化温度以上、熔点以下的固态所进行的缩聚。固相缩聚一般不直接用单体来聚合，多数是以上三种聚合方法的补充。例如纤维用的涤纶聚酯（$T_g = 69℃$，$T_m = 265℃$）用作工程塑料（如瓶料）时，分子量偏低，强度不够，可将熔融缩聚制得的缩聚产物置于固相缩聚反应器内在 220℃、真空或惰性热气流下继续缩聚，排除副产物，以进一步提高分子量。聚酰胺-6 也可以进行固相缩聚来提高分子量。

2.9　重要缩聚物和其他逐步聚合物

多数逐步聚合物属于杂链聚合物，可分成线形和体形两大类。2-2 或 2 体系单体将聚合成线形聚合物，如聚酯、聚酰胺、聚砜等。2-3、2-4 等体系最终将缩聚成体形聚合物，如醇酸树脂、酚醛树脂、脲醛树脂等。从单体到聚合物制品，多分成两个阶段进行：第一阶段是树脂合成阶段，先聚合成低分子量（300～5000）线形或支链预聚物，处在可溶、可熔、可塑化状态；第二阶段是成型阶段，预聚物中活性基团进一步交联固化成不溶、不熔物。这类聚合物称作热固性聚合物。

预聚物可分为无规预聚物和结构预聚物两类。无规预聚物中基团分布和后续反应无规律，主要品种有醇酸树脂、碱催化酚醛树脂、脲醛树脂等。结构预聚物基团分布有规律，可预先设计，其本身一般不能交联，成型时，需另加催化剂或其他反应性物质，重要代表有不饱和聚酯、环氧树脂、酸催化酚醛树脂等。

研究不同品种逐步聚合物时，除遵循聚合机理的共同规律外，应重视特殊性，同时关注结构性能的导向，例如脂族和芳族的同类聚合物的聚合原理相似，但性能差异却很大。引入芳杂环、极性基团、规整结构和交联往往是提高聚合物耐热性和强度的重要措施。

2.9.1　聚酯

聚酯是主链上有—COO—酯基团的杂链聚合物。带酯侧基的聚合物，如聚甲基丙烯酸甲酯、聚醋酸乙烯酯、纤维素酯类等，都不能称作聚酯。

剖析缩聚机理时，常选择聚酯化反应作为代表，这里进一步介绍重要聚酯品种合成机理的特殊性。聚酯种类很多，包括脂族和芳族、饱和和不饱和、线形和体形，主要代表有：

① 线形饱和脂族聚酯。如低分子量的聚酯二醇，用作聚氨酯的预聚物；又如高分子量的聚乳酸、聚丁二酸丁二醇酯等可生物降解聚合物。

② 线形（半）芳族聚酯，如涤纶聚酯，用作合成纤维和工程塑料。

③ 不饱和聚酯，主链中留有双键的结构预聚物；与苯乙烯混溶后，可用过氧化物引发剂引发进行自由基共聚而交联，制得热固性增强塑料。

④ 醇酸树脂，属于线形或支链形无规预聚物；残留基团可进一步交联固化，用作涂料。

以上四类聚酯的合成原理与低分子酯化反应相似，主要有下列 4 种方法：

醇酸直接酯化　　　　　$RCOOH + R'OH \rightleftharpoons RCOOR' + H_2O$　　　　可逆

酯交换或醇解　　　　　$RCOOR'' + R'OH \rightleftharpoons RCOOR' + R''OH$　　　　可逆

| 酰氯与醇反应 | $RCOCl + R'OH \longrightarrow RCOOR' + HCl$ | 不可逆 |
| 酸酐与醇反应 | $(RCO)_2O + R'OH \longrightarrow RCOOR' + RCOOH$ | 不可逆 |

其中，直接酯化和酯交换是可逆平衡的慢反应，需加酸作催化剂来加速，并需减压排除低分子副产物，使平衡向聚酯方向移动；而酰氯或酸酐与醇的酯化反应则较快，且不可逆。

2.9.1.1 线形饱和脂族聚酯

二元酸和二元醇缩聚、羟基酸自缩聚或内酯开环聚合，均可形成线形聚酯。除了聚草酸乙二醇酯以外，线形饱和脂族聚酯的熔点（50～60℃）和强度都很低，结晶度较低时不耐溶剂，且易水解和生物降解，故不能用作结构材料。但低分子量脂族聚酯可用作聚氨酯的预聚物；也可根据其柔性、易降解等特点，制成一次性可降解塑料制品。举例如下。

① 聚酯二醇，是聚氨酯的预聚物，由二元酸（己二酸）和过量乙二醇或丁二醇线形缩聚而成，分子量为 3000～5000，分子链两端均为羟基，进一步与二异氰酸酯反应，即成聚氨酯。

② 聚乳酸，可用作控制释放药物载体或可降解的缝合线。100℃和 1000Pa 压力下，先使乳酸脱水，继用 0.2% 对甲苯磺酸作酯化的催化剂，0.5% 氯化亚锡作缩聚的催化剂，在 160℃ 和 0～1300Pa 下熔融缩聚 30h，可得分子量 8000 以上的聚乳酸。

此外，开环聚合也是合成脂族聚酯的方法。乳酸经自聚成环状二聚体丙交酯，提纯后，可开环聚合成高分子量的聚乳酸。己内酯、新戊内酯经开环聚合，都可以合成相应的聚酯。

2.9.1.2 半芳族聚酯

半芳族聚酯由含苯环的二元酸和脂族二元醇缩聚而成，最典型的如聚对苯二甲酸乙二醇酯（PET），又称涤纶聚酯。因主链中含苯环，涤纶聚酯具有良好的刚性、强度和熔点（265℃）；同时，涤纶聚酯中的亚乙基赋予了其柔性。两方面性能的综合，使涤纶聚酯成为质优的合成纤维。涤纶聚酯还可制作双向拉伸薄膜，用于胶卷、透明胶带的带基等。提高分子量或将乙二醇改为丁二醇，则可用作工程塑料，如高刚性的瓶（桶）料等。相对于 PET 来说，聚对苯二甲酸丁二醇酯（PBT）熔点降低（232℃），加工性能变好。将对苯二甲酸与丁二醇、乙二醇进行共缩聚，则产物的刚性和熔点降低不多，流动性和熔纺性能却都有所改善。

将乙二醇改为 1,3-丙二醇，对应的聚酯为聚对苯二甲酸丙二醇酯（PTT）。PTT 的 3 个亚甲基的"奇碳效应"使分子链形成了类似弹簧般的螺旋状，使其纤维具有优异的回弹性，俗称"弹性涤纶"，被看作是继 20 世纪 50 年代 PET 和 70 年代 PBT 工业化以后实现规模开发的又一种重要的可成纤聚酯材料。

涤纶聚酯由对苯二甲酸与乙二醇缩聚而成，遵循线形缩聚的普遍规律，但难点有三：①对苯二甲酸熔点很高，300℃升华，在溶剂中溶解度很小，难以用精馏、结晶等方法来提纯；②原料纯度不高时，难以控制两单体的等摩尔比；③聚酯化反应平衡常数小，需在高温、高度减压条件下排除低分子副产物，才能获得高分子量。目前这些困难均已解决。

生产涤纶聚酯，先后发展有酯交换法和直接酯化法两种合成技术。酯交换法又称间接酯化法，早期因精制提纯对苯二甲酸困难，这一方法较普遍。目前，精制对苯二甲酸生产技术已成熟，酯交换法逐渐被直接酯化法所替代。

（1）酯交换法　由甲酯化、酯交换和终缩聚三步组成。所谓甲酯化，就是对苯二甲酸与稍过量甲醇反应，先酯化成对苯二甲酸二甲酯；蒸出水分、多余甲醇、苯甲酸甲酯等低沸物，再经精馏，制得纯的对苯二甲酸二甲酯。酯交换反应是在 190～200℃ 下，以醋酸镉和三氧化锑作催化剂，使对苯二甲酸二甲酯与乙二醇（摩尔比约 1：2.4）进行酯交换反应，形成聚酯低聚物；馏出甲醇，使酯交换充分。终缩聚是在高于涤纶熔点（如 283℃）下，以三氧化锑为催化剂，使对苯二甲酸乙二醇酯进一步自缩聚或酯交换，借减压和高温，不断馏出副产物乙二醇，逐步提高聚合度。

甲酯化和酯交换阶段，无须考虑等基团数比。终缩聚阶段，根据乙二醇的馏出量，自然地调节两基团数的比，逐步逼近等物质的量，略使乙二醇过量，封锁分子两端，达到预定聚合度。

（2）直接酯化法　对苯二甲酸提纯技术解决以后，这是优先选用的经济方法。对苯二甲酸与过量乙二醇在 200℃ 下先酯化成低聚合度（如 $x=1\sim4$）聚对苯二甲酸乙二醇酯，而后在 280℃ 下终缩聚成高聚合度的最终聚酯产品（$n=100\sim200$），这一步与间接酯化法相同。

随着缩聚反应程度的提高，体系黏度增加。在工程上，将缩聚分段在两类聚合反应器中进行更为有利。前段预缩聚的温度和真空度要求都可适当低（如 270℃、2000～3300Pa）；后段终缩聚则需较高的温度和真空度要求（如 280～285℃、60～130Pa），且需特殊的反应器结构，以使聚合体系能快速地表面更新，利于副产物汽化脱除。

2.9.1.3　全芳族聚酯

p-羟基苯甲酸在 $P(OC_6H_5)_3$ 作用下自缩聚，可直接酯化成全芳族聚酯。

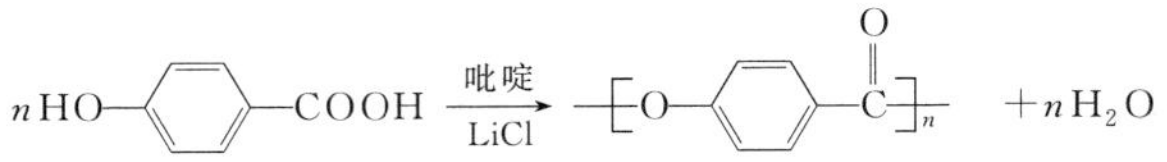

p-羟基苯甲酸的酯经自缩聚或酯交换，也得到类似结果。

酚羟基的 O—H 键易断裂，生成的苯氧基负离子比较稳定，表现为弱酸性，因而苯二酚不能与二元酸缩聚成高分子。但 p,p'-联酚因联苯间的电子效应和共轭效应，其酚羟基的酸性减弱，在特定的条件下可与二元酸缩聚。因聚合和加工不易，p,p'-联酚一般不与对苯二甲酸直接缩聚，而是由 p-羟基苯甲酸、对苯二甲酸与 p,p'-联酚共缩聚。制得的全芳共聚酯耐高温，并耐烧蚀，550℃ 才分解，可用于高温场合。

全芳族聚酯加工困难，因而有人以 1,4-二羟甲基环己烷为二元醇，与对苯二甲酸、间苯二甲酸共缩聚，制得熔点和刚性均高于涤纶聚酯的透明产物，其结构式如下：

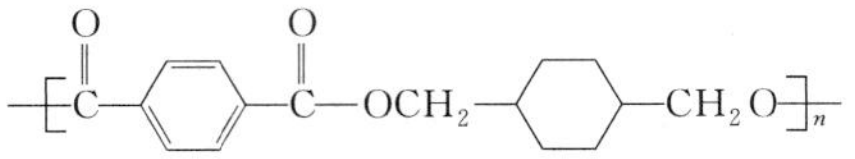

2.9.1.4　不饱和聚酯

不饱和聚酯是主链中含有双键的聚酯，双键可与苯乙烯自由基共聚而交联，用来生产玻璃纤维增强的塑料（俗称玻璃钢）。全过程分两个阶段：一是预缩聚，制备分子量数千的线形结构预聚物；二是与玻璃纤维的粘接、成型和交联固化。

马来酸酐与乙二醇缩聚，可以形成最简单的不饱和聚酯，反应式如下：

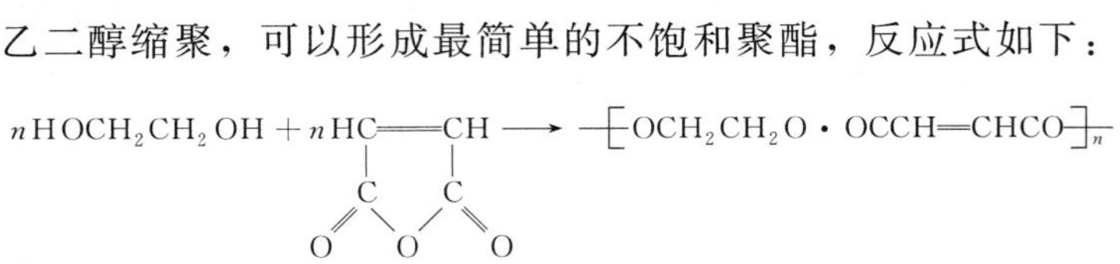

上述不饱和聚酯经交联固化后，性脆。为了提高强度、降低交联密度，可用饱和的苯酐代替部分马来酸酐，用一缩二乙二醇、丙二醇或 1,3-丁二醇代替部分乙二醇，进行共缩聚。

例如以对甲苯磺酸作催化剂，150～200℃下进行 1.2mol 丙二醇、0.67mol 马来酸酐、0.33mol 邻苯二甲酸酐的共缩聚。丙二醇过量可弥补挥发损失，并封锁两端。加甲苯或二甲苯作溶剂，有利于脱水；通氮或二氧化碳以防氧化变色。缩聚至分子量 1000～2000，停止反应。冷却至 90℃，加 30%～50% 苯乙烯，混匀，即成不饱和聚酯预聚物商品。苯乙烯兼有溶剂和共单体的双重功能，故俗称活性稀释剂。

除了以上单体外，还有多种二元酸（如富马酸、间苯二酸、己二酸、丁二酸等）可供选用，改变单体种类和配比以及苯乙烯量，就可制得多种不饱和聚酯品种。

2.9.1.5 醇酸树脂与涂料

醇酸树脂是可交联的聚酯，属于无规预聚物，主要用作涂料或粘接剂。

邻苯二甲酸酐（$f=2$）和甘油（$f=3$）是醇酸树脂的基本原料，属于 2-3 官能度体系，先缩聚成线形或支链形预聚物，而后再交联成网状或体形结构。

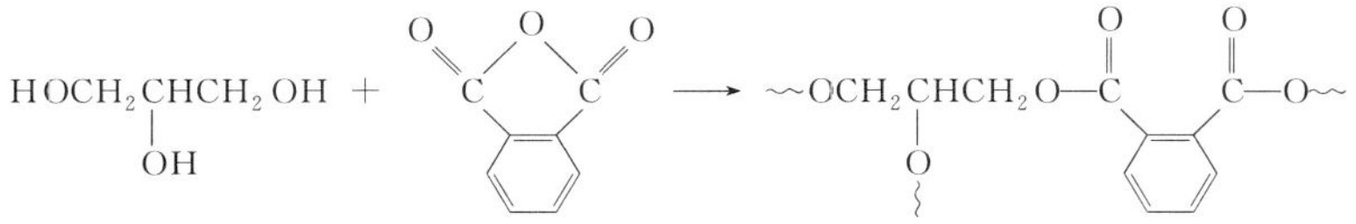

上述酯化产物交联固化后性脆，为了保证涂层的柔软性，在上述基本原料中往往添加其他二元酸（间苯二甲酸、柠檬酸、己二酸、癸二酸等）或一元不饱和脂肪酸（干性油或非干性油）以及其他二元醇，以增加聚合物链的柔性、降低交联密度。但二元醇或一元酸的加入量，要使体系的平均官能度稍大于 2，例如 1mol 邻苯二甲酸酐、0.9mol 乙二醇和 0.1mol 甘油，平均官能度=2.05。除甘油外，也可用三羟甲基丙烷、季戊四醇、山梨糖醇等多元醇。改性用的亚麻油酸、豆油、蓖麻油、桐油酸都是不饱和脂肪酸（如下式）的甘油酯。

亚油酸　　　$CH_3(CH_2)_4CH=CHCH_2CH=CH(CH_2)_7COOH$

亚麻油酸　　$CH_3(CH_2CH=CH)_3(CH_2)_7COOH$

桐油酸　　　$CH_3(CH_2)_3CH=CHCH=CHCH=CH(CH_2)_7COOH$

根据改性油的用量，醇酸树脂可分为短油度、中油度、长油度三类。短油度醇酸树脂含有 30%～50% 油，一般需经烘烤才形成硬的漆膜。中油度（含 50%～65% 油）和长油度（含 65%～75% 油）品种，只要加入金属干燥剂（如萘酸钴），就可以室温固化。干性油改性的醇酸树脂，与适当溶剂、颜料、干燥剂等配合，即成醇酸树脂漆。

上述 2-3 官能度体系缩聚最终将交联。树脂合成阶段除配比外，还需控制较低的反应程度，使之处在凝胶点以下，保持黏滞液体状态，缩聚过程中要定期检测黏度和酸值。

2.9.2 聚碳酸酯

聚碳酸酯（PC）是碳酸的聚酯类，它与聚酯的特征基团比较如下：

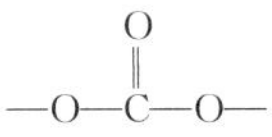

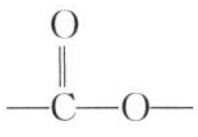

碳酸本身并不稳定，但其衍生物（如光气、尿素、碳酸盐、碳酸酯）都有一定稳定性。

聚碳酸酯可由二元醇与光气缩聚而成。

$$n\,\mathrm{HO-R-OH} + n\,\mathrm{Cl-\overset{\displaystyle O}{\overset{\|}{C}}-Cl} \xrightarrow{-\mathrm{HCl}} \left[\mathrm{ORO-\overset{\displaystyle O}{\overset{\|}{C}}}\right]_n$$

按醇结构的不同，可将聚碳酸酯分成脂族和芳族两类。

脂族聚碳酸酯，如聚亚乙基碳酸酯、聚三亚甲基碳酸酯及其共聚物，熔点和玻璃化温度低，强度差，不能用作结构材料；但利用其生物相容性和生物可降解的特性，可在药物缓释载体、手术缝合线、骨骼支撑材料等方面获得应用。

近年来，以二氧化碳为基本原料，在催化剂作用下将环氧化物开环缩聚制取脂族聚碳酸酯，引起了许多研究者的兴趣。其反应方程式如下所示：

$$\mathrm{CO_2} + \mathrm{R^1\overset{\displaystyle R^2}{\underset{\displaystyle O}{C}-\overset{\displaystyle R^3}{C}R^4}} \longrightarrow \left[\mathrm{(\overset{\displaystyle R^2}{\underset{\displaystyle R^1}{C}}-\overset{\displaystyle R^3}{\underset{\displaystyle R^4}{C}}O)_x\overset{\displaystyle O}{\overset{\|}{C}}O}\right]_n$$

$(R^1, R^2, R^3, R^4 = H、烃基，x = 1)$

然而，迄今为止，得到大规模生产及应用的聚碳酸酯仍为工程塑料用的芳族聚碳酸酯。科研人员曾研究过多种双酚聚碳酸酯，但已工业化的仅限于双酚 A 聚碳酸酯，因为其熔点高，物理机械性能好。通常如未标明是哪一类聚碳酸酯，指的就是这一品种。

工业上，双酚 A 聚碳酸酯主要由双酚 A $[2,2'$-双（羟苯基）丙烷]和光气来合成。它本是无定形聚合物，但因其主链含有苯环和四取代的季碳原子，故刚性强、耐热性好，熔融塑化温度约为 $265\sim270℃$，$T_g = 149℃$，可在 $15\sim130℃$ 内保持良好的力学性能，抗冲性能和透明性特好，尺寸稳定，耐蠕变，性能优于涤纶聚酯，是重要的工程塑料。但聚碳酸酯易应力开裂，受热时易水解，加工前应充分干燥。

聚碳酸酯的制法有酯交换法和光气直接法两种，简示如下式：

$$n\,\mathrm{HO}-\!\!\left\langle\!\!\!\bigcirc\!\!\!\right\rangle\!\!-\overset{\displaystyle CH_3}{\underset{\displaystyle CH_3}{C}}-\!\!\left\langle\!\!\!\bigcirc\!\!\!\right\rangle\!\!-\mathrm{OH} \xrightarrow[\substack{-C_6H_5OH \\ +COCl_2 \\ -HCl}]{\mathrm{CO(OC_6H_5)_2}} \left[\mathrm{O}-\!\!\left\langle\!\!\!\bigcirc\!\!\!\right\rangle\!\!-\overset{\displaystyle CH_3}{\underset{\displaystyle CH_3}{C}}-\!\!\left\langle\!\!\!\bigcirc\!\!\!\right\rangle\!\!-\mathrm{O}-\overset{\displaystyle O}{\overset{\|}{C}}\right]_n$$

（1）酯交换法

原理与生产涤纶聚酯的酯交换法相似。双酚 A 与碳酸二苯酯熔融缩聚，进行酯交换，在高温减压条件下不断排除苯酚，提高反应程度和分子量。

酯交换法需用催化剂，分两个阶段进行：第一阶段，温度 $180\sim200℃$，压力 $270\sim400\mathrm{Pa}$，反应 $1\sim3\mathrm{h}$，转化率为 $80\%\sim90\%$；第二阶段，$290\sim300℃$，$130\mathrm{Pa}$ 以下，加深反应程度。起始碳酸二苯酯应过量，经酯交换反应，排出苯酚，由苯酚排出量来调节两基团数比，控制分子量。

苯酚沸点高，从高黏熔体中脱除并不容易。与涤纶聚酯相比，聚碳酸酯的熔体黏度要高得多，例如分子量 3 万、$300℃$ 时的黏度达 $600\mathrm{Pa\cdot s}$，对反应设备的搅拌混合和传热有着更高的要求。因此，酯交换法聚碳酸酯的分子量受到了限制，多不超出 3 万。

（2）光气直接法

光气属于酰氯，活性高，可以与羟基化合物直接酯化。光气法合成聚碳酸酯多采用界面缩聚技术。双酚 A 和氢氧化钠配成双酚钠水溶液作为水相，光气的有机溶液（如二氯甲烷）为另一相，以胺类（如四丁基溴化铵）作催化剂，在 $50℃$ 下反应。反应主要在水相一侧，反应器内的搅拌要保证有机相中的光气及时地扩散至界面，以供反应。光气直接法比酯交换法经济，所得分子量也较高。

界面缩聚是不可逆反应，并不严格要求两基团数相等，一般光气稍过量，以弥补水解损失。可加少量单官能团苯酚进行端基封锁，控制分子量。聚碳酸酯用双酚 A 的纯度要求高，有特定的规格，不宜含有单酚和三酚，否则，前者得不到高分子量的聚碳酸酯，后者则易产生交联。

2.9.3　聚酰胺

聚酰胺（PA）是主链中含有酰胺基团（—NHCO—）的杂链聚合物，也可以分为脂族和芳族两类。强极性的酰胺基团足以保证脂族聚酰胺有较高结晶度、熔点（180～260℃）和强度，只要分子量足够（15000～25000），就可以用作高强度的合成纤维和工程塑料。

脂族聚酰胺有两个系列，每一系列都有两种合成方法。

① 二元胺-二元酸系列（2-2 系列）　多采用熔融缩聚法来合成。如改用二酰氯，则可选用界面缩聚法。除聚酰胺-66 外，聚酰胺-1010、610、612 等也已工业化，只是产量较低。

② 内酰胺或氨基酸系列（2 系列）　内酰胺聚合为开环聚合（见本书第 7 章），ω-氨基酸则进行自缩聚。聚酰胺-6（尼龙-6）为主要代表。

芳族聚酰胺也有半芳和全芳之分，它们的熔点和强度较脂族聚酰胺更高，通常为特种纤维和特种塑料。进一步还发展了聚酰亚胺。

2.9.3.1　2-2 系列脂族聚酰胺

在 2-2 系列脂族聚酰胺中，曾进行过多种二元胺（4～6、8、10、12、13 个碳原子）和二元酸（5～10、12、13 个碳原子）不同组合缩聚的筛选研究，但最成功的当推聚酰胺-66。

（1）聚酰胺-66（尼龙-66）

聚酰胺-66 由己二酸和己二胺缩聚而成。聚酰胺化有两个特点：一是氨基活性比羟基高，并不需要催化剂；二是平衡常数较大（约 400），可在水介质中预缩聚。

己二酸和己二胺可预先相互中和成 66 盐，保证羧酸和氨基数相等。利用 66 盐在冷、热乙醇中溶解度的显著差异，经重结晶提纯，有关杂质则留在母液中。

$$NH_2(CH_2)_6NH_2 + HOOC(CH_2)_4COOH \longrightarrow [^+NH_3(CH_2)_6NH_3{}^+{}^-OOC(CH_2)_4COO^-]$$

66 盐中另加少量单官能团醋酸（质量分数为 0.2%～0.3%）或微过量己二酸进行缩聚，由端基封锁来控制分子量。

$$n[^+NH_3(CH_2)_6NH_3{}^+{}^-OOC(CH_2)_4COO^-] + CH_3COOH \longrightarrow$$
$$CH_3CO\overline{}[NH(CH_2)_6NH \cdot CO(CH_2)_4CO]_n OH + 2nH_2O$$

66 盐不稳定，温度稍高，盐中己二胺（沸点 196℃）易挥发，己二酸易脱羧，将使等基团数比失调。为了防止这些损失，特设计如下操作程序：将少量醋酸加入 60%～80%（质量分数）66 盐的水浆液中，在密闭系统内，先在较低温度（如 200～215℃）和 1.4～1.7MPa 下加热 1.5～2h，预缩聚至 0.8～0.9 反应程度。然后慢慢（2～3h）升温至聚酰胺-66 的熔点（265℃）以上，例如 270～275℃，进一步缩聚。以后保持 270～275℃，不断排汽降压，最后在 2700Pa 的减压条件下完成最终缩聚反应。由此可见，合成聚酰胺的缩聚机理与聚酯相似，但根据 66 盐的配制和平衡常数差异这两个特点来拟订不同工艺条件。

聚酰胺-66 结晶度中等，熔点高（265℃），能溶于甲酸、苯酚、甲酚中，有高强、柔韧、耐磨、易染色、低摩擦系数、低蠕变、耐溶剂等综合优点，是仅次于涤纶的世界上第二大合成纤维。

（2）聚酰胺-1010

聚酰胺-1010 由癸二胺和癸二酸缩聚而成，是我国开发成功的品种，主要用作工程塑料，其特点是吸湿性低。

聚酰胺-1010 的合成技术与聚酰胺-66 相似，也分为成盐和缩聚两步。所不同的是 1010 盐不溶于水，自始至终属于熔融缩聚，熔体黏度较大，也可分成两段聚合。聚酰胺-1010 熔点较低（194℃），缩聚可在较低的温度（240～250℃）下进行。癸二胺沸点较高，在缩聚温度下，也不易挥发损失。

此外，还有聚酰胺-610 和聚酰胺-612 小规模生产，合成原理相似，可用作注塑料。

在 2-2 系列脂族聚酰胺中，亚甲基数的增加，将使柔性增加，却使吸湿性、熔点、强度降低。此外，当亚甲基数为奇数时，所得聚酰胺往往具有特殊的性能，故有奇数尼龙之特称。

2.9.3.2　聚酰胺-6

聚酰胺-6（尼龙-6）是氨基酸类聚酰胺，其产量仅次于尼龙-66，工业上由己内酰胺开环聚合而成。己内酰胺可以用碱或水（酸）开环。以碱作催化剂时，属于阴离子开环聚合，可以采用模内浇铸聚合技术，用于制备机械零部件，见本书第 7 章开环聚合。

制纤维用聚酰胺-6（锦纶）时，以水或酸作催化剂，按逐步机理开环，伴有以下三种反应：

① 己内酰胺水解成氨基酸

$$H_2O + O=C\overset{NH}{\diagup\diagdown}(CH_2)_5 \longrightarrow NH_2(CH_2)_5COOH$$

② 氨基酸自缩聚

$$—COOH + H_2N— \rightleftharpoons —CONH— + H_2O$$

③ 氨基上氮向己内酰胺亲电进攻而开环，不断增长

$$—NH_2 + O=C\overset{NH}{\diagup\diagdown}(CH_2)_5 \longrightarrow —NHCO(CH_2)_5NH_2$$

己内酰胺开环聚合的速率比氨基酸自缩聚的速率至少要大一个数量级，可以预见到上述三种反应中氨基酸自缩聚只占很少的百分比，而以开环聚合为主。

在机理上可以考虑氨基酸以双离子 $[^+NH_3(CH_2)_5COO^-]$ 形式存在，先使己内酰胺质子化，而后开环聚合，因为质子化单体对亲电进攻要活泼得多。

$$—NH_3^+ + O=C\overset{NH}{\diagup\diagdown}(CH_2)_5 \rightleftharpoons —NH_2 + O=C\overset{NH_2^+}{\diagup\diagdown}(CH_2)_5 \longrightarrow —NHCO(CH_2)_5NH_3^+$$

无水时，聚合速率较低；有水存在时，聚合加速，但速率随转化率的提高而降低。

己内酰胺水催化聚合过程大致如下：将含有 0.2%～0.5%醋酸和适量乙二胺的 80%～90%己内酰胺水溶液在 250～280℃聚合 12～24h。醋酸用作端基封锁剂，控制聚合度。乙二

胺参与共聚，可增加缩聚物中的氨基含量，便于染色。最终产物的聚合度与水量有关。转化率达 80%～90% 时，脱除大部分水。己内酰胺开环聚合的最终产物中残留有 8%～9% 单体和 3% 低聚物，这是七元环单体聚合时环-线平衡的结果。聚合结束后，切片可用热水浸取，除去平衡单体和低聚物，然后在 100～120℃ 和 130Pa 下真空干燥，将水分降至 0.1% 以下，即成商品。

除聚酰胺-6 外，从聚酰胺-1 到聚酰胺-13 都曾有过研究，但工业化的不多。合成方法以内酰胺开环聚合为主，部分为氨基酸自缩聚。

2.9.3.3 芳族聚酰胺

在聚酰胺主链中引入苯环，成为半芳族或全芳族聚酰胺，可进一步提高耐热性和刚性。与脂族聚酰胺相似，芳族聚酰胺可以由二元酸和二元胺缩聚，也可以由氨基酸自缩聚而成。

半芳族聚酰胺可由芳族二元酸（如对苯二甲酸）与脂族二元胺（如己二胺）缩聚而成。

$$\left[\begin{array}{c}C\end{array}\!\!-\!\!\bigcirc\!\!-\!\!\begin{array}{c}C\end{array}\!\!-\!\!NH(CH_2)_6NH\right]_n$$

该聚合物的商品名为尼龙-6T，与聚酰胺-66 相比，仅由对苯二甲酸代替己二酸，热稳定性和熔点（370℃）都提高许多，185℃ 下受热 5h 强度不受影响。如以丁二胺代替己二胺，则所得聚酰胺熔点更高（430℃）。改用间苯二甲酸与丁二胺缩聚，适当减弱大分子的对称性，则所得聚酰胺熔点降至 250℃。脂族二元酸与芳族二元胺也可缩聚成半芳族聚酰胺。

最简单的全芳族聚酰胺是聚(p-苯甲酰胺)，可由氨基苯甲酸自缩聚来合成。但主链中苯环和酰胺基团密集，而且结构对称，因此熔点很高，加工困难，且成本高，不利于工业化。

$$n\,H_2N\!\!-\!\!\bigcirc\!\!-\!\!COOH \xrightarrow{-HCl} \left[HN\!\!-\!\!\bigcirc\!\!-\!\!\begin{array}{c}C\\O\end{array}\right]_n$$

更多的全芳族聚酰胺主要由芳二酸与芳二胺缩聚而成。目前最成功的全芳族聚酰胺是聚对苯二甲酰对苯二胺。它结构单元中有刚性苯环和强极性的酰胺键，结构简单规整，经浓硫酸溶纺，可制成高性能纤维，俗称对位芳纶或 PPTA-1414（因其酰胺基在苯环的 1,4 位上）。PPTA-1414 强度高（2400～3000MPa），模量高（62～143GPa），耐高温（$T_g = 375℃$，$T_m = 530℃$），密度却不高（1.14～1.47g·mL^{-1}），适用于航天、军事装备、轮胎帘子线等。芳纶纤维强度与分子量有关，要求比浓对数黏度 η_{inh} 在 4.0dL·g^{-1} 以上（相当于数均分子量 20000）。

PPTA-1414 可由对苯二胺与对苯二甲酸直接缩聚，或与对苯二甲酰氯溶液缩聚而成，如配方和条件合适，都可以制得特性黏数 $[\eta] > 6$dL·g^{-1} 的产物。

$$n\,H_2N\!\!-\!\!\bigcirc\!\!-\!\!NH_2 \quad \begin{array}{c} +n\,HOOC\!\!-\!\!\bigcirc\!\!-\!\!COOH \\ \xrightarrow{-H_2O} \\ \\ +n\,ClOC\!\!-\!\!\bigcirc\!\!-\!\!COCl \\ \xrightarrow{-HCl} \end{array} \left[HN\!\!-\!\!\bigcirc\!\!-\!\!NHOC\!\!-\!\!\bigcirc\!\!-\!\!CO\right]_n$$

合成 PPTA-1414 有许多关键技术，例如适当的单体含量（8%～9%）、合适的混合溶剂/助溶盐，防止聚合物沉析，以提高分子量。溶剂有二甲基乙酰胺（DMA）、二甲基甲酰胺

（DMF）、N-甲基吡咯烷酮（NMP）、六甲基磷酰胺（HMPA）等，NMP-HMPA（2∶1）、DMA-HMPA（1∶1.4）都是很好的混合溶剂。助溶盐有氯化锂、氯化钙等，锂离子可使聚合物溶剂化，加速缩聚。此外，芳胺活性较低，缩聚时需加催化剂（对甲苯磺酸和硼酸）；直接缩聚时，尚需活化剂（二氯亚砜或四氯化硅）、磷酰化剂（亚磷酸三苯酯）等多种助剂。

由间苯二甲酰氯与间苯二胺缩聚制得的纤维称为间位芳纶或 PPTA-1313（因其酰胺基在苯环的 1,3 位上），其聚合反应式如下；因采用芳二酰氯，聚合时需加酸吸收剂。

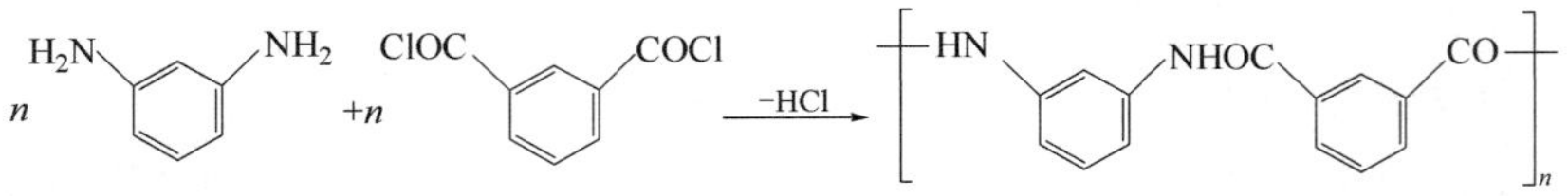

对位芳纶以其优异的高强度、高模量在高科技和工业领域大放异彩，而间位芳纶则以其良好的柔韧性见长；两者均有很好的耐高温性。

2.9.4　聚酰亚胺和高性能聚合物

航天、军事等特殊场合需要耐高温材料，能在 300℃ 以上长期使用的聚合物有时专称为高性能聚合物。耐高温需体现热稳定不分解和不熔不软化两方面，并保持强度。

根据热稳定性和熔点高的双重要求，需从下列结构特征来考虑聚合物的分子设计问题：

① 热稳定性决定于主价键能，硅氧、磷氮、氟碳聚合物耐热，但很难在 280℃ 以上长期使用，可改选半梯形和梯形聚合物；

② 芳杂环的共振作用可使键能和热稳定性增加；

③ 强氢键，如酰胺键、酰亚胺键，可同时提高热稳定性和热转变温度；

④ 结构规整对称，分子堆砌紧密，可以提高结晶度、熔点和强度。

从脂族、芳族聚酰胺，到聚酰亚胺等高性能聚合物，都是根据上述设计思想研制成功的。

2.9.4.1　聚酰亚胺

聚酰亚胺（PI）一般是二酐和二胺的缩聚物，可以由芳二酐和脂二胺或芳二胺缩聚而成。目前最常用的芳二酐是均苯四甲酸酐，与二元胺缩聚的第一步先形成聚酰胺，第二步才闭环成聚酰亚胺。凡具有形成稳定五元环倾向的均有利于聚酰亚胺的形成。

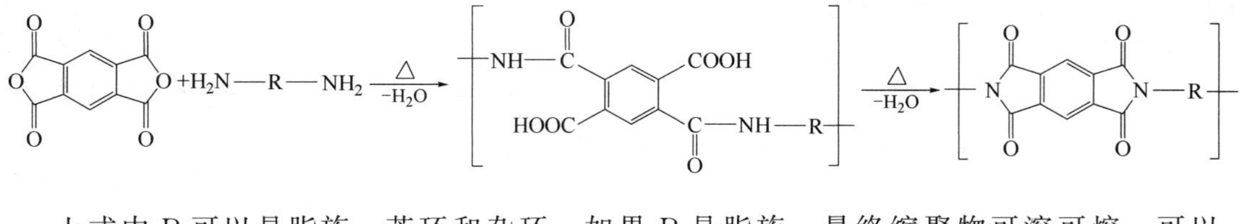

上式中 R 可以是脂族、芳环和杂环。如果 R 是脂族，最终缩聚物可溶可熔，可以一步就形成聚酰亚胺。如果 R 是芳环，则最终产物不溶不熔，将从溶液中沉析出来，无法加工和成膜。因此要分成预缩聚和终缩聚两步来完成，以均苯四甲酸酐与对苯二胺缩聚为例。

① 预缩聚　选用二甲基甲酰胺或乙酰胺、二甲基亚砜或 N-甲基-2-吡咯烷酮作溶剂，在 50~70℃ 下预缩聚，形成线形预聚物，调节加料次序和配比，分子量可达 13000~55000。也可能伴有部分亚酰胺化成环，但不超过 50%，保持预聚物处于可溶状态。

② 终缩聚　将预聚物成型，如成膜、成纤、涂层、层压等，然后加热至 150～300℃，使残留的羧基和亚氨基继续反应、成环，固化成高熔点、刚性、热稳定材料。

常用的芳二胺有对苯二胺、4,4′-二氨基联苯醚、间苯二胺、亚甲基二苯胺等，前两种芳二胺的聚酰亚胺有如下结构，由此合成的聚酰亚胺耐水解，熔点超过 600℃，热稳定性好，在惰性气氛中加热至 500℃，热失重甚少，在氮气中于 400℃ 加热 15h，热失重也只有 1.5%。

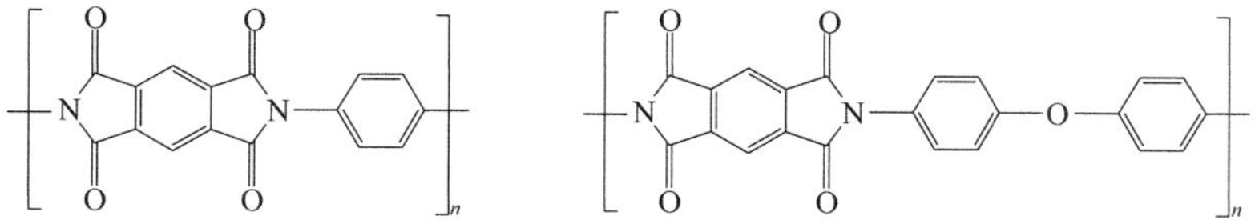

此外，还发展有含氧、硫、氮的全芳杂环聚酰亚胺耐高温聚合物。

主链中有芳杂环结构的聚酰亚胺近似半梯形，刚性大，熔点高，耐热性好，可在 300℃ 以上长期使用，多应用于宇航、军事装备、电子工业等特殊场合。

2.9.4.2　聚苯并咪唑类

聚苯并咪唑（PBI）也是较早研究成功的耐高温高分子，单体是芳族四元胺和二元芳酸或酯，如 3,3′-二氨基联苯胺和间苯二甲酸二苯酯，分两步缩聚而成。

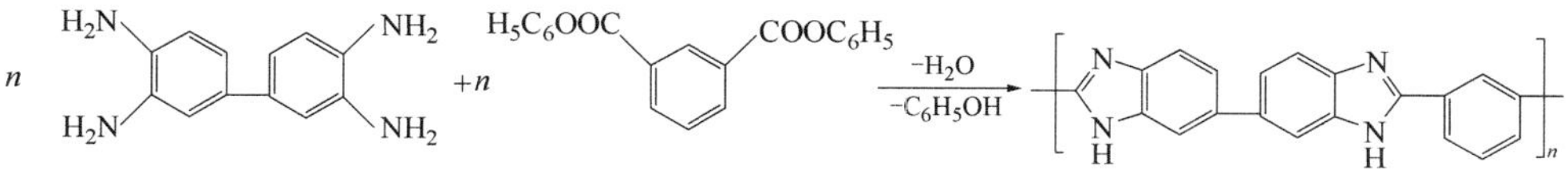

上述缩聚可能是亲核取代反应，第一步先在 250℃ 形成可溶性氨基-酰胺预聚物，第二步再在 350～400℃ 成环固化。选用间苯二甲酸二苯酯的目的是防止羧酸在高温下脱羧。

PBI 熔点在 400℃ 以上，薄膜和纤维达 300℃ 仍能保持良好的力学性能，超过这一温度，在空气中也会迅速降解。

2.9.4.3　梯形聚合物

聚酰亚胺和聚苯并咪唑都是半梯形聚合物，主链中留有单键，受热时是断裂的弱点。如果选用全芳族 4-4 官能度体系（如均苯四甲酸酐和均苯四胺）进行缩聚，就可能形成全梯形聚合物。缩聚也分两步进行：第一步先在室温下预缩聚成聚酰胺，保持可溶可熔状态，浇铸成膜或模塑成型；第二步再加热成环固化。

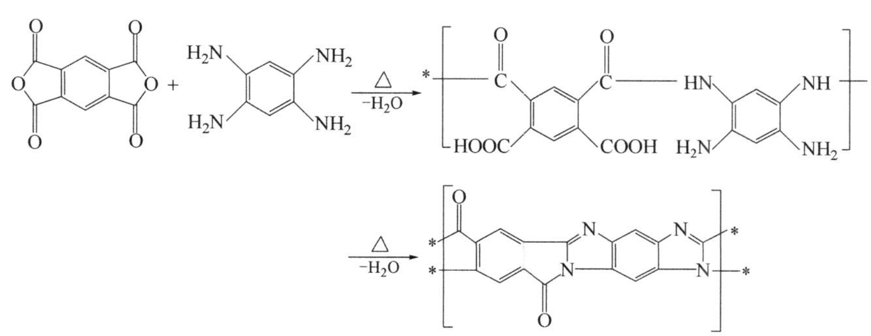

上述梯形聚合物全由环状结构单元组成，类似两条主链全交联成一整体，一链断裂，尚有一链，热稳定性、熔点、玻璃化温度和刚性均很高，并耐辐射，可在宇航设备中应用。

2.9.5 聚氨酯和其他含氮杂链缩聚物

聚氨酯（PU）、聚脲都是含氮杂链聚合物，其结构与聚酯、聚碳酸酯、聚酰胺、聚酰亚胺都有些相似，但合成方法和性能有异。

| 聚酯 | 聚碳酸酯 | 聚酰胺 | 聚酰亚胺 | 聚氨酯 | 聚脲 |

2.9.5.1 聚氨酯

聚氨酯是带有 —NH—COO— 特征基团的杂链聚合物，全名聚氨基甲酸酯，是氨基甲酸（NH_2COOH）的酯类或碳酸的酯-酰胺衍生物。

聚氨酯可以是线形或体形；制品隔热、耐油；应用广，包括胶黏剂、涂料、弹性纤维、弹性体、软硬泡沫塑料、人造革等；发展迅速，其体积产量在逐步聚合物中已上升为首位。

合成聚氨酯的起始原料是光气。光气是活泼的酰氯，可与二元醇或二元胺反应，分别形成二氯代甲酸酯或二异氰酸酯。

$$COCl_2 + HOROH \longrightarrow ClCO \cdot ORO \cdot OCCl + 2HCl$$
$$COCl_2 + H_2NRNH_2 \longrightarrow O=C=N-R-N=C=O + 2HCl$$

这两种中间体分别再与二元胺或二元醇反应，就形成聚氨酯，也就成为两条合成技术路线。

(1) 二氯代甲酸酯与二元胺反应　该反应快，可以进行低温界面聚合。

$$n ClCO \cdot ORO \cdot OCCl + n H_2NR'NH_2 \longrightarrow \text{—[}CO \cdot ORO \cdot OCHNR'NH\text{]}_n\text{—} + 2n HCl$$

这类聚氨酯的结构与聚酰胺类似，由两种单元交替而成，但其熔点比相应的聚酰胺要低。其中脂族残基 R 和 R'[$(CH_2)_n$] 增大（$n=2\sim6$），熔点降低；如 R 和 R' 为芳杂环，则熔点升高。

(2) 二异氰酸酯和二元醇的加成反应

$$n OCN—R—NCO + n HOR'OH \longrightarrow \text{—[}OCNHRNHCO \cdot OR'O\text{]}_n\text{—}$$

醇羟基的氢加到异氰酸基的氮原子上，无副产物，特称作聚加成反应，属于逐步机理。二异氰酸酯与二元胺加成，则生成聚脲，聚脲熔点高，韧性大，适于制作纤维。

$$n OCN—R—NCO + n H_2NR'NH_2 \longrightarrow \text{—[}OCNHRNHCO \cdot NHR'NH\text{]}_n\text{—}$$

异氰酸基是很活泼的基团，能与许多含有活性氢的化合物反应，与羟基、氨基的反应如上述，与水、羧基等也很容易反应，活性氢都加在氮原子上。

$$—N=C=O + H_2O \longrightarrow \text{—[}NHCOOH\text{]} \longrightarrow —NH_2 + CO_2\uparrow$$
$$—N=C=O + RCOOH \longrightarrow \text{—[}NHCO \cdot OCOR\text{]} \longrightarrow —NHCOR + CO_2\uparrow$$

上述反应同时释放出二氧化碳，可以用来制备聚氨酯泡沫塑料。

工业上多选用二（或多）异氰酸酯与多元醇来合成聚氨酯。二（或多）异氰酸酯在聚氨酯分子链中起着硬段的作用，如下式的 2,4-或 2,6-甲苯二异氰酸酯（TDI）、六亚甲基二异氰酸酯（HDI）、萘二异氰酸酯（NDI）等。

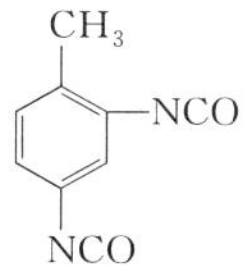

2,4-TDI	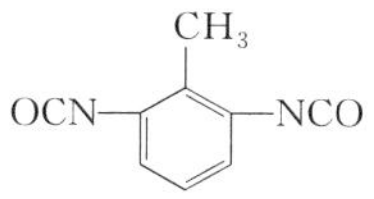 2,6-TDI	HDI	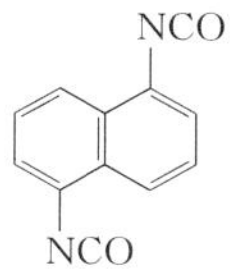 NDI

聚氨酯的另一原料是多元醇，起着软段的作用。二元醇 HOROH 用于制备线形聚氨酯，除丁二醇外，用得更多的是聚醚二醇和聚酯二醇，分子量从几百到几千。聚醚二醇是以乙二醇或丙二醇为起始剂，由环氧乙烷或环氧丙烷开环聚合而成的。聚酯二醇则由二元酸（如己二酸）和过量二元醇（如乙二醇或丁二醇）缩聚而成，分子量为 3000～5000。若以甘油（$f=3$）、季戊四醇（$f=4$）、甘露醇（$f=6$）等作起始剂，使环氧乙烷或环氧丙烷开环聚合，则形成相应的多元醇，可用来制备交联聚氨酯。聚硅氧烷也可以用作多元醇。

在聚氨酯的合成、成型全过程中，往往要经过预聚、交联等阶段，有时还要扩链。

① 预聚　一般将稍过量的二异氰酸酯与聚醚二醇或聚酯二醇先反应，形成异氰酸端基预聚物（OCN〜〜NCO）。

$$n\,OCN—R—NCO + n\,HOR'OH \longrightarrow$$

$$OCN—R—NHCO \cdot OR'O—[CONH—R—NHCO \cdot OR'O]_n—CONH—R—NCO$$

上述二异氰酸酯预聚物进一步与扩链剂（如二元醇）反应，就形成线形嵌段聚氨酯。异氰酸酯构成硬段，聚醚二醇或聚酯二醇构成软段。聚氨酯的许多性质，如玻璃化温度、熔点、模量、弹性、拉伸强度、吸水性等，都可以由硬段和软段的种类和比例来调整。如果采用两种二元醇，则可将亲水链段和亲油链段、软段和硬段组合在一起。

② 扩链　如果对聚氨酯预聚物的分子量有较高的要求，如弹性纤维和橡胶，还可以用二元醇、二元胺（如乙二胺）或肼进行扩链，后者主链中间将形成脲基团。

③ 交联　聚氨酯用作弹性体时，需要交联。在加压加热条件下，分子链中的异氰酸酯特征基团与另一分子的异氰酸端基进行反应，产生交联。

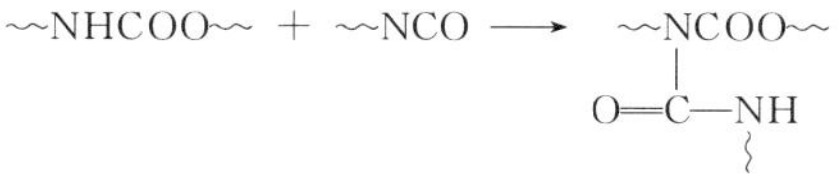

合成聚酯二醇或聚醚二醇时，如有甘油或多元醇参与，则带有侧羟基，也可引起交联。

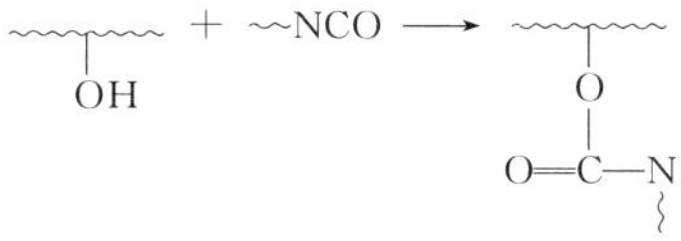

扩链后所产生的脲基团 —NHCONH— 也可以与异氰酸端基进行交联。

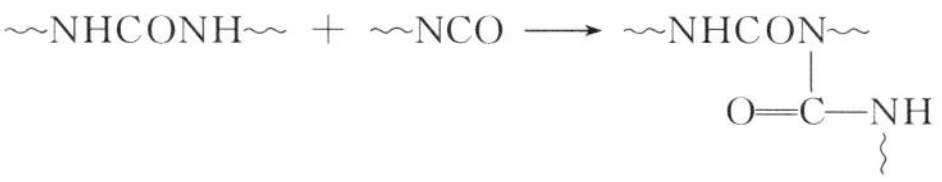

聚氨酯弹性体和弹力纤维就是根据上述诸反应合成的。聚氨酯弹性体分子中无双键，热

稳定性好，耐老化，并具有强度高、电绝缘、难燃、耐磨的优点，但不耐碱。

聚氨酯涂料遇到大气中的水分，预聚物中的异氰酸端基与水反应，形成脲基团；进一步与异氰酸端基反应而交联，不必另加催化剂就可固化，因此属于“单组分涂料”。

聚氨酯可用来制备泡沫塑料。软泡沫塑料通常先由聚醚二醇或聚酯二醇与二异氰酸酯反应成异氰酸封端的预聚物，加水，形成脲基团并使分子量增加，同时释放 CO_2，发泡。

硬泡沫塑料则由多羟基预聚物制成。侧羟基与二异氰酸酯反应，发生交联变硬。2,4-和2,6-甲苯二异氰酸酯的混合物（f 约为 2.2）最常用，辛基亚锡（2-乙基己醇亚锡）和三级胺常用作催化剂。硬泡沫早期系用低沸点的氯氟烃（CFCs，如一氟三氯甲烷）、含氢氯氟烃（HCFCs，如氟利昂）为发泡剂，因其对大气臭氧层有破坏作用，逐渐被禁用。目前已形成了氢氟烃、烷烃和水等替代发泡技术。用水发泡实质是利用水与异氰酸酯反应生成 CO_2 来发泡，属于化学发泡。因聚氨酯硬泡多用作保温绝热材料，人们对泡沫的绝热性能较为关注。CO_2 的热导率较高，水发泡制得的泡沫绝热性能较低，尺寸稳定性也较差。氢氟烃类化合物发泡所得的泡沫绝热性能好，但氢氟烃有较强的温室气体效应，其禁用也已被相关国际组织提上议事日程。（环）烷烃类化合物（如环戊烷、正丁烷、异丁烷）发泡所得的泡沫绝热性能较好，但它们易燃、易爆的问题亟须重视。

2.9.5.2 聚脲

聚脲中的脲基团极性大，可以形成更多的氢键，因此聚脲的熔点高，韧性也大，且有优异的耐磨、耐腐蚀和耐热性。

合成聚脲最好的方法是参照聚氨酯的合成方法，即二元胺与二异氰酸酯反应。反应放热，可以采用溶液聚合法或界面聚合法撤热。因为是逐步加成反应，不存在副反应，聚合过程比较简单。例如 2,4-甲苯二异氰酸酯与 4,4′-二氨基联苯醚制得的聚脲熔点高达 320℃。

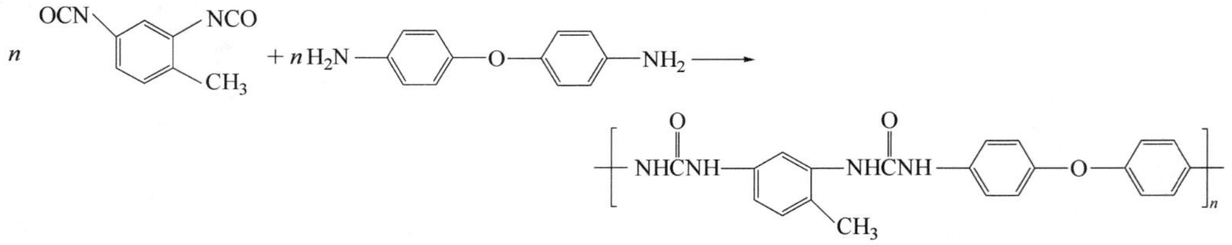

聚脲还有其他合成方法，如二元胺与光气直接进行界面缩聚、二元胺与碳酸二苯酯进行氨-酯交换。氨基活性较高，反应较快，合成更加简便，容易制得高分子量，熔点为 295℃。

$$n\,H_2N{-}R{-}NH_2 + n\,Cl{-}\underset{\underset{O}{\|}}{C}{-}Cl \longrightarrow \left[NH{-}R{-}NH{-}\underset{\underset{O}{\|}}{C} \right]_n$$

$$n\,H_2N{-}R{-}NH_2 + n\,C_6H_5O{-}\underset{\underset{O}{\|}}{C}{-}OC_6H_5 \longrightarrow \left[NH{-}R{-}NH{-}\underset{\underset{O}{\|}}{C} \right]_n + 2n\,C_6H_5OH$$

2.9.6 环氧树脂和聚苯醚

环氧树脂和聚苯醚都是主链含有醚氧基团（—O—）的杂链聚合物，但两者的合成、结构、性能、用途都有很大的差异。一般聚醚由环醚（如环氧乙烷、丁氧环、四氢呋喃等）开环聚合而成，甲醛或三聚甲醛经离子聚合而成的聚甲醛另立为聚缩醛类。这两类另见开环聚合（第 7 章）。

2.9.6.1 环氧树脂

环氧树脂（EP）具有如下环氧特征基团，环氧基团开环可进行线形聚合，也可交联而固化。

$$—CH—CH_2 \qquad\qquad —CH—CH—$$

常用的环氧树脂由双酚 A 和环氧氯丙烷缩聚而成，主链中有醚氧键，带有侧羟基和环氧端基，可以看作特种聚醚，但环氧基更能显示其特性，故名环氧树脂，而不称作聚醚。

（1）环氧树脂的合成

在碱催化条件下，双酚 A 和环氧氯丙烷先缩合成下列低分子中间体。

$$2CH_2—CHCH_2Cl + HO—\phi—C(CH_3)_2—\phi—OH \xrightarrow[-HCl]{NaOH} CH_2—CHCH_2O—\phi—C(CH_3)_2—\phi—OCH_2CH—CH_2$$

双酚 A 的羟基使中间体的环氧端基开环，而后环氧氯丙烷的氯与羟端基反应，脱 HCl，重新形成环氧端基，如此不断开环闭环，逐步聚合成分子量递增的环氧树脂。综合式如下：

$$(n+2)CH_2—CHCH_2Cl + (n-1)HO—\phi—C(CH_3)_2—\phi—OH \xrightarrow[-HCl]{NaOH}$$

$$CH_2—CHCH_2\left[O—\phi—C(CH_3)_2—\phi—OCH_2CHCH_2\right]_n O—\phi—C(CH_3)_2—\phi—OCH_2CH—CH_2$$
$$\qquad\qquad\qquad\qquad\qquad\qquad\qquad OH$$

上式中 n 一般在 $0\sim12$ 之间，分子量相当于 $340\sim3800$，个别 n 可达 19（$M=7000$）。$n=0$，就是双酚 A 被环氧丙基封端的环氧树脂中间体，为黄色黏滞液体。$n\geqslant2$，则为固体。n 值的大小由原料配比、加料次序、操作条件来控制，环氧氯丙烷总要过量。环氧树脂的分子量不高，使用时再交联固化，因此，对双酚 A 纯度的要求并不像制聚碳酸酯和聚砜时那么严格。

环氧树脂结构比较明确，属于结构预聚物。其分子量可由环氧氯丙烷的量来调节。

（2）环氧树脂的交联和固化

环氧树脂粘接力强，耐腐蚀、耐溶剂，耐热、电性能好，广泛用于胶黏剂、涂料、复合材料等；应用时，需经交联和固化。环氧树脂分子中的环氧端基和侧羟基都可以成为交联的基团，胺类和酸酐是常用的交联剂或催化剂。

① 伯胺类　乙二胺、二亚乙基三胺等含有活泼氢，可使环氧基直接开环交联，属于室温固化催化剂。伯胺的 $—NH_2$ 中有 2 个活性氢，可按化学计量来估算其用量。常以环氧值来表示环氧树脂分子量的大小。所谓环氧值，是指 100g 树脂中含有环氧基的量（mol）。

$$CH_2—CHCH_2\sim + H_2N—R—NH_2 \longrightarrow$$

② 叔胺类　叔胺虽无活性氢，但对环氧基的开环却有催化作用，因此也可用作环氧树脂固化的催化剂，但其用量无法定量计算，固化温度也稍高，如 $70\sim80\,^{\circ}\mathrm{C}$。

$$R_3N: + CH_2-CH\sim \longrightarrow R_3N^{\oplus}-CH_2CH\sim \xrightarrow{\underset{O}{CH_2-CH\sim}} R_3N^{\oplus}-CH_2CH\sim$$

③ 酸酐类　酸酐（如邻苯二甲酸酐和马来酸酐）也可作环氧树脂的交联剂。固化机理有二：一是酸酐与侧羟基直接酯化而交联；二是酸酐与羟基先形成半酯，半酯上的羧酸再使环氧开环。酸酐类作交联剂时，也可定量计算。但活性较低，需在较高温度（150～160℃）下固化。

$$2\sim CH_2CHCH_2\sim \underset{OH}{} + R\begin{array}{c}O\\\|\\C\\\diagup\quad\diagdown\\O\\\diagdown\quad\diagup\\C\\\|\\O\end{array}O \longrightarrow \begin{array}{c}\sim CH_2CHCH_2\sim\\|\\O-CO-R-CO-O\\|\\\sim CH_2CHCH_2\sim\end{array}$$

2.9.6.2　聚苯醚

工业上的聚苯醚（PPO）以 2,6-二甲基苯酚为单体，以亚铜盐-三级胺类（吡啶）为催化剂，在有机溶剂中，经氧化偶合反应而成。反应系按特殊的醌-缩酮机理进行的自由基过程，但具有逐步聚合特性，分子量随转化率而增加。聚苯醚的分子量可达 30000。

$$n\ \underset{CH_3}{\overset{CH_3}{\bigcirc}}OH + O_2 \xrightarrow{CuCl,\text{吡啶}} \left[\underset{CH_3}{\overset{CH_3}{\bigcirc}}O\right]_n + H_2O$$

如果苯酚 2,6-位置上取代基的电负性太强（如硝基或甲氧基）或体积较大（如叔丁基），则不能进行氧化偶合反应。苯酚对位氢被 t-C_4H_9— 和 $HOCH_2$— 取代，也能氧化偶合；但被 CH_3—、C_2H_5—、CH_3O— 取代，则不发生偶合反应。

聚苯醚是耐高温塑料，可在 190℃ 下长期使用，其耐热性、耐水解性、力学性能、耐蠕变性都比聚甲醛、聚酰胺、聚碳酸酯、聚砜等工程塑料好，可用来制作耐热机械零部件。聚苯醚与（抗冲）聚苯乙烯是一对相容性好的聚合物；为了降低成本和改善加工性能，两者往往共混（1:1～1:2）使用；也可添加 5% 磷酸三苯酯，提高阻燃性能。

曾经研究过的聚苯醚还有多种，例如 2,6-二苯基苯酚也可以氧化偶合成相应的聚苯醚，$T_g=235℃$，$T_m=480℃$，空气中 175℃ 下稳定，经干纺和高温拉伸，可成晶态纤维。其短纤维加工成纸，可用作超高压电缆的绝缘材料。

聚芳醚和聚芳醚酮被称为高性能聚合物。例如由联苯醚与间苯二甲酰氯经 Friedel-Crafts 反应合成的聚芳醚酮具有良好的化学、物理-机械综合性能。

$$n\ \underset{}{\bigcirc}\!-\!O\!-\!\underset{}{\bigcirc} + n\ ClOC\!-\!\underset{}{\bigcirc}\!-\!COCl \longrightarrow \left[\underset{}{\bigcirc}\!-\!O\!-\!\underset{}{\bigcirc}\!-\!\overset{O}{\underset{}{C}}\!-\!\underset{}{\bigcirc}\!-\!\overset{O}{\underset{}{C}}\right]_n$$

2.9.7　聚砜和其他含硫杂链聚合物

工业上比较重要的含硫杂链聚合物主要有：①聚砜，如双酚 A 聚芳砜，—SO_2— 为特征基团；②聚硫醚，如聚苯硫醚，特征基团仅仅是单个硫原子 —S—；③多硫聚合物，如聚硫橡胶，特征基团由多个硫原子组成，即 —S$_x$—。聚芳砜和聚苯硫醚都是工程塑料。

2.9.7.1 聚砜

聚砜（PSF）是主链上含有砜基团（—SO$_2$—）的杂链聚合物，可以分为脂族和芳族两类。

脂族聚砜可由烯烃和二氧化硫共聚而成。其 T_g 低，热稳定性差，模塑困难，应用受限。

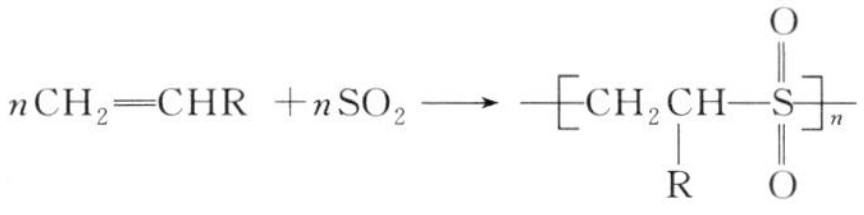

$$n\mathrm{CH_2}{=\!\!=}\mathrm{CHR} + n\mathrm{SO_2} \longrightarrow \left[\!\!\begin{array}{c} \\ \mathrm{CH_2CH} \\ \\ | \\ \mathrm{R} \end{array}\!\!\begin{array}{c}\mathrm{O}\\ \| \\ \mathrm{S} \\ \| \\ \mathrm{O}\end{array}\right]_n$$

比较重要的聚砜是芳族聚砜，多称作聚芳醚砜，简称聚芳砜。苯环的引入可以提高聚合物的刚性、强度和玻璃化温度；处于高氧化态的砜基耐氧化，与苯环共振而使砜基热稳定；醚氧键则赋予大分子链以柔性；异亚丙基对柔性也有一定贡献，改善了加工性能。上述诸多结构的综合，才使双酚 A 聚砜成为高性能的工程塑料。

聚砜的制备过程大致如下：将双酚 A 和氢氧化钠浓溶液就地配制双酚 A 钠盐，所产生的水分经二甲苯蒸馏带走，温度约 160℃，除净水分，防止水解，这是获得高分子量聚砜的关键。以二甲基亚砜为溶剂，用惰性气体保护，使双酚 A 钠盐与 4,4′-二氯二苯砜进行亲核取代反应，即成聚砜。商品聚砜的分子量为 20000～40000。

一般芳氯对这类亲核取代并不活泼，但吸电子的砜基却使苯环上的氯活化。苯酚—OH 的亲核性低，因而选用亲核性较强的双酚 A。聚芳砜的分子量由两原料基团数比来控制，由氯甲烷封端。聚砜和聚碳酸酯用的双酚 A 都要求高纯，不能含有单官能团和三官能团酚类。

双酚 A 聚芳砜为非晶态线形聚合物，玻璃化温度为 195℃，能在 −180～150℃ 长期使用。耐热性能和力学性能都比聚碳酸酯和聚甲醛好，并有良好的耐氧化性能。

无异丙基的聚苯醚砜耐氧化性能和耐热性更好，T_g 达 180～220℃，在空气中 500℃ 下稳定，可模塑。在 150～200℃ 下，能保持良好的力学性能，在水中有很好的抗碱性和抗氧化性。这类聚苯醚砜可以用 FeCl$_3$、SbCl$_5$、InCl$_3$ 作催化剂，通过 Friedel-Crafts 反应制得，例如：

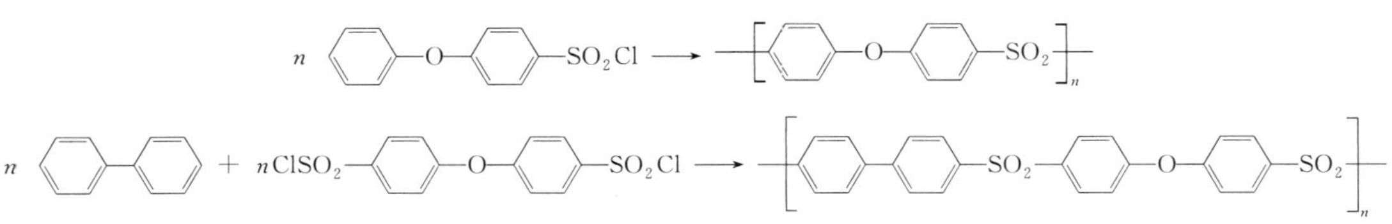

与聚芳砜相似，主链由苯环、醚氧和羰基组成的聚芳（醚）酮也是性能良好的工程塑料。

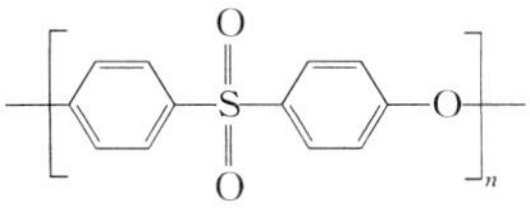

聚醚砜（PES） 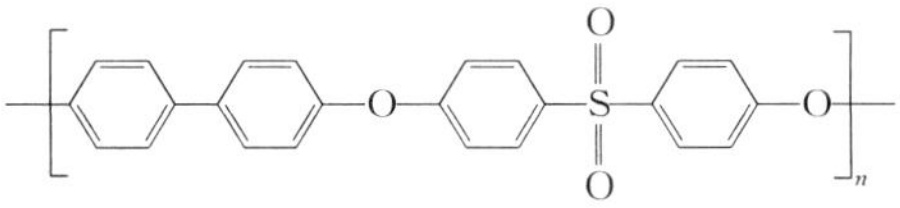   聚联苯砜

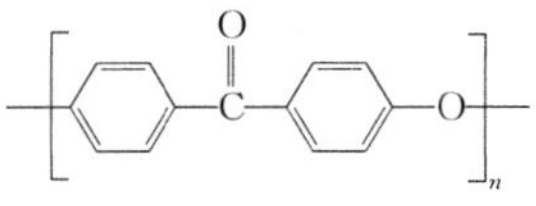

聚醚酮（PEK） 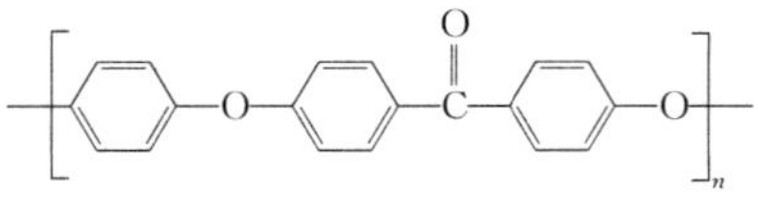　　　　　　　　　　　　聚醚醚酮（PEEK）

以上单醚键的聚醚酮（PEK），$T_g=165℃$，$T_m=365℃$；而双醚键的聚醚醚酮（PEEK），$T_g=143℃$，$T_m=334℃$。两者都耐高温，可在 $240\sim280℃$ 下连续使用，在水和有机溶剂中仍能保持良好性能。

2.9.7.2　聚苯硫醚

聚硫醚也可分为脂族和芳族两类。脂族聚硫醚可以由双硫醇和二卤烷烃反应而成，其中 R 和 R′ 可以是 $(CH_2)_6$。

$$n\,NaS{-}R{-}SNa + n\,Br{-}R'{-}Br \longrightarrow [S{-}R{-}S{-}R']_n + 2n\,NaBr$$

上述反应很难制得高分子量聚合物。脂族聚硫醚的 T_g 和强度较低，暂无应用价值。

工业上有应用价值的聚苯硫醚（PPS）由苯环和硫原子交替而成，属于结晶性聚合物，$T_g=85℃$，$T_m=285℃$，耐溶剂，可在 $220℃$ 以上长期使用。缺点是韧性不够，有一定的脆性。

聚苯硫醚与聚苯醚的结构、性能有点相似，但制法却不相同。商业上聚苯硫醚多由 p-二氯苯与硫化钠经 Wurtz 反应来合成，反应属离子机理，但具逐步特性。

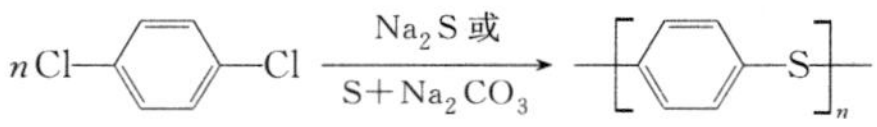

对溴硫酚或对氯硫酚经自缩聚也可制得聚苯硫醚。

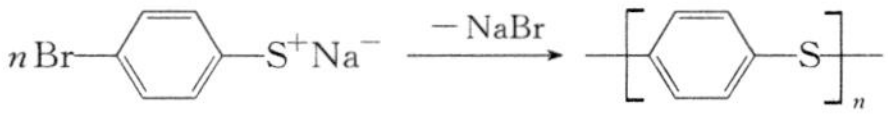

联苯醚与 SCl_2 或 S_2Cl_2 在氯仿溶液中反应，可制得同时含有醚键和硫键的聚合物，除耐化学药品和耐热外，柔性和加工性能也有所改善。

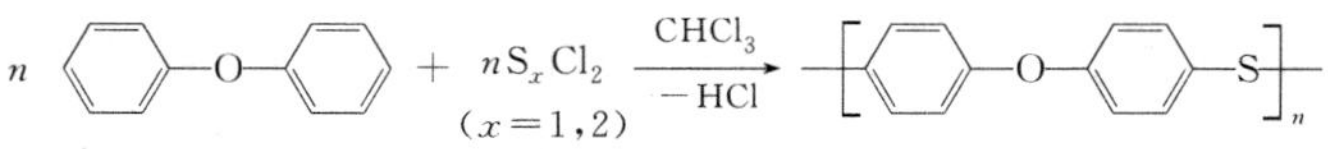

聚苯硫醚受热时变化比较复杂，包括氧化、交联和断链。从 $315℃$ 加热到 $415℃$，物理形态发生多种变化，从熔融、增稠、凝胶化，最后甚至变成不能再熔融的深色固体。聚苯硫醚有许多加工方法和应用，可以涂覆、挤出、注塑、吹塑、模压、烧结等。

2.9.7.3　聚多硫化物——聚硫橡胶

有应用价值的聚多硫化合物，可用结构式 $[R{-}S_x]_n$ 表示，其中 $x=2\sim4$。聚多硫化合物具有高弹性能，故称作聚硫橡胶，最常用的合成方法是二氯烷烃与多硫化钠反应。

$$n\,ClRCl + n\,Na_2S_x \longrightarrow [R{-}S_x]_n + 2n\,NaCl$$

常用的二氯化物有二氯乙烷、双（氯乙氧基）甲烷 $[(ClCH_2CH_2O)_2CH_2]$ 或两者的混合物，制得的聚硫橡胶分别标以 $A(x=4)$、$FA(x=2)$、$ST(x=2.2)$。

带端羟基的聚硫橡胶，可用氧化锌或二异氰酸酯扩链；带硫醇端基的，可氧化偶合扩链。

聚硫橡胶耐油、耐溶剂、耐氧和臭氧、耐候，主要用作耐油的垫片、油管和密封剂，但强度不如一般合成橡胶。聚硫橡胶 A$(x=4)$ 含硫量高达 82%，耐溶剂性能最佳，但难加工，且有低分子硫醇和二硫化物的臭味；聚硫橡胶 ST 无此缺点；聚硫橡胶 FA 的性能则介于两者之间。

聚硫橡胶与氧化剂混合，燃烧猛烈，并产生大量气体，可用作火箭的固体燃料。

2.9.8　酚醛树脂

酚醛树脂（PF）和塑料是世界上最早研制成功并商品化的合成树脂和塑料，目前在热固性聚合物中仍占有一定地位，主要用作模制品、层压板、胶黏剂和涂料。

酚醛树脂由苯酚和甲醛缩聚而成，甲醛官能度 f 为 2，苯酚的邻、对位氢才是活性基团，因此官能度为 3；而甲酚的官能度则为 2。二甲酚、双酚 A 也曾用来生产特种酚醛树脂。

从反应类型看，酚与醛反应分两步进行：先加成，形成酚醇或羟甲基酚的混合物；继而进行酚醇间的缩聚。因此可以合称为加成缩聚。

酚醛反应有两类催化剂，相应有两类树脂：一是碱催化且醛过量，形成酚醇无规预聚物，所谓 resoles，继续加热可直接交联固化；二是酸催化且酚过量，缩聚产物称作 novol-acs，属于结构预聚物，单凭加热，难以固化，需另加甲醛或乌洛托品［也称六亚甲基四胺，$(CH_2)_6N_4$］，后者受热分解，提供亚甲基，才使之交联。

2.9.8.1　碱催化酚醛预聚物（resoles）

有碱存在时，苯酚处于共振稳定的阴离子状态，邻、对位阴离子与甲醛进行亲核加成，先形成邻、对位羟甲基酚，例如：

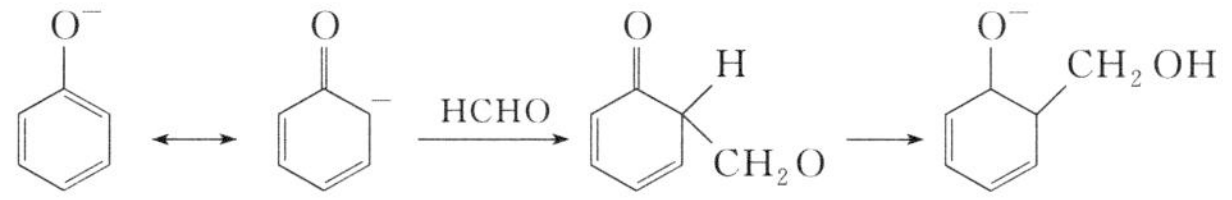

氨、碳酸钠或氢氧化钡等均可用作酚醛缩聚的碱催化剂。在甲醛过量的条件下，例如苯酚、甲醛摩尔比为 6∶7 或两活性基团数比为 9∶7 时，苯酚与甲醛进行多次加成，形成一羟甲基酚、二羟甲基酚、三羟甲基酚的混合物。例如以氢氧化钠为催化剂，苯酚、甲醛水溶液在 30℃下反应 5h，产物中酚醇的成分为：

2,4,6-三羟甲基酚　37%	2,4-二羟甲基酚　24%	2,6-二羟甲基酚　7%
p-羟甲基酚　17%	o-羟甲基酚　12%	未反应的苯酚　3%

羟基酚进一步相互缩合，形成由亚甲基桥连接的多元酚醇，例如：

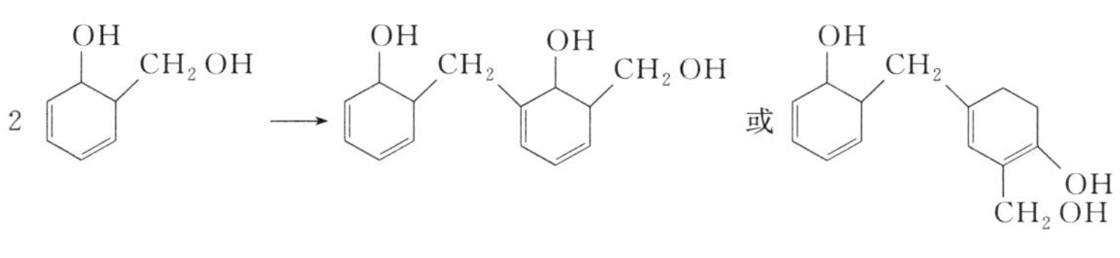

经过系列加成缩合反应，就形成由二、三环的多元酚醇组成的低分子量酚醛树脂，例如：

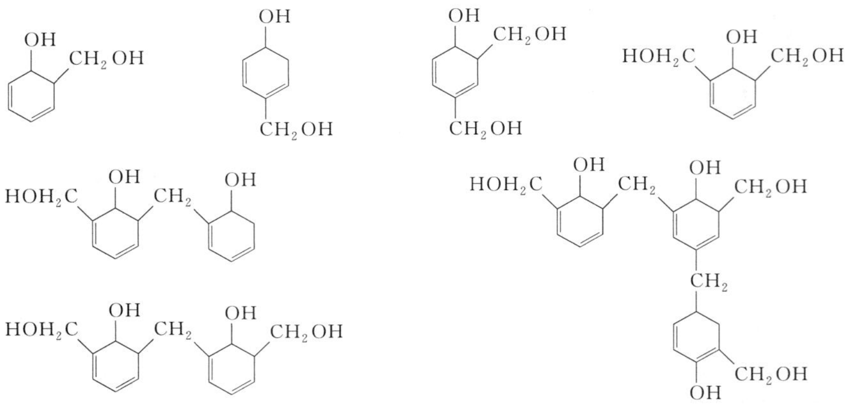

将苯酚、40%甲醛水溶液、氢氧化钠或氨（苯酚量的1%）等混合，回流1～2h，即可达到预聚要求。延长时间，将交联固化。要及时取样分析熔点、凝胶化时间、溶解性能、酚含量等，以便控制。结束前，中和成微酸性，暂停聚合，减压脱水，冷却，即得酚醛预聚物。

碱催化酚醛树脂，常分成 A、B、C 三个阶段。A 阶段（resoles），可溶、可熔、流动性能良好，反应程度 p 小于凝胶点 p_c。也可以进一步缩聚成 B 阶段，使反应程度接近 p_c，黏度有所提高，但仍能熔融塑化加工。A 或 B 阶段预聚物受热时，交联固化，即成 C 阶段（$p > p_c$）。交联固化后，就不再溶解和熔融。成型加工厂常使用 B 阶段或 A 阶段预聚物。

酚醇在碱性和较高温度下交联时，在两苯环之间容易形成亚甲基桥。在中性、酸性和较低温度条件下，则有利于二苄基醚键的形成。下式表示兼有亚甲基桥和苄基醚键的交联结构。

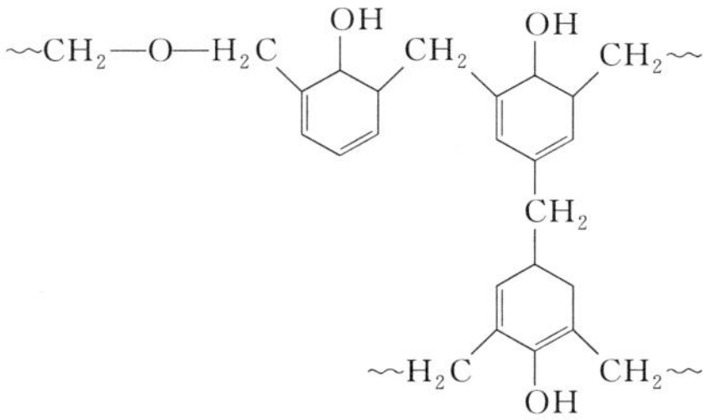

碱性酚醛预聚物溶液多在厂内使用，例如与木粉混匀，铺在饰面板上，经压机热压制合成板。也可将浸有树脂溶液的纸张热压成层压板。热压时，交联固化的同时，还蒸出水分。

碱性酚醛树脂中的反应基团无规排布，因而称作无规预聚物，酚醛预聚阶段和以后的交联固化阶段均难定量处理，官能团等活性概念也不适用。

2.9.8.2　酸催化酚醛预聚物——热塑性酚醛树脂（novolacs）

盐酸、硫酸、磷酸等无机酸都可以催化酚醛缩聚反应，因草酸腐蚀性较小，优先选用。在苯酚过量的条件下，例如苯酚和甲醛摩尔比为 6∶5（两基团数比为 9∶5）的酸催化缩聚反应，与碱催化时有很大的不同。甲醛的羰基先质子化，而后在苯酚的邻、对位进行亲电芳核取代，形成邻、对羟甲基酚。进一步缩合成亚甲基桥，邻-邻、对-对或邻-对随机连接。

通常缩聚用强酸，pH<3 时，对位氢较活泼；pH=4.5～6 时，则邻位氢活泼；二价金属催化剂（如醋酸锌和醋酸）也有利于邻位缩合。如果在树脂合成阶段使邻位氢先反应，留

下对位氢，则可望获得较快的固化速度。

酸催化酚醛树脂称作 novolacs，是热塑性的结构预聚物，制备时，必须苯酚过量。如果苯酚与甲醛等摩尔比，即使在酸性条件下，也会交联。酚醛摩尔比为 10∶1～10∶9 时，预聚物分子量可以在 230～1000 间变动，每分子中苯环含量可以高达 6～10 个，反映出不同的缩聚程度。

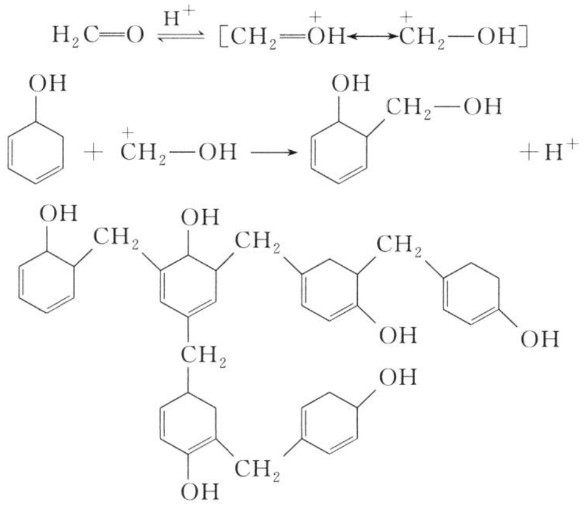

novolacs 的生产过程大致如下：将熔融状态的苯酚（如 65℃）加入反应釜内，加热到 95℃，先后加入草酸（苯酚的 1%～2%）和甲醛水溶液，在回流温度下反应 2～4h，甲醛即可耗尽。甲醛用量不足，树脂结构中无羟甲基，即使再加热，也无交联危险，因此可称为热塑性酚醛树脂。酚醛树脂从水中沉析出来，先常压、后减压蒸出水分和未反应的苯酚，直至 160℃。测定产物熔点或黏度，借以确定反应终点。然后冷却，破碎，即成酚醛树脂粉末。

酚醛树脂粉末再与木粉填料、乌洛托品、其他助剂等混合，即成模塑粉。模塑粉受热成型时，乌洛托品分解，提供交联所需的亚甲基，其作用与甲醛相当。同时产生的氨，部分可能与酚醛树脂结合，形成苄胺桥（—C_6H_4—CH_2—NH—CH_2—C_6H_4—）。

邻位含量较高的酸催化酚醛树脂，因固化速度快，也可与木粉等填料混合制成注塑料。由模塑粉压制或注塑料注塑成型的制品均为热固性塑料制品。

此外，还有改性的酚醛树脂，例如耐热性能更好的糠醛苯酚树脂。

2.9.9　氨基树脂

尿素（$f=4$）或三聚氰胺（$f=6$）与甲醛缩聚，可制备氨基树脂。苯胺也可用作单体。

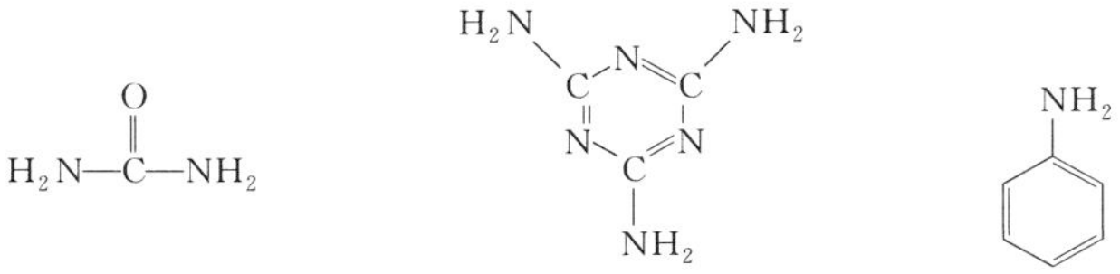

2.9.9.1　脲醛树脂

尿素呈碱性，分子中的 1 个羰基不足以平衡 2 个氨基，与甲醛反应时，先亲核加成，形成羟甲基衍生物，构成脲醛树脂（UF）预聚物。

$$H_2C=O + H_2N—CO—NH_2 \longrightarrow HOCH_2NH—CO—NH_2$$

尿素官能度为 4，衍生物由一羟甲基脲到三羟甲基脲组成，含量随配比、pH 等反应条件而定。四羟甲基脲一般很少，可忽略不计。

$$HOCH_2NH—CO—NH_2 \qquad\qquad HOCH_2NH—CO—NHCH_2OH$$
$$(HOCH_2)_2N—CO—NH_2 \qquad\qquad (HOCH_2)_2N—CO—NHCH_2OH$$

预聚阶段，调节 pH 保持微碱性，以防交联。在中性、酸性条件下，则容易交联固化。醇羟基与酰胺反应，在两氮原子间形成亚甲基桥，先线形，后交联；在碱性条件下，形成二亚甲基醚桥。在固化的树脂中都发现有亚甲基和醚氧交联。此外，还可能有环状结构形成。

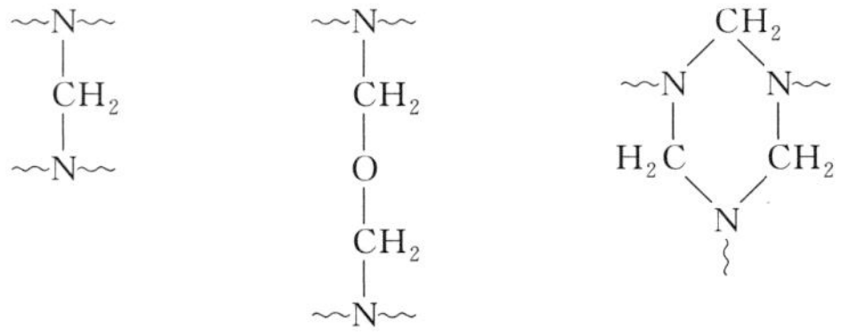

脲醛树脂用作涂料时，可用丁醇改性，引入醚键，改善溶解性能。反应条件为碱性。

$$H_2NCONH—CH_2OH + C_4H_9OH \longrightarrow H_2NCONH—CH_2OC_4H_9 + H_2O$$

醚化以后，进行酸化，继续反应到一定的聚合度。经丁醇处理的典型脲醛树脂含有 0.5～1.0mol 丁醚基团/mol 尿素。

脲醛树脂色浅或无色，比酚醛树脂硬，可用作涂料、胶黏剂、层压材料和模塑品。脲醛树脂与纤维素（纸浆）、固化剂、颜料等混合，可配制模塑粉，用来制作低压电器和日用品。脲醛树脂也可用作木粉、碎木的胶黏剂，制作木屑板和合成板。

2.9.9.2 三聚氰胺树脂

三聚氰胺由氰胺（$H_2N—CN$）三聚而成，呈六元环结构，俗称密胺，故三聚氰胺-甲醛树脂又称密胺树脂（MF）。

三聚氰胺-甲醛树脂的合成和用途与脲醛树脂相似。在微碱性条件下，三聚氰胺与甲醛亲核加成，先形成羟基衍生物，原则上每 1 个氨基可以形成 2 个羟甲基，1 分子就可能有 6 个羟甲基，但实际上也有不少单羟甲基衍生物存在。不需要酸化，单靠加热，三聚氰胺-甲醛树脂也能交联，羟基和氨基缩合，形成亚甲基或亚甲基醚桥。为了提高在溶剂中的溶解性能，也可以用甲醇或丁醇来醚化，甚至产生六烷基醚。酸化后，脱除醚基团，形成网状结构。

三聚氰胺-甲醛树脂的硬度和耐水性均比脲醛树脂好，最大的用途是用来制作色彩鲜艳的餐具，也可制作电器制品。

思 考 题

1. 简述逐步聚合和缩聚、缩合和缩聚、线形缩聚和体形缩聚、自缩聚和共缩聚的关系和区别。
2. 略举逐步聚合的反应基团类型和不同官能度的单体类型 5 例。
3. 己二酸与下列化合物反应，哪些能形成聚合物？
   a.乙醇　　 b.乙二醇　　 c.甘油　　 d.苯胺　　 e.己二胺
4. 写出并描述下列缩聚反应所形成的聚酯结构。b、d 聚酯结构与反应物配比有无关系？
   a. HO—R—COOH　　　　　　　　　b. HOOC—R—COOH + HO—R′—OH

c. $HOOC-R-COOH + R''(OH)_3$　　　d. $HOOC-R-COOH + HO-R'-OH + R''(OH)_3$

5. 下列多对单体进行线形缩聚：己二酸和己二醇、己二酸和己二胺、己二醇和对苯二甲酸、乙二醇和对苯二甲酸、己二胺和对苯二甲酸。简明给出并比较缩聚物的性能特征。

6. 简述线形缩聚中的成链与成环倾向。选定下列单体中的 m 值，判断其成环倾向。

　　a. 氨基酸　$H_2N(CH_2)_mCOOH$

　　b. 乙二醇与二元酸　$HO(CH_2)_2OH + HOOC(CH_2)_mCOOH$

7. 简述线形缩聚的逐步机理，以及转化率和反应程度的关系。

8. 简述缩聚中的水解、化学降解、链交换等副反应对缩聚有哪些影响，说明其有无可利用之处。

9. 简单评述官能团等活性概念（分子大小对反应活性的影响）的适用性和局限性。

10. 自催化和酸催化的聚酯化动力学行为有何不同？二级、二级半、三级反应的理论基础是什么？

11. 在平衡缩聚条件下，聚合度与平衡常数、副产物残留量之间有何关系？

12. 影响线形缩聚物聚合度的因素有哪些？两单体非等化学计量，如何控制聚合度？

13. 如何推导线形缩聚物的数均聚合度、重均聚合度、聚合度分布指数？

14. 缩聚反应的热力学参数和动力学参数有何特征？

15. 体形缩聚时有哪些基本条件？平均官能度如何计算？

16. 聚酯化和聚酰胺化的平衡常数有何差别？对缩聚条件有何影响？

17. 简述不饱和聚酯的配方原则和固化原理。

18. 比较合成涤纶聚酯的两条技术路线及其选用原则。说明涤纶聚酯聚合度的控制方法和分段聚合的原因。

19. 工业上聚碳酸酯为什么选用双酚 A 作单体？比较聚碳酸酯的两条合成路线、产物的分子量及其控制。

20. 简述和比较聚酰胺-66 和聚酰胺-6 的合成方法。

21. 合成聚酰亚胺时，为什么要采用两步法？

22. 为什么聚氨酯合成多采用异氰酸酯路线？列举两种二异氰酸酯和两种多元醇。试写出异氰酸酯和羟基、氨基、羧基的反应式。软、硬聚氨酯泡沫塑料的发泡原理有何差异？

23. 简述环氧树脂的合成原理和固化原理。

24. 简述聚芳砜的合成原理。

25. 比较聚苯醚和聚苯硫醚的结构、主要性能和合成方法。

26. 从原料配比、预聚物结构、预聚条件、固化特性等方面来比较碱催化和酸催化酚醛树脂。

计　算　题

1. 通过碱滴定法和红外光谱法，同时测得 21.3g 聚己二酰己二胺试样中含有 $2.50×10^{-3}$ mol 羧基。根据这一数据，计算得数均分子量为 8520。计算时需作什么假定？如何通过实验来确定可靠性？如该假定不可靠，怎样由实验来测定正确的值？

2. 羟基酸 $HO-(CH_2)_4-COOH$ 进行线形缩聚，测得产物的重均分子量为 $18400g·mol^{-1}$，试计算：

　　a. 羧基已经酯化的分率　　　　b. 数均聚合度 $\overline{X}_n$　　　c. 结构单元数

3. 等摩尔己二胺和己二酸进行缩聚，反应程度 p 为 0.500、0.800、0.900、0.950、0.980、0.990、0.995，试求数均聚合度 $\overline{X}_n$、DP 和数均分子量 $\overline{M}_n$，并作 $\overline{X}_n$-p 关系图。

4. 等摩尔二元醇和二元酸经外加酸催化缩聚，试证明从开始到 $p=0.98$ 所需的时间与 p 从 0.98 到 0.99 的时间相近。计算自催化和外加酸催化聚酯化反应时不同反应程度 p 下 $\overline{X}_n$、$[c]/[c]_0$ 与时间 t 值的关系，用列表作图来说明。

5. 由 1mol 丁二醇和 1mol 己二酸合成 $\overline{M}_n = 5000$ 的聚酯，试计算：

　　a. 两基团数完全相等，忽略端基对 $\overline{M}_n$ 的影响，求终止缩聚的反应程度 p。

　　b. 在缩聚过程中，如果有 0.5%（摩尔分数）丁二醇脱水成乙烯而损失，求达到同一反应程度时的 $\overline{M}_n$。

　　c. 如何补偿丁二醇脱水损失，才能获得同一 $\overline{M}_n$ 的缩聚物？

　　d. 假定原始混合物中羧基的总浓度为 2mol，其中 1.0% 为醋酸，无其他因素影响两基团比，求获得同一数均聚合度所需的反应程度 p。

6. 166℃时乙二醇与己二酸缩聚，测得不同时间下的羧基反应程度如下：

时间 t/min	12	37	88	170	270	398	596	900	1370
羧基反应程度 p	0.2470	0.4975	0.6865	0.7894	0.8500	0.8837	0.9084	0.9273	0.9405

　　a. 求对羧基浓度的反应级数，判断自催化或酸催化。

　　b. 求速率常数，浓度以 [COOH]（mol/kg 反应物）计，$[OH]_0 = [COOH]_0$。

7. 在酸催化和自催化聚酯化反应中，假定 $k' = 10^{-1} kg \cdot mol^{-1} \cdot min^{-1}$，$k = 10^{-3} kg^2 \cdot mol^{-2} \cdot min^{-1}$，$[N_a]_0 = 10 mol \cdot kg^{-1}$，反应程度 $p = 0.2$、0.4、0.6、0.8、0.9、0.95、0.99、0.995，计算：

　　a. 基团 a 未反应的概率 $[N_a]/[N_a]_0$　　b. 数均聚合度 $\overline{X}_n$　　c. 所需的时间 t

8. 等摩尔的乙二醇和对苯二甲酸在 280℃下封管内进行缩聚，平衡常数 $K = 4$，求最终 $\overline{X}_n$。另在排除副产物水的条件下缩聚，欲得 $\overline{X}_n = 100$，问体系中残留水分有多少？

9. 等摩尔二元醇和二元酸缩聚，另加醋酸 1.5%，求 $p = 0.995$ 或 0.999 时聚酯的聚合度是多少。

10. 尼龙-1010 是根据 1010 盐中过量的癸二酸来控制分子量，如果要求分子量为 20000，问 1010 盐的酸值应该是多少？（以 mgKOH/g 计）

11. 己内酰胺在封管内进行开环聚合。按 1mol 己内酰胺计，加有水 0.0205mol、醋酸 0.0205mol，测得产物的端羧基为 19.8mmol，端氨基为 2.3mmol。从端基数据计算数均分子量。

12. 等摩尔己二胺和己二酸缩聚，$p = 0.99$ 和 0.995，试画出数量分布曲线和质量分布曲线，并计算数均聚合度和重均聚合度，比较两者分子量分布的宽度。

13. 邻苯二甲酸酐与甘油或季戊四醇缩聚，两种基团数相等，试求：

　　a. 平均官能度；b. 按 Carothers 法求凝胶点；c. 按统计法求凝胶点

14. 分别按 Carothers 法和 Flory 统计法计算下列混合物的凝胶点：

　　a. 邻苯二甲酸酐和甘油的摩尔比为 1.50∶0.98

　　b. 邻苯二甲酸酐、甘油、乙二醇的摩尔比为 1.50∶0.99∶0.002 和 1.50∶0.500∶0.700

15. 用乙二胺或二亚乙基三胺使 1000g 环氧树脂（环氧值为 0.2）固化，固化剂按化学计量计算，再多加 10%，问两种固化剂的用量应该为多少？

16. AA-BB-A$_3$ 混合体系进行缩聚，$N_{A0} = N_{B0} = 3.0$，A$_3$ 中 A 基团数占混合物中 A 总数（ρ）的 10%，试求 $p = 0.970$ 时的 $\overline{X}_n$ 以及 $\overline{X}_n = 200$ 时的 p。

17. 2.5mol 邻苯二甲酸酐、1mol 乙二醇、1mol 丙三醇体系进行缩聚，为控制凝胶点需要，在聚合过程中定期测定树脂的熔点、酸值（mgKOH/g 试样）、溶解性能。试计算反应至多少酸值时会出现凝胶。

18. 制备醇酸树脂的配方为 1.21mol 季戊四醇、0.50mol 邻苯二甲酸酐、0.49mol 丙三羧酸 [C$_3$H$_5$(COOH)$_3$]，问能否不产生凝胶而反应完全？

3

自由基聚合

3.1 引言

与缩聚相对应，加聚是另一类重要聚合反应。大多数加聚反应按连锁机理进行。

烯类单体包括无取代基的乙烯，单取代和 1,1-双取代的单烯、共轭二烯烃，是加聚的主要单体。烯类分子带有碳碳双键，其 π 键较 σ 键弱，容易断裂进行加聚反应，形成加聚物。例如：

$$n\mathrm{CH_2{=}CH} \longrightarrow \mathrm{\underset{X}{\overset{}{-}}[CH_2{-}CH]_n}$$

但通常条件下，大部分烯类并不能自动打开 π 键而聚合，而是有赖于引发剂或外加能。

引发剂一般带有弱键，易分解，弱键有均裂和异裂两种倾向。均裂时，形成各带 1 个单电子的 2 个中性自由基（游离基）R·。异裂时，共价键上的一对电子全归属于某一基团，形成阴（负）离子:B$^{\ominus}$（或 B$^-$），另一基团就成为缺电子的阳（正）离子 A$^{\oplus}$（或 A$^+$）。

均裂   R· $\vdots$ ·R $\longrightarrow$ 2R·

异裂   A $\vdots$:B $\longrightarrow$ A$^{\oplus}$ + :B$^{\ominus}$

自由基、阴离子、阳离子都可能成为活性种，打开烯类的 π 键，引发聚合，分别称为自由基聚合、阴离子聚合和阳离子聚合。配位聚合也属于离子聚合的范畴。

上述诸聚合反应都按连锁机理进行，自由基聚合可作为代表，其总反应由链引发、链增长、链转移、链终止等基元反应串、并联而成，简示如下：

链引发   I $\longrightarrow$ 2R·   （初级活性种）

                R· + M $\longrightarrow$ RM·   （单体活性种）

链增长   RM· + M $\longrightarrow$ RM$_2$·

                RM$_2$· + M $\longrightarrow$ RM$_3$·

$$\vdots$$

                RM$_{n-1}$· + M $\longrightarrow$ RM$_n$·   （活性链 R$\rightsquigarrow$·）

链转移   RM$_{n-1}$· + M $\longrightarrow$ RM$_{n-1}$ + M·

链终止   RM$_n$ $\longrightarrow$ 死聚合物

引发剂 I 分解成的初级自由基 R· 打开烯类单体的 π 键，加成，形成单体自由基 RM·，构成链引发。单体自由基持续迅速打开许多烯类分子的 π 键，连续加成，使链增长，活性中心始终处于活性链的末端（R$\rightsquigarrow$·）。增长着的活性链 RM$_n$· 可能将活性转移给单体、溶剂等，形成新的活性种 M·，而原链本身终止，构成链转移反应。活性链也可自身链终止成大分子。这许多基元反应就构成了自由基聚合的微观历程。

离子聚合、配位聚合的基元反应与自由基聚合有所差别，但都属于连锁机理。不同种类的烯类单体对自由基聚合、阴离子聚合、阳离子聚合的选择性有所不同。以后各章将依次介绍它们的聚合机理及相互间的差异，特别要关注所用的引发剂和引发反应。

在连锁聚合中，自由基聚合的机理和动力学研究得最为成熟。从官能团间的缩聚到自由基加聚是有机化学和高分子化学的一大发展。目前，按自由基聚合机理生产的聚合物产量占全部聚合物总产量的 50% 以上，重要品种有高压聚乙烯、聚苯乙烯、聚氯乙烯、聚四氟乙烯、聚醋酸乙烯酯、聚丙烯酸酯类、聚丙烯腈、丁苯橡胶、氯丁橡胶、ABS 树脂等，可以想见其地位。

3.2 烯类单体对聚合机理的选择性

单烯类、共轭二烯类、炔烃、羰基化合物和一些杂环化合物，在热力学上一般都有聚合倾向，但对不同聚合机理的选择性却有所差异。例如：氯乙烯只能自由基聚合，异丁烯只能阳离子聚合，甲基丙烯酸甲酯可以进行自由基聚合和阴离子聚合，而苯乙烯却可以进行各种连锁机理的聚合。烯类单体对聚合机理的选择性简示如表 3-1。

表 3-1   烯类单体对连锁聚合机理的选择性

烯类单体		连锁聚合机理			
名称	结构式	自由基	阴离子	阳离子	配位
乙烯	$CH_2{=}CH_2$	⊕			⊕
丙烯	$CH_2{=}CHCH_3$				⊕
丁烯	$CH_2{=}CHCH_2CH_3$				⊕
异丁烯	$CH_2{=}C(CH_3)_2$			⊕	+
丁二烯	$CH_2{=}CH{-}CH{=}CH_2$	⊕	⊕		⊕
异戊二烯	$CH_2{=}C(CH_3){-}CH{=}CH_2$	+	⊕	⊕	⊕
氯丁二烯	$CH_2{=}CHCl{-}CH{=}CH_2$	⊕			
苯乙烯	$CH_2{=}CHC_6H_5$	⊕	⊕	⊕	⊕
氯乙烯	$CH_2{=}CHCl$	⊕			+
偏氯乙烯	$CH_2{=}CCl_2$	⊕	+		
氟乙烯	$CH_2{=}CHF$	⊕			
四氟乙烯	$CF_2{=}CF_2$	⊕			
六氟丙烯	$CF_2{=}CFCF_3$	⊕			
烷基乙烯基醚	$CH_2{=}CH{-}OR$				+
醋酸乙烯酯	$CH_2{=}CHOCOCH_3$	⊕			
丙烯酸甲酯	$CH_2{=}CHCOOCH_3$	⊕	+		+
甲基丙烯酸甲酯	$CH_2{=}C(CH_3)COOCH_3$	⊕	+		+
丙烯腈	$CH_2{=}CHCN$	⊕	+		+

注："+"表示可以聚合；"⊕"表示已工业化。

单体对聚合机理的选择性与分子结构中的电子效应（共轭效应和诱导效应）有关，基团体积大小所引起的位阻效应对能否聚合也有影响，但与选择性的关系较少。

（1）电子效应

醛、酮中的羰基 π 键有异裂倾向，可由阴离子或阳离子引发聚合，但不能自由基聚合。

$$-\overset{|}{C}=O \longleftrightarrow -\overset{|}{C}{}^{+}-O^{-}$$

相反,乙烯基单体中 C=C π 键兼有均裂和异裂倾向,因此有可能进行自由基聚合或离子聚合。

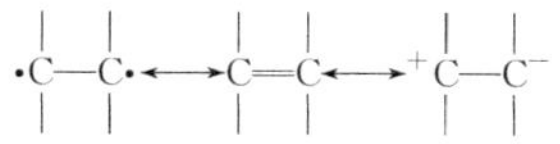

$$\cdot\overset{|}{\underset{|}{C}}-\overset{|}{\underset{|}{C}} \longleftrightarrow \overset{|}{C}=\overset{|}{C} \longleftrightarrow {}^{+}\overset{|}{\underset{|}{C}}-\overset{|}{\underset{|}{C}}{}^{-}$$

乙烯基单体取代基的诱导效应和共轭效应将改变双键的电子云密度,影响到活性种的稳定性,因此对自由基、阴离子、阳离子聚合产生了选择性。

乙烯虽有聚合倾向,但无取代基,结构对称,无诱导效应和共轭效应,较难聚合,只能在高温高压苛刻条件下进行自由基聚合,或以特殊络合引发体系进行配位聚合。

带吸电子基团和供电子基团的乙烯基单体对阳、阴离子聚合的选择性恰好相反,比较如下。

以丙烯腈为例,氰基是吸电子基团,将使双键 π 电子云密度降低,有利于阴离子的进攻,并使负电荷离域在碳、氮两原子上,阴离子活性种得以共振稳定,因此有利于阴离子聚合。含羰基的丙烯酸酯类也相似。

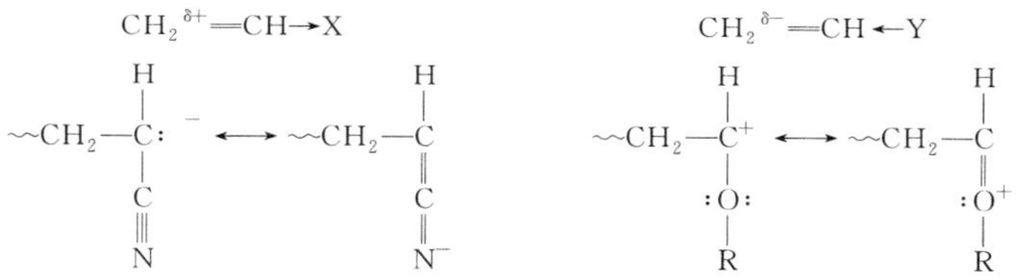

相反,烷基乙烯基醚中的烷氧基是供电子基团,将使 C=C 双键电子云密度增加,有利于阳离子的进攻,同时使正电荷离域在碳、氧两原子上,使碳阳离子共振稳定,因而有利于阳离子聚合。其他带烷基、苯基、乙烯基等的异丁烯、苯乙烯、异戊二烯都易发生阳离子聚合。

卤原子的诱导效应为吸电性,而共轭效应却有供电性,两者相抵后,电子效应微弱,因此氯乙烯既不能阴离子聚合,也不能阳离子聚合,只能自由基聚合。

大多数乙烯基单体都能进行自由基聚合。自由基呈中性,对 π 键的进攻和对自由基增长种的稳定作用并无严格的要求,几乎各种基团对自由基都有一定的共振稳定作用。

许多带吸电子基团的烯类,如丙烯腈、丙烯酸酯类等,能同时进行阴离子聚合和自由基聚合。但基团的吸电子倾向过强时,如硝基乙烯、偏二腈乙烯等,就只能阴离子聚合。

带有共轭体系的烯类,如苯乙烯、α-甲基苯乙烯、丁二烯、异戊二烯等,电子流动性较大(如下式所示),易诱导极化,能按上述三种机理进行聚合。

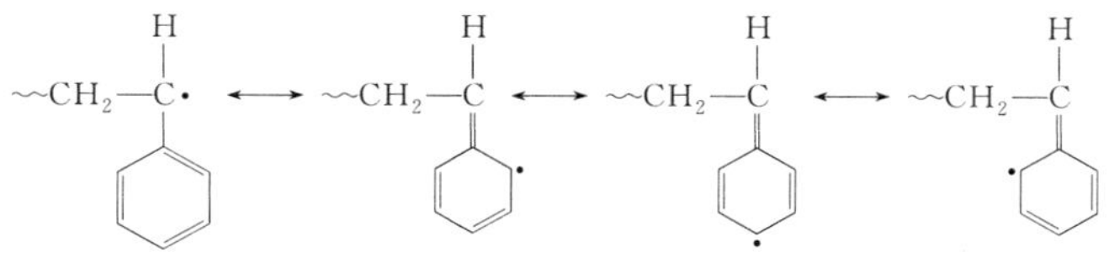

按照单体 CH_2=CHX 中取代基 X 的电负性次序,将取代基与聚合选择性的关系排列如下:

$$取代基\ X：NO_2\quad CN\quad COOCH_3\quad CH\!\!=\!\!CH_2\quad C_6H_5\quad CH_3\quad OR$$

```
                                    |————————阳离子聚合————————|
取代基 X： NO₂  CN  COOCH₃    CH=CH₂   C₆H₅   CH₃   OR
          |——————————自由基聚合——————————|
        |————————阴离子聚合————————|
        ←———吸电子能力增强———          ———供电子能力增强——→
```

（2）位阻效应

单体中取代基的体积、位置、数量等所引起的位阻效应，在动力学上对聚合能力有显著的影响，但对聚合机理选择性的影响却较小。

单取代的烯类单体，即使侧基较大，如 *N*-乙烯基咔唑和乙烯基吡咯烷酮，也能聚合。

N-乙烯基咔唑   乙烯基吡咯烷酮

1,1-双取代烯类单体$CH_2\!\!=\!\!CXY$，如$CH_2\!\!=\!\!C(CH_3)_2$、$CH_2\!\!=\!\!CCl_2$、$CH_2\!\!=\!\!C(CH_3)COOCH_3$等，一般都能按基团性质进行相应机理的聚合，并且结构上更不对称，极化程度增加，反而更易聚合。但两个取代基都是体积较大的芳基时，如二苯基乙烯，只能聚合成二聚体。

$$2CH_2\!\!=\!\!C(C_6H_5)_2 \longrightarrow CH_3\!-\!\!\underset{\underset{C_6H_5}{|}}{\overset{\overset{C_6H_5}{|}}{C}}\!-\!CH\!\!=\!\!C(C_6H_5)_2$$

1,2-双取代烯类单体$XCH\!\!=\!\!CHY$，如$CH_3CH\!\!=\!\!CHCH_3$、$ClCH\!\!=\!\!CHCl$、$CH_3CH\!\!=\!\!CHCOOCH_3$等，由于位阻效应，加上结构对称，极化程度低，一般都难均聚，或只能形成二聚体。

三取代或四取代乙烯一般都不能聚合，但氟代乙烯却是例外。不论氟代的数量和位置如何，即一氟-、1,1-二氟-、1,2-二氟-、三氟-、四氟乙烯均易聚合。其主要原因是氟原子半径较小，仅次于氢，位阻效应可以忽略。聚四氟乙烯和聚三氟氯乙烯就是典型的例子。

烯类单体的取代基对聚合能力的影响见表 3-2。

表 3-2   烯类单体的取代基对聚合能力的影响

取代基 X	取代基半径/nm	一取代	1,1-二取代	1,2-二取代	三取代	四取代
H	0.032	+				
F	0.064	+	+	+	+	+
Cl	0.099	+	+	− *	− *	
CH₃	0.109	+	+	−	− *	
Br	0.114	+	+	−	− *	
I	0.133	−				
C₆H₅	0.232	+	− *	− *	−	−

注：1.“＋”表示能聚合，“－”表示不聚合。

2.“＊”表示形成二聚体。

3.碳原子半径为 0.075nm。

以上从有机化学角度，定性描述了烯类单体取代基的电子效应（诱导效应和共轭效应）对聚合机理选择性的影响，以及位阻效应对聚合能力的影响。

3.3　自由基聚合机理

聚合速率和分子量是自由基聚合需要研究的两项重要指标。要分析清楚影响这两项指标的因素和控制方法，首先应该探讨聚合机理，然后进一步研究聚合动力学。

3.3.1　自由基的活性

自由基是带独电子的基团，其活性与分子结构有关，共轭效应和位阻效应对自由基均有稳定作用，活性波动范围甚广，一般有如下次序：

$$H \cdot > CH_3 \cdot > C_6H_5 \cdot > RCH_2 \cdot > R_2CH \cdot > Cl_3C \cdot > R_3C \cdot > Br_3C \cdot > R\overset{\cdot}{C}HCOR$$
$$> R\overset{\cdot}{C}HCN > R\overset{\cdot}{C}HCOOR > CH_2=CHCH_2 \cdot > C_6H_5CH_2 \cdot > (C_6H_5)_2CH \cdot > (C_6H_5)_3C \cdot$$

H·、$CH_3 \cdot$ 过于活泼，易引起爆聚，很少在自由基聚合中应用；最后 5 种则是稳定自由基，例如 $(C_6H_5)_3C \cdot$ 有 3 个苯环与 p 独电子共轭，非常稳定，无引发能力，而成为阻聚剂。

自由基引发烯类单体加聚使链增长是自由基聚合的主反应，另有偶合和歧化终止、转移反应，还有氧化还原、消去等副反应，将在聚合机理中陆续介绍。

3.3.2　自由基聚合机理

自由基聚合机理，即由单体分子转变成大分子的微观历程，由链引发、链增长、链终止、链转移等基元反应串、并联而成，应该与宏观聚合过程相联系，但需加以区别。

（1）链引发

链引发是形成单体自由基（活性种）的反应，引发剂引发时，由以下两步反应组成。

第一步：引发剂 I 分解，形成初级自由基 R·。

$$I \longrightarrow 2R \cdot$$

第二步：初级自由基与单体加成，形成单体自由基。

$$R \cdot + CH_2=\underset{X}{CH} \longrightarrow RCH_2\underset{X}{CH} \cdot$$

以上两步反应的动力学行为有所不同。第一步引发剂分解是吸热反应，活化能高，为 $105 \sim 150 kJ \cdot mol^{-1}$，反应速率小，分解速率常数仅 $10^{-4} \sim 10^{-6} s^{-1}$。第二步是放热反应，活化能低，反应速率大，与后继的链增长反应相当。但链引发必须包括这一步，因为一些副反应可能使初级自由基终止，无法引发单体形成单体自由基。

有些烯类单体还可以用热、光、辐射、等离子体、微波等能量来引发，详见下一节。

（2）链增长

单体自由基打开烯类分子的 π 键，加成，形成新自由基。新自由基的活性并不衰减，继续与烯类单体连锁加成，形成结构单元更多的链自由基。

$$RCH_2\underset{X}{CH} \cdot + CH_2=\underset{X}{CH} \longrightarrow RCH_2\underset{X}{CH}CH_2\underset{X}{CH} \cdot \longrightarrow \cdots \longrightarrow RCH_2\underset{X}{CH}(CH_2\underset{X}{CH})_n CH_2\underset{X}{CH} \cdot$$

链增长反应有两个特征：一是放热，常用烯类聚合热为 $55 \sim 95 kJ \cdot mol^{-1}$；二是活化能低，为 $20\sim34kJ\cdot mol^{-1}$，增长极快，在 $10^{-1}\sim10s$ 内，就可使聚合度达到 $10^3\sim10^4$，速率难以控制，随机终止。因此，体系由单体和高聚物两部分组成，极难捕捉到聚合度递增的中间物种。

对于链增长反应，除速率外，还需考虑大分子微结构问题。在链增长中，两结构单元的键接以"头-尾"为主，间有"头-头"（或"尾-尾"）键接。

$$\sim CH_2CH\cdot + CH_2{=}CH\longrightarrow \begin{cases} \sim CH_2CH-CH_2CH\cdot \quad \text{头-尾} \\ \quad\quad\;\; X \quad\quad\;\; X \\ \sim CH_2CH-CHCH_2\cdot \quad \text{头-头} \\ \quad\quad\;\; X \quad\quad\;\; X \end{cases}$$

结构单元的键接方式受电子效应和位阻效应的影响。如苯乙烯聚合，容易头-尾链接。因为头-尾链接时，苯基与独电子接在同一碳原子上，形成共轭体系，对自由基有稳定作用；另一方面，亚甲基一端的位阻较小，也有利于头-尾链接。两种键接方式的活化能差达 $34\sim42kJ\cdot mol^{-1}$。相反，聚醋酸乙烯酯链自由基中取代基的共轭稳定作用比较弱，会出现较多的头-头键接。升高聚合温度，更使头-头键接增多。

活性链末端自由基可以绕邻近 C—C 单键自由旋转，单体可以不同的构型随机地增长，结果，聚合物多呈无规立构。

（3）链终止

自由基活性高，两自由基间易相互作用而终止。双基终止有偶合和歧化两种方式。

偶合终止是两自由基的独电子共价结合的终止方式，结果，出现头-头链接，大分子的聚合度是链自由基结构单元数的 2 倍，大分子两端均为引发剂残基 R。

$$R\sim CH_2CH\cdot + \cdot CHCH_2\sim R \longrightarrow R\sim CH_2CH-CHCH_2\sim R$$
$$\quad\quad\;\; X \quad\quad X \quad\quad\quad\quad\quad X \quad\; X$$

歧化终止是某自由基夺取另一自由基的氢原子或其他原子而终止的方式。歧化终止的结果，大分子的聚合度与链自由基的结构单元数相同，每个大分子只有一端是引发剂残基，另一端为饱和或不饱和，两者各半。根据这一特点，应用含有标记原子的引发剂，结合分子量测定，就可求出偶合终止和歧化终止所占的百分比。

$$R\sim CH_2CH\cdot + \cdot CHCH_2\sim R \longrightarrow R\sim CH_2CH_2 + CH{=}CH\sim R$$
$$\quad\quad\;\; X \quad\quad X \quad\quad\quad\quad\quad X \quad\quad X$$

链终止方式与单体种类、聚合温度有关。60℃下的终止情况可参考表 3-3；聚丙烯腈几乎 100% 偶合终止，聚苯乙烯以偶合终止为主，聚甲基丙烯酸甲酯以歧化终止为主，而聚醋酸乙烯酯几乎全是歧化终止。偶合终止的活化能较低，低温聚合有利于偶合终止。升高聚合温度，歧化终止增多。

链终止活化能很低，仅 $8\sim21kJ\cdot mol^{-1}$，终止速率常数极高（$10^6\sim10^8 L\cdot mol^{-1}\cdot s^{-1}$），但受扩散控制，表观上受自由基链长和转化率的影响。

增长和终止是一对竞争反应。仅从一对自由基双基终止与自由基/单体分子的增长来比

表 3-3   自由基聚合的终止方式（60℃）

单体	偶合占比/%	歧化占比/%
丙烯腈	约 100	0
苯乙烯	77	23
甲基丙烯酸甲酯	21	79
醋酸乙烯酯	0	约 100

较，终止显然比增长快。但对整个体系而言，单体浓度（1~10mol·L^{-1}）远大于自由基浓度（10$^{-8\pm1}$mol·L^{-1}），使总增长速率要比终止速率大得多。否则，不可能形成高聚物。

链自由基还可能被初级自由基或聚合釜金属器壁的自由电子所终止。

（4）链转移

链自由基还有可能从单体、引发剂、溶剂或大分子上夺取一个原子而终止，将电子转移给失去原子的分子而成为新自由基，继续新链的增长。

向低分子链转移的反应通式如下：

$$\text{R}\sim\text{CH}_2\text{CH}\cdot + \text{YS} \longrightarrow \text{R}\sim\text{CH}_2\text{CHY} + \text{S}\cdot$$
$$\phantom{\text{R}\sim\text{CH}_2}|\phantom{\text{H}\cdot + \text{YS} \longrightarrow \text{R}\sim\text{CH}_2\text{CH}}|$$
$$\phantom{\text{R}\sim\text{CH}_2}\text{X}\phantom{\cdot + \text{YS} \longrightarrow \text{R}\sim\text{CH}_2\text{CH}}\text{X}$$

向低分子链转移的结果，将使聚合物分子量降低，详见后文。

链自由基向大分子转移一般发生在叔碳原子的氢原子或氯原子上，结果是叔碳原子带上独电子，进一步引发单体聚合，就形成了支链。

自由基向某些物质转移后，如形成稳定自由基，就不能再引发单体聚合，最后失活终止，产生诱导期。这一现象称作阻聚作用。具有阻聚作用的化合物称作阻聚剂，如苯醌。

以后几节将更详细地介绍各基元反应的机理和动力学行为。

3.3.3　自由基聚合和逐步缩聚机理特征的比较

综上所述，自由基聚合的微观机理特征可概括如下。

① 自由基聚合微观历程可明显地区分成链引发、链增长、链终止、链转移等基元反应，显示出慢引发、快增长、速终止的动力学特征，链引发是控制速率的关键步骤。

② 只有链增长反应才使聚合度增加，增长极快，1s内就可使聚合度增长到成千上万，不能停留在中间阶段。因此反应产物中除少量引发剂外，仅由单体和聚合物组成。前后生成的聚合物分子量变化不大，如图3-1所示。

③ 随着聚合的进行，单体浓度逐渐降低，聚合物浓度相应增加。延长聚合时间主要是提高转化率。聚合过程体系黏度增加，将使速率和分子量同时增加，这属于与扩散有关的宏观动力学行为，已经偏离了微观机理。

④ 微量（0.01%~0.1%）苯醌等阻聚剂足以使自由基聚合终止。

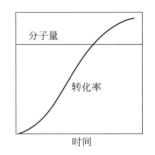

图 3-1　自由基聚合转化率、
聚合度与时间的关系

自由基聚合具有连锁反应特性，而缩聚则遵循逐步机理，两者的差异比较见表3-4。

3.4　引发剂

链引发是控制聚合速率和分子量的关键反应。本节专门介绍引发剂的种类及其对烯类单体的引发作用，下一节则进一步阐述热、光、辐射、等离子体、微波等的引发作用。

表 3-4   自由基聚合和逐步缩聚机理特征的比较

自由基聚合	线形缩聚
1. 由链引发、链增长、链终止等基元反应组成，其速率常数和活化能各不相同。链引发最慢，是控制步骤	1. 不能区分出链引发、链增长和链终止，各步反应速率常数和活化能基本相同
2. 单体加到少量活性种上，使链迅速增长。单体-单体、单体-聚合物、聚合物-聚合物之间均不能反应	2. 单体、低聚物、缩聚物中任何物种之间均能缩聚，使链增长，无所谓活性中心
3. 只有链增长才使聚合度增加，从一聚体增长到高聚物，时间极短，中途不能暂停。聚合一开始，就有高聚物产生	3. 任何物种间都能反应，使分子量逐步增加。反应可以停留在中等聚合度阶段，只在聚合后期，才能获得高分子量产物
4. 在聚合过程中，单体逐渐减少，转化率相应增加	4. 聚合初期，单体缩成低聚物，以后再由低聚物逐步缩聚成高聚物，转化率变化微小，反应程度逐步增加
5. 延长聚合时间，转化率提高，分子量变化较小	5. 延长缩聚时间，分子量提高，而转化率变化较小
6. 反应产物由单体、聚合物和微量活性种组成	6. 任何阶段都由聚合度不等的同系缩聚物组成
7. 微量苯醌类阻聚剂可消灭活性种，使聚合终止	7. 平衡和非等基团数比可使缩聚暂停，这些因素一旦消除，缩聚又可继续进行

3.4.1 引发剂的种类

自由基聚合的引发剂是易分解成自由基的化合物，结构上具有弱键，其离解能为 $100 \sim 170 \mathrm{kJ \cdot mol^{-1}}$，远低于 C—C 键能 $350 \mathrm{kJ \cdot mol^{-1}}$，高热或撞击可能引起爆炸。

引发剂多数是偶氮类和过氧类化合物，也可另分成有机和无机或油溶和水溶两类。

（1）偶氮类引发剂

偶氮二异丁腈（AIBN）是最常用的偶氮类引发剂，其热分解反应式如下：

$$(CH_3)_2C—N=N—C(CH_3)_2 \longrightarrow 2(CH_3)_2C \cdot + N_2 \uparrow$$
$$\underset{CN}{\qquad} \underset{CN}{\qquad} \underset{CN}{\qquad}$$

AIBN 多在 $45 \sim 80 ℃$ 使用，其分解反应特点呈一级反应，无诱导分解，只产生一种自由基，因此广泛用于聚合动力学研究；它的另一优点是比较稳定，储存安全，但较高温度（80℃）下也会剧烈分解。

AIBN 分解成的 2-氰基丙基自由基中的氰基有共轭效应，甲基有超共轭效应，减弱了自由基的活性和脱氢能力，因此较少用作接枝聚合的引发剂。

偶氮二异庚腈（ABVN）是在 AIBN 的基础上发展起来的活性较高的引发剂。

$$(CH_3)_2CHCH_2\underset{CN}{\overset{CH_3}{C}}—N=N—\underset{CN}{\overset{CH_3}{C}}CH_2CH(CH_3)_2 \longrightarrow 2(CH_3)_2CHCH_2\underset{CN}{\overset{CH_3}{C}} \cdot + N_2 \uparrow$$

偶氮类引发剂分解时有氮气产生，可利用氮气放出速率来测定其分解速率，计算半衰期。工业上还可用作泡沫塑料的发泡剂和光聚合的光引发剂。

（2）有机过氧类引发剂

过氧化氢是过氧化合物的母体。过氧化氢热分解的结果，产生 2 个氢氧自由基，但其分解活化能较高（约 $220 \mathrm{kJ \cdot mol^{-1}}$），很少单独用作引发剂。

$$HO—OH \longrightarrow 2HO \cdot$$

过氧化氢分子中的 1 个氢原子被取代，成为氢过氧化物；2 个氢原子被取代，则成为过氧化物。这一类引发剂很多，其中过氧化二苯甲酰（BPO）最常用，其活性与 AIBN 相当。BPO 中 O—O 键的电子云密度大而相互排斥，容易断裂，用于 $60\sim80℃$ 下聚合比较有效。

BPO 按两步分解。第一步均裂成苯甲酸基自由基，有单体存在时，即能引发聚合；无单体时，容易进一步分解成苯基自由基，并析出 CO_2，但分解不完全。

过氧类引发剂的种类很多，活性差别很大，可供不同聚合温度下选用。其中高活性引发剂层出不穷，例如过氧化二碳酸二乙基己酯（EHP）。

更多的有机过氧类引发剂举例见表 3-5。

表 3-5　有机过氧类引发剂

引　发　剂	结　构　式	温度/℃	
		$t_{1/2}=1h$	$t_{1/2}=10h$
氢过氧化物	RO—OH		$123\sim172$
异丙苯过氧化氢	$C_6H_5(CH_3)_2CO—OH$	193	159
叔丁基过氧化氢	$(CH_3)_3CO—OH$	199	171
过氧化二烷基	RO—OR′		$117\sim133$
过氧化二异丙苯	$C_6H_5(CH_3)_2CO—OC(CH_3)_2C_6H_5$	128	104
过氧化二叔丁基	$(CH_3)_3CO—OC(CH_3)_3$	136	113
过氧化二酰	RCOO—OOCR′		$20\sim75$
过氧化二苯甲酰	$C_6H_5COO—OOCC_6H_5$	92	71
过氧化十二酰	$C_{11}H_{23}COO—OOCC_{11}H_{23}$	80	62
过氧化酯类	RCOO—OR′		$40\sim107$
过氧化苯甲酸叔丁酯	$C_6H_5COO—OC(CH_3)_3$	122	101
过氧化叔戊酸叔丁酯	$(CH_3)_3CCOO—OC(CH_3)_3$	71	51
过氧化二碳酸酯类	ROCOO—OCOOR′		$43\sim52$
过氧化二碳酸二异丙酯	$(CH_3)_2CHOCOO—OCOOCH(CH_3)_2$	61	46
过氧化二碳酸二环己酯	$C_6H_{11}OCOO—OCOOC_6H_{11}$	60	44

（3）无机过氧类引发剂

过硫酸盐，如过硫酸钾和过硫酸铵，是这类引发剂的代表，具有水溶性，多用于乳液聚合和水溶液聚合。其分解产物是离子自由基 SO_4^- 或自由基离子。

温度在 60℃ 以上，过硫酸盐才能比较有效地分解。在酸性介质（pH$<$3）中，分解加速。

3.4.2　氧化-还原引发体系

有些氧化-还原体系可以产生自由基，活化能低，可在较低温度下引发单体聚合。这类体系的组分可以是无机或有机化合物，可以是水溶性或油溶性，根据聚合方法来选用。

（1）水溶性氧化-还原引发体系

该体系的氧化剂组分有过氧化氢、过硫酸盐、氢过氧化物等，还原剂则有无机还原剂（Fe^{2+}、Cu^+、$NaHSO_3$、Na_2SO_3、$Na_2S_2O_3$ 等）和有机还原剂（醇、胺、草酸、葡萄糖等）。过氧化氢、过硫酸钾、异丙苯过氧化氢单独热分解的活化能分别为 $220kJ \cdot mol^{-1}$、$140kJ \cdot mol^{-1}$、$125kJ \cdot mol^{-1}$，而与亚铁盐构成氧化-还原引发体系后，活化能却降为 $40kJ \cdot mol^{-1}$、$50kJ \cdot mol^{-1}$、$50kJ \cdot mol^{-1}$，在 5℃下引发聚合，仍有较高的聚合速率。

$$HO—OH + Fe^{2+} \longrightarrow OH^- + HO \cdot + Fe^{3+}$$

$$S_2O_8^{2-} + Fe^{2+} \longrightarrow SO_4^{2-} + SO_4^{-} \cdot + Fe^{3+}$$

$$RO—OH + Fe^{2+} \longrightarrow OH^- + RO \cdot + Fe^{3+}$$

上述反应属于双分子反应，1分子氧化剂只形成1个自由基。如还原剂过量，将进一步与自由基反应，使活性消失。因此还原剂的用量一般要比氧化剂少。

$$HO \cdot + Fe^{2+} \longrightarrow OH^- + Fe^{3+}$$

亚硫酸盐和硫代硫酸盐经常用作还原剂，与过硫酸盐反应，产生2个自由基。

$$S_2O_8^{2-} + SO_3^{2-} \longrightarrow SO_4^{2-} + SO_4^{-} \cdot + SO_3^{-} \cdot$$

$$S_2O_8^{2-} + S_2O_3^{2-} \longrightarrow SO_4^{2-} + SO_4^{-} \cdot + S_2O_3^{-} \cdot$$

过硫酸盐与脂肪胺（RNH_2、R_2NH、R_3N）或脂肪二胺均能构成氧化-还原引发体系。

$$\diagdown N—H + S_2O_8^{2-} \longrightarrow \diagdown N \cdot + HSO_4^- \cdot + SO_4^{2-}$$

$$\diagdown N—CH_3 + S_2O_8^{2-} \longrightarrow \diagdown N—CH_2 \cdot + HSO_4^- \cdot + SO_4^{2-}$$

水溶性氧化-还原引发体系用于水溶液聚合和乳液聚合。

四价铈盐和醇、醛、酮、胺等也可以组成氧化-还原引发体系，有效地引发烯类单体聚合或接枝聚合。在淀粉接枝丙烯腈制备水溶性高分子时，常采用这一引发体系，葡萄糖单元中的醇羟基或醛基参与氧化-还原反应。

$$Ce^{4+} + \underset{\underset{OH}{|}}{—CH}\underset{\underset{OH}{|}}{—CH—} \longrightarrow Ce^{3+} + \underset{\underset{O}{|}}{—CH} + \underset{\underset{OH}{|}}{\overset{\cdot}{CH}—} + H^+$$

（2）油溶性氧化-还原引发体系

该体系的氧化剂有氢过氧化物、过氧化二烷基、过氧化二酰等，还原剂有叔胺、环烷酸盐、硫醇、有机金属化合物（如三乙基铝、三乙基硼等）。过氧化二苯甲酰/N,N-二甲基苯胺是常用体系，可用来引发甲基丙烯酸甲酯共聚合，制备齿科自凝树脂和骨水泥。

$$\underset{\underset{R}{|}}{\overset{\overset{R}{|}}{C_6H_5N}} : + C_6H_5\overset{\overset{O}{\|}}{C}—O—O—\overset{\overset{O}{\|}}{C}C_6H_5 \longrightarrow [\underset{\underset{R}{|}}{\overset{\overset{R}{|}}{C_6H_5N}}—O—\overset{\overset{O}{\|}}{C}C_6H_5]^+ C_6H_5\overset{\overset{O}{\|}}{C}O^- \longrightarrow \underset{\underset{R}{|}}{\overset{\overset{R}{|}}{C_6H_5N}} \cdot + C_6H_5\overset{\overset{O}{\|}}{C} \cdot + C_6H_5\overset{\overset{O}{\|}}{C}O^-$$

$$(R=CH_3)$$

90℃时，BPO 在苯乙烯中的一级分解速率常数 $k_d = 1.33 \times 10^{-4} s^{-1}$；而该氧化-还原引发体系在 60℃时的二级反应速率常数 k_d 竟高达 $1.25 \times 10^{-2} L \cdot mol^{-1} \cdot s^{-1}$，30℃时 k_d 还有 $2.29 \times 10^{-3} L \cdot mol^{-1} \cdot s^{-1}$，表明活性高，可在室温下使用。如以 N,N-二甲基甲苯胺代替 N,N-二甲基苯胺，则活性更高。

萘酸盐（如萘酸亚铜）与过氧化二苯甲酰可以构成高活性油溶性氧化-还原引发体系，用于油漆干燥的催化剂。

$$C_6H_5C\!\!-\!\!O\!\!-\!\!O\!\!-\!\!CC_6H_5 + Cu^+ \longrightarrow C_6H_5CO\cdot + {}^-O\!\!-\!\!CC_6H_5 + Cu^{2+}$$

3.4.3 引发剂分解动力学

在自由基聚合的三步主要基元反应中，链引发是最慢的一步，控制着总的聚合速率。引发剂用量是影响速率和分子量的关键因素。

引发剂分解一般属于一级反应，即分解速率 R_d 与引发剂浓度 [I] 的一次方成正比。

$$I \longrightarrow 2R\cdot$$

$$R_d \equiv -\frac{d[I]}{dt} = k_d[I] \tag{3-1}$$

式中，负号代表引发剂浓度随时间增加而减小；k_d 是分解速率常数，s^{-1}。

将上式中的变量分离，积分，得

$$\ln\frac{[I]}{[I]_0} = -k_d t \qquad 或 \qquad \frac{[I]}{[I]_0} = e^{-k_d t} \tag{3-2}$$

式中，$[I]_0$、$[I]$ 分别代表起始时间（$t=0$）和时间 t 时的引发剂浓度，$mol \cdot L^{-1}$。$[I]/[I]_0$ 代表引发剂残留分率，它随时间呈指数关系而衰减。

固定温度，实验测定不同时间下的引发剂浓度变化，以 $\ln([I]/[I]_0)$ 对 t 作图，由直线斜率即可求得 k_d。对于偶氮类引发剂，可以测定分解时析出的氮气量来计算引发剂分解量；对于过氧类引发剂，则多用碘量法测定残留引发剂的浓度。

工业上常用半衰期 $t_{1/2}$ 来衡量一级反应速率的大小。所谓半衰期是指引发剂分解至起始浓度一半时所需的时间。根据式(3-2)，当 $[I]=[I]_0/2$，半衰期与分解速率常数有如下关系：

$$t_{1/2} = \frac{\ln2}{k_d} = \frac{0.693}{k_d} \tag{3-3}$$

k_d 常以 s（秒）作单位，而 $t_{1/2}$ 则多以 h（小时）为单位，换算时，需引入 $3600(s \cdot h^{-1})$ 因子。引发剂分解速率常数越大，或半衰期越短，则引发剂的活性越高。

引发剂分解速率常数与温度的关系遵循 Arrhenius 经验式：

$$k_d = A_d e^{-E_d/RT} \tag{3-4}$$

或

$$\ln k_d = \ln A_d - E_d/RT \tag{3-5}$$

在不同温度下，测定某一引发剂的分解速率常数，作 $\ln k_d$-$1/T$ 图，呈一直线。由截距可求得指前因子 A_d，由斜率可求出分解活化能 E_d。常用引发剂的 k_d 为 $10^{-4} \sim 10^{-6} s^{-1}$，

E_d 为 $105\sim140\text{kJ}\cdot\text{mol}^{-1}$，单分子反应的 A_d 一般为 $10^{13}\sim10^{14}$。

半衰期与温度关系也有类似的关联式：

$$\lg t_{1/2}=\frac{A}{T}-B \tag{3-6}$$

文献常提供半衰期为 1h、10h 时的温度，由此很容易计算出其他温度下的半衰期。

引发剂分解速率常数多在苯、甲苯等惰性溶剂中测定。在不同介质中测得的数据可能有些差异，引用时需加以注意。最好能在单体的模型化合物或相似结构的溶剂中测定。

几种典型引发剂在不同温度下的分解动力学参数见表 3-6。

表 3-6　典型引发剂的分解速率常数和分解活化能

引发剂	溶剂	温度/℃	k_d/s^{-1}	$t_{1/2}/\text{h}$	$E_d/\text{kJ}\cdot\text{mol}^{-1}$	温度/℃	
						$t_{1/2}=1\text{h}$	$t_{1/2}=10\text{h}$
偶氮二异丁腈	甲苯	50 60.5 69.5	2.64×10^{-6} 1.16×10^{-5} 3.78×10^{-5}	73 16.6 5.1	128.4	79	59
偶氮二异庚腈	甲苯	59.7 69.8 80.2	8.05×10^{-5} 1.98×10^{-4} 7.1×10^{-4}	2.4 0.97 0.27	121.3	64	47
过氧化二苯甲酰	苯	60 80	2.0×10^{-6} 2.5×10^{-5}	96 7.7	124.3	92	71
过氧化十二酰	苯	50 60 70	2.19×10^{-6} 9.17×10^{-6} 2.86×10^{-5}	88 21 6.7	127.2	80	62
过氧化叔戊酸叔丁酯	苯	50 70	9.77×10^{-6} 1.24×10^{-4}	20 1.6		71	51
过氧化二碳酸二异丙酯	甲苯	50	3.03×10^{-5}	6.4		61	46
过氧化二碳酸二环己酯	苯	50 60	4.4×10^{-5} 1.93×10^{-4}	3.6 1		60	44
异丙苯过氧化氢	甲苯	125 139	9×10^{-6} 3×10^{-5}	21.4 6.4	170	193	159
过硫酸钾	$0.1\text{mol}\cdot\text{L}^{-1}$ KOH	50 60 70	9.5×10^{-7} 3.16×10^{-6} 2.33×10^{-5}	212 61 8.3	140.2		

3.4.4　引发剂效率

引发剂分解后，往往只有一部分能引发单体聚合，这部分引发剂占引发剂分解或消耗总量的分数称作引发剂效率（f）。另一部分引发剂则因诱导分解和/或笼蔽效应而损耗。

（1）诱导分解

诱导分解实际上是自由基向引发剂的转移反应，例如：

$$\text{M}_x\cdot+\text{C}_6\text{H}_5\overset{\text{O}}{\underset{}{\text{C}}}-\text{O}-\text{O}-\overset{\text{O}}{\underset{}{\text{C}}}\text{C}_6\text{H}_5\longrightarrow\text{C}_6\text{H}_5\overset{\text{O}}{\underset{}{\text{C}}}-\text{O}\cdot+\text{M}_x\text{O}-\overset{\text{O}}{\underset{}{\text{C}}}\text{C}_6\text{H}_5$$

转移结果，原来的自由基终止成稳定大分子，另产生了 1 个新自由基。转移前后自由基数并无增减，徒然消耗了 1 分子引发剂，从而使引发剂效率降低。

偶氮二异丁腈一般没有或仅有微量诱导分解。氢过氧化物特别容易诱导分解，也容易进行双分子反应而减少自由基的生成。

$$M_x\cdot + ROOH \longrightarrow M_xOH + RO\cdot$$
$$2ROOH \longrightarrow RO\cdot + ROO\cdot + H_2O$$

这些反应都使引发剂效率降低，一般不高于 0.5。

丙烯腈、苯乙烯等活性较高的单体容易被自由基所引发，自由基参与诱导分解的机会相对较少，故引发剂效率较高。相反，活性较低的单体，如醋酸乙烯，引发剂效率就较低。

（2）笼蔽效应伴副反应

引发剂一般浓度很低，引发剂分子处在单体或溶剂的"笼子"中。在笼内分解成的初级自由基，寿命只有 $10^{-11} \sim 10^{-9}$ s，必须及时扩散出笼子，才能引发笼外单体聚合。否则，可能在笼内发生副反应，形成稳定分子，无为地消耗引发剂。

偶氮二异丁腈在笼子内可能有下列副反应：

$$(CH_3)_2C-N=N-C(CH_3)_2 \longrightarrow [2(CH_3)_2C\cdot + N_2\uparrow] \begin{cases} \longrightarrow (CH_3)_2C-C(CH_3)_2 + N_2\uparrow \\ \qquad\qquad CN\ CN \\ \longrightarrow (CH_3)_2C=N-C(CH_3)_2 + N_2\uparrow \\ \qquad\qquad\qquad\qquad CN \end{cases}$$

过氧化二苯甲酰分解及其副反应更复杂一些，按两步分解，先后形成苯甲酸基和苯基自由基，有可能进一步反应成苯甲酸苯酯和联苯，使引发剂效率降低。

$$C_6H_5C-O-O-CC_6H_5 \Longleftrightarrow [2C_6H_5CO\cdot] \longrightarrow [C_6H_5COO\cdot + C_6H_5\cdot + CO_2\uparrow] \longrightarrow [2C_6H_5\cdot + 2CO_2\uparrow]$$

$$[C_6H_5COOC_6H_5 + CO_2\uparrow] \qquad\qquad [C_6H_5-C_6H_5 + 2CO_2\uparrow]$$

引发剂效率与单体、溶剂、引发剂、温度、体系黏度等因素有关，波动在 0.1～0.8 之间。AIBN 在不同单体中的 f 参考值见表 3-7。

3.4.5　引发剂的选择

引发剂的选择需从聚合方法和温度、对聚合物性能的影响、储运安全等多方面来考虑。首先根据聚合方法选择引发剂种类：本体聚合、溶液聚合、悬浮聚合选用油溶性引发剂，乳液聚合和水溶液聚合则用水溶性引发剂。过氧类引发剂具有氧化性，易使聚合物着色；偶氮类含有氰基，具有毒性。需考虑这些对聚合物性能的影响。储存时应避免高温或撞击，以防爆炸。

表 3-7　AIBN 在不同单体中的引发剂效率 f

单　体	f
丙烯腈	约 1.00
苯乙烯	约 0.80
醋酸乙烯酯	0.68～0.82
氯乙烯	0.70～0.77
甲基丙烯酸甲酯	0.52

引发剂活性差别很大，应根据聚合温度来选用，示例见表 3-8。

表 3-8　引发剂的温度选用范围

温度范围/℃	$E_d/kJ\cdot mol^{-1}$	引　发　剂　举　例
高温（＞100）	138～188	异丙苯过氧化氢，叔丁基过氧化氢，过氧化二异丙苯，过氧化二叔丁基
中温（40～100）	110～138	过氧化二苯甲酰，过氧化十二酰，偶氮二异丁腈，过硫酸盐
低温（-10～40）	63～110	氧化-还原引发体系：过硫酸盐-亚硫酸氢钠，异丙苯过氧化氢-亚铁盐，过氧化氢-亚铁盐，过氧化二苯甲酰-二甲基苯胺
超低温（＜-30）	＜63	过氧化物-烷基金属（三乙基铝，三乙基硼，二乙基铅），氧-烷基金属

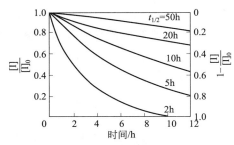

图 3-2 引发剂残留分率与时间的关系
（曲线上数字代表半衰期）

引发剂分解速率常数为 $10^{-4} \sim 10^{-6} \, s^{-1}$（$t_{1/2} = 2 \sim 200h$）。最好选用 $t_{1/2}$ 与聚合时间相当的引发剂。图 3-2 是式（3-2）的图像，表示引发剂浓度随时间的衰减情况。

在某温度下，$t_{1/2}$ 过大，如 100h，聚合 10h 尚残留 80%～90% 未分解，需在后处理中除去。相反，若 $t_{1/2}$ 很小，如 1h，虽可提高前期聚合速率，但 10h 后引发剂残留无几，聚合早就终止，造成死端聚合。

引发剂和温度是影响聚合速率和分子量的两大因素，应该综合考虑这两个因素的影响。

3.5 其他引发作用

3.5.1 热引发聚合

少数单体仅靠加热就能聚合，如苯乙烯，这可能与单体活性高有关。单凭热能打开乙烯基单体的双键使成自由基，约需 $210 \, kJ \cdot mol^{-1}$ 以上的能量。苯乙烯热引发的机理尚未彻底清楚，存在着双分子和三分子反应或二级和三级引发的争议，并且各有实验作依据。

曾根据苯乙烯的聚合速率与单体浓度的 2.5 次方成正比的实验，推论热引发反应属于三级反应，比较容易接受的机理是：2 分子苯乙烯先经 Diels-Alder 加成形成二聚体，再与 1 分子苯乙烯进行氢原子转移反应，生成 2 个自由基，而后引发单体聚合。

60℃苯乙烯热聚合速率约 $1.98 \times 10^{-6} \, mol \cdot L^{-1} \cdot s^{-1}$，速率较低。欲使苯乙烯热聚合达到合理的速率，工业上多在 120℃ 以上进行，并且另加有半衰期适当的引发剂，与热共同引发。

3.5.2 光引发聚合

在光的激发下，许多烯类单体能够形成自由基而聚合，这称作光引发聚合。光引发聚合的前提是被单体或光引发剂吸收的光能必须大于其键能、发生均裂反应、产生自由基。

光是电磁波，每一光量子的能量 E 与光的频率 ν 成正比，与波长成反比。

$$E = h\nu = h \frac{c}{\lambda} \tag{3-7}$$

式中，h 为普朗克常数（$6.624 \times 10^{-34} \, J \cdot s$）；$c$ 为光速（$2.998 \times 10^{10} \, cm \cdot s^{-1}$）；一个光量子具有的能量为 $1.986 \times 10^{-23} \, J \cdot cm/\lambda$，该值乘以阿伏伽德罗常数（$6.0225 \times 10^{23} \, mol^{-1}$），即成 1mol 光量子的能量 $[11.96 \, J \cdot cm(mol \cdot \lambda)^{-1}]$，称为 1Einstein。波长 300nm 的光的能量约

$400\text{kJ}\cdot\text{mol}^{-1}$，与键能（$120\sim840\text{kJ}\cdot\text{mol}^{-1}$）相当，大于一般化学反应的活化能。这是光可能引发聚合的依据。

表 3-9　烯类单体的吸收光波长

单　　体	波长/nm
丁二烯	253.7
苯乙烯	250
甲基丙烯酸甲酯	220
氯乙烯	280
醋酸乙烯酯	300

光的吸收与激发有量子性，各种烯类单体都有特定的吸收光区域，一般波长为 $200\sim300\text{nm}$，相当于紫外光区，参见表 3-9。最常用的紫外光源是高压汞灯。石英汞灯波长 $186\sim1000\text{nm}$，经滤光器可以分离出波长适当的光源。

光引发聚合有光直接引发、光引发剂引发和光敏剂间接引发三种。

（1）光直接引发

如果选用波长较短的紫外光，其能量大于单体的化学键能，就可能直接引发聚合。单体吸收一定波长的光量子后，先形成激发态 M^*，后再分解成自由基，引发聚合。

$$M+h\nu \Longleftrightarrow M^* \longrightarrow R\cdot + R'\cdot$$

例如苯乙烯吸收波长 250nm 的光，激发后，就可能发生下列断键反应：

$$CH_2=CH-C_6H_5^* \longrightarrow CH_2=CH\cdot + C_6H_5\cdot$$
$$CH_2=CH-C_6H_5^* \longrightarrow C_6H_5CH=CH\cdot + H\cdot$$

光引发速率与体系吸收的光强度 I_a 成正比。

$$R_i=2\phi I_a \tag{3-8}$$

式中，ϕ 称作光引发效率，或称为自由基的量子产率，表示每吸收 1 个光量子所产生的自由基对数。例如吸收 1 个光量子能使 1 分子单体分解成 1 对（2 个）自由基，则 $\phi=1$。一般光引发效率都比较低，只有 $0.01\sim0.1$。

吸收光强 I_a 与入射光强 I_0 有如下关系：

$$I_a=\varepsilon I_0[M] \tag{3-9}$$

式中，ε 为单体的摩尔吸光系数，ε 愈大，表示物质吸收光的能力愈强，愈易被激发。将式(3-9)代入式(3-8)，得

$$R_i=2\phi\varepsilon I_0[M] \tag{3-10}$$

实际上，式(3-10)只适用于极薄的单体层。光透过单体层时，一部分被吸收，I_0 和 I_a 都随单体层厚度而减弱，按照 Lambert-Beer 定律有

$$I=I_0 e^{-\varepsilon[M]b} \tag{3-11}$$

式中，I 为反应器中距离为 b 处的入射光强。则反应体系的吸收光强应为

$$I_a=I_0-I=I_0(1-e^{-\varepsilon[M]b}) \tag{3-12}$$

代入式(3-8)，得

$$R_i=2\phi I_0(1-e^{-\varepsilon[M]b}) \tag{3-13}$$

容易直接光引发聚合的单体有丙烯酰胺、丙烯腈、丙烯酸、丙烯酸酯等。

（2）光引发剂引发

光引发剂吸收特定波长的光后，分解成初级自由基而后引发烯类单体聚合。AIBN、

BPO 等热分解引发剂也是光引发剂，有利于 AIBN 分解的波长为 $400\sim345nm$，而过氧化物的光分解波长则较短（$<320nm$）。甲基乙烯基酮、安息香等含羰基的化合物并非热引发剂，却是有效的光引发剂，按下式分解成自由基，而后引发单体聚合。

$$CH_2{=}CHCCH_3 \xrightarrow{h\nu,\ 250\sim350nm} CH_2{=}CHC\cdot + \cdot CH_3$$

$$C_6H_5C{-}CHC_6H_5 \longrightarrow C_6H_5C\cdot + \cdot CHC_6H_5$$

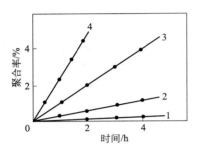

图 3-3 苯乙烯聚合速率的比较

1—热聚合；2—光聚合（300～360nm）；

3—AIBN 热引发；4—AIBN 光引发（360nm）

（3）光敏剂间接引发

光敏剂，如二苯甲酮和荧光素、曙红等染料，吸收光能后，将光能传递给单体或引发剂，而后引发聚合。

几种不同引发机理下苯乙烯聚合速率的比较如图 3-3 所示。由图可见，用 AIBN 光引发剂聚合最快，纯热聚合最慢。应用光引发剂或间接光敏剂（浓度为 ［S］）时，引发速率可仿照式（3-10）和式（3-13）计算，只要用 ［S］ 来替代单体浓度 ［M］ 即可。

光引发的研究工作颇为活跃，这是因为：①光强易准确测量，自由基能瞬时随光源及时生灭，实验结果重现性好，光聚合常用来测定链增长和链终止速率常数；②光引发聚合活化能低（$20kJ\cdot mol^{-1}$），可在室温下聚合。感光树脂在印刷版和集成电路上的应用就是成功的例子。

3.5.3 辐射引发聚合

以高能辐射线来引发的聚合，称作辐射引发聚合，简称辐射聚合。

辐射线有 γ 射线（波长为 $0.05\sim0.0001nm$）、X 射线、β 射线、电子流、α 射线、快速氦核流、中子射线等。其中以 γ 射线的能量最大，钴-60（^{60}Co）γ 射线的能量为 $1.17\sim1.33MeV[(1.13\sim1.28)\times10^{-11}J\cdot mol^{-1}]$，穿透力强，可使反应均匀，而且操作容易，因此应用颇广。

光能只有几个电子伏特（eV❶），而辐射线常以百万（10^6，兆）电子伏特计。共价键的键能为 $2.5\sim4eV$，有机化合物的电离能为 $9\sim11eV$，当它吸收了辐射能后，除形成激发态外，还可能电离成自由基或阴、阳离子。烯类单体辐射聚合一般属于自由基机理。但有些单体的低温辐射溶液聚合或辐射固相聚合也可能属于离子机理。辐射还可能引起聚合物的降解和交联。

不同来源的辐射线对聚合物或单体的效应都相似。效应的大小主要决定于辐射剂量和剂量率（辐射强度）。每克物质吸收 $10^{-5}J$ 的能量作为辐射吸收剂量的单位，以 rad（$=6.25\times10^{13}eV\cdot g^{-1}$）表示。剂量率则是单位时间内的剂量。辐射聚合所需的剂量随单体而异，为 $10^5\sim10^6 rad$。一些单体的辐射聚合速率见表 3-10，从中可见醋酸乙烯酯最活泼。

---

❶ eV 表示电子伏特，$1eV\approx1.602177\times10^{-19}J$；后同。

表 3-10 乙烯基单体的辐射聚合 （10^3 rad·min^{-1}，20℃）

单 体	聚合速率 /(%·h^{-1})	聚合率 /(%·rad^{-1})	单 体	聚合速率 /(%·h^{-1})	聚合率 /(%·rad^{-1})
丁二烯	0.01	0.2	丙烯腈	9.5	160
苯乙烯	0.2	3	氯乙烯	15	250
甲基丙烯酸甲酯	4	67	丙烯酸甲酯	18	300
丙烯酰胺	6	100	醋酸乙烯酯	27	450

在辐射化学中，常用 G 值来表示能量产率。G 值代表每吸收 100eV 能量所引起化学变化的分子数，用 γ 射线时，则用 G_γ^R 表示。表 3-11 比较了两种单体的 G 值。辐射剂量相同时，甲基丙烯酸甲酯（MMA）产生的自由基数比苯乙烯大 16 倍。可见不同单体对辐射的聚合活性差别很大。

表 3-11 苯乙烯和 MMA 辐射聚合的 G 值

单 体	G_γ^R(25℃)	G_γ^R(15℃)	G_β^R(30.5℃)
苯乙烯(S)	2.08	1.6	0.22
MMA	36.0	27.6	3.14
G_S^R/G_{MMA}^R	1:17.3	1:16.9	1:14.3

辐射聚合与光引发聚合都可在较低温度下进行，温度对聚合速率和分子量的影响较小，聚合物中无引发剂残基。辐射聚合对吸收无选择性，穿透力强，可以进行固相聚合。

3.5.4 等离子体引发聚合

等离子体是部分电离的气体，由电子、离子（正、负离子数相等）、自由基，以及原子、分子等高能中性粒子组成。等离子体可以与气、液、固态并列，称作物质第四态。

自然界中广泛存在着等离子体，太阳和地球的电离层都由等离子体组成，火焰、闪电、核爆炸、强烈辐射等都会产生等离子体。等离子体也可人工产生，高温、强电磁场、低气压是产生等离子体的基本条件。用于有机反应的是低温等离子体，多由 13.56MHz 射频低气压辉光放电产生，其能量为 2～5eV，恰好与有机化合物的键能相当。

等离子体可能引起三类反应：直接引发聚合、非传统聚合以及高分子化学反应。

（1）等离子体引发聚合

等离子体可以直接引发烯类单体进行自由基聚合，或使杂环开环聚合，与传统聚合机理相同，有明确的基元反应和确定的结构单元。但其特征是在气相中引发，在液、固凝聚态中（尤其在表面）增长和终止，对自由基有包埋作用，类似沉淀聚合。例如将 MMA 置于直径 0.8cm 的玻璃封管内，经 50W 等离子体辐照 60s，可得重均分子量 3×10^7 的线形聚合物。这比 γ 射线、β 射线或高能电子束辐照形成的聚合物分子量要高一个数量级。

等离子体引发聚合可用于酶的固定化、嵌段共聚物的合成等。

（2）等离子体非传统聚合——等离子体态聚合

经高能态的等离子体作用，饱和烷烃、环烷烃、芳烃乃至所有有机化合物，包括很稳定的六甲基二硅氧烷 $[(CH_3)_3Si—O—Si(CH_3)_3]$ 和饱和碳氟化合物（如 $CF_3—CH_3$、$CF_3—CFH_2$ 等），都可能解离、重排、再结合成高分子化合物，并且往往交联。这样形成高分子的过程并不能用传统聚合的基元反应和结构单元来描述。应用这类反应，可使反应物在气相中解离成自由基，然后沉淀在基板上成膜，包括氟硅膜，用作分离膜。

（3）等离子体高分子化学反应和表面处理

高能态的等离子体粒子轰击高分子表面，使链断裂，产生长寿自由基（可达 10 天），而后发生交联、化学反应、刻蚀等，进行表面处理改性。例如：以聚乙烯、聚丙烯、聚酯或聚四氟乙烯为基材，经在电场中加速的 Ar、He 等离子体处理，可使表面刻蚀和粗面化，提高粘接性；用 O_2、N_2、He、Ar、H_2 等离子体处理，与空气接触，引入 —COOH、$\diagdown C{=}O$、—NH_2、—OH 等极性基团，提高亲水性；以 NF_3、BF_3、SiF_4 等离子体处理，可使表面氟化，提高防水-防油性和光学特性等。

3.5.5　微波引发聚合

微波是频率为 $3\times10^2\sim3\times10^5\,MHz$（相当于波长为 1m～1mm）的电磁波，属于无线电中波长最短的波段，亦称超高频。微波最常用的频率为 $(2450\pm50)MHz$（相当于波长 120mm），该频率与化学基团的旋转振动频率接近，可以活化基团，促进化学反应。

微波具有热效应和非热效应双重作用。热效应是交变电场中介质的偶极子诱导转动滞后于频率变化而产生的，因分子转动摩擦而内加热，加热速度快，受热均匀。在高分子领域中，微波热效应曾用于橡胶硫化和环氧树脂固化，缩短硫化或固化时间。

微波可以加速化学反应，使聚合速率提高十到千倍不等。这不局限于热效应的影响，非热效应（电特性）起着更重要的作用。在微波作用下，苯乙烯、（甲基）丙烯酸酯类、丙烯酸、丙烯酰胺，甚至马来酸酐都曾（共）聚合成功，也可用于接枝共聚。无引发剂时，可激发聚合；有引发剂时，则加速聚合，并可降低引发剂用量和/或聚合温度。

3.6　聚合速率

3.6.1　概述

聚合动力学主要是研究速率、聚合度与单体浓度、引发剂浓度、温度间的定量关系，其目的在于机理的探明和优化工艺条件的设定。应该严格区别微观聚合历程和宏观聚合过程。自由基聚合在 $10^{-1}\sim10s$ 内就可完成微观历程，而宏观过程则可长达几到几十小时。

转化率-时间实验值是聚合速率的基础数据。苯乙烯、甲基丙烯酸甲酯等本体聚合的转化率-时间曲线多呈 S 形，可分成诱导期和聚合初期、中期、后期等阶段，如图 3-4 所示。

在诱导期，初级自由基被阻聚杂质所终止，无聚合物产生，聚合速率为零。机理研究时，要除净阻聚杂质，消除诱导期。诱导期过后，单体开始正常聚合，速率渐减。转化率 5%～10% 以下为聚合初期，微观聚合动力学和机理研究多在这个阶段进行。

转化率 10%～20% 以后，开始出现自动加速现象，所谓凝胶效应，有时会延续到 50%～70% 转化率。这一阶段可称为中期。此后，受玻璃化效应影响，聚合速

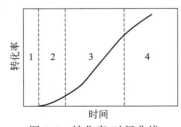

图 3-4　转化率-时间曲线

1—诱导期；2—初期；3—中期；4—后期

逐渐转慢，进入后期。不同时期显示出各不相同的聚合速率特征，这源于不同机理和因素，应加以注意。

3.6.2　微观聚合动力学研究方法

聚合速率常以单位时间内单体消耗量或聚合物生成量表示，但最基础的实验数据却是转化率-时间数据，其测定方法有直接和间接两类。

属于直接法的有称量法，其测定原理是在聚合过程中定期取样，试样经分离、洗涤、干燥、称重，再计算转化率。

间接法的原理是测定聚合过程中的比体积（单位质量的体积）、黏度、折射率、介电常数、吸收光谱等物性的变化，或者反应放热量，间接求取转化率。其中，用膨胀计测定聚合过程中反应物系比体积（比容）的方法较常见。

膨胀计法的测定原理是聚合过程生成聚合物的密度高于单体的密度，因此聚合体系的体积收缩率与单体的转化率成正比。

设单体 100% 转化时的体积变化率为 K，单体和聚合物的比体积分别为 V_m 和 V_p，则

$$K = \frac{V_m - V_p}{V_m} \times 100\% \tag{3-14}$$

转化率 $C(\%)$ 与聚合时的体积收缩率 $\Delta V / V_0$ 呈线性关系，因此

$$C = \frac{1}{K} \times \frac{\Delta V}{V_0} \tag{3-15}$$

式中，ΔV 为体积收缩值；V_0 为原始体积。重要单体的 K 值见表 3-12。

表 3-12　单体和聚合物的密度（25℃）及体积变化率 K

单体	单体密度 /(g·mL^{-1})	聚合物密度 /(g·mL^{-1})	K/%	单体	单体密度 /(g·mL^{-1})	聚合物密度 /(g·mL^{-1})	K/%
氯乙烯	0.919	1.406	34.4	醋酸乙烯酯	0.934	1.291	21.6①
丙烯腈	0.800	1.17	31.0	甲基丙烯酸甲酯	0.940	1.179	20.6
偏二氯乙烯	1.213	1.71	28.6①	苯乙烯	0.905	1.062	14.5
甲基丙烯腈	0.800	1.10	27.0	丁二烯	0.6276	0.906	44.4①
丙烯酸甲酯	0.952	1.223	22.1	异戊二烯	0.6805	0.906	33.2①

① 20℃所测值。

膨胀计由两部分组成：下部是 5～10mL 的反应容器，上部是带刻度的毛细管。将溶有引发剂的单体充满膨胀计至一定刻度，在恒温浴中聚合。记录聚合过程中毛细管刻度的下降值和体积变化，换算成转化率，再绘成转化率-时间曲线，由斜率求取速率及其变化。

量热法已广泛用于反应热风险的评估。烯类单体的聚合热较大，因此现代量热仪也常用于研究聚合动力学。例如，用差示扫描量热仪（DSC），先测定某一温度下聚合反应的放热峰，然后缓慢升温测得进一步聚合的放热峰。两个峰面积之和为单体 100% 转化时的总放热量；恒温聚合峰面积与两个峰面积之和的比，为恒温聚合的极限转化率；恒温聚合开始出峰至某一时刻时的峰面积，与两个峰面积之和的比，即为某一时刻的转化率。

3.6.3　自由基聚合微观动力学

根据机理，可以推导出聚合动力学方程。反之，动力学方程确立以后，经过实验考核，

可以验证机理的可靠性。自由基聚合中链引发、链增长、链终止三步基元反应对总聚合速率都有贡献。研究动力学时，考虑链转移只使聚合度降低，并不影响速率，故暂忽略。

根据自由基聚合机理和质量作用定律，可以写出各基元反应的速率方程。

（1）链引发速率

链引发由下列两步反应串联而成：

引发剂分解 $\qquad\qquad\qquad$ $I \xrightarrow{k_d} 2R\cdot$

初级自由基与单体加成 $\qquad\quad$ $R\cdot + M \xrightarrow{k_i} RM\cdot$

引发剂分解是慢反应，控制着引发反应。1 分子引发剂分解成 2 个初级自由基，理应产生 2 个单体自由基，引发速率式应该是 $R_i = 2k_d[I]$。但由于诱导分解和笼蔽效应伴副反应消耗了部分引发剂，因此需引入引发剂效率 f。加上一般链引发速率与单体浓度无关的条件，则链引发速率方程可写成下式：

$$R_i = 2fk_d[I] \qquad\qquad (3\text{-}16)$$

以上诸式中，I、M、R·、k 分别代表引发剂、单体、初级自由基、速率常数，［ ］、下标 d 和 i 则分别代表浓度、分解和引发。

（2）链增长速率

链增长是单体自由基连续加聚大量单体的链式反应：

$$RM\cdot \xrightarrow{+M,k_{p1}} RM_2\cdot \xrightarrow{+M,k_{p2}} RM_3\cdot \xrightarrow{+M,k_{p3}} \cdots \xrightarrow{+M,k_{pr-1}} RM_x\cdot$$

为简化处理，作等活性假定，即链自由基的活性与链长基本无关，或各步增长反应的速率常数相等，即 $k_{p1} = k_{p2} = k_{p3} = \cdots = k_{pr-1} = k_p$。令［M·］代表大小不等的自由基浓度［RM·］、［RM₂·］、［RM₃·］、…、［RMₓ·］的总和，则链增长速率方程可写成

$$R_p \equiv -\left(\frac{d[M]}{dt}\right)_p = k_p[M]\sum_{i=1}^{x}[RM_i\cdot] = k_p[M][M\cdot] \qquad (3\text{-}17)$$

（3）链终止速率

链终止速率以自由基消失速率表示，链终止反应及其速率方程可写成下式。

偶合终止 $\quad$ $M_x\cdot + M_y\cdot \longrightarrow M_{x+y}$ $\qquad$ $R_{tc} = 2k_{tc}[M\cdot]^2$ $\qquad$ (3-18a)

歧化终止 $\quad$ $M_x\cdot + M_y\cdot \longrightarrow M_x + M_y$ $\qquad$ $R_{td} = 2k_{td}[M\cdot]^2$ $\qquad$ (3-18b)

终止总速率 $\qquad$ $R_t \equiv -\dfrac{d[M\cdot]}{dt} = 2k_t[M\cdot]^2$ $\qquad\qquad$ (3-18)

以上诸式中，下标 p、t、tc、td 分别代表链增长、链终止、偶合终止和歧化终止。

式（3-18）中系数 2 代表终止反应将同时消失 2 个自由基，这是美国的习惯用法，说不出一定的理由。欧洲大陆的习惯并无系数 2。两者换算时须注意 $2k_t$（美）$= k_t'$（欧）。

在链增长和链终止的速率方程中都出现自由基浓度［M·］因子。自由基活泼，寿命很短，浓度极低，测定困难。可作"稳态"假定，设法消去［M·］。经过一段聚合时间，引发速率与终止速率相等（$R_i = R_t$），构成动平衡，自由基浓度不变。由于 k_t 远大于 k_d，"稳态"假定是合理的。由式（3-18）可解出［M·］。

$$[M\cdot] = \left(\frac{R_i}{2k_t}\right)^{1/2} \qquad\qquad (3\text{-}19)$$

聚合速率可以由单体消耗速率表示。假定高分子聚合度很大，用于引发的单体远少于增长所消耗的单体，因此，聚合总速率就等于链增长速率。

$$R \equiv -\frac{d[M]}{dt} = R_i + R_p \approx R_p$$

将稳态时的自由基浓度［式(3-19)］代入式(3-17)，即得总聚合速率的普适方程。

$$R \approx R_p = k_p[M]\left(\frac{R_i}{2k_t}\right)^{1/2} \tag{3-20}$$

用引发剂引发时，将式(3-16)的 R_i 关系代入式(3-20)，则得

$$R_p = k_p\left(\frac{fk_d}{k_t}\right)^{1/2}[I]^{1/2}[M] \tag{3-21}$$

式(3-21) 就是引发剂引发的自由基聚合微观动力学方程，表明聚合速率与引发剂浓度的平方根、单体浓度的一次方成正比。这一结论得到一些实验的证实。

图 3-5 是甲基丙烯酸甲酯（MMA）和苯乙烯（St）聚合速率与引发剂浓度的关系图，$\lg R_p$ 与 $\lg[I]$ 呈线性关系，斜率为 1/2，表明 R_p 与 $[I]^{1/2}$ 成正比。苯乙烯在较低引发剂浓度下聚合时，对 1/2 次方的关系略有偏离，这可能是伴有热引发的关系。

图 3-6 表明甲基丙烯酸甲酯聚合初期速率 $\lg R_p$ 与单体浓度 $\lg[M]$ 呈线性关系，斜率为 1，表明对单体呈一级反应。

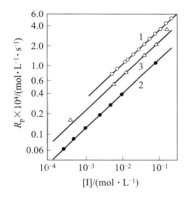

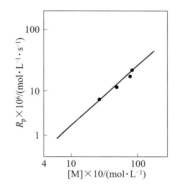

图 3-5　聚合速率与引发剂浓度的关系
1—MMA，AIBN，50℃；2—MMA，
BPO，50℃；3—St，BPO，60℃

图 3-6　甲基丙烯酸甲酯聚合初速
与单体浓度的关系

在低转化率（＜5％）下聚合，各速率常数恒定；采用低活性引发剂时，短期内浓度变化不大，近于常数；考虑引发剂效率与单体浓度无关，在这些条件下，将式(3-21) 积分，得

$$\ln\frac{[M]_0}{[M]} = k_p\left(\frac{fk_d}{k_t}\right)^{1/2}[I]^{1/2}t \tag{3-22}$$

如 $\ln[M]_0/[M]$-t 呈线性关系，也表明聚合速率与单体浓度呈一级反应。

推导上述微观聚合动力学方程时，作了链转移反应无影响、等活性、聚合度很大、稳态等 4 个基本假定。低转化率的聚合实验数据能够较好地符合理论推导结果，说明假定合

理，机理可信。在转化率稍高的条件下，将偏离上述机理和动力学行为，式（3-22）不再适用。

在某些情况下，如引发剂效率较低、单体参与引发剂分解、初级自由基与单体的反应速率与引发剂分解速率相当等，则单体浓度对链引发速率有影响，引发速率方程变为

$$R_i = 2fk_d[I][M] \tag{3-23}$$

将式（3-23）代入式（3-20），得如下聚合速率方程：

$$R_p = k_p \left(\frac{fk_d}{k_t}\right)^{1/2} [I]^{1/2} [M]^{3/2} \tag{3-24}$$

式（3-24）表明，聚合速率与单体浓度的 1.5 次方成正比。

对于其他引发体系，只要将不同的引发速率式代入聚合速率普适方程［式（3-20）］，即得相应速率方程。

3.6.4 自由基聚合基元反应速率常数

聚合速率式［式（3-22）］含有各基元反应的速率常数 $k_p(fk_d/k_t)^{1/2}$，其中 k_d 和 f 可以单独测定，因此可分离出 $k_p/k_t^{1/2}$ 综合值。结合有关实验，就可以进一步求得 k_p 和 k_t 的绝对值。几种常见单体的链增长和链终止速率常数及活化能可参见表 3-13。

自由基聚合动力学参数波动范围可总结如表 3-14。

表 3-13　常用单体的链增长和链终止速率常数及活化能

单体	$k_p/(\text{L·mol}^{-1}\text{·s}^{-1})$		E_p /(kJ·mol^{-1})	$A_p/10^7$	$k_t/(10^7\text{L·mol}^{-1}\text{·s}^{-1})$		E_t /(kJ·mol^{-1})	$A_t/10^9$
	30℃	60℃			30℃	60℃		
氯乙烯		12300	15.5	0.33		2300	17.6	600
醋酸乙烯酯	4100	8500	20.4	1.35	3.1	7.4	21.8	210
丙烯腈	4000	6900	15.4	0.179		78.2	15.5	
丙烯酸甲酯	15000	27000	17.3	1.41	0.22	0.47	约20.9	约15
甲基丙烯酸甲酯	370	820	22.4	0.267	0.61	0.93	11.7	0.7
苯乙烯	100	340	32.5	4.27	2.5	3.6	10.0	1.3
苯乙烯		145	30.5	0.45		2.9	7.9	0.058
丁二烯		100	38.9	12				
异戊二烯		50	41.0	12				

表 3-14　自由基聚合动力学参数

动力学参数	单位	范围	甲基丙烯酰胺光聚合
R_i	mol·L^{-1}·s^{-1}	$10^{-8}\sim10^{-10}$	8.75×10^{-9}
k_d	s^{-1}	$10^{-4}\sim10^{-6}$	
[I]	mol·L^{-1}	$10^{-2}\sim10^{-4}$	3.97×10^{-2}
$[M·]_s$	mol·L^{-1}	$10^{-7}\sim10^{-9}$	2.30×10^{-8}
R_{ps}	mol·L^{-1}·s^{-1}	$10^{-4}\sim10^{-6}$	3.65×10^{-6}
[M]	mol·L^{-1}	$10\sim10^{-1}$	0.2
k_p	L·mol^{-1}·s^{-1}	$10^2\sim10^4$	7.96×10^2
R_t	mol·L^{-1}·s^{-1}	$10^{-8}\sim10^{-10}$	8.73×10^{-9}
k_t	L·mol^{-1}·s^{-1}	$10^6\sim10^8$	8.25×10^6

动力学参数	单　位	范　围	甲基丙烯酰胺光聚合
τ	s	$10^{-1} \sim 10$	2.62
k_p / k_t		$10^{-4} \sim 10^{-6}$	9.64×10^{-5}
$k_p / k_t^{1/2}$	$L^{1/2} \cdot mol^{-1/2} \cdot s^{-1/2}$	$10^0 \sim 10^{-2}$	2.77×10^{-1}

根据表 3-14 中的 k_d、$[I]$ 值，取 $f = 0.6 \sim 0.8$，计算得链引发速率 $R_i = 10^{-9 \pm 1} mol \cdot L^{-1} \cdot s^{-1}$。另由 k_p、$[M \cdot]$ 值和 $[M] = 1 \sim 10 mol \cdot L^{-1}$，求得链增长速率 $R_p \approx 10^{-5 \pm 1} mol \cdot L^{-1} \cdot s^{-1}$，可见链增长速率远大于链引发速率，因此聚合速率由链引发速率来控制。虽然链终止速率常数（$10^{7 \pm 1} L \cdot mol^{-1} \cdot s^{-1}$）比链增长速率常数要大 3～5 个数量级，但单体浓度（$0.1 \sim 10 mol \cdot L^{-1}$）远大于自由基浓度（$10^{-8 \pm 1} mol \cdot L^{-1}$），因此链增长速率（$10^{-5 \pm 1} mol \cdot L^{-1} \cdot s^{-1}$）要比链终止速率（$10^{-9 \pm 1} mol \cdot L^{-1} \cdot s^{-1}$）大 3～5 个数量级。这样，才能形成高聚合度的聚合物。

3.6.5　温度对聚合速率的影响

一般来说，升高温度，将加速引发剂分解，从而提高聚合速率。还可以从聚合速率常数 k 与温度关系的 Arrhenius 式作进一步定量剖析。

$$k = A e^{-E/RT} \tag{3-25}$$

由式(3-21) 可知（总）聚合速率常数 k 与各基元反应速率常数有如下关系：

$$k = k_p \left(\frac{k_d}{k_t} \right)^{1/2} \tag{3-26}$$

综合式(3-25)、式(3-26) 以及各基元反应的速率常数的 Arrhenius 式关系，可得总活化能与基元反应活化能的关系，如下式所示：

$$E = \left(E_p - \frac{E_t}{2} \right) + \frac{E_d}{2} \tag{3-27}$$

选取 $E_p = 29 kJ \cdot mol^{-1}$，$E_t = 17 kJ \cdot mol^{-1}$，$E_d = 125 kJ \cdot mol^{-1}$ 为例，则 $E = 83 kJ \cdot mol^{-1}$。总活化能为正值，从式(3-25) 可以看出，温度升高，将使聚合速率（常数）增大。60℃的聚合速率将是 50℃速率的 2.5 倍。

降低 E 值，则可提高聚合速率。在总活化能中，E_d 占主导地位。如果选用 $E_d = 105 kJ \cdot mol^{-1}$ 的高活性引发剂（如过氧化二碳酸酯），E 值将降为 $73 kJ \cdot mol^{-1}$，聚合将显著加速，比升高温度更有效。因此，引发剂的选择在自由基聚合中占着重要的地位。

热引发聚合活化能为 $80 \sim 96 kJ \cdot mol^{-1}$，与引发剂引发时相当或稍大，温度对聚合速率的影响很大。而光和辐射引发聚合时，无 E_d 项，聚合活化能很低，约 $20 kJ \cdot mol^{-1}$，温度对聚合速率的影响较小，甚至在较低的温度（0℃）下也能聚合。

3.6.6　凝胶效应和宏观聚合动力学

前面介绍了低转化率下的微观聚合动力学。随着聚合的进行，单体和引发剂浓度均有所降低，聚合速率理应减慢，但在许多单体的自由基聚合中，至一定转化率后，却出现明显的自动加速现象。

现以甲基丙烯酸甲酯本体聚合和在苯溶液中的聚合过程（如图 3-7 所示）为例来说明这一现象。40％浓度以下 MMA 溶液聚合时，未出现自动加速现象；浓度 60％以上才出现加速。MMA 本体聚合时，10％转化率以下，体系从易流动的液体渐变成黏滞糖浆状，加速现象尚不明显；转化率 10％～50％，体系从黏滞液体很快转变成半固体状，加速显著；以后，仍以较高的速率聚合，但逐渐转慢，直至 70％～80％转化率；最后，速率慢到近于终止。

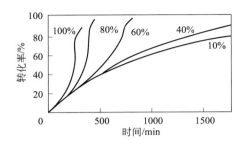

图 3-7　甲基丙烯酸甲酯聚合转化率-时间曲线
（引发剂为 BPO，溶剂为苯，温度为 50℃；
曲线上数字为单体浓度）

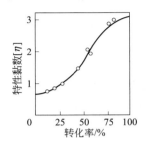

图 3-8　甲基丙烯酸甲酯本体聚
合的特性黏数-转化率关系

自动加速现象主要是体系黏度增加所引起的，因此又称为凝胶效应。加速的原因可以由链终止受扩散控制来解释。链自由基的双基终止过程可分为三步：链自由基质心的平移；链段重排，使活性中心靠近；双基化学反应而终止。其中链段重排是控制步骤，体系黏度是影响的主要因素。体系黏度随转化率提高后，链段重排受阻，活性端基甚至被包埋，双基终止困难，链终止速率常数 k_t 下降（见表 3-15），自由基寿命延长；40％～50％转化率时，k_t 可降低上百倍。但这一转化率下，体系黏度还不足以妨碍单体扩散，链增长速率常数 k_p 变动还不大，从而使 $k_p/k_t^{1/2}$ 增加了近 7～8 倍，导致加速显著。分子量也同时迅速增加，如图 3-8 所示。

转化率 50％以后继续聚合，黏度大到单体活动也受扩散控制，k_p 开始变小。当 $k_p/k_t^{1/2}$ 综合值下降时，聚合速率也随着降低，最后聚合停止。例如 MMA 本体聚合时，25℃时最终转化率约 80％，85℃时则为 97％。该温度就相当于体系的玻璃化温度，单体和链段都受到冻结，聚合暂停，这一现象被称为"玻璃化效应"。利用这一特点，可以在聚合后期再升温"解冻"，使聚合继续完全。

从表 3-15 可见，22.5℃时 MMA 本体聚合，转化率从 0 增至 80％过程中，k_p 降低为原来的近 1/400，k_t 则降低为原来的 $1/10^5$，自由基寿命从 1s 增至 200s，可见黏度的影响甚大。

表 3-15　转化率对甲基丙烯酸甲酯聚合速率常数的影响（22.5℃）

转化率/%	速率/(%·h^{-1})	自由基寿命 τ/s	k_p/(L·mol^{-1}·s^{-1})	k_t/(10^{5}L·mol^{-1}·s^{-1})	$(k_p/k_t^{1/2})$/(10^{-2} L$^{1/2}$·mol$^{-1/2}$·s$^{-1/2}$)
0	3.5	0.89	384	442	5.76
10	2.7	1.14	134	273	4.59
20	6.0	2.21	267	72.6	8.81
30	15.4	5.0	303	14.2	25.5
40	23.4	6.3	368	8.93	38.9
50	24.5	9.4	258	4.03	40.6
60	20.0	26.7	74	0.498	33.2
70	13.1	79.3	16	0.0564	21.3
80	2.8	216	1	0.0076	3.59

单体种类和溶剂性质对凝胶效应都有影响。苯乙烯本体聚合至 50% 转化率时，自动加速尚不明显。不良溶剂将使大分子卷曲，不利于链段重排，将加重凝胶效应。对于 MMA，苯是良溶剂，醋酸戊酯是劣溶剂，庚烷是沉淀剂，在其中聚合的动力学行为均有差异。

沉淀聚合、分散聚合、悬浮聚合、乳液聚合等对链自由基都有包埋作用，加速效应更加显著。

伴有凝胶效应的聚合已经偏离了微观动力学行为，属于宏观范畴，速率方程的处理比较复杂，多含有经验关联成分。在不良溶剂或非溶剂中聚合，可能兼有单基终止和双基终止，对引发剂浓度的反应级数介于 0.5~1 之间，动力学方程可描述如下式：

$$R_p = A[I]^{1/2} + B[I] \tag{3-28}$$

完全单基终止就成为极限情况，$R_p = B[I]$。更广泛的情况则用如下经验式：

$$R_p = K[I]^n[M]^m \tag{3-29}$$

式中，$n = 0.5 \sim 1$，$m = 1 \sim 1.5$。还有其他形式的关联式。

3.6.7 转化率-时间曲线类型

自由基聚合速率可考虑由两部分组成：①正常速率，随单体浓度降低而逐渐减小；②因凝胶效应而自动加速。两者叠加情况不同，就形成三类转化率-时间曲线，如图 3-9 所示。

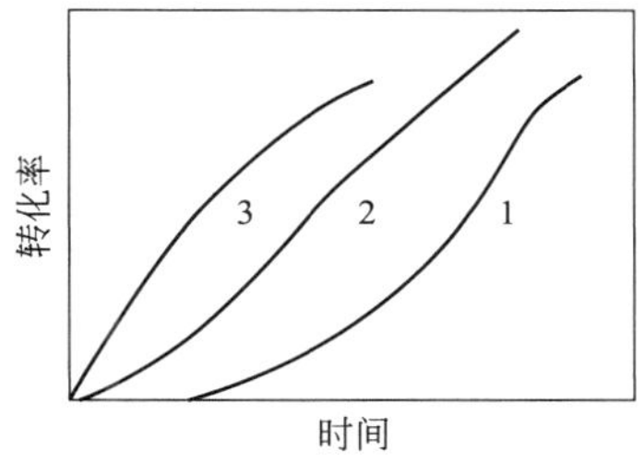

（1）S 形聚合

采用低活性引发剂，苯乙烯、甲基丙烯酸甲酯、氯乙烯等聚合时，初期慢，表示正常速率；中期加速，是凝胶效应超过正常速率的结果；后期转慢，玻璃化效应产生影响，凝胶效应减弱，正常聚合因单体浓度逐渐减小而减慢。

（2）匀速聚合

如引发剂的半衰期选用得当，可使正常聚合减速部分

图 3-9 转化率-时间曲线
1—S 形；2—匀速；3—前快后慢

与自动加速部分互补，达到匀速。例如选用 $t_{1/2} = 2h$ 的引发剂，氯乙烯聚合可望接近匀速，这更有利于传热和温度控制。

（3）前快后慢的聚合

采用活性过高的引发剂，聚合早期就有高的速率。稍后，残留引发剂过少，凝胶效应不足以弥补正常聚合速率部分，致使速率转慢，过早地终止了聚合，成了所谓"死端聚合"。如补加一些中、低活性引发剂，则可使聚合继续。

3.7 动力学链长和聚合度

聚合度是表征聚合物的重要参数。影响自由基聚合速率的诸因素，如引发剂浓度、温度等，也同时影响着聚合度，但影响方向却往往相反。

在聚合动力学研究中，常将一个活性种从引发开始到链终止所消耗的单体分子数定义为动力学链长 ν，无链转移时，相当于每一链自由基所连接的单体单元数，可由链增长速率和链引发速率之比求得。稳态时，链引发速率等于链终止速率，因此动力学链长的定义表达式为

$$\nu = \frac{R_p}{R_i} = \frac{R_p}{R_t} = \frac{k_p[M]}{2k_t[M\cdot]} \tag{3-30}$$

式中，$k_p[M]$ 的物理意义为单个自由基的增长速率（单位为：个单体/s）；$2k_t[M\cdot]$ 的倒数为自由基寿命。由链增长速率方程式 $R_p = k_p[M][M\cdot]$ 解出 $[M\cdot]$，代入式（3-30），得 ν-R_p 关系式。

$$\nu = \frac{k_p^2[M]^2}{2k_t R_p} \tag{3-31}$$

如将稳态时的自由基浓度 [式（3-29）] 代入式（3-30），则得 ν-R_i 关系式。

$$\nu = \frac{k_p}{(2k_t)^{1/2}} \times \frac{[M]}{R_i^{1/2}} \tag{3-32}$$

引发剂引发时，链引发速率 $R_i = 2fk_d[I]$，则

$$\nu = \frac{k_p}{2(fk_d k_t)^{1/2}} \times \frac{[M]}{[I]^{1/2}} \tag{3-33}$$

式（3-30）～式（3-33）是动力学链长的多种表达式。式（3-33）表明，动力学链长与引发剂浓度的平方根成反比。由此看来，增加引发剂浓度来提高聚合速率的措施，往往使聚合度降低。

聚合物平均聚合度 $\overline{X}_n$ 和动力学链长的关系与终止方式有关：偶合终止，$\overline{X}_n = 2\nu$；歧化终止，$\overline{X}_n = \nu$；兼有两种终止方式，则 $\nu < \overline{X}_n < 2\nu$，可按下式计算。

$$\overline{X}_n = \frac{R_p}{R_{tc}/2 + R_{td}} = \frac{R_p}{R_t(C/2 + D)} = \frac{\nu}{C/2 + D} \tag{3-34}$$

式中，C、D 分别代表偶合终止和歧化终止的分数。这两种终止方式的比率较难测定，也难测准，因此多限于理论分析，较少实际应用。

升温使速率增加，却使聚合度降低。引发剂分解反应是决速步骤，升温使稳态自由基浓度增加，聚合速率增加，但终止速率增加幅度更高，因此聚合度降低。参照式（3-26），令 $k' = k_p/(k_d k_t)^{1/2}$ 为表征动力学链长或聚合度的综合常数。该常数与温度的关系也服从 Arrhenius 式：

$$k' = A' e^{-E'/RT} \tag{3-35}$$

仿照综合速率常数作相似处理，得

$$E' = \left(E_p - \frac{E_t}{2}\right) - \frac{E_d}{2} \tag{3-36}$$

E' 是影响聚合度的综合活化能。取 $E_p = 29\text{kJ}\cdot\text{mol}^{-1}$，$E_t = 17\text{kJ}\cdot\text{mol}^{-1}$，$E_d = 125\text{kJ}\cdot\text{mol}^{-1}$，则 $E' = -42\text{kJ}\cdot\text{mol}^{-1}$。引发剂分解活化能占主导作用，结果，式（3-35）中的指数是正值，这表明温度升高，聚合度将降低。

热引发聚合时温度对聚合度的影响，与引发剂引发时相似。光引发和辐射引发时，E' 是很小的正值，表明温度对聚合度和速率的影响甚微。

3.8 链转移反应和聚合度

在自由基聚合中，除了链引发、链增长、链终止基元反应外，往往伴有链转移反应。

所谓链转移，是链自由基 $M_x\cdot$ 夺取另一分子 YS 中结合得较弱的原子 Y（如氢、卤原子）而终止，而 YS 失去 Y 后则成为新自由基 $S\cdot$，类似活性种在转移，转移速率常数为 k_{tr}。

$$M_x\cdot\ +\ YS\ \xrightarrow{k_{tr}}\ M_xY\ +\ S\cdot$$

如果新自由基有足够的活性，就可能再引发单体聚合，再引发速率常数为 k_a。

$$S\cdot\ +\ M\ \xrightarrow{k_a}\ SM\cdot\ \xrightarrow{M}\ SM_2\cdot\ \longrightarrow\cdots$$

链转移结果，聚合度降低。如果新生的自由基活性不减，则聚合速率不变；如果新自由基活性减弱，则出现缓聚现象，极端的情况成为阻聚。链转移和链增长是一对竞争反应，竞争结果与两速率常数有关。链转移对聚合速率和聚合度的影响有多种情况，见表 3-16。

表 3-16　链转移对聚合速率和聚合度的影响

情况	链转移、链增长、再引发相对速率常数		作用名称	聚合速率	分子量
1	$k_p\gg k_{tr}$	$k_a\approx k_p$	正常链转移	不变	减小
2	$k_p\ll k_{tr}$	$k_a\approx k_p$	调节聚合	不变	减小甚多
3	$k_p\gg k_{tr}$	$k_a<k_p$	缓聚	减小	减小
4	$k_p\ll k_{tr}$	$k_a<k_p$	衰减链转移	减小甚多	减小甚多
5	$k_p\lessgtr k_{tr}$	$k_a=0$	高效阻聚	零	零

本节仅讨论链转移后聚合速率不衰减的情况下链转移对聚合度的影响。

3.8.1　链转移反应对聚合度的影响

活性链向单体、引发剂、溶剂等低分子链转移的反应式和相应的速率方程如下：

$$M_x\cdot\ +\ M\ \xrightarrow{k_{tr,M}}M_x\ +\ M\cdot\qquad\qquad R_{tr,M}=k_{tr,M}[M_x\cdot][M]\qquad(3\text{-}37)$$

$$M_x\cdot\ +\ I\ \xrightarrow{k_{tr,I}}M_xR\ +\ R\cdot\qquad\qquad R_{tr,I}=k_{tr,I}[M_x\cdot][I]\qquad(3\text{-}38)$$

$$M_x\cdot\ +\ YS\ \xrightarrow{k_{tr,S}}M_xY\ +\ S\cdot\qquad\qquad R_{tr,S}=k_{tr,S}[M_x\cdot][YS]\qquad(3\text{-}39)$$

式中，下标 tr、M、I、S 分别代表链转移、单体、引发剂、溶剂，例如 $k_{tr,M}$ 代表向单体链转移速率常数。

按定义，动力学链长是每个活性中心自链引发到链终止所消耗的单体分子数，这在无链转移情况下是很明确的。但有链转移反应时，转移后，动力学链尚未真正终止，仍在继续引发增长。因此，动力学链长应该考虑自初级自由基链引发开始，包括历次链转移以及最后双基终止所消耗的单体总数，而聚合度则等于动力学链长除以多次链转移和双基终止之和。

链终止由真正终止和链转移终止两部分组成。平均聚合度就是链增长速率与形成大分子的所有链终止（包括链转移）速率之比。

$$\overline{X}_n=\frac{R_p}{R_t(C/2+D)+\sum R_{tr}}=\frac{R_p}{R_t(C/2+D)+(R_{tr,M}+R_{tr,I}+R_{tr,S})}\qquad(3\text{-}40)$$

将式(3-37)～式(3-39) 代入式(3-40)，转成倒数，化简，得

$$\frac{1}{\overline{X}_n} = \frac{1}{\nu} + \frac{k_{tr,M}}{k_p} + \frac{k_{tr,I}[I]}{k_p[M]} + \frac{k_{tr,S}[S]}{k_p[M]} \tag{3-41}$$

式（3-41）对式（3-34）作了简化，因偶合终止和歧化终止分率 C、D 难以测定，也难找到符合实验条件的确切数据。

令 $k_{tr}/k_p = C$，定名为链转移常数，是链转移速率常数与链增长速率常数之比，代表这两种反应的竞争能力。向单体、引发剂、溶剂的链转移常数 C_M、C_I、C_S 的定义如下式：

$$C_M = \frac{k_{tr,M}}{k_p} \qquad C_I = \frac{k_{tr,I}}{k_p} \qquad C_S = \frac{k_{tr,S}}{k_p} \tag{3-42}$$

将式（3-42）关系以及按速率方程［式（3-21）］解出的引发剂浓度［I］代入式（3-41），可得

$$\frac{1}{\overline{X}_n} = \frac{1}{\nu} + C_M + C_I \frac{[I]}{[M]} + C_S \frac{[S]}{[M]} \tag{3-43}$$

$$\frac{1}{\overline{X}_n} = \frac{1}{\nu} + C_M + C_I \frac{k_t R_p^2}{fk_d k_p^2 [M]^3} + C_S \frac{[S]}{[M]} \tag{3-44}$$

式（3-43）是链转移反应对平均聚合度影响的总关系式。等式左边是每摩尔单体单元组成的大分子的摩尔数；等式右边分别代表终止、向单体链转移和向引发剂链转移生成的大分子的摩尔数，代表正常聚合、向单体转移、向引发剂转移、向溶剂转移对平均聚合度的贡献。

在实际生产中，经常应用链转移的原理来控制分子量。例如聚氯乙烯分子量主要取决于向单体转移，由聚合温度来控制；丁苯橡胶的分子量由十二硫醇来调节；乙烯与四氯化碳经调节聚合和进一步反应，可制备氨基酸；溶液聚合产物分子量一般较低等。

3.8.2 向单体转移

以偶氮二异丁腈为引发剂进行本体聚合，因其他链转移常数可以忽略，只留下向单体链转移，则式（3-43）可简化为

$$\frac{1}{\overline{X}_n} = \frac{1}{\nu} + C_M \tag{3-45}$$

表 3-17   向单体的链转移常数 C_M（$\times 10^4$）

单 体	30℃	50℃	60℃	70℃
甲基丙烯酸甲酯	0.12	0.15	0.18	0.3
丙烯腈	0.15	0.27	0.30	
苯乙烯	0.32	0.62	0.85	1.16
醋酸乙烯酯	0.94	1.29	1.91	
氯乙烯	6.25	13.5	20.2	23.9

向单体转移的能力与单体结构、温度有关。叔氢、卤素等易被自由基夺取而发生链转移。向单体的链转移常数见表 3-17。向苯乙烯、甲基丙烯酸甲酯的链转移常数较小，为 $10^{-4} \sim 10^{-5}$，对聚合度的影响不大。醋酸乙烯酯中的甲基氢易被夺取，链转移常数稍大，约 10^{-4}。向氯乙烯的链转移常数特高，约 10^{-3}，比一般单体要大 $1\sim2$ 个数量级，其链转移速率已经超过了正常的链终止速率，即 $R_{tr,M} > R_t$。结果，聚氯乙烯的平均聚合度主要取决于向单体链转移常数。或者说，向氯乙烯链转移常数已大到式（3-45）右边首项可忽略的程度。

$$\overline{X}_n \approx \frac{R_p}{R_{tr,M}} = \frac{k_p}{k_{tr,M}} = \frac{1}{C_M} \tag{3-46}$$

50℃下，曾测得氯乙烯聚合的链转移常数 $C_M = 1.35 \times 10^{-3}$，代入式(3-46)，计算得 $\overline{X}_n = 740$，计算值与实验值同数量级。该数据表明，每增长 740 单元，约向单体链转移一次。

链转移速率常数与链增长速率常数均随温度升高而增加，但前者活化能较大，温度的影响更加显著，结果两者比值也随温度升高而增加。按 Arrhenius 式处理，得

$$C_M = \frac{k_{tr,M}}{k_p} = \frac{A_{tr,M}}{A_p} e^{-(E_{tr,M}-E_p)/RT} \tag{3-47}$$

根据表 3-17 中的数据，向氯乙烯链转移常数与温度有如下指数关系：

$$C_M = 125 \exp(-30.5/RT) \tag{3-48}$$

式中，$30.5 \mathrm{kJ \cdot mol^{-1}}$ 为链转移活化能与链增长活化能的差值。温度升高，C_M 增加，聚氯乙烯分子量因而降低。在 45～65℃聚合温度下，通用聚氯乙烯的聚合度与引发剂浓度基本无关，仅由温度单一因素来控制，聚合速率或时间则由引发剂浓度来调节。

3.8.3　向引发剂转移

自由基向引发剂转移，将导致诱导分解，使引发剂效率降低，同时也使聚合度降低。

向引发剂链转移常数需与向单体链转移常数同时处理。对本体聚合，式(3-44) 可简化为

$$\frac{1}{\overline{X}_n} = \frac{1}{\nu} + C_M + C_I \frac{k_t}{f k_d k_p^2} \times \frac{R_p^2}{[\mathrm{M}]^3} \tag{3-49}$$

式中，$1/\overline{X}_n$ 是平均聚合度的倒数，代表每个单元的大分子数。

将 60℃时不同引发剂引发条件下，苯乙烯本体聚合初期聚合度的倒数对聚合速率作图，如图 3-10 所示。图中曲线的起始部分一般呈线性关系，由截距可求 C_M，由斜率可求 k_p^2/k_t。引发剂浓度较高时，向引发剂链转移对聚合度的影响增加，式(3-49) 中的 R_p^2 项不能忽略，曲线向上弯曲。C_I 愈大，弯曲愈甚，如 t-BHP。相反，对链转移反应很弱的 AIBN，则在浓度较广范围内，$1/\overline{X}_n$-R_p 均能保持线性关系。向引发剂链转移常数见表 3-18。

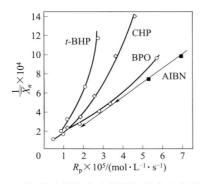

图 3-10　聚苯乙烯聚合度倒数与聚合速率的关系
AIBN—偶氮二异丁腈；BPO—过氧化二苯甲酰；
CHP—异丙苯过氧化氢；t-BHP—叔丁基过氧化氢

表 3-18　向引发剂链转移常数（60℃）

引发剂	在下列单体中聚合的 C_I	
	苯乙烯	MMA
偶氮二异丁腈	约 0	约 0
过氧化叔丁基	0.00076～0.00092	
过氧化异丙苯(50℃)	0.01	
过氧化十二酰(70℃)	0.024	
过氧化二苯甲酰	0.048	0.02
叔丁基过氧化氢	0.035	1.27
异丙苯过氧化氢	0.063	0.33

引发剂浓度对聚合度的影响有二：一是正常引发反应，即式(3-49)右边第一项；二是向引发剂链转移，即该式右边第三项。AIBN 的 C_I 很低，接近于零。过氧化物，尤其是氢过氧化物的 C_I 较大。表面看来，$C_I > C_M$，但 $[I]$($10^{-2} \sim 10^{-4}\,mol \cdot L^{-1}$) 远低于 $[M]$($1 \sim 10\,mol \cdot L^{-1}$)，$[I]/[M]$ 为 $10^{-3} \sim 10^{-5}$，因此，向引发剂转移所引起的聚合度降低总是比较小的。

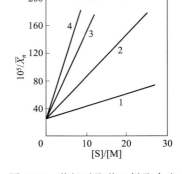

3.8.4　向溶剂或链转移剂转移

溶液聚合时，需考虑向溶剂链转移对聚合度的影响。

将式(3-43)右边前三项合并成 $\left(\dfrac{1}{\overline{X}_n}\right)_0$，以代表无溶剂时的聚合度倒数，则

$$\frac{1}{\overline{X}_n} = \left(\frac{1}{\overline{X}_n}\right)_0 + C_S \frac{[S]}{[M]} \tag{3-50}$$

图 3-11　芳烃对聚苯乙烯聚合度（100℃热聚合）的影响

1—苯；2—甲苯；3—乙苯；4—异丙苯

对不同浓度的苯乙烯溶液聚合，作 $1/\overline{X}_n$-$[S]/[M]$ 图，由直线斜率可求取向溶剂链转移常数 C_S，由图 3-11 可看出溶剂种类对 C_S 的影响。向溶剂和链转移剂的转移常数列在表 3-19 中。

表 3-19　向溶剂和链转移剂的转移常数 $C_S/10^4$

溶　剂	苯　乙　烯		甲基丙烯酸甲酯(80℃)	醋酸乙烯酯(60℃)
	60℃	80℃		
苯	0.023	0.059	0.075	1.2
甲苯	0.125	0.31	0.52	21.6
乙苯	0.67	1.08	1.35	55.2
异丙苯	0.82	1.30	1.90	89.9
叔丁苯	0.06			3.6
庚烷	0.42			17.0(50℃)
环己烷	0.031	0.066	0.10	7.0
正丁醇		0.40		20
丙酮		0.40		11.7
醋酸		0.2		10
氯正丁烷	0.04			10
溴正丁烷	0.06			50
碘正丁烷	1.85			800
氯仿	0.5	0.9	1.40	150
四氯化碳	90	130	2.39	9600
四溴化碳	22000	23000	3300	28700(70℃)
叔丁基二硫化物	24			10000
叔丁硫醇	37000			
正丁硫醇	210000			480000

表 3-19 中数据说明链转移常数与自由基、溶剂、温度等有关。比较横行数据，发现低活性自由基（如苯乙烯自由基）对同一溶剂的链转移常数比高活性自由基（如醋酸乙烯酯自由基）的链转移常数要小。

带有比较活泼氢原子或卤原子的溶剂，链转移常数都较大，如异丙苯＞乙苯＞甲苯＞苯。C—Cl 和 C—Br 键合更弱，因此四氯化碳和四溴化碳更易链转移，其 C_S 更大。四氯化碳常用作调节聚合的溶剂。

提高温度将使链转移常数增加。从 60℃升到 100℃，苯乙烯对不同溶剂的 C_S 值将增加 2～10 倍不等。因为链转移活化能比链增长活化能一般要大 17～63 kJ·mol^{-1}，升高温度更有利于 $k_{tr,S}$ 的增加。因此，从手册中选用链转移常数时，需注意单体、溶剂和温度条件。

3.8.5　向大分子转移

自由基向大分子转移的结果，在大分子链上形成活性点，再引发单体聚合，形成支链。

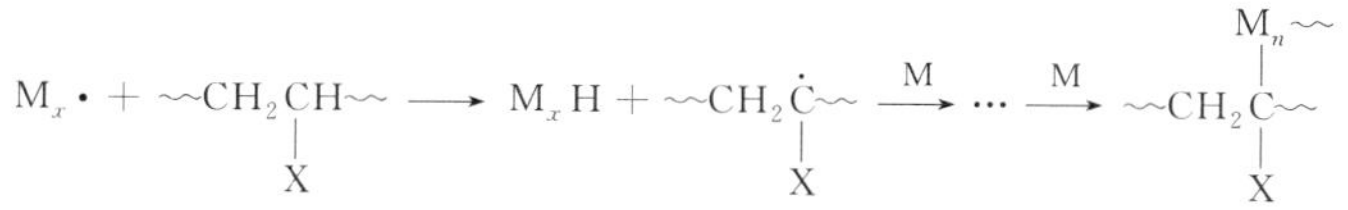

$$\sim \text{CH}_2\text{CH}\sim \quad \xrightarrow{\text{转移}} \quad$$

这样由分子间转移而形成的支链一般较长。高压聚乙烯除含少量长支链外，还有乙基、丁基等短支链，这是分子内转移的结果。

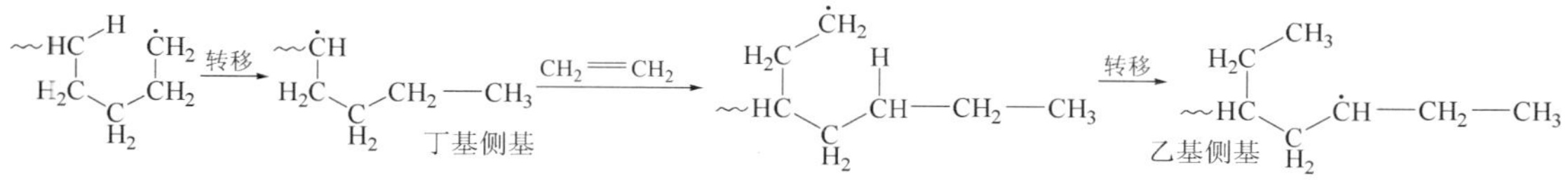

丁基支链是自由基端基夺取第 5 个亚甲基上的氢，"回咬"转移而成。乙基侧基则是加上一个乙烯分子后作第二次内转移而产生的。聚乙烯侧基数可高达 30 支链/500 单元。聚氯乙烯也是容易链转移的大分子，曾测得 16 个支链/聚氯乙烯大分子。

链自由基对聚合物的链转移常数见表 3-20。同一自由基对不同聚合物的链转移常数并不相同，与向溶剂的链转移常数相似，选用时需加以注意。

表 3-20　对大分子的链转移常数

链自由基-聚合物	$C_S/10^4$	
	50℃	60℃
PB· -PB	1.1	
PS· -PS	1.9	3.1
PMMA· -PMMA	1.5	2.1
PAN· -PAN	4.7	
PVAc· -PVAc		2.5
PVC· -PVC	5	

3.9　聚合度分布

聚合度分布与聚合速率、聚合度并列，都是重要的研究目标。链增长或终止（或链终止或转移）是随机过程，这是产生聚合度分布的原因。聚合度分布可用凝胶渗透色谱来测定，也可由概率原理来推导。为简化起见，暂不考虑链转移反应。聚合度分布依歧化终止和偶合终止而不同。

3.9.1　歧化终止时的聚合度分布

自由基聚合歧化终止产物的聚合度分布与线形缩聚时的推导方法相同。链增长和链终止是一对竞争反应，增长一步增加一个单元，称作成键；终止一次，聚合度不变，为不成键。

成键概率和不成键概率的定义如下：

成键概率 $$p = \frac{R_p}{R_p + R_{td}}$$ (3-51)

不成键概率 $$1 - p = \frac{R_{td}}{R_p + R_{td}}$$ (3-52)

与缩聚物（聚合度为 $100 \sim 200$）相比，一般自由基聚合物的聚合度很高，达 $10^3 \sim 10^4$，即增长成键 $10^3 \sim 10^4$ 次，才终止不成键 1 次。因此，$1 > p > 0.999$，或者说 p 更接近于 1。

与线形缩聚物聚合度分布的推导过程相似，最后得到 x-聚体的数量分布函数为

$$N_x = Np^{x-1}(1-p)$$ (3-53)

式中，N_x 和 N 分别为 x-聚体的分子数和大分子总数。由式（3-53）的数学期望可得数均聚合度：

$$\overline{X}_n = \frac{1}{1-p}$$ (3-54)

x-聚体的质量分率或质量分布函数为

$$\frac{W_x}{W} = \frac{xN_x}{N\overline{X}_n} = xp^{x-1}(1-p)^2$$ (3-55)

式(3-53) 和式(3-55) 对应的分布图如图 3-12 和图 3-13 所示。两图的图形与线形缩聚结果相似，所不同的是缩聚物的聚合度不高（如 200），远低于加聚物的链长（$1000 \sim 4000$）。原因是缩聚的反应程度（$p = 0.995$）远低于自由基聚合的链增长概率（$0.9990 \sim 0.99975$）。

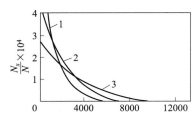

图 3-12　歧化终止时的数量分布函数

$1-p = 0.9990$，$\overline{X}_n = 1000$；$2-p = 0.99950$，

$\overline{X}_n = 2000$；$3-p = 0.99975$，$\overline{X}_n = 4000$

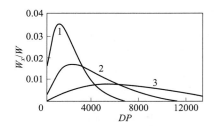

图 3-13　歧化终止时的质量分布函数

$1-p = 0.9990$，$\overline{X}_n = 1000$；$2-p = 0.99950$，

$\overline{X}_n = 2000$；$3-p = 0.99975$，$\overline{X}_n = 4000$

由式（3-55）的数学期望得重均聚合度为

$$\overline{X}_w = \frac{1+p}{1-p}$$ (3-56)

聚合度分布指数为

$$\frac{\overline{X}_w}{\overline{X}_n}=1+p\approx2 \tag{3-57}$$

可见，自由基聚合歧化终止时的聚合度分布、平均聚合度与线形缩聚时相似。

3.9.2 偶合终止时的聚合度分布

偶合终止是指两个链自由基相互结合的终止。形成 x-聚体的偶合方式可能有 $[1+(x-1)]$、$[2-(x-2)]$、$[y+(x-y)]$、…、$[x/2+x/2]$ 等 $x/2$ 种类型。前面每一类型，即不同链长的自由基偶合，都有两种形式，如 $[y+(x-y)]$ 和 $[(x-y)+y]$ 等，而最后一类等长的两自由基偶合只有一种方式。因此，偶合的总形式有 $(x-1)$ 种。

形成 x-聚体的总概率为

$$\frac{N_x}{N}=(x-1)[p^{y-1}(1-p)][p^{x-y-1}(1-p)]=(x-1)p^{x-2}(1-p)^2\approx xp^{x-2}(1-p)^2 \tag{3-58}$$

由式（3-58）求分布函数 N_x 的数学期望，得数均聚合度为

$$\overline{X}_n=\sum\frac{xN_x}{N}=\sum x^2p^{x-2}(1-p)^2\approx\frac{2}{1-p} \tag{3-59}$$

质量分率或质量分布函数为

$$\frac{W_x}{W}=\frac{xN_x}{N\overline{X}_n}=\frac{1}{2}x^2p^{x-2}(1-p)^3 \tag{3-60}$$

将式（3-55）和式（3-60）绘成图 3-14。该图表明，偶合终止时质量分布比歧化终止时更均匀一些。聚苯乙烯质量分布的实验分级曲线与理论曲线比较接近，说明上述推导合理。

上述聚合度分布是在低转化率的条件下推导出来的，可以看成是某一瞬时生成聚合物的聚合度分布。高转化率时，一方面聚合产物是不同时刻生成聚合物的累积，另一方面有可能存在凝胶效应，两者都会使分布变宽。此外，链转移反应会使聚合物形成许多支链，也使聚合度分布变宽。不同条件下的聚合度分布指数可参见表 3-21。

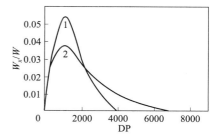

图 3-14 偶合终止（曲线 1）和歧化终止（曲线 2）的质量分布曲线比较

表 3-21 合成聚合物 $\overline{X}_w/\overline{X}_n$

聚合物	$\overline{X}_w/\overline{X}_n$	聚合物	$\overline{X}_w/\overline{X}_n$
理想均一聚合物	1.00	高转化乙烯基聚合物	2～5
实际上单分散聚合物	1.01～1.05	自动加速显著的聚合物	5～10
偶合终止聚合物	1.5	配位聚合的聚合物	8～30
歧化终止加聚物或缩聚物	2.0	高支链聚合物	20～50

由式（3-59）可以看出，偶合终止时的数均聚合度是歧化终止时的 2 倍。

由式（3-60）的数学期望得重均聚合度为

$$\overline{X}_w = \sum \frac{xW_x}{W} = \frac{1}{2} \sum x^3 p^{x-2} (1-p)^3 \approx \frac{3}{1-p} \qquad (3\text{-}61)$$

式(3-61)除以式(3-59)，得偶合终止时的分布指数，即重均聚合度与数均聚合度之比 $\overline{X}_w/\overline{X}_n = 1.5$。这表明偶合终止时的聚合度分布比歧化终止时的分布（$\overline{X}_w/\overline{X}_n = 2$）要窄一些。

3.10　阻聚和缓聚

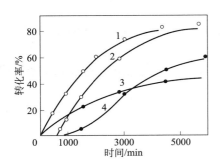

一些化合物对自由基聚合有抑制作用，根据抑制程度的不同，可以粗分成阻聚和缓聚两类，实际上，两者很难严格区分。以图 3-15 中苯乙烯聚合为例来说明这一区别：曲线 1 为纯热聚合，无诱导期，供作参比；曲线 2 加有微量苯醌，有明显诱导期，诱导期过后，聚合速率几乎是曲线 1 的平行移动，这是典型的阻聚行为；曲线 3 加有硝基苯，无诱导期，但聚合速率减慢，属于典型的缓聚；曲线 4 加有亚硝基苯，既有诱导期，诱导期过后，又使聚合速率降低，兼有阻聚和缓聚的双重作用。以上例子区别了阻聚和缓聚。

图 3-15　苯乙烯 100℃热聚合的
阻聚动力学行为

1—无阻聚剂；2—加 0.1%苯醌；3—加 0.5%
硝基苯；4—加 0.2%亚硝基苯

阻聚并非聚合的基元反应，但对单体的生产和储存、聚合的进行、必要时的及时终止等都很重要。单体生产时要除净阻聚杂质；储存时要加阻聚剂，聚合前再除去，聚合结束时需另加阻聚剂终止。

3.10.1　阻聚剂和阻聚机理

阻聚剂有分子型和稳定自由基型两大类。分子型阻聚剂有苯醌、硝基化合物、芳胺、酚类、硫和含硫化合物、氯化铁等；稳定自由基型阻聚剂有 1,1-二苯基-2-三硝基苯肼（DP-PH）、三苯基甲基等。按照阻聚剂与活泼自由基间的反应机理，则有加成型、链转移型和电荷转移型三类，现按这三类介绍阻聚机理。

（1）加成型阻聚剂

苯醌、硝基化合物、氧、硫等可归入这一类。其中苯醌最重要，其阻聚行为比较复杂，苯醌分子上的氧和碳原子都有可能与自由基加成，分别形成醚和醌型，而后偶合终止或歧化终止。每一苯醌分子所能终止的自由基数可能大于 1，甚至达到 2，但不确定。

电子效应对醌类的阻聚效果有显著影响。苯醌和四氯苯醌都缺电子，对于富电自由基（如醋酸乙烯酯和苯乙烯）是阻聚剂，对缺电自由基（丙烯腈和甲基丙烯酸甲酯）却是缓聚剂。加入富电的第三组分（如胺），可增加苯醌对缺电单体的阻聚能力。

芳族硝基化合物也是常用阻聚剂，其阻聚机理可能是向苯环或硝基进攻。自由基与苯环加成后，可以与另一自由基再反应而终止。

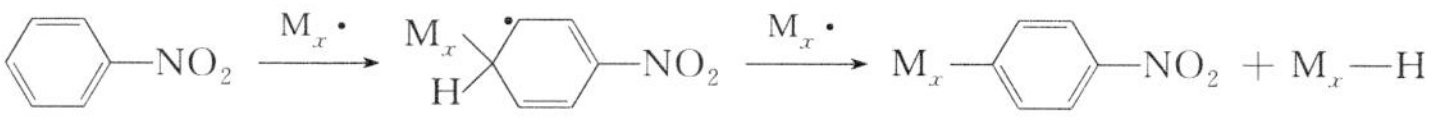

自由基与硝基加成后，也可能与其他自由基反应而终止；或均裂成亚硝基苯和 M_x—O·，而后再与其他自由基反应而终止。

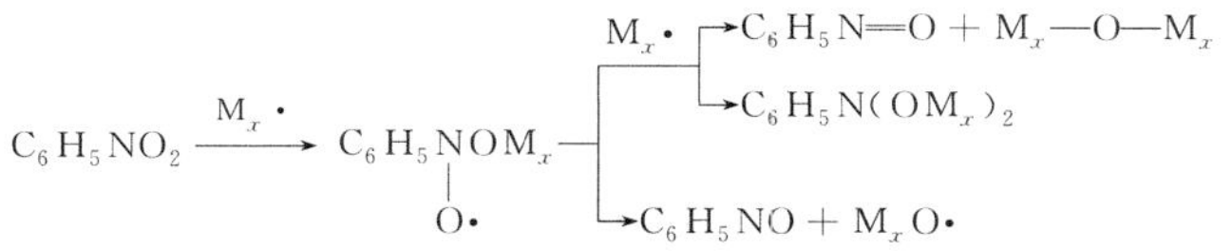

这些反应都表明 1 分子硝基苯能消灭 2 个自由基。1,3,5-三硝基苯能与 5～6 个自由基作用。

芳族硝基化合物对比较活泼的富电自由基有较好的阻聚效果，对醋酸乙烯酯是阻聚剂，对苯乙烯却是缓聚剂，对（甲基）丙烯酸甲酯的阻缓作用就很弱。苯环上硝基数增多，阻聚效果也增加。三硝基苯的阻聚效果比硝基苯要大 1～2 个数量级。

在室温下，氧和自由基反应，先形成不活泼的过氧自由基。

$$M_x \cdot + O_2 \longrightarrow M_x—O—O \cdot$$

过氧自由基本身或与其他自由基歧化终止或偶合终止。过氧自由基有时也与少量单体加成，形成低分子量的共聚物。因此，氧是阻聚剂，大部分聚合反应需在排除氧的条件下进行。

氧具有低温阻聚和高温引发的双重作用。聚合物过氧化合物低温时稳定，高温时却能分解成自由基，起引发作用。乙烯高温高压聚合利用氧作引发剂就是这个道理。

（2）链转移型阻聚剂

1,1-二苯基-2-三硝基苯肼（DPPH）、芳胺、酚类等属于这类阻聚剂。

DPPH 是自由基型高效阻聚剂，浓度在 $10^{-4} \text{mol} \cdot \text{L}^{-1}$ 以下，就足以使醋酸乙烯酯和苯乙烯阻聚；并且能够按化学计量 1：1 地消灭自由基，素有"自由基捕捉剂"之称。DPPH 原来呈黑色，向自由基转移后，则变成无色，可用比色法定量。据此，可以用于链引发速率的测定。

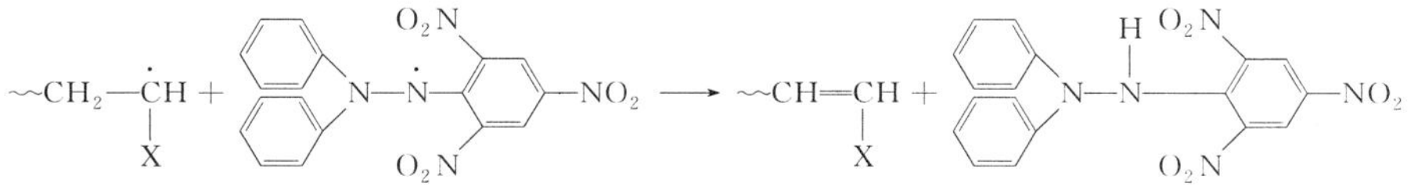

仲胺与链自由基先经链转移反应，而后偶合终止。

$$M_x \cdot + HNR_2 \longrightarrow M_x H + \cdot NR_2$$
$$M_x \cdot + \cdot NR_2 \longrightarrow M_x—NR_2$$

苯酚和苯胺即使对很活泼的醋酸乙烯酯自由基也是效率很差的缓聚剂。酚类或芳胺类的苯环上由多个供电的烷基取代后，缓聚效果显著增加。其机理是链自由基先夺取酚羟基上的氢原子而终止，同时形成酚氧自由基，再与其他自由基偶合终止。多烷基取代的酚类常用作抗氧剂，抗氧原理就是阻聚，能及时消灭自由基。

$$M_x\cdot + HO\!-\!\!\langle\ \rangle\!\!-\!R \longrightarrow M_xH + \cdot O\!-\!\!\langle\ \rangle\!\!-\!R$$

（3）电荷转移型阻聚剂

属于这类阻聚剂的主要是变价金属的氯化物，如氯化铁、氯化铜等。氯化铁的阻聚效率很高，能一对一地消灭自由基。亚铁盐也能使自由基终止，但效率较低。

$$M_x\cdot + FeCl_3 \longrightarrow M_xCl + FeCl_2$$

3.10.2 烯丙基单体的自阻聚作用

烯丙基自由基（$CH_2\!=\!CH\!-\!CH_2\cdot$）的结构特点是自由基 p 电子与 π 电子共轭而稳定。烯丙基单体（$CH_2\!=\!CH\!-\!CH_2Y$）中 CH_2Y 的 H 活泼，易被链转移成稳定的烯丙基自由基。

$$\sim\!CH_2\!-\!\overset{\displaystyle\cdot}{C}H \atop CH_2Y \ + CH_2\!=\!CH\!-\!\underset{H}{C}HY \longrightarrow \sim\!CH_2\!-\!CH_2 \atop CH_2Y \ + CH_2\!=\!CH\!-\!\overset{\displaystyle\cdot}{C}Y \atop H$$

$$\Big\downarrow \text{共振稳定}$$

$$\cdot CH_2\!=\!CH\!-\!CHY$$

因此，醋酸烯丙酯的聚合速率很慢，与引发剂浓度呈一级反应。此外聚合度也很低，只有14 左右，且与聚合速率无关。这些现象都是衰减链转移的特征。

烯丙基自由基因共振而稳定，链引发和链增长都减弱，勉强增长到十几的聚合度，最后，相互终止或与其他链自由基终止，类似于阻聚剂的终止作用，只是程度较弱而已。

丙烯、异丁烯等单体对自由基聚合活性较低，可能也有向烯丙基氢衰减链转移的原因。丁二烯自由基也是稳定的烯丙基自由基，虽然能够引发活泼的丁二烯单体聚合，却是氯乙烯、醋酸乙烯酯等不活泼单体的阻聚剂，因此在氯乙烯规格中对丁二烯限量甚严。

$$\sim\!CH_2CH\cdot \atop Cl \ + CH_2\!=\!CH\!-\!CH\!=\!CH_2 \longrightarrow \sim\!CH_2CH\!-\!CH_2\!-\!CH\!=\!CH\!-\!CH_2 \atop Cl$$

甲基丙烯酸甲酯、甲基丙烯腈等也有烯丙基的 C—H 键，却不衰减转移，因为酯基和氰基对自由基都有稳定作用，使自由基活性降低，单体的链增长活性却增加，因此，也能形成高聚物。

3.10.3 阻聚效率和阻聚常数

阻聚实属链转移或加成反应，但新形成的自由基活性低，难以再引发单体而后终止。

$$M_x\cdot + Z \xrightarrow{\ k_Z\ } \genfrac{}{}{0pt}{}{\xrightarrow{\text{转移}} M_x + Z\cdot}{\xrightarrow{\text{共聚}} M_xZ\cdot}$$

自由基与阻聚剂的反应，与链增长反应是一对竞争反应。参照式(3-43)，忽略向单体和向引发剂链转移对聚合度的影响，就可写出平均聚合度与阻聚剂浓度 [Z] 之间的关系式。

$$\frac{1}{\overline{X}_n} = \frac{1}{\nu} + C_Z \frac{[Z]}{[M]} \qquad (3\text{-}62)$$

式中，$C_Z (= k_Z/k_p)$ 是阻聚速率常数与链增长速率常数的比值，称作阻聚常数，相当于向溶剂链转移常数。根据 C_Z 的大小，就可以判断阻聚效率。

通过阻聚动力学实验，按式(3-62)可求得阻聚常数，其代表数据见表3-22。由表可见，DPPH、苯醌、$FeCl_3$、氧的 C_Z 很大，高效阻聚。缓聚剂的 C_Z 则较小。

阻聚剂的阻聚效果与单体种类有关。苯乙烯、醋酸乙烯酯等带供电子基团的单体，首选醌类、芳族硝基化合物、变价金属卤化物（$FeCl_3$）等亲电性阻聚剂，这可以从表3-22 中的阻聚常数值看出。丙烯腈、丙烯酸酯类等带吸电子基团的单体，则可选酚类、胺类等易供出氢原子的阻聚剂。

表 3-22　阻聚常数 C_Z

阻 聚 剂	单 体	温 度/℃	$C_Z = k_Z/k_p$	$k_Z/(\text{L·mol}^{-1}\text{·s}^{-1})$
硝基苯	丙烯酸甲酯	50	0.00464	4.63
	苯乙烯	50	0.326	
	醋酸乙烯酯	50	11.2	19300
三硝基苯	丙烯酸甲酯	50	0.204	204
	苯乙烯	50	64.2	
	醋酸乙烯酯	50	404	760000
对苯醌	丙烯酸甲酯	44		1200
	甲基丙烯酸甲酯	44	5.5	2400
	苯乙烯	50	518	
DPPH	甲基丙烯酸甲酯	44	2000	
$FeCl_3$（在 DMF 中）	丙烯腈	60	3.33	6500
	甲基丙烯酸甲酯	60		5000
	苯乙烯	60	536	94000
	醋酸乙烯酯	60		235000
硫	丙烯酸甲酯	44		1100
	甲基丙烯酸甲酯	44	0.725	40
	醋酸乙烯酯	45	470	
氧	甲基丙烯酸甲酯	50	3300	10^7
	苯乙烯	50	14600	$10^6 \sim 10^7$

3.10.4　阻聚剂在链引发速率测定中的应用

DPPH 和 $FeCl_3$ 都是高效阻聚剂，能按 1：1 捕捉自由基，其消耗速率与阻聚剂浓度 [Z] 无关，仅决定于自由基生成速率。利用颜色变化，可用比色法来测定链引发速率。

诱导期间，阻聚剂及时地捕捉新产生的自由基，即自由基产生速率等于阻聚速率。

$$R_i = \frac{n[Z]}{t} \qquad (3\text{-}63)$$

式中，n 为每一分子阻聚剂所能捕捉的自由基数，例如 DPPH 和 $FeCl_3$ 的 $n=1$，苯醌的 n 接近 2，但不能按化学计量捕捉自由基，因此不能用来测定链引发速率。

阻聚动力学实验在膨胀计中进行，加不同浓度的阻聚剂进行聚合，与阻聚剂浓度相对应的诱导期可从转化率-时间曲线（见图 3-16）的 x 轴截距获得。诱导期-阻聚剂浓度呈线性关系，如图 3-17 所示，由斜率可求得链引发速率。再由链引发速率和引发剂分解速率常数就可以求出引发剂效率 f。

$$f = \frac{R_i}{2k_d[I]} \tag{3-64}$$

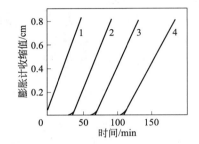

图 3-16　苯乙烯聚合动力学曲线

30℃，[AIBN] $=0.1837 mol \cdot L^{-1}$，曲线

1~4 分别表示 [DPPH]$(mol \cdot L^{-1})$ 为

0、4.46×10^{-5}、8.92×10^{-5}、13.4×10^{-5}

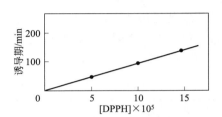

图 3-17　苯乙烯本体聚合时诱导期

与 [DPPH] 的关系

[AIBN] $=0.1837 mol \cdot L^{-1}$，30℃

3.11　自由基寿命和链增长、链终止速率常数的测定

自由基聚合中各基元反应都有相应的速率常数。其中，引发剂分解速率常数 k_d、链引发速率常数 k_i、引发剂效率 f、链转移常数 C 均可单独测定，尚需设法测出链增长速率常数 k_p 和链终止速率常数 k_t。k_p 测得后，结合链转移常数 $C(=k_{tr}/k_p)$，就可求出链转移速率常数 k_{tr}。

链增长速率方程 $R_p = k_p[M \cdot][M]$ 中聚合速率和单体浓度都是易测参数，只要进一步测得自由基浓度 $[M \cdot]$，就很容易计算出链增长速率常数 k_p。但在高精度的顺磁共振仪出现以前，极低的自由基浓度（$10^{-8 \pm 1} mol \cdot L^{-1}$）只能检出，难以定量，因此不得不另求他法。

自由基聚合动力学有聚合速率 [式(3-20)] 和动力学链长 [式(3-31)] 2 个基本方程，从中可解出 k_p^2/k_t 综合值与聚合速率 R_p（或聚合度）、链引发速率 R_i、单体浓度 $[M]$ 的函数关系。

$$\frac{k_p^2}{k_t} = \frac{2R_p^2}{R_i[M]^2} = \frac{2R_p \nu}{[M]^2} \tag{3-65}$$

欲求 k_p 和 k_t 值，尚需知道自由基寿命 τ 值。自由基寿命的定义是自由基从产生到终止所经历的时间（s），可由稳态时的自由基浓度 $[M \cdot]_s$ 与自由基消失速率（链终止速率）求得。

$$\tau = \frac{[M\cdot]_s}{R_t} = \frac{1}{2k_t[M\cdot]_s} \tag{3-66}$$

将式(3-66) 和链增长速率方程联立，消去 $[M\cdot]_s$，得

$$\tau = \frac{k_p}{2k_t} \times \frac{[M]}{R_p} \tag{3-67}$$

如能实测出 τ，就可由式(3-67) 解出 k_p/k_t。再与式(3-65) 联立，即可同时解得 k_p 和 k_t 值。

关键问题是寻求自由基寿命的测定方法。自由基寿命极短（$10^{-1} \sim 10s$），只有光引发聚合才适用，因为光照和光灭能够及时跟踪自由基的生灭。

3.11.1 非稳态期自由基浓度的变化

图 3-18 是光引发聚合时自由基浓度-时间曲线（$ABCD$）和转化率-时间曲线（$AB'C'$ D'）。A 点光照开始，自由基浓度或转化率逐渐增加，B 或 B' 点进入稳态，自由基浓度或聚合速率恒定。C 或 C' 点光灭，自由基浓度或聚合速率开始逐渐下降，到 D 或 D' 点结束聚合。AB 段为前效应，BC 段为稳态期，CD 段则为后效应。

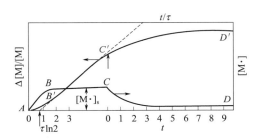

图 3-18 光引发聚合时自由基浓度、转化率与时间的关系

（1）前效应

光照初期，自由基因光引发被"强制"产生，同时，自由基又因终止而自然消亡。稳态以前，自由基产生速率大于消失速率，自由基不断积累，浓度逐步增加，一直到稳态自由基浓度 $[M\cdot]_s$，才趋于恒定，其图形如图 3-18 中曲线 AB 段，数学表达式为

$$\frac{[M\cdot]}{[M\cdot]_s} = \tanh\left(\frac{t}{\tau}\right) \tag{3-68}$$

在短时间 t 内单体浓度的变化 $\Delta[M]$ 为

$$\Delta[M] = \int_0^t k_p[M][M\cdot]dt = k_p[M][M\cdot]\tau \ln\cosh\left(\frac{t}{\tau}\right) \tag{3-69}$$

转化率 $\Delta[M]/[M]$ 为

$$\frac{\Delta[M]}{[M]} = \frac{k_p}{2k_t}\ln\cosh\left(\frac{t}{\tau}\right) = \frac{k_p}{2k_t} \times \frac{1}{\tau}(t - \tau\ln2) \qquad (t \gg \tau) \tag{3-70}$$

式(3-70) 代表图 3-18 中 AB' 段的函数。将稳态时的 $\Delta[M]/[M]$-t 直线外推，交于横坐标（$\tau\ln2$），可算出 τ，由斜率可求出 k_p/k_t。

（2）后效应

C 点开始光灭，后效应时期的自由基消失速率就是正常的链终止速率，浓度随时间的衰减如下式：

$$\frac{[M\cdot]}{[M\cdot]_s} = \frac{1}{1 + t/\tau} \tag{3-71}$$

式（3-71）代表图 3-18 中 $[M\cdot]$-t 曲线 CD 段的函数。

经时间 t 后，单体浓度的变化 $\Delta[M]$ 为

$$\Delta[M]=\int_0^t k_p[M][M\cdot]dt=\frac{k_p}{2k_t}[M]\ln\left(1+\frac{t}{\tau}\right) \tag{3-72}$$

转化率 $\Delta[M]/[M]$ 为

$$\frac{\Delta[M]}{[M]}=\frac{k_p}{2k_t}\ln\left(1+\frac{t}{\tau}\right) \tag{3-73}$$

式（3-73）代表图 3-18 中 $\Delta[M]/[M]$-t 曲线 $C'D'$ 段的函数。

光灭后经时间 t_1 和 t_2，分别测得 $\Delta[M]_1$ 和 $\Delta[M]_2$，从式（3-73），由 $\Delta[M]_1/\Delta[M]_2$ 可求 τ。

由图 3-18 可知，前效应 $t<3\tau$，后效应 $t<10\tau$，后效应时间较长，实验相对容易一些。乙烯基单体聚合速率约 $10^{-5}\,mol\cdot L^{-1}\cdot s^{-1}$，$\tau=1\sim10s$，非稳态时间为 $1\sim100s$。即使是后效应时期，时间也很短，转化率很低，要求测量精度很高。因此，τ 的测定多应用假稳态阶段。

3.11.2   假稳态阶段自由基寿命的测定

假稳态阶段利用间断光照法测定自由基寿命的装置可分成两大系统（如图 3-19 所示）：①聚合系统，包括膨胀计、恒温装置等；②光照系统，包括光源、聚焦部分、旋转光闸等。光闸是一圆盘，切去部分扇形，使留下和切去部分等于一定比值 r，图 3-19 所示为 $r=1$。

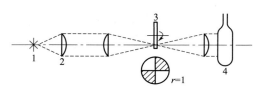

图 3-19   旋转光闸法测定自由基装置示意图
1—光源；2—聚焦透镜；3—旋转光闸；4—膨胀计

这样，光闸旋转时，黑暗时间和光照时间之比也等于定值 r。光闸与同步马达减速装置连接，可调转速，转速增加时，每次光照时间缩短。

光闸转速对自由基浓度或聚合速率变化的影响，可按两种极端情况进行剖析。

由光照时自由基被"强制"产生的增速大于黑暗期自由基的自然减速，自由基浓度递增至 $[M\cdot]_s/(1+r)$ 后，才不再增加。光闸快速旋转时，自由基浓度就在此平均浓度上下作振动变化，如图 3-20(b) 中 $AEFD$ 锯齿形曲线，这可称作假稳态。

（1）光闸慢速旋转（$t\gg\tau$）

以图 3-20(a) 为例，光照和黑暗各 6min，12min 为一周期。自由基寿命仅以秒计，可忽略前、后效应。自由基浓度-时间曲线由一组矩形组成：光照期自由基浓度为 $[M\cdot]_s$，黑暗期为零。$r=1$，则只有一半时间有自由基，因此一周期的平均速率 $\overline{R}_p$ 只有稳态时速率 $\overline{R}_{ps}$ 的一半。

$$\overline{R}_p=\frac{1}{2}R_{ps}=\frac{1}{2}KI_a^{1/2} \tag{3-74}$$

（2）光闸快速旋转（$t\ll\tau$）

如图 3-20(b) 所示，光照开始，自由基浓度增加，但尚未增加到稳态，光照就停止。

光停后，自由基浓度开始降低，未降至零。光照再开始，自由基浓度又回升。如闪光时间很短，吸收光强约为连续光照时的 $1/(1+r)$，平均聚合速率与稳态时速率的关系如下式：

$$\overline{R}_s = K\left(\frac{I_a}{1+r}\right)^{1/2} = \left(\frac{1}{1+r}\right)^{1/2} R_{ps}$$

$$(3-75)$$

可见，平均聚合速率（或自由基浓度）是稳态时的 $1/(1+r)^{1/2}$。若 $r=1$，则 $\overline{R}_p/R_{ps} = 1/\sqrt{2}$。

光闸旋转从慢速到快速，$\overline{R}_p/R_{ps}$ 在 $1/(1+r)$ 和 $1/(1+r)^{1/2}$ 之间波动，该比值是 t/τ 的函数，且与 r 有关，其关系式可简示如下式：

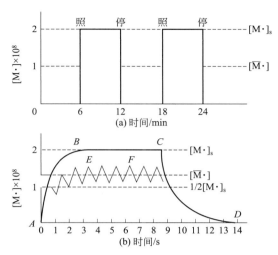

图 3-20 光间断照射引发聚合时自由基浓度的变化（$r=1$）

（a）$t \gg \tau$，$[\overline{M}\cdot] = [M\cdot]/2$；（b）$t \leqslant \tau$，$[\overline{M}\cdot] > [M\cdot]/2$

$$\frac{\overline{R}_p}{R_{ps}} = \frac{[\overline{M}\cdot]}{[M\cdot]_s} = f\left(\frac{t}{\tau},\ r\right)$$

$$(3-76)$$

推导上式的具体关系时，取假稳态光照和光灭的 1 个周期，即图 3-20(b) 曲线 $AEFD$ 中的一齿。按前效应先求出左半齿光照期 t 的平均自由基浓度 $[\overline{M}\cdot]_t$，再按后效应求出右半齿光灭期 rt 的平均自由基浓度 $[\overline{M}\cdot]_{rt}$，然后再将两者按 $1:r$ 求出一周期 $(1+r)t$ 的总平均自由基浓度 $[\overline{M}\cdot]$，综合计算式如下：

$$[\overline{M}\cdot] = \frac{1}{1+r}([\overline{M}\cdot]_t + r[\overline{M}\cdot]_{rt}) = \frac{1}{1+r}\left(\int_0^t [M\cdot]_t\, dt + r\int_{rt}^0 [M\cdot]_{rt}\, dt\right) \qquad (3-77)$$

将式(3-68) 和式(3-71) 的光照和光灭期自由基浓度与时间（$[M\cdot]$-t）的关系式分别代入式(3-77) 的 $[M\cdot]_t$ 和 $[M\cdot]_{rt}$，进行积分，最后得到

$$\frac{[\overline{M}\cdot]}{[M\cdot]_s} = \frac{1}{1+r}\left\{1 + \frac{\tau}{t}\ln\left(1 + \frac{\dfrac{rt}{\tau}}{1 + \dfrac{[M\cdot]_s}{[M\cdot]_t}}\right)\right\} \qquad (3-78)$$

$$\frac{[M\cdot]_t}{[M\cdot]_s} = \frac{\dfrac{rt}{\tau}\tanh\left(\dfrac{t}{\tau}\right)}{2\left[\dfrac{rt}{\tau} + \tanh\left(\dfrac{t}{\tau}\right)\right]}\left[1 + \sqrt{1 + \dfrac{4}{\dfrac{rt}{\tau}\tanh\left(\dfrac{t}{\tau}\right)} + \dfrac{4}{\left(\dfrac{rt}{\tau}\right)^2}}\right] \qquad (3-79)$$

光照时间和黑暗时间相等（$r=1$）时，式(3-78)的$[\overline{M}\cdot]/[M\cdot]_s$-$t/\tau$ 图像如图 3-21 中的实线。$t/\tau=0.1$，$[\overline{M}\cdot]/[M\cdot]_s = 1/\sqrt{2} \approx 0.707$；$t/\tau=1000$，$[\overline{M}\cdot]/[M\cdot]_s = 1/2 = 0.5$。$t/\tau$ 从 0.1 增到 1000，则 $[\overline{M}\cdot]/[M\cdot]_s$ 或 $\overline{R}_p/R_{ps}$ 就在 $0.707 \sim 0.5$ 间变动；$r=3$，则在 $0.5 \sim 0.25$ 间变动。

理论推导结果是 $\overline{R}_p/R_{ps}$-t/τ 的关系式，而实测的却是 $\overline{R}_p/R_{ps}$ 与 t 的关系式，两者比

第 3 章

较，就可求出自由基寿命 τ。求法如下：固定 $r=1$，取不同 t/τ 值代入式（3-79）和式（3-78），计算出 $\overline{R}_p/R_{ps}$，对 t/τ 作图，如图 3-21 中的实线，横坐标为 A_1。另将不同光照时间 t 下的 $\overline{R}_p/R_{ps}$ 实验值对 t 作图，画在同一坐标上，如图 3-21 中的虚线，横坐标为 A_2。如果虚实两线重叠，则 $t/\tau=t$，$\tau=1$。一般 t 并不等于 τ，两曲线并不重叠。$r=1$，$t/\tau=1$ 时，按式（3-79）和式（3-78）计算得 $\overline{R}_p/R_{ps}=0.697$。以纵坐标等于 0.697 画一条水平线，交于实验实线，交点横坐标为 $t=0.6s$。因 $t/\tau=1$，故 $\tau=0.6s$。

根据光闸法测得自由基寿命为 $10^{-1} \sim 10s$。由测得的 τ 值按式（3-67）可计算出 k_p/k_t 比值。结合按式（3-65）求得的 $k_p/k_t^{1/2}$ 综合值，就可联立解得 k_p 和 k_t 的绝对值。25℃下测得醋酸乙烯酯的 τ 为 $1.5 \sim 4s$，详细数据见表 3-23。

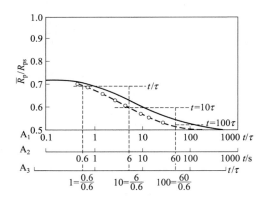

图 3-21　假稳态时聚合速率与光照时间的关系

A_1—理论曲线（实线），横坐标 t/τ 对数刻度；

A_2—实验曲线（虚线），横坐标 t 对数刻度；

A_3—将 A_1 横坐标平移，使两曲线重叠

表 3-23　25℃时醋酸乙烯酯的光聚合速率常数

参　　数	实验 1	实验 2
$R_i/10^{-9}$	1.11	7.29
$R_p/10^{-4}$	0.45	1.19
$(k_p^2/k_t)/10^{-2}$	3.17	3.37
τ/s	4.00	1.50
$(k_p/k_t)/10^{-5}$	3.35	3.32
$k_p/10^3$	0.94	1.01
$k_t/10^7$	2.83	3.06
$[M\cdot]/10^{-8}$	0.44	0.54

3.11.3　链增长和链终止速率常数测定方法的发展

以上介绍了光闸法测定自由基寿命，进一步可求得链增长和链终止速率常数。20 世纪 80 年代，还陆续发展了顺磁共振（ESR）法、乳胶粒数法、脉冲激光法。

（1）ESR 法

原先顺磁共振仪测量精度不高，只能定性地检出自由基。但近 40 年来，测量精度不断提高，可直接定量测定聚合体系中的自由基浓度，因而可由自由基浓度 $[M\cdot]$ 和聚合速率 R_p 两可测参数，按链增长速率方程 $R_p=k_p[M][M\cdot]$ 直接计算出链增长速率常数 k_p。

在聚合过程中，链增长速率常数并非定值，将随体系黏度或转化率而变。可用 ESR 来跟踪测量自由基浓度的变化，从而获得 k_p 变化的信息。因此，ESR 成了测定 k_p 的重要方法。

（2）乳胶粒数法

本书 3.13.6 节将介绍乳液聚合，对于难溶于水的单体进行经典乳液聚合时，第 II 阶段每一乳胶粒中的平均自由基数为 0.5。因此，由乳胶粒数可求得自由基数 [按式（3-88）]，或由乳胶粒数和聚合速率两可测参数，按式（3-89）计算出 k_p。

（3）脉冲激光法

将单体装入封管内，进行聚合实验。发一束激光脉冲，时间极短，约 10ns，产生一群

自由基，引发单体增长成链自由基。经相当于自由基寿命（τ）的一定时间 t_f（如 1s，准确计量）后，再发一束激光脉冲，又产生一群新自由基，与原先形成的链自由基终止。第三次激光脉冲又产生自由基引发单体增长，第四次激光脉冲所产生的新自由基又使链自由基终止。如此反复约千次，积累到一定量的聚合物（2%～3% 转化率），供测定数均聚合度之需。按动力学链长 ν_f 与两脉冲之间的时间 t_f 的关系式（$\nu_f = k_p[M]t_f$）来计算 k_p。脉冲激光法是独立测定链增长速率常数的方法，已使用得比较有效。

在自由基聚合动力学研究中，目前已经有 4 个可以直接测定的参数：R_p、$\overline{X}_n$、τ、$[M\cdot]$。如果将其中两个参数相乘或相除，如 $R_p\tau$、$R_p/[M\cdot]$、$\overline{X}_n/\tau$、$\overline{X}_n[M\cdot]$，按有关方程式即可求得待测参数 k_p 和 k_t 或其综合值 $k_p/k_t^{1/2}$ 和 k_p/k_t，再由这两个综合值解得 k_p 和 k_t。应用图 3-22 的图解，可以加深理解链增长和链终止速率常数、自由基寿命和自由基浓度的含义，以及它们之间的相互关系。

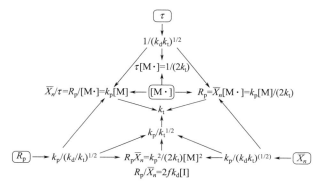

图 3-22　自由基聚合速率常数关系图（方框内为可测参数）

3.12　"活性"自由基聚合

3.12.1　概述

从应用的角度讲，聚合物的分子量分布并不是越窄越好。有些场合要求有较宽的聚合物分子量分布，有些甚至要求特定的分布，如双峰分布、多峰分布。相对而言，合成窄分子量分布聚合物不易，合成宽分子量分布聚合物容易，且宽分布或特定分布的聚合物还可方便地由窄分子量分布聚合物调制出。

传统自由基聚合在机理研究和工业应用两方面都比较成熟，其优点是聚合条件温和，耐水，适用于各种聚合方法，且可聚合的单体最多，约一半的聚合物由自由基聚合生产。缺点是聚合物链的微结构及分子量分布难以控制，也难以合成出嵌段共聚物以满足市场对聚合物性能的特定需求。其根本原因与传统自由基聚合的慢引发（$k_d = 10^{-5\pm1}\,\text{s}^{-1}$）、快增长（$k_p = 10^{3\pm1}\,\text{L}\cdot\text{mol}^{-1}\cdot\text{s}^{-1}$）、速终止（$k_t = 10^{8\pm1}\,\text{L}\cdot\text{mol}^{-1}\cdot\text{s}^{-1}$）的机理特征有关。

由于终止速率常数远高于增长速率常数，为合成得到高分子量的聚合物，必须将自由基浓度控制在极低的水平，因此在传统自由基聚合过程中，引发必须是慢且持续的，通过慢引发降低自由基浓度，通过持续的引发提高单体转化率。在典型的自由基聚合体系中，自由基产生后在 1s 内加成了大约 1000 个单体，随即终止成聚合物链。这一链生长过程过于短促，导致无法对链结构进行精确调控。理论上可以通过极度降低自由基浓度、降低终止速率来延长增长自由基寿命，但其上限受制于无可避免的链转移反应。

第 5 章将提到，阴离子聚合机理的特点则是快引发、慢增长、无终止和无链转移，所有高分子链几近同时引发，随后同步增长，具有活性聚合的特征。例如：单体耗尽，阴离子仍保持有活性，加入新单体，可以继续聚合；分子量随转化率而线性增加，分子量分布较窄；聚合物的端基、组成、结构和分子量都可以控制。

活性聚合是一种制备窄分布聚合物和嵌段聚合物的理想方法。为使自由基聚合具有某些活性聚合的特征，科学家们试图通过引入某种化合物（休眠种），使高活性的链自由基（$P_n\cdot$）与其发生链终止或链转移，成为低活性的共价休眠链（P_n—X），从而减弱链自由基双基终止的趋势。然而，为了使链自由基仍能继续增长，人们希望休眠链仍能分解成高活性的链自由基，也就是说，活性链与休眠链的相互转换须是一种动态的可逆平衡，且平衡倾向于休眠链一侧。

$$P_n\cdot \underset{}{\overset{试剂}{\rightleftharpoons}} P_n—X$$

目前已发展出两种活性链与休眠链间失活/激活可逆互变的机理。

（1）可逆终止反应机理

增长自由基和稳定自由基（或变价金属化合物）可逆形成共价休眠链，逆反应是休眠链均裂成增长自由基，继续聚合，表示如下式：

$$P_n\cdot \quad + \quad \cdot X(Y) \rightleftharpoons P_n—X \quad + \quad (Y)$$

浓度/mol·L^{-1} $10^{-8\pm1}$ $10^{-5}\sim10^{-2}$ $10^{-2}\sim10^{-1}$ $0\sim10^{-1}$

活性种   共价休眠链

式中，休眠链和稳定自由基 X· 的浓度远大于链自由基 $P_n\cdot$ 的浓度，转变成休眠链 P_n—X 后，$P_n\cdot$ 浓度降低，链终止减弱；休眠链逆均裂产生的增长自由基可继续聚合，平衡反应的动态特性使每个休眠链分子都有均等机会转化为增长自由基而获得增长。这里，平衡反应的速率必须足够快（至少与增长速率相当），保证休眠链分子量能同步增长，从而达到"活性"聚合的目的。

按这一机理的方法有两种：氮氧稳定自由基法、原子转移自由基聚合法。

（2）可逆转移反应机理

增长自由基与链转移剂间的蜕化转移，主要有可逆加成-断裂转移（RAFT）法。

"活性"自由基聚合可表现出活性聚合的基本特征，但并不是真正意义上的活性聚合，体系中仍存在活性自由基间的不可逆终止反应，因此通常被称为可控/活性自由基聚合，IUPAC 则从调控机制出发，将其命名为可逆失活自由基聚合。为叙述简便和突出可控/活性自由基聚合对聚合物链结构的可控性，本书仍采用"活性"自由基聚合来表述。现在依次介绍比较成熟的 3 种方法。

3.12.2 代表性"活性"自由基聚合方法

（1）氮氧稳定自由基调聚（NMP）法

2,2,6,6-四甲基-1-氧基哌啶（TEMPO）是氮氧稳定自由基（RNO·）的代表，它难以引发单体聚合，易与增长自由基 $P_n \cdot$ 共价结合成休眠链，常用作自由基捕捉剂；但在较高温度（120℃）下，休眠链又能逆均裂成增长自由基，再参与链增长聚合。

$$
\begin{array}{c}
H_2C-C(CH_3)_2 \\
H_2C \quad\quad NO\cdot \\
H_2C-C(CH_3)_2
\end{array}
\qquad
P_n\cdot + \cdot ONR \Longrightarrow P_n{-}ONR \quad （休眠种）
$$

TEMPO（表示为 RNO·）

采用 TEMPO 或 TEMPO/BPO 引发体系（摩尔比为 1：1.2），苯乙烯在 120℃ 以上聚合，所得聚合物分子量随转化率而线性增加，$\overline{X}_w / \overline{X}_n$ 为 $1.15 \sim 1.3$，显示出活性聚合的特征。

苯乙烯可进行热聚合，高温下可自发地生成自由基；加入 BPO，则引发剂引发和热引发并存。初级自由基引发单体聚合，增长自由基迅速被 TEMPO 捕捉，偶合成共价休眠链。在较高温度下，休眠链又逆向均裂成增长自由基，进一步引发单体聚合；均裂的另一产物 RNO· 又能与新的增长自由基终止成休眠链。如此反复，最终形成高分子量聚合物。

$$
BPO \longrightarrow R\cdot \xrightarrow{+nM} P_n \xleftarrow{+RNO\cdot} P_n{-}ONR
$$

这一过程涉及自由基产生及其捕获，被称为双分子引发过程。为进一步提高聚合物链结构的可控性，发展出单分子引发剂。以 TEMPO 为自由基捕捉剂，在较低温度下与自由基反应合成出烷氧基胺衍生物，以其为引发剂，在高温下逆向均裂成 1：1 计量比的增长自由基和氮氧自由基，引发可控聚合。这一过程引发中心数目明确、可控，因此可精确控制分子量和链端基官能团。

TEMPO 调聚法的主要缺点是只适用于苯乙烯等少数单体，新近的发展方向是合成新的氮氧自由基、降低聚合温度、提高聚合速率、扩大单体范围，以合成新聚合物等。例如，将 TEMPO 中一个 α 碳上的一个甲基取代基改成氢原子，则形成第二代的氮氧稳定自由基调聚试剂，从而拓展了适用单体的种类，如丙烯酸酯、丙烯酰胺、二烯烃、丙烯腈等。

除氮氧稳定自由基外，也有选用碳自由基（如三苯基甲基自由基）、金属离子自由基、硫自由基等来实现"活性"自由基聚合的报道。

（2）原子转移自由基聚合（ATRP）法

TEMPO 法无过渡金属化合物参与，而此处所讨论的原子转移"活性"自由基聚合的引发剂中，过渡金属化合物却是不可或缺的组分，常用的有氯化亚铜、氯化亚铁、Ru(Ⅱ) 等变价金属化合物。下面着重介绍亚铜体系。

以有机卤化物 RX（如 1-氯-1-苯基乙烷）为引发剂，以过渡金属卤化物 ［如氯化亚铜（CuCl）］为卤素载体即催化剂，双吡啶（bpy）为配体（L）以提高催化剂的溶解度，构成三元引发体系。1-氯-1-苯基乙烷（R—X）与亚铜双吡啶配合物 ［Cu(Ⅰ)(bpy)］反应，形成苯乙基自由基 R· 和氯化铜双吡啶配合物 ［Cu(Ⅱ)(bpy)Cl］：

链引发和链增长过程可进一步用下式来表述：

链引发

$$R{-}X \ + \ Cu(I)/L \ \xrightleftharpoons \ R \cdot \ +XCu(II)/L$$
$$k_i \downarrow +M$$

链增长

$$R{-}M{-}X \ + \ Cu(I)/L \ \xrightleftharpoons \ RM \cdot \ +XCu(II)/L$$
$$k_p \downarrow +M$$

$$P_n{-}X \ + \ Cu(I)/L \ \xrightleftharpoons \ P_n \cdot \ +XCu(II)/L$$
（休眠种）　　　　　　　　　$k_p(+M)$

卤代烃 RX 单独较难均裂成为自由基，但亚铜却可夺取其卤原子而成为高价铜（CuX_2），同时使自由基 R· 游离出来。R· 引发单体聚合成增长自由基 P_n·，增长自由基 P_n· 又从高价卤化铜获得卤原子而成休眠种 $P_n{-}X$，活性种和休眠种之间构成动态可逆平衡。结果，降低了自由基浓度，抑制了链终止反应，导致可控/"活性"聚合。上述引发增长反应都是通过可逆的（卤）原子转移而完成的，因此，称作原子转移自由基聚合。

研究成功的原子转移自由基聚合引发体系很多，引发剂除 α-卤代苯基化合物外，还有 α-卤代羰基化合物、α-卤代氰基化合物等；卤素载体除卤化亚铜外，还有 Ru(II)、Rh(II)、Ni(II)、Fe(II) 等过渡金属卤化物；配体也有多种变化。该法还可以在水相、乳液聚合中进行。

应用这一方法，苯乙烯、二烯烃、（甲基）丙烯酸酯类等均曾聚合成结构清晰和可控的均聚物，其分子量为 $10^4 \sim 10^5$，分子量分布窄，$\overline{M}_w/\overline{M}_n = 1.05 \sim 1.5$。

原子转移自由基聚合最大的优点是适用单体范围广，除丙烯酸等可与催化剂络合的单体外，几乎所有可自由基聚合的烯类单体聚合都适用。此外，ATRP 的聚合条件温和，分子设计能力强，可以合成无规、嵌段、接枝、星形和梯度共聚物，无规和超支化共聚物，端基功能聚合物等多种类型（共）聚合物。因此，ATRP 法是比较有发展前途的方法。值得深入研究的有：提高聚合速率、降低催化剂用量、降低聚合温度、进行溶液或水溶液聚合、过渡金属的脱除等。

氮氧稳定自由基法中的休眠种依靠热能或光能来均裂，而原子转移自由基聚合法则需要过渡金属的卤化物作催化剂，有点类似氧化-还原反应。

（3）可逆加成-断裂转移（RAFT）法

在传统自由基聚合体系中，链转移反应不可逆，导致聚合度降低，端基无法控制。如果加入链转移常数高的特种链转移剂，如双硫酯，增长自由基与该链转移剂进行蜕化转移，有可能实现可逆加成-断裂转移（RAFT）"活性"自由基聚合。

$$P_n \cdot \ + \ P_m{-}Z \ \rightleftharpoons \ P_n{-}Z \ + \ P_m \cdot$$

浓度/(mol·L^{-1})　　$10^{-8\pm1}$　　$10^{-1\pm1}$　　$10^{-1\pm1}$　　$10^{-8\pm1}$

RAFT 法机理的核心是再生转移，再生转移的平衡常数 $K=1$，交换反应在热力学上并无优势。如果交换频率足够快，链转移剂的浓度又较大，就为可控/"活性"聚合创造了条件。

RAFT 聚合的微观反应机理如下所示：

快引发　　$$I \xrightarrow{k_d} I \cdot \xrightarrow[M]{k_i} P_m \cdot$$

可逆转移

慢增长　　$$R \cdot \xrightarrow[k_i]{M} P_m \cdot$$

$$P_n \cdot \xrightarrow[k_p]{M} P_{n+1} \cdot$$

可逆转移 $P_n \cdot + $ （化学结构式） $\underset{k_{-\beta}}{\overset{k_{\beta}}{\rightleftharpoons}}$ （化学结构式） $\underset{k_{\beta}}{\overset{k_{-\beta}}{\rightleftharpoons}}$ （化学结构式） $+ P_m \cdot$

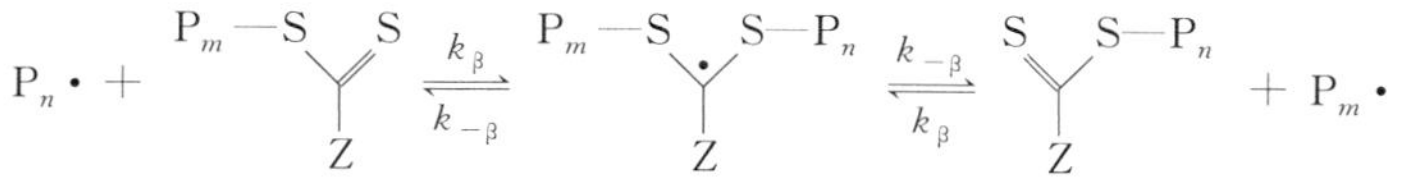

有终止 $P_m \cdot + P_n \cdot \overset{k_t}{\longrightarrow} P_{m+n}$

双硫酯［ZC(S)S—R］中的 Z 是能活化 C=S 键与自由基加成的基团，如烷基、苯基等；R 是容易形成活泼自由基的基团，如异丙苯基、腈异丙苯基等。双硫酯举例如下：

单官能团 C_6H_5—C—S—... 双官能团 ...

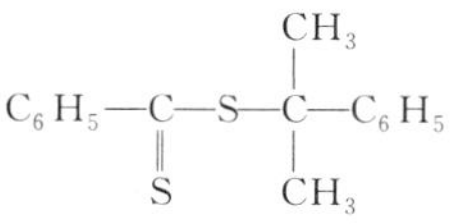

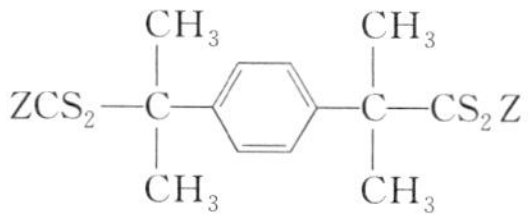

为使产物结构具有良好的可控性，不同单体应选用不同的双硫酯结构，单体对 RAFT 试剂结构的选择性如图 3-23 所示。

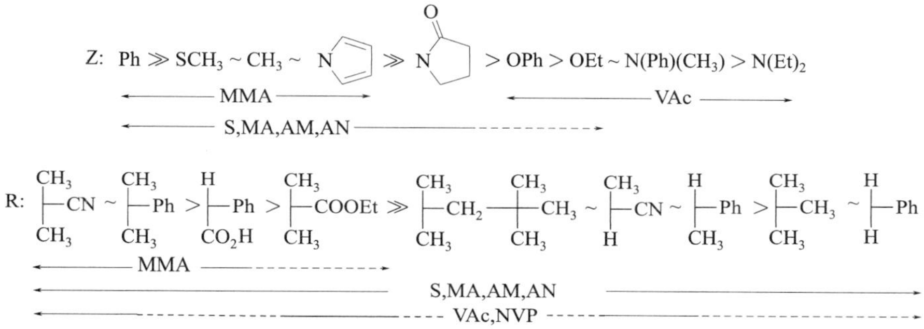

图 3-23 单体对 RAFT 试剂结构的选择性
MMA—甲基丙烯酸甲酯；VAc—醋酸乙烯酯；S—苯乙烯；MA—丙烯酸甲酯；
AM—丙烯酰胺；AN—丙烯腈；NVP—N-乙烯基吡咯烷酮

AIBN 等传统引发剂受热分解成初级自由基 I·，初级自由基引发单体聚合成增长自由基 $IM_n \cdot$，增长自由基与双硫酯中的 C=S 双键可逆加成，加成产物双硫酯自由基中的 S—R 键断裂，形成新的活性种 R·，再引发单体聚合，如此循环，使聚合进行下去。可逆加成和断裂的综合结果，类似增长自由基向双硫酯转移。

总的反应结果可以综合成下式，在聚合过程中或结束时，多数大分子链端基为硫代羰基。

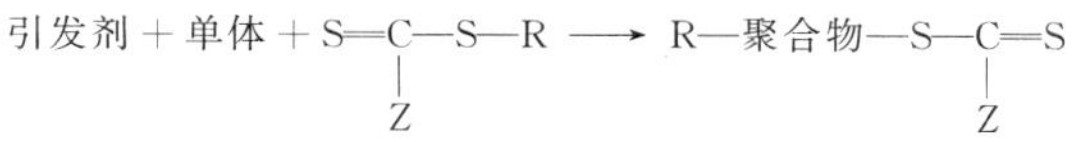

引发剂 + 单体 + S=C—S—R $\longrightarrow$ R—聚合物—S—C=S
（结构式，Z）

RAFT 法的优点是：单体范围广，包括苯乙烯类、丙烯酸酯类、乙烯基单体；分子设计的能力强，可用来制备嵌段、接枝、星形共聚物。缺点是双硫酯的制备过程比较复杂。

3.12.3 "活性"自由基聚合动力学

（1）聚合速率

① NMP 和 ATRP 体系 考虑单分子引发的稳定自由基聚合体系，引发剂在高温下均裂成等摩尔的活性自由基 P·和稳定自由基 X·，两者浓度随时间线性增长。活性自由基可与

单体加成，发生增长反应。活性自由基浓度增长到一定水平后，活性自由基间的终止反应、活性自由基与稳定自由基的偶合反应不可忽略，前者导致自由基的消失，生成死聚物，使稳定自由基的浓度逐渐高于活性自由基。活性自由基更倾向于与稳定自由基发生偶合反应，其反应速率越来越快，最终与分解反应相等，形成动态平衡。如果该平衡过程快速形成，死聚物累积量远小于休眠链，休眠链浓度与引发剂浓度几乎相等，活性自由基浓度远小于休眠链浓度，则可构成一个活性自由基聚合体系。在上述过程中，稳定自由基浓度不断累积，活性自由基浓度不断下降，形成非常有利于活性自由基与稳定自由基偶合反应的现象被称为稳定自由基效应。

稳定自由基效应致使活性自由基的稳态浓度由可逆终止平衡决定。

$$[P\cdot][X\cdot]=K[P-X]=K[RX]_0$$

通常，$[P\cdot]/[P-X]=10^{-6}\sim10^{-5}$；在无外源自由基条件下，可推导出稳态时活性自由基浓度为

$$[P\cdot]=\left(\frac{K[RX]_0}{3k_t t}\right)^{1/3} \tag{3-80}$$

代入自由基聚合速率方程［式（3-17）］，并求解得

$$\ln\frac{[M]_0}{[M]}=\frac{3}{2}k_p\left(\frac{K[RX]_0}{3k_t}\right)^{1/3}t^{2/3} \tag{3-81}$$

② RAFT 聚合体系 RAFT 聚合中，激活/休眠机制为可逆链转移。因链转移不改变活性自由基浓度，聚合速率仍可用传统自由基聚合速率方程描述，可通过聚合温度、引发剂浓度等来调节。但在许多实际的聚合体系中，已观察到 RAFT 引起的缓聚现象，这被认为与中间态自由基的存在有关。由于中间态自由基较稳定，无法与单体发生增长反应，但可与活性自由基发生终止；因此，中间态自由基寿命越长，缓聚现象越严重。

（2）聚合度

"活性"自由基聚合并不是真正意义的活性聚合，仍存在不可逆终止、转移等副反应，这些副反应将生成死聚物，其端基无再引发功能。一般认为，死聚物含量低于 10%，可认为是控制性良好的"活性"自由基聚合。为使"活性"自由基聚合表现良好的活性特征，体系必须满足三个前提条件：首先，所有聚合物链的引发必须在低单体转化率下完成；其次，目标聚合度一般相对较低（DP<1000，即高聚物链浓度，如>10^{-2} mol·L^{-1}），以避免不可逆链转移的影响；最后，增长自由基浓度需足够低（<10^{-7} mol·L^{-1}），降低不可逆终止反应的影响。不可逆终止和不可逆链转移反应将导致死聚物的生成，其比例将随着聚合物链长和活性自由基浓度的增加而增加。因此，对于链增长速率常数较低的单体如苯乙烯和甲基丙烯酸甲酯，为抑制死聚物的生成，聚合时间将很长。即便如此，休眠链的聚合度仍受限于不可逆链转移等反应。因此，通常认为活性自由基仅适用于低至中等分子量聚合物的可控合成，除非单体为具有极高增长速率常数的丙烯酸酯等。

自由基休眠反应为不可逆链转移等反应的竞争反应，经典反应动力学认为，前者对后者没有影响。但在高度可控的活性自由基聚合体系中，自由基休眠速率极快，而链转移反应通常为低频反应，有明确的实验证据表明，快速的失活反应会降低自由基链转移速率常数，因此"活性"自由基聚合中休眠链的聚合度上限要比预想的高。对于苯乙烯单体，RAFT 聚

合中的单体链转移常数仅为传统自由基聚合的 $1/3\sim1/4$，因此聚合度上限可超过 5000，利用"活性"自由基聚合制备高聚合度休眠态聚合物变得可行。其高效合成则可通过 RAFT 乳液聚合技术实现。

（3）聚合度分布

假设所有聚合物链瞬时引发，无不可逆链转移或终止，可推导出产物的聚合度分布。首先推导恒定单体浓度下的分子量分布。任一增长链将交替性地处于激活/失活状态，激活状态下可发生增长反应和失活反应，两者相互竞争，增长概率为 P，则失活概率为 $1-P$，则

$$P=\frac{k_p[M]}{k_p[M]+k_{deact}} \tag{3-82}$$

式中，k_{deact} 为失活速率常数。

在高度可控聚合体系中，可合理假定聚合物链处于激活状态的时间远低于休眠状态，反应 t 时间后，任一聚合物链的平均激活次数为

$$y_n=k_{act}t \tag{3-83}$$

式中，k_{act} 为激活速率常数。

聚合物链经历 y 次激活/休眠循环，加成了 x 个单体的概率为

$$N(x,y)=\frac{e^{-y_n}y_n^y}{y!}(1-P)^yP^x\left(\begin{array}{c}x+y-1\\x\end{array}\right) \tag{3-84}$$

由式（3-84）可计算出数均聚合度和重均聚合度，分别为

$$\overline{X}_n=\frac{Py_n}{1-P} \tag{3-85}$$

$$\overline{X}_w=\frac{1+P+Py_n}{1-P} \tag{3-86}$$

由式（3-85）和式（3-86）可推得聚合度分布指数为

$$\frac{\overline{X}_w}{\overline{X}_n}=1+\frac{1}{\overline{X}_n}+\frac{2}{y_n} \tag{3-87}$$

由式（3-87）可见，决定聚合度分布宽窄的是自由基激活/失活的平均循环次数，而非每个循环所加成的单体数，这是概率论中大数定律的直接体现。要使分布指数小于 1.2，循环次数必须大于 10。

在间歇反应中，单体浓度随转化率逐渐下降，每个循环加成的单体数随之下降，这一效应使聚合度分布变宽。

实际体系中，还需考虑不可逆链终止等副反应，以及链长和转化率对反应速率常数的影响。对于 RAFT 聚合体系，反应后期失活休眠反应将成为扩散控制，从而降低链转移常数，导致分布变宽。

3.12.4　传统自由基聚合与"活性"自由基聚合的比较

无论是传统自由基聚合还是"活性"自由基聚合，参与链增长的活性中心都是自由基，

因此，两者在单体共聚选择性、立构选择性、头尾加成选择性方面基本一致。两者差别主要体现在链引发反应、增长链与休眠链间的失活/激活平衡反应上。在传统自由基聚合中，链引发源自引发剂分解，引发速率等于链终止速率，自由基稳态浓度由此求得。但在活性自由基聚合中，链引发、自由基失活/激活速率均远高于链终止速率。链引发在自由基失活/激活平衡建立过程中同时发生，这就使所有的聚合物链几乎同时被引发。在 NMP 和 ATRP 体系中，活性自由基稳态浓度由自由基失活/激活平衡速率方程决定。在 RAFT 聚合反应中，需外加传统自由基聚合的引发剂，其快引发是通过自由基向高效 RAFT 试剂转移释放其断裂基团来实现的，引发速率由 RAFT 试剂的链转移常数决定，活性自由基稳态浓度则由引发剂的分解速率与终止速率相等来决定。

活性链与休眠链间的快速交换反应，使链增长时间从大约 1s 扩展到远大于 1h，从而使在工程上操纵链末端基团、链拓扑结构与梯度组成成为可能。分子量及其分布则受控于聚合体系中的各种动力学过程。交换速率应与增长速率相当，以便所有的休眠链可同时增长，分子量随转化率线性增长，同时分子量分布变窄。当交换速率不够快时，反应初期的分子量分布较宽，随着转化率的增加分子量分布逐渐变窄。

传统自由基聚合的分子量分布较宽，受制于终止反应的随机性。歧化终止中，一条聚合物链的形成源自一条链自由基的一次随机终止，瞬时聚合度分布指数为 2.0。偶合终止中，一条聚合物链则由两条独立的链自由基随机偶合而成，聚合度分布指数变窄为 1.5。在"活性"自由基聚合体系中，一条聚合物链的形成将由许多个随机的链休眠事件决定，产物的聚合度分布指数可低于 1.1。这可从概率论的大数定律中得到理解，随着链自由基失活事件数的增加，一条聚合物链的聚合度的随机性下降，趋向其平均值，分布迅速变窄。

以氮氧稳定自由基调聚（NMP）法、原子转移自由基聚合（ATRP）法、可逆加成-断裂转移（RAFT）法为代表的"活性"自由基聚合方法，目前机理研究均较成熟，实验室研究已制得了大量结构清晰可控的新颖聚合物，加快它们的工业化进程、开发出新产品是重要的研究方向。

3.13   聚合方法及重要的自由基聚合产物

3.13.1   概述

工业上，自由基聚合的实施主要采用本体、溶液、沉淀、悬浮和乳液五种聚合方法。

本体聚合是单体加有（或不加）少量引发剂的聚合；溶液聚合则是单体和引发剂溶于适当溶剂中的聚合。通常所指的本体聚合和溶液聚合均为均相聚合，不仅引发剂、单体、溶剂相互溶解，而且生成的聚合物也溶于聚合反应体系中。本章前述的聚合反应机理、聚合动力学及导出的各计算式都是针对这类聚合反应体系的。当生成的聚合物不溶于其聚合反应体系时，反应起始时为均相，随着聚合反应的进行聚合物被析出，成为颗粒，于是反应体系呈非均相，则称为沉淀聚合，也包括分散聚合。如若析出的聚合物链在颗粒相不再增长，则均相自由基聚合机理和各动力学计算式仍然适用；反之，则不适用。

悬浮聚合一般是单体以液滴状悬浮在水中的聚合，体系主要由单体、水、油溶性引发剂、分散剂四部分组成，聚合反应机理与本体聚合相同。乳液聚合则是单体在水中分散成乳液状的聚合，一般体系由单体、水、水溶性引发剂、水溶性乳化剂组成，机理独特。

此外，为了制得性能宽泛、应用范围更广的聚合物产品，自由基聚合的工业实施较多采用共聚的方式。有关自由基共聚的机理、动力学和组成变化规律参见第 4 章。

3.13.2 本体聚合

本体聚合体系仅由单体和少量（或无）引发剂组成，产物纯净，后处理简单，是比较经济的聚合方法。苯乙烯、甲基丙烯酸甲酯、乙烯等单体均可进行本体聚合。

本体聚合的实施关键是聚合热的撤除。烯类单体的聚合热为 $55\sim95kJ\cdot mol^{-1}$。聚合初期，转化率不高，体系黏度不大，散热当无困难。但转化率提高（如 $20\%\sim30\%$）后，体系黏度增大，产生凝胶效应，自动加速。如不及时散热，轻则造成局部过热，使分子量分布变宽，影响到聚合物的强度；重则温度失控，引起爆聚。这一缺点曾一度使本体聚合的发展受到限制。随着聚合工艺和反应器的改善，较好地解决了聚合热的撤除问题，本体聚合已在许多聚合物的生产中得以应用，如通用聚苯乙烯类树脂、聚甲基丙烯酸甲酯树脂、低密度聚乙烯（LDPE）树脂等。

（1）苯乙烯连续本体聚合

苯乙烯可采用悬浮法、乳液法甚至溶液法聚合，但更多的是采用连续本体聚合。聚合反应一般分预聚和聚合两段。预聚反应一般在立式搅拌釜内进行，聚合温度 $80\sim90℃$，以 BPO 或 AIBN 作引发剂，转化率控制在 $30\%\sim35\%$ 以下。这时，尚未出现自动加速现象，聚合热不难排除。透明黏稠的预聚物由该第一段反应器流出，进入第二段反应器。第二段反应器可以是塔式，也可以是多釜串联，关键是提供大的单位体积反应器的传热面，同时通过冷进热出反应器的物料显热来撤除聚合热。物料温度即从 90℃ 左右渐增至约 200℃，至高转化率时出料。经脱挥（脱除残余单体及少量溶剂）、挤出、冷却、切粒，即成透明粒料。

本体聚合时，聚合反应的最终转化率若控制过高，意味着继续聚合将在很低的单体浓度下进行，聚合速率将非常缓慢。因此，工业上一般控制转化率在 80% 以下，且加入约 20% 的乙苯溶剂，以防止体系黏度过高，保证聚合正常进行。残余单体和溶剂即通过脱挥装置来除去。

苯乙烯的均聚产品称为通用聚苯乙烯（GPPS），除用于日用制品外，还大量用于发泡制家电、冷鲜食品包装的泡沫等。如在预聚反应器入口的单体中溶入一定量的聚丁二烯橡胶（PB），则在预聚釜中，在聚合反应的同时会出现聚合体系的相分离，出口料液呈以溶有聚苯乙烯的单体溶液为连续相、表面接枝有聚苯乙烯的橡胶微球为分散相的两相体系。在聚合阶段，连续相中聚苯乙烯的转化率不断提高，最终制得橡胶含量（质量分数）为 5%～15%、抗冲击性能突出的聚苯乙烯树脂，称为抗冲聚苯乙烯（HIPS）。

如在上述苯乙烯本体聚合装置中，进行苯乙烯与马来酸酐的共聚反应，则产品为高分子量的苯乙烯-马来酸酐无规共聚物，俗称 SMA。该树脂的玻璃化温度可比 GPPS 高出 10℃ 以上，因其拥有极性，可混入玻璃纤维等，以制成耐热性更好的聚合物复合材料。

如在上述苯乙烯本体聚合装置中，进行苯乙烯（St）与丙烯腈（AN）的本体共聚反应，则产品为高分子量的苯乙烯-丙烯腈无规共聚物，俗称 SAN 或 AS 树脂。该树脂保持了 GPPS 的透明性和光泽，并有更高的强度和优良的耐热性、耐化学腐蚀性，不仅可单独制成各类日用品，还可与乳液聚合制得的高含胶量接枝粉（简称高胶粉）共混制成高抗冲的工程塑料 ABS 树脂，也可掺混入玻璃纤维制成复合材料。与 HIPS 的合成过程相似，如在预聚反应器入口的单体 St/AN 中溶入一定量的 PB，则在预聚釜过程中同样会出现相分离，形成以 PB 接枝 St/AN 共聚物为稳定剂的 PB 橡胶微球为分散相的两相体系；并在聚合阶段制得橡胶含量（质量分数）为 10%左右的抗冲击树脂 ABS。与前述由 SAN 与乳液聚合法高胶粉共混制备 ABS 的过程相比，该法明显简单、方便，但受橡胶相含量和橡胶相形态结构调控能力所限，该法所得树脂的抗冲击性能略低，称为中抗冲级 ABS。

（2）甲基丙烯酸甲酯的间歇本体聚合——有机玻璃板的制备

甲基丙烯酸甲酯（MMA）可采用悬浮法、乳液法甚至溶液法聚合，但更多的是采用间歇本体聚合。

聚甲基丙烯酸甲酯（PMMA）呈非晶态，$T_g = 105℃$，且有优异的耐候性和强度，韧性优于聚苯乙烯；采用本体聚合法时，透光率可达 92%以上，故广泛用于制作各类有机玻璃制品，如飞机座窗罩、挡风屏、安全玻璃、光导纤维、指示灯罩、标牌、仪表牌等。为使制得的产品无气泡和体积收缩，聚合过程一般分成预聚合、聚合和高温后处理三个阶段。

① 预聚合　将 MMA、引发剂 BPO 或 AIBN，以及适量增塑剂、脱模剂等加入普通搅拌釜内，在 90~95℃下聚合至 10%~20%转化率，成为黏度（约 1Pa·s）不高的浆液。这时体积已部分收缩，黏滞的预聚物不易漏模。有时在单体中溶有少量有机玻璃碎片，增加黏度，提前自动加速，缩短预聚时间。预聚结束，用冰水冷却，暂停聚合，备用。

② 聚合　将黏稠的预聚物灌入无机玻璃或其他表面光滑、易脱模的模具，移入空气浴或水浴中，慢慢升温至 40~50℃，聚合数天（如 5cm 板需要一周），使转化率达 90%。低温缓慢聚合的目的在于与散热速度相适应，温度过高易产生气泡。

③ 高温后处理　转化率达 90%以后，进一步升温至 PMMA 玻璃化温度以上，如 110~120℃，进行高温热处理，使残余单体充分聚合。这样由本体浇铸聚合法制成的有机玻璃，分子量可达 10^6，而注塑用的悬浮法 PMMA 的分子量一般只有 5 万~10 万。

（3）乙烯高压连续本体聚合

乙烯在高压（120~350MPa）、高温（180~280℃）、微量（10^{-6}~10^{-4}）氧或有机过氧化物为引发剂的苛刻条件下，可自由基聚合成聚乙烯。因乙烯的临界温度为 9.19℃，临界压力为 5.04MPa，故在这些聚合条件下，乙烯处于气液不分的超临界流体状态，黏度低，导热性和溶解性能好。此外，由于生成聚乙烯的熔点远低于聚合温度，故聚合物与单体溶为一体，体系呈均相。同时，因聚合温度较高，自由基易向大分子转移，结果使聚合物链上产生许多长短不一的支链（每 1000 个碳链原子中约 20~30 个支链），因而聚合物的密度下降到 0.910~0.925g·mL^{-1}，结晶度则降低到 45%~65%，故称低密度聚乙烯（LDPE）。其柔软性、延伸性、电绝缘性和透明性好，易加工性，且有一定的透气性，适于制薄膜。

乙烯高压本体聚合采用连续法，管式或釜式反应器均有使用。管式反应器可以长达千米，聚合压力为 200~350MPa，这时物料线速度很高，停留时间只有几分钟，单程转化率可达 40%；大多用氧气作引发剂，也有用有机过氧化物。由于沿线压力变化较大，由管式反应器制得的产物聚合度分布较宽，长支链聚合物也较少。釜式反应器的聚合压力为 120~180MPa，一般用有机过氧化物作引发剂，单程转化率一般在 20%左右。釜式反应器又有单区和多区之分，单区反应器制得的聚合物的结构较均匀；多区反应器则可制得具有特定聚合度分布和支化链分布的聚合物，熔体流动速率和密度也可独立地调控。

釜式法高压聚乙烯装置还可直接用于生产乙烯含量（质量分数）在 70%以上的乙烯-醋酸乙烯共聚物（EVA）。因产品中醋酸乙烯的含量低于 30%时，产品仍为塑料，但有很好的耐低温性能、冲击韧性和耐环境应力开裂性，因而被广泛应用于热熔胶、电线电缆、玩具、发泡鞋料、功能性棚膜等。

3.13.3 溶液聚合

单体和引发剂溶于适当溶剂中的聚合称作溶液聚合，以水为溶剂时，则成为水溶液聚合。溶液聚合体系黏度较低，有可能消除凝胶效应，有利于动力学实验研究。工业上，则因混合和传热较易，便于控制聚合反应。但是溶液聚合也有缺点，包括：①单体浓度较低，聚合速率较慢，设备生产能力较低；②单体浓度低和向溶剂链转移的双重结果，使聚合物分子量降低；③溶剂分离回收费用高，难以除净聚合物中的残留溶剂。因此，工业上溶液聚合多用于聚合物溶液直接使用的场合，如涂料、胶黏剂、合成纤维纺丝液、后续化学反应等，示例见表 3-24。

表 3-24 自由基溶液聚合示例

单体	溶剂	引发剂	聚合温度/℃	聚合液用途
丙烯腈加第二、三单体	硫氰酸钠水溶液或二甲基甲酰胺	AIBN	50～80	纺丝液
醋酸乙烯酯	甲醇	AIBN	50	醇解成聚乙烯醇
丙烯酸酯类	醋酸乙酯加芳烃	BPO	沸腾回流	涂料、胶黏剂
丙烯酰胺	水	过硫酸铵	沸腾回流	絮凝剂

自由基溶液聚合选择溶剂时，需注意以下两方面问题：

① 溶剂对聚合活性的影响　溶剂往往并非绝对惰性，对引发剂可能产生笼蔽效应，链自由基对溶剂有链转移反应。这两方面都可能影响到聚合速率和分子量。

② 溶剂对凝胶效应的影响　选用聚合物的良溶剂时，为均相聚合，如浓度不高，可不出现凝胶效应，接近正常动力学规律。若聚合物不溶于溶剂，则使聚合反应成为沉淀聚合。

（1）丙烯腈溶液聚合

聚丙烯腈是重要的合成纤维，其产量仅次于涤纶和聚酰胺，居第三位。

丙烯腈均聚物中氰基极性强，分子间力大，加热时不熔融；只有少数强极性溶剂，如 N,N'-二甲基甲酰胺和二甲基亚砜，才能使其溶解。均聚物难成纤维，纤维性脆不柔软，难染色。因此聚丙烯腈纤维都是丙烯腈和第二、三单体的共聚物，其中丙烯腈为 92%～96%。丙烯酸甲酯常用作第二单体（4%～8%），减弱分子间力，增加柔软性和手感，利于染色。第三单体一般含有酸性或碱性基团，用量约 1%。羧基（如衣康酸）和磺酸盐（如烯丙基磺酸钠）有助于盐基性染料的染色，碱性基团（如乙烯基吡啶）则有助于酸性染料的染色。

丙烯腈的溶液聚合采用连续工艺。选用能使聚丙烯腈溶解的溶剂进行聚合，如 51%～52% 的硫氰酸钠水溶液或 N,N'-二甲基甲酰胺等。聚合结束后的溶液可直接用于纺丝。

丙烯腈的溶液聚合还是碳纤维材料制备的三大工序之一（另两个为纺丝和碳化）。因力学性能的高要求，该聚丙烯腈的组分与纺织纤维用聚丙烯腈略有不同，其中丙烯腈与第二单体的质量比通常在 99∶1 以上。由于单体的竞聚率相差较大，要在如此高的单体比下获得均匀的共聚物组成，稳定的聚合过程十分重要。

（2）醋酸乙烯酯溶液聚合

聚醋酸乙烯酯的玻璃化温度约 28℃，用作涂料或胶黏剂时，部分采用乳液聚合生产。

如果要进一步醇解成聚乙烯醇，则采用溶液聚合的方法。

聚醋酸乙烯酯的溶液聚合多选用甲醇作溶剂，以偶氮二异丁腈作引发剂，在回流条件下（65℃）聚合，转化率控制在 60% 左右，过高将引起支链。产物聚合度为 1700～2000。

聚醋酸乙烯酯的甲醇溶液可以进一步醇解成聚乙烯醇。醇解度 99% 以上的聚乙烯醇，配成水溶液、纺丝后，在催化剂硫酸作用下与甲醛进行缩醛化反应制得维纶，也称维尼纶。因其性能接近棉花，有"人造棉"之称。

将高醇解度聚乙烯醇溶于水中，在催化剂盐酸或硫酸作用下与丁醛进行缩醛化反应，制得的缩醛物经水洗、离心干燥得聚乙烯醇缩丁醛（PVB），主要用于制造夹层玻璃、涂料及黏合剂等。

此外，醇解度 80% 左右的聚乙烯醇还被用作分散剂和织物上浆剂。

若以甲醇为溶剂，高压（4～5MPa）下将醋酸乙烯与乙烯进行溶液共聚，其中乙烯含量控制在 20%～40%（摩尔分数），则可合成乙烯-醋酸乙烯共聚物（EVA）；然后以强碱（如 NaOH）为催化剂将该溶液中的醋酸乙烯酯醇解，得到乙烯-乙烯醇共聚物（EVOH）。该共聚物具有优异的气体阻隔性，常与聚乙烯等制成多层共挤出薄膜，用于食品包装等。

（3）丙烯酸酯类溶液共聚

（甲基）丙烯酸酯类种类很多，其共聚物有耐光耐候、浅色透明、粘接力强等优点，广泛用作涂料、胶黏剂以及织物、纸张、木材等的处理剂。

丙烯酸酯类有甲酯、乙酯、丁酯、乙基己酯等，其均聚物玻璃化温度都低，分别为 8℃、−22℃、−54℃、−70℃。这些酯类很少单独均聚，而是用作共聚物中的软组分。苯乙烯、甲基丙烯酸甲酯、丙烯腈等则用作硬组分。根据两者比例来调整共聚物的玻璃化温度。

最简单的丙烯酸酯类溶液共聚系以丙烯酸丁酯为软单体，苯乙烯为硬单体，两者质量比约 2:1，再加少量丙烯酸（2%～3%）。以醋酸乙酯和甲苯为溶剂，溶剂量与单体量相等。将全部溶剂和少量单体混合物、过氧化二苯甲酰引发剂加入聚合釜内，在回流温度下聚合，热量由夹套或釜顶回流冷凝器带走。其余单体混合物根据散热速率逐步滴加。加完单体混合物，再经充分聚合，冷却，聚合液出料装桶，即为成品。

此类涂料或胶黏剂，使用时在聚合物成膜的同时向大气挥发出有机溶剂。为此，人们一直在尝试采用乳液聚合法来生产性能与溶液共聚法产品相媲美的丙烯酸酯类涂料或胶黏剂。

（4）超临界 CO_2 中的溶液聚合

CO_2 的临界温度为 31.1℃，临界压力为 73.8bar❶。超临界 CO_2 流体黏度低，传热性能、对含氟单体和聚合物的溶解性能都好，对自由基稳定，无链转移反应，且容易脱除、无毒、阻燃，因而是理想的聚合介质。

适用超临界 CO_2 中自由基溶液聚合的单体，包括四氟乙烯、丙烯酸-1,1-二羟基全氟辛酯、p-氟烷基苯乙烯等。它们也可与甲基丙烯酸甲酯、乙烯、苯乙烯等进行溶液共聚。

3.13.4 沉淀或分散聚合

本体聚合和溶液聚合中，当生成的聚合物不溶于其单体或溶剂时，随着聚合的进行聚合

---

❶ 1bar＝10^5Pa。

物被析出，聚合体系呈非均相，即谓沉淀聚合。它们的聚合动力学，不仅与均相体系的本征动力学关系密切，还与析出聚合物的形态及单体在其中的溶胀程度有关，分三种情况：

① 析出聚合物的链端自由基被适度包埋，双基终止较困难，但仍能与溶胀在颗粒相的单体良好接触。这时活性链在颗粒相还会继续增长，凝胶效应明显，同时连续相聚合反应的贡献也不可忽视。大多数沉淀聚合属这种情况。

② 连续相的活性短链被颗粒相捕获，附着在沉淀颗粒的表面，且还能与连续相的单体和自由基接触。这时活性链将在颗粒相表面继续增长、终止和转移，但受相界面传质过程的影响。

③ 析出的聚合物颗粒致密，其中几乎没有单体溶胀。链自由基即刻就被严重包埋，既不能双基终止，也不能链增长，聚合反应几乎只发生在连续相，聚合动力学也与均相聚合相同。这类聚合反应产物的聚合度一般较低。

沉淀聚合的实施还需解决一个关键的工程问题，即生成聚合物的颗粒形态问题。一方面，为便于聚合物生产中产品净化所需的洗涤、干燥，以及加工应用时的熔融塑化或溶解制纺丝液，要求原位生成的聚合物颗粒疏松，易渗透和浸润；另一方面，希望颗粒的外形尽可能圆整，且有一定的粒径分布，以使聚合物浆液有良好的流动、混合和传热性能，使聚合反应尽可能在高固含率下进行，有高的聚合反应效率。

分散聚合多半指有机溶剂中的沉淀聚合，为了使沉析出来的聚合物粒子稳定，体系中加有位障型高分子稳定剂（分散剂）。分散聚合体系由单体、引发剂、稳定剂、有机溶剂四部分组成，这四组分都属油溶性，聚合初期为均相溶液。

许多乙烯基单体，如丙烯酸酯类都曾选作分散聚合的单体。甲基丙烯酸甲酯研究得最多，主要目的是制备粒径单分散的微米级聚合物微球，并根据应用需求进一步将其表面功能化。

(1) 丙烯腈水相沉淀聚合

丙烯腈在水中有较高的溶解度，而聚丙烯腈（PAN）则不溶于水。采用水溶性的氧化-还原引发体系，聚合反应一开始在水相中进行。随着聚合反应的进行，聚合物链在聚合度为 10 左右时即开始从水相中沉析出来，且相互间凝聚而成聚合物颗粒相。因颗粒相仍溶胀有单体，聚合物链将继续增长，并有可能发生链转移和双基终止。同时，溶在水相中的引发剂和单体继续在水相进行链引发、链增长、链转移和链终止。该机理示意如图 3-24 所示。

图中，过程 (1) 代表连续相中的链引发反应；过程 (2) 和 (4) 分别代表连续相和颗粒相中的链增长反应；过程 (3) 代表增长链的析出；过程 (5) 和 (7)′ 分别代表颗粒相和连续相中的向单体链转移反应；过程 (6) 代表颗粒相的单体自由基进入连续相；过程 (5)′ 和 (7) 分别代表颗粒相和连续相

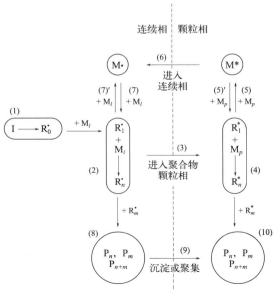

图 3-24 丙烯腈的水相沉淀聚合机理

的单体自由基发生链增长反应；过程（8）和过程（10）分别代表连续相和颗粒相中的链终止反应；过程（9）代表连续相的聚合物因凝聚而析出。

因链自由基在连续相和颗粒相所处的环境不同，两相中的链增长、链终止和链转移速率常数也不相同，它们动力学的数学描述十分复杂。

实际生产采用连续聚合工艺，如以过硫酸盐-亚硫酸盐为引发体系，水及总浓度（质量分数）为30%～35%的丙烯腈与共聚单体连续地泵入搅拌釜中，40～50℃下进行聚合，80%以上的转化率出料。流出反应釜的共聚物经洗涤、分离，得干燥的PAN树脂。而后送至纺丝车间用适当的溶剂配成纺丝原液后进行纺丝，所得的纤维称为二步法腈纶。前述丙烯腈溶液聚合进而直接纺丝的工艺称为一步法腈纶。二步法可对聚合和纺丝过程分别进行优化，调控较为灵活，因而颇受青睐。

（2）氯乙烯本体沉淀聚合

聚氯乙烯（PVC）主要采用悬浮聚合法生产（占80%～82%），其次是乳液法（10%～12%），也有少量的采用本体沉淀聚合法。

本体法聚氯乙烯的颗粒特性与悬浮法树脂相似，疏松，但无皮膜，更洁净。本体沉淀聚合除散热、防粘釜外，更需要解决聚合物颗粒疏松结构的保持问题，多采用两段间歇聚合来保证。

第一段为预聚合，在立式搅拌釜中进行。小部分氯乙烯和限量高活性引发剂（如过氧化乙酰基磺酰）加入釜内，在50～70℃和快速搅拌下预聚。由于引发剂急剧分解而耗尽，导致单体未能完全聚合，在7%～11%转化率下即停止聚合（称死端聚合），形成疏松的颗粒骨架。

预聚物、更多单体和另一部分引发剂加入另一低速搅拌（30r/min）釜，单体就在预先形成的颗粒骨架上继续聚合，使颗粒长大，保持形态不变。到70%～90%转化率，结束聚合。预聚只需1～2h，聚合却要5～9h，一个预聚釜可配用几台聚合釜。产物过筛，即得成品。

（3）四氟乙烯分散聚合

聚四氟乙烯（PTFE）具有优良的机械物理性能，耐高低温、耐腐蚀，且具有生理惰性、高润滑不黏性等，故有"塑料王"之称。PTFE的制备主要采用分散聚合、悬浮聚合和乳液聚合法，其中分散聚合和悬浮聚合占多数。

将气态四氟乙烯单体不断地通入加有过硫酸钾引发剂、全氟羧酸铵盐分散剂、氟碳化合物稳定剂的聚合釜中，进行恒温（如25℃）自由基聚合，聚合物析出，原属于沉淀聚合。因配方中加有少量全氟羧酸类表面活性剂，但用量在其临界胶束浓度（CMC，参见3.13.6）以下，并不构成真正的乳液，而仅仅起防止聚四氟乙烯细粒子聚并、形成分散液的作用，故习惯上称为分散聚合。

采用气态单体连续进料，一方面是因为单体的沸点极低，另一方面是因为四氟乙烯的聚合热很高（155.6kJ·mol^{-1}），聚合速率又快。控制单体的进料速率可有效地控制聚合反应的放热速率。加入分散剂和稳定剂的目的是防止聚合物颗粒的凝聚。

3.13.5　悬浮聚合

悬浮聚合是单体小液滴悬浮在水中的聚合方法。单体中溶有引发剂，一个小液滴就相当于一个小本体聚合单元。从单体液滴转变为聚合物固体粒子，中间经过聚合物-单体黏性粒子阶段，为了防止粒子凝聚，需加分散剂，在粒子表面形成保护层。因此，悬浮聚合体系一般由单体、油溶性引发剂、水、分散剂四个基本组分构成，实际配方则要复杂一些。

悬浮聚合与沉淀聚合（或分散聚合）最大的差别在于，悬浮聚合的反应场所只是单体液滴，也就是后来的聚合物颗粒相。因每个液滴相当于一个本体聚合反应器，故反应机理、动力学与本体聚合相同，有待深入研究的是成粒机理和颗粒形态的控制。苯乙烯和甲基丙烯酸甲酯的悬浮聚合，因生成的聚合物可溶于它们的单体，故最终形成的聚合物颗粒为透明的小珠粒。聚氯乙烯不溶于氯乙烯单体，聚合反应时聚合物将从单体液滴中沉析出来，形成不透明的粉粒状产物。

悬浮聚合物的最终粒径为 $0.05 \sim 5mm$，除受聚合物在单体中的溶解度影响外，还主要受搅拌和分散剂控制。聚合结束后，回收未聚合的单体，聚合物经分离、洗涤、干燥，即得粒状或粉状树脂产品。

悬浮聚合具有下列优点：①体系黏度低，传热和温度容易控制，产品分子量及其分布比较稳定；②产品分子量比溶液聚合的高，杂质含量比乳液聚合的少；③后处理工序与沉淀聚合（或分散聚合）类似，比乳液聚合和溶液聚合简单，生产成本也低，粒状树脂可直接成型。悬浮聚合的主要缺点是产物中多少带有少量分散剂残留物，要生产透明和绝缘性能好的产品，需除去这些残留物。

综合优缺点，悬浮聚合在工业上还应用得也较广泛，如80%的聚氯乙烯（PVC）树脂、全部的聚苯乙烯型离子交换树脂和可发性聚苯乙烯树脂，以及聚偏氯乙烯树脂等。

四氟乙烯的"悬浮聚合"，实质上也属沉淀聚合或分散聚合，只是聚合反应的压力较高，单体压入聚合釜后在水相中有较高的浓度，仍用水溶性引发剂，基本不加分散剂；聚合温度有恒温（如50℃）和升温聚合（如 $0 \sim 45℃$）之分。升温聚合因物料的升温可撤出部分聚合热，但产物的聚合度分布和共聚物组成分布势必会加宽。

迄今为止，悬浮聚合均采用间歇法。这是因为聚合过程是一个由液-液分散的单体液滴，成粒为固体聚合物颗粒的过程，其间将经历黏滞液滴的聚并和再分散过程。这一过程极易使聚合釜的出料口和管路发生堵塞。

（1）液-液分散和成粒过程

苯乙烯、甲基丙烯酸甲酯、氯乙烯等乙烯基单体在水中的溶解度很小，只有万分之几到百分之几，可以看作不溶于水。单体与水未混合时，分成两层。在搅拌剪切力作用下，单体液层将分散成液滴，大液滴受力，继续分散成小液滴，如图 3-25 中的过程①和②。单体-水间的界面张力愈小，愈易分散，形成的液滴也愈小。

小液滴会聚并成大液滴。液-液分散和液滴聚并构成动态平衡，最终达到一定的平均粒径和粒径分布。无分散剂时，搅拌停止后，液滴将聚并变大，最后仍与水分层，如图 3-25 中的③、④、⑤过程。聚合到一定的转化率，如15%～30%，单体-聚合物体系发黏，两粒子碰撞时，将粘在一起，因此需加分散剂来保护。当转化率较高，如60%～70%时，液滴变成弹性/刚性固体粒子，粘接性减弱，不再聚并。可见分散剂和搅拌是影响和控制粒度的两大重要因素。此外，水-单体比、温度、转化率

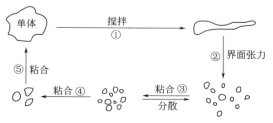

图 3-25　悬浮单体液滴分散-聚并模型图

也有一定的影响。

（2）分散剂和分散作用

用于悬浮聚合、分散聚合的分散剂大致可以分成两类，作用机理因而有异。

① 水溶性有机高分子　属于这一类的有部分水解的聚乙烯醇、聚丙烯酸和聚甲基丙烯酸的盐类、马来酸酐-苯乙烯共聚物等合成高分子，甲基纤维素、羟丙基甲基纤维素等纤维素衍生物，明胶、藻酸钠等天然高分子等。目前多采用质量比较稳定的合成高分子。

高分子分散剂的作用机理主要是吸附在液滴表面，形成一层保护膜，起着保护胶体的作用。同时还使界面张力降低，有利于液滴分散，如图 3-26 所示。

② 不溶于水的无机粉末　如碳酸镁、碳酸钙、磷酸钙、滑石粉等。这类分散剂的作用机理是细粉吸附在液滴表面，起着机械隔离的作用，如图 3-27 所示。

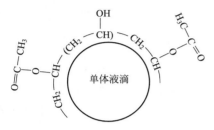

图 3-26　聚乙烯醇分散保护作用模型

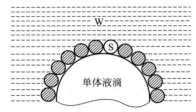

图 3-27　无机粉末分散保护作用模型（▨ 表示无机粉末）

有些无机粉末分散剂往往就地配制使用，例如碱式碳酸镁微粒由碳酸钠溶液和硫酸镁溶液配制而成，羟基磷酸钙粉末由磷酸钠溶液和氯化钙溶液制成等。

分散剂种类的选择和用量的确定随聚合物种类和颗粒要求而定。除颗粒大小和形状外，尚需考虑树脂的透明性和成膜性能等。例如聚苯乙烯和聚甲基丙烯酸甲酯要求透明，以选用无机分散剂为宜，因为聚合结束后可以用稀硫酸洗去。制备聚氯乙烯时，可选用保护能力和表面张力适当的有机高分子作分散剂，往往几种复合使用。除了分散剂外，有时还添加少量表面活性剂，如十二烷基硫酸钠、十二烷基磺酸钠、聚醚型表面活性剂等。

（3）氯乙烯悬浮聚合

聚氯乙烯是应用范围很广的通用塑料，按聚合度可划分成许多品种和牌号，为便于成型加工时增塑剂和其他助剂的吸收和混匀，要求产品颗粒结构疏松。

85％以上的聚氯乙烯用悬浮聚合法生产，本体法约 5％，两者颗粒结构相似，平均粒径为 $100\sim160\mu m$。$10\%\sim12\%$ 糊用聚氯乙烯则用乳液法和微悬浮法生产，粒径分别约 $0.2\mu m$ 和 $1\mu m$。少量涂料用氯乙烯共聚物才用溶液法制备。

氯乙烯悬浮聚合的基本配方由氯乙烯单体、水、油溶性引发剂、分散剂组成，但实际上还添加 pH 调节剂、分子量调节剂（主要用于低聚合度品种）、防粘釜剂、消泡剂等。根据疏松型和紧密型聚氯乙烯的要求不同，配方中的水和单体比在 $(1.2\sim2):1$ 之间变动。

氯乙烯悬浮聚合过程大致如下：将水、分散剂、其他助剂、引发剂先后加入聚合釜中，抽真空和充氮排氧，然后加单体，升温至预定温度聚合。在聚合过程中温度和压力保持恒定。后期压力下降 $0.1\sim0.2MPa$，相当于 $80\%\sim85\%$ 转化率，结束聚合。如降压过多，将使树脂致密。聚合结束后，回收单体，出料，经后处理工序，即得聚氯乙烯树脂成品。

氯乙烯聚合时，自由基向单体的转移是主要的链终止方式，以致聚氯乙烯的聚合度（600～1600）与引发剂浓度无关，仅由温度（45～65℃）来控制，温度波动需控制在 0.2～

0.5℃之内。

聚合速率主要由引发剂用量来调节。目前聚合釜的传热性能较好,多选用过氧化碳酸酯一类高活性引发剂,用量为 0.02%～0.05%。如果采用高活性和低活性引发剂复合使用,且复合得当,如半衰期为 2h,则可望接近匀速反应。匀速反应有利于传热和温度的控制。

聚氯乙烯-氯乙烯是部分互溶体系,形成两相:一相是溶胀有氯乙烯(约 30%)的聚氯乙烯富相,成为聚合的主要场所;另一相是溶解有微量聚氯乙烯(<0.1%)的单体相,接近纯单体。转化率>70%时,单体相消失,体系压力开始低于纯氯乙烯的饱和蒸气压,聚氯乙烯富相中氯乙烯继续聚合。聚合至 85% 转化率,结束反应,以免影响树脂颗粒的疏松结构。

分散剂的性质对聚氯乙烯颗粒形态的影响至关重要。选用明胶时,其水溶液表面张力较大(25℃为 68mN·m^{-1}),将形成紧密型树脂。制备疏松型聚氯乙烯时,要求介质表面张力在 50mN·m^{-1} 以下,则可将部分水解聚乙烯醇(水溶液表面张力为 50～55mN·m^{-1})和羟丙基甲基纤维素(水溶液表面张力为 45～50mN·m^{-1})复合使用,有时还添加第三组分。复合分散剂的配合虽然可以表面张力作部分参考,但多少还带有经验技艺的成分。

聚合釜的高传热能力对聚合温度恒定起着保证作用,而搅拌除对混匀物料和传热有帮助外,对液-液分散和树脂颗粒特性也有显著影响。传热和搅拌是氯乙烯聚合的两大工程问题。

(4)苯乙烯悬浮聚合

部分聚苯乙烯、全部可发性聚苯乙烯和离子交换树脂母体多采用悬浮法生产。

苯乙烯悬浮聚合可在 80～85℃下进行,聚乙烯醇用作分散剂。为了提高聚合速率,也可在 120℃下进行,只是聚合釜内要充氮加压,防止水沸腾;选用半衰期适当的过氧类引发剂,使引发剂引发和热引发同时进行,以缩短聚合时间;分散剂则改用磷酸钙、碳酸镁等无机粉末,也可以添加苯乙烯-马来酸酐交替共聚物有机分散剂复合使用。聚合后期,升高温度(如 150℃)再熟化一定时间,使充分聚合。

苯乙烯在有丁烷等挥发性液体存在下进行悬浮聚合,则可制备可发性聚苯乙烯(EPS)。

(5)微悬浮聚合

悬浮聚合物的粒度一般在 50～5000μm 之间,乳液聚合产物的粒度只有 0.1～0.2μm,而微悬浮(microsuspension)聚合物的粒度则介于其间(0.2～1.5μm),可达亚微米级(<1μm)。微悬浮聚氯乙烯和 0.1～0.2μm 级的乳液聚氯乙烯混合配制聚氯乙烯糊,可以提高固体含量,却可降低糊的黏度,改善涂布施工条件,提高生产能力。

微悬浮聚合体系需采用特殊的颗粒分散稳定剂体系,通常是离子型表面活性剂(如十二烷基硫酸钠)和难溶于水的共稳定剂(如 C$_{16}$ 长链脂肪醇)的复合。十二烷基硫酸钠和脂肪醇复合使用可使单体-水的界面张力降得很低,稍加搅拌,就可将单体分散成亚微米级的微液滴;另一方面,复合物对微液滴或聚合物微粒有强的吸附保护能力,防止聚并,并阻碍微粒间单体的扩散传递和重新分配,以致最终粒子数、粒径及分布与起始微液滴相当,这是微悬浮聚合的特征和优点。

采用油溶性引发剂时,直接引发液滴内的单体聚合,聚合机理与悬浮聚合相同。即使采用水溶性引发剂,在水中产生的初级自由基或短链自由基也容易被微液滴所捕捉,液滴成核成为主要成粒机理,而水相成核则可忽略,这也是它与沉淀聚合(或分散聚合)的主要区别。

3.13.6 乳液聚合

单体在水中分散成乳液状态的聚合，称作乳液聚合。

乳液聚合具有许多优点：①以水作介质，环保安全，胶乳黏度低，便于混合传热、管道输送和连续生产；②聚合速率快，产物分子量高，可在低温下聚合；③胶乳可直接使用，如水乳漆，胶黏剂，纸张、织物、皮革的处理剂等。但乳液聚合也有下列缺点：①需要固体产品时，胶乳需经凝聚、洗涤、脱水、干燥等工序，成本高；②产品中留有乳化剂，有损电性能等。

乳液聚合的应用主要有下列三方面：

① 聚合后凝聚、洗涤、脱水、干燥成胶块或粉状固体产品，如丁苯、丁腈、氯丁等合成橡胶，ABS、AAS、MBS 等工程塑料和抗冲改性剂，糊用聚氯乙烯树脂，聚四氟乙烯树脂等。

② 聚合后胶乳直接用作涂料和胶黏剂，如丁苯胶乳、聚醋酸乙烯酯胶乳、丙烯酸酯类胶乳等，可用作内外墙涂料、纸张涂层、木器涂料，以及地毯、无纺布、木材的胶黏剂等。

③ 制成稳定的水分散微粒，用作粒径测定的标样、免疫试剂的载体等。

大吨位乳液聚合产品，如乳聚丁苯橡胶，多采用连续法生产；多批量小吨位产品则选用间歇法；半连续法有利于共聚物组成的控制，也普遍使用。

乳液聚合的机理和产品颗粒特性均有独特之处，如聚合速率和分子量可以同时提高，胶乳产品有较好的储存稳定性，乳胶粒径为 $0.05\sim0.15\mu m$，其中 $0.10\mu m$ 以下常被视为纳米级。

3.13.6.1 乳液聚合的主要组分

传统乳液聚合体系由四大部分组成，以单体 100 份（质量）为基准，水 150～250，乳化剂 2～5，引发剂 0.3～0.5。工业配方则要复杂得多，因为上述四部分往往都非单一组分，例如：乳液聚合多半是主单体和第二、三单体的共聚合；引发剂多采用氧化-还原引发体系，往往主还原剂、副还原剂甚至络合剂并用；乳化剂多由阴离子乳化剂与非离子型表面活性剂混合使用；水相中还可能有分子量调节剂、pH 调节剂等。如表 3-25 中丁苯热胶（50℃下聚合）和丁苯冷胶（5℃下聚合）的配方。

乙烯基类、丙烯酸酯类、二烯烃都是乳液聚合的常用单体。单体在水中的溶解度将影响聚合机理和产品性能。苯乙烯、丁二烯难溶于水，最符合经典乳液聚合理论描述。醋酸乙烯酯水溶性较大，甲基丙烯酸甲酯介于其间。丙烯酸、丙烯酰胺则与水完全互溶，不能再采用常规乳液聚合，而另选反相乳液聚合。

表 3-25　乳聚丁苯橡胶合成的配方示例

组　分	质量 /份	
	50℃热胶	5℃冷胶
单体:苯乙烯	29	30
丁二烯	71	70
引发剂:过硫酸盐	0.3	
对孟烷过氧化氢		0.08
主还原剂:硫酸亚铁		0.03
络合剂:乙二胺四乙酸盐		0.035
副还原剂:拉开粉		0.08
乳化剂:硬脂酸钠	5	
歧化松香皂		4.5
分散剂:萘磺酸-甲醛缩合物		0.15
分子量调节剂:十二硫醇	0.5	0.18
缓冲剂:$Na_3PO_4 \cdot 12H_2O$		0.5
水	200	200

3.13.6.2 乳化剂和乳化作用

（1）乳化剂的作用

经典乳液聚合中常用的乳化剂属于阴离子型，如油酸钾（$C_{17}H_{33}COOK$），其作用是降低表面张力，使单体乳化成小液滴

（1～10μm）并形成胶束，提供引发和聚合的场所。

当乳化剂的浓度很低时，乳化剂以分子状态真溶于水中，在水-空气界面处，亲水基伸向水层，疏水基伸向空气层，使水的表面张力急剧下降，有利于单体分散成细小的液滴。当乳化剂浓度达到一定值时，表面张力的下降趋向平缓，溶液的其他物理性质也有类似变化，如图 3-28 所示。乳化剂的浓度超过真正分子状态的溶解度后，往往由多个乳化剂分子聚集在一起，形成胶束（或胶团）。乳化剂开始形成胶束的浓度，称作临界胶束浓度（CMC），可由溶液表面张力（或其他物理性质）随乳化剂浓度变化曲线中的转折点来确定。乳化剂的临界胶束浓度都很低，为 $1\sim30\mathrm{mmol \cdot L^{-1}}$（$0.1\sim3\mathrm{g \cdot L^{-1}}$）。

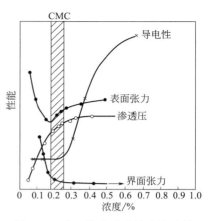

图 3-28 十二烷基硫酸钠水溶液的性能与浓度的关系

乳化剂浓度略超过 CMC 时，胶束较小，由 50～150 个乳化剂分子聚集成球形，直径为 4～5nm。乳化剂浓度较大时，胶束呈棒状，长度可达 100～300nm，直径相当于乳化剂分子长度的 2 倍。胶束中乳化剂分子的疏水基伸向胶束内部，亲水基伸向水层。

乳化剂用量为 2%～3%，CMC 为 0.01%～0.03%，可见乳化剂浓度比 CMC 值大百千倍，即大部分乳化剂处于胶束状态。常用乳化剂的分子量约 300，用量为 $30\mathrm{g \cdot L^{-1}}$（$0.1\mathrm{mol \cdot L^{-1}}$），则 $1\mathrm{cm^3}$ 水中有 6×10^{19} 个乳化剂分子，相当于 $10^{17}\sim10^{18}$ 个胶束。胶束的大小和数量取决于乳化剂用量。乳化剂用量多，则胶束小而多，胶束的表面积随乳化剂用量的增加而增大。

常用烯类单体在纯水中的溶解度较小，室温下，苯乙烯、丁二烯、氯乙烯、甲基丙烯酸甲酯和醋酸乙烯酯的溶解度分别为 $0.37\mathrm{g \cdot L^{-1}}$、$0.81\mathrm{g \cdot L^{-1}}$、$10.6\mathrm{g \cdot L^{-1}}$、$15\mathrm{g \cdot L^{-1}}$ 和 $25\mathrm{g \cdot L^{-1}}$。乳化剂的存在，将使单体的溶解度增加，如可使苯乙烯的溶解度增至 $10\sim20\mathrm{g \cdot L^{-1}}$，这称为增溶作用。增溶的原因有二：一是单体伴随乳化剂分子的疏水部分真溶在水中；二是单体增溶入胶束内，使溶解度大增，这占增溶的主要部分。增溶后的球形胶束直径可从原来的 4～5nm 增大到 6～10nm。

单体液滴的尺寸取决于搅拌强度和乳化剂浓度，一般大于 1μm（1～10μm）。液滴表面吸附了一层乳化剂分子，形成带电保护层，乳液得以稳定。

在经典乳液聚合体系中，乳化剂处于水溶液、胶束、液滴表面 3 个场所，其作用有三：①降低表面张力，使单体分散成细小液滴，液滴数为 $10^{10}\sim10^{12}\mathrm{cm^{-3}}$；②在液滴或胶粒表面形成保护层，防止凝聚，使乳液稳定；③形成胶束，使单体增溶。胶束数为 $10^{17}\sim10^{18}\mathrm{cm^{-3}}$。胶束虽小，但数量多，总表面积却比单体液滴大得多，成为成核聚合的场所。

（2）乳化剂的种类

乳化剂分子由非极性基团和极性基团两部分组成。按极性基团的不同，可将乳化剂分成四类。经典乳液聚合主要选用阴离子乳化剂，而非离子型表面活性剂则配合使用。另外，还有阳离子乳化剂和两性乳化剂。

阴离子乳化剂的极性基团是阴离子，非极性部分一般是 $C_{11\sim17}$ 的直链烷基或烷芳基（其中烷基 $C_{3\sim8}$）。常用的阴离子乳化剂有脂肪酸钠 RCOONa（R＝$C_{11\sim17}$）、十二烷基硫酸钠 $C_{12}H_{25}SO_4Na$、烷基磺酸钠 RSO_3Na（R＝$C_{12\sim16}$）、烷基芳基磺酸钠，如二丁基萘磺酸钠（C_4H_9）$_2C_{10}H_5SO_3Na$（俗称拉开粉）、松香皂等。阴离子乳化剂在碱性溶液中比较稳定，遇酸、金属盐、硬水等会形成不溶于水的脂肪酸或金属皂，使乳化失效。在乳液聚合配方中需加 pH 调节剂，如磷酸钠（$Na_3PO_4 \cdot 12H_2O$），使溶液呈碱性，保持乳液稳定。

阴离子乳化剂有一个三相平衡点。三相平衡点是乳化剂处于分子溶解、胶束、凝胶三相平衡时的温度。高于该温度，溶解度突增，凝胶消失，乳化剂只以分子溶解和胶束两种状态存在，起到乳化作用。如温度降到三相平衡点以下，将有凝胶析出，乳化能力减弱。常用的几种阴离子表面活性剂的 CMC 值及三相平衡点见表 3-26。

表 3-26   典型乳化剂的临界胶束浓度和三相平衡点

乳化剂	分子量	温度/℃	CMC		三相平衡点 /℃
			/(mol·L^{-1})	/(g·L^{-1})	
$C_{11}H_{23}COONa$	222.3	20～70	0.05	5.6	36
$C_{13}H_{27}COONa$	250.35	50～70	0.0065	1.6	53
$C_{15}H_{31}COONa$	278.40	50～70	0.0017	0.47	62
$C_{17}H_{35}COONa$	306.45	50～60	0.00044	0.13	71
$C_{12}H_{25}SO_4Na$	288.40	35～60	0.009	2.6	20
$C_{12}H_{25}SO_3Na$	272.4	35～80	0.011	2.3	33
$C_{12}H_{25}C_6H_4SO_3Na$	348.5	50～70	0.0012	0.4	
去氢松香酸钾			0.025～0.03		
松香钠皂			<0.01		

环氧乙烷的加聚物可作为非离子型表面活性剂的代表，如 R（OC_2H_4）$_n$OH、RCO（OC_2H_4）$_n$OH、RC_6H_4（OC_2H_4）$_n$OH 等，其中 R＝$C_{10\sim16}$，n＝4～30。这类乳化剂在水中不电离，对 pH 变化不敏感，比较稳定。但在乳液聚合中很少单独使用，多与离子型乳化剂合用，以改善乳液稳定性和颗粒特性。

可用亲水亲油平衡值（HLB）来表征非离子型表面活性剂亲水性的大小。HLB 值愈大，则愈亲水。常规乳液聚合的乳化剂一般属于水包油（O/W）型，其 HLB 值在 8～18 范围内，例如烷基芳基磺酸盐的 HLB 值为 12，油酸钾为 20 等。

非离子型乳化剂水溶液会随温度升高而分相，开始出现分相的温度称为浊点。在浊点以上，非离子型表面活性剂将沉析出来。因此选用非离子型乳化剂时，其浊点需在聚合温度以上。离子型乳化剂和非离子型乳化剂复合使用时，三相平衡点和浊点都会有所偏离。

3.13.6.3   乳液聚合机理

乳液聚合遵循自由基聚合的一般规律，但聚合速率和聚合度却可同时增加，可见存在着独特的反应机理和成粒机理。20 世纪 40 年代，Harkins 提出了经典乳液聚合机理的物理模型，后来 Smith-Ewart 作了定量处理。实际体系虽有偏差，但可参照经典体系的规律作些修正。

乳液聚合初期，单体和乳化剂分别处在水溶液、胶束、液滴三相，如图 3-29 所示。

① 微量单体和乳化剂以分子分散状态真正溶解于水中，构成水溶液连续相。

② 大部分乳化剂形成胶束，每一胶束由 50～150 个乳化剂分子聚集而成，直径为 4～5nm，胶束数为 $10^{17}\sim10^{18}$ cm^{-3}。单体增溶在胶束内，使直径增大至 6～10nm，构成增溶胶束相。

③ 大部分单体分散成小液滴，直径为 1～10μm，比胶束大百倍。液滴数为 $10^{10}\sim$

$10^{12}\mathrm{cm}^{-3}$，比胶束数少 6～7 个数量级。液滴表面吸附有乳化剂，促使乳液稳定，构成液滴相。

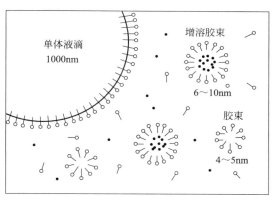

图 3-29　乳液聚合体系三相示意图

乳液聚合的聚合场所并不在单体液滴中，而是在乳胶粒内。具体则要辨析链引发、链增长、链终止等究竟在哪一相发生，尤其是在哪一相引发成核，而后聚合发育成乳胶粒。

乳液聚合的成核机理有胶束成核、水相成核、液滴成核三种可能。

（1）胶束成核

苯乙烯之类难溶于水的单体进行乳液聚合时，以胶束成核为主。

经典乳液聚合体系选用水溶性引发剂，在水中分解成初级自由基，引发溶于水中的微量单体，在水相中增长成短链自由基。因疏水，短链自由基只增长少数单元（＜4）就沉析出来，且被增溶胶束捕捉，引发其中的单体聚合而成核，即所谓胶束成核。

单体液滴是否参与捕捉水相中的自由基，比较一下胶束和液滴的比表面，就可说明两者捕捉自由基的优势。体系中胶束数约 $10^{18}\mathrm{cm}^{-3}$，增溶后的直径为 10nm，总表面积约 $3\times10^6\mathrm{cm}^2\cdot\mathrm{cm}^{-3}$。而单体液滴数为 $10^{12}\mathrm{cm}^{-3}$，直径为 1000nm，总表面积为 $3\times10^4\mathrm{cm}^2\cdot\mathrm{cm}^{-3}$。可见胶束的总表面积比液滴要大百倍，说明胶束更易捕捉水相中的初级自由基和短链自由基。

胶束成核后继续聚合，转变成单体-聚合物乳胶粒，增长聚合就在乳胶粒内进行。乳胶粒内单体的消耗，就由液滴内的单体通过水相扩散来补充，保持乳胶粒内单体浓度恒定，构成动态平衡。液滴只是储存单体的仓库，并非引发聚合的场所。单体液滴消失后，才由乳胶粒内的残余单体继续聚合至结束，最后成为聚合物胶粒（0.1～0.2μm）。分析苯乙烯乳液聚合最终产物的粒径发现，只有 0.1% 的聚合物才由液滴形成，这也证明了胶束成核的机理。

原来构成胶束的乳化剂不足以覆盖逐渐长大的乳胶粒表面，就由未曾成核的胶束中的乳化剂通过水相扩散来补充。原始胶束数约 $10^{18}\mathrm{cm}^{-3}$，最后乳胶粒数仅 $10^{13}\sim10^{15}\mathrm{cm}^{-3}$，可见只有很少一部分（0.01%～0.1%）胶束才成核，未成核的大部分胶束是乳化剂的临时仓库。液滴中单体为胶束或乳胶粒中的聚合提供原料后，留下的乳化剂也扩散至乳胶粒表面，使之稳定。

（2）水相（均相）成核

水溶性较大的单体进行乳液聚合时，以水相成核为主。

醋酸乙烯酯在水中的溶解度达 $25\mathrm{g}\cdot\mathrm{L}^{-1}$，溶于水中的单体经引发聚合形成的短链自由基亲水性也较大，聚合度上百后才从水中沉析出来。水相中多条较长的短链自由基相互聚集在一起，絮凝成核（原始微粒）。以此为核心，单体不断扩散入内，一边聚合，一边经水相扩散不断地吸附原来为胶束的乳化剂，从而成稳定的乳胶粒。乳胶粒形成以后，更有利于吸取水相中的初级自由基和短链自由基，而后在乳胶粒中引发增长。此即所谓的水相成核。

一般认为，单体溶解度 $[M]<15\mathrm{mmol}\cdot\mathrm{L}^{-1}$，如苯乙烯（$[M]=3.5\mathrm{mmol}\cdot\mathrm{L}^{-1}$），在水相中的临界聚合度仅 3～4，以胶束成核为主；$[M]>170\mathrm{mmol}\cdot\mathrm{L}^{-1}$，如醋酸乙烯酯

（[M]＝300mmol·L^{-1}），临界聚合度上百，则水相成核占优势。甲基丙烯酸甲酯的溶解度（[M]＝150mmol·L^{-1}）介于两者之间，临界聚合度为50～65，虽然胶束成核仍然存在，但水相成核已不容忽视，而且占重要地位。

（3）液滴成核

液滴粒径较小和/或采用油溶性引发剂时，有利于液滴成核。

有两种情况可导致液滴成核：一是当制得的单体液滴足够小（30～500nm）时，其表面可吸附水中形成的自由基，引发成核，而后发育成乳胶粒，详见后述的细乳液聚合；二是采用油溶性引发剂，其溶于单体液滴内，就地引发聚合而成核。

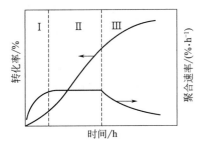

图 3-30　乳液聚合动力学曲线示意图
Ⅰ—增速期；Ⅱ—恒速期；Ⅲ—降速期

根据乳胶粒发育情况和相应速率变化，经典的乳液聚合过程可分成三个阶段，如图 3-30 所示。

① 第一阶段——成核期或增速期　水相中自由基不断进入增溶胶束，引发其中的单体而成核，继续增长聚合，转变成单体-聚合物乳胶粒。这一阶段，胶束不断减少，乳胶粒不断增多，速率相应增加；单体液滴数不变，只是体积不断缩小。达到一定转化率，未成核的胶束消失，表示成核期结束，乳胶粒数趋向恒定（10^{13}～10^{15} cm^{-3}），聚合速率也因而恒定，这是第一阶段结束和第二阶段开始的宏观标志。

第一阶段时间较短，相当于2%～15%转化率。醋酸乙烯酯等水溶性较大的单体成核期较短，转化率则较低；而苯乙烯等难溶于水的单体，成核时间长，转化率则较高。

② 第二阶段——胶粒数恒定期或恒速期　这一阶段从增溶胶束消失开始，体系中只有乳胶粒和液滴两种粒子。单体从液滴经水相不断扩散进入乳胶粒内，保持乳胶粒内单体浓度恒定，因此聚合速率也恒定。乳胶粒不断长大，最终直径可达50～150nm。单体液滴的消失或聚合速率开始下降是这一阶段结束的标志。

第二阶段结束的转化率与单体种类有关。单体水溶性大的，第二阶段结束的转化率则较低，如苯乙烯40%～50%，甲基丙烯酸甲酯25%，醋酸乙烯酯15%。聚氯乙烯可以被30%氯乙烯所溶胀，因此可以聚合至70%转化率才结束第二阶段。

③ 第三阶段——降速期　这个阶段体系中已无单体液滴，只剩下乳胶粒一种粒子。乳胶粒数不变，依靠其内部的残余单体继续聚合，聚合速率递降。这个阶段乳粒径变化不大，最终形成100～200nm的聚合物粒子，这比增溶胶束直径（6～10nm）大一个数量级，却比原始液滴（＞1000nm）要小一个数量级。

三个阶段中胶束、乳胶粒、单体液滴等粒子和速率变化简示如表 3-27。

表 3-27　乳液聚合过程中颗粒和速率变化

项　　目		第一阶段	第二阶段	第三阶段
速率变化		增速期	恒速期	降速期
颗粒数变化/cm^{-3}	胶束	胶束数渐减，10^{17}～10^{18}→0 增溶胶束6～10nm	0	0
	乳胶粒	成核期（胶束→乳胶粒） 乳胶粒数，0→10^{13}～10^{15}	乳胶粒数恒定，10^{13}～10^{15} 乳胶粒长大，10nm→100nm 乳胶粒内单体浓度一定	乳胶粒数恒定， 体积变化微小， 乳胶粒内单体浓度下降
单体液滴		液滴数不变，10^{10}～10^{12} 液滴直径＞1000nm	液滴 10^{10}～10^{12}→0 直径缩小，＞1000nm→0nm	0

3.´3.6.4 乳液聚合动力学

（1）聚合速率

乳液聚合过程可分为增速、恒速、降速三个阶段，动力学研究多着重恒速阶段。

在自由基聚合中，式（3-17）的聚合速率方程为 $R_p = k_p[M][M\cdot]$，该式也适用于乳液聚合。不过［M］代表乳胶粒中的单体浓度（mol·L^{-1}），［M·］也另有表达式。乳液聚合中多采用 cm^3 作单位，转换成 L 时，要乘以 10^3 因子。

令 N＝乳胶粒数（L^{-1}），N_A＝阿伏伽德罗常数，则 N/N_A＝乳胶粒摩尔浓度（mol·L^{-1}）。$\bar{n}$＝胶粒中平均自由基数，因此乳胶粒中的自由基摩尔浓度［M·］（mol·L^{-1}）为

$$[M\cdot] = \frac{\bar{n}N}{N_A} \tag{3-88}$$

代入聚合速率方程，则得乳液聚合第二阶段恒速期的速率表达式：

$$R_p = \frac{k_p[M]\bar{n}N}{N_A} \tag{3-89}$$

式（3-89）表明聚合速率与乳胶粒数 N 成正比。第二阶段，胶束消失，乳胶粒数 N 恒定，单体液滴的存在又保证了乳胶粒内单体浓度［M］恒定，因此速率也恒定。

经典乳液聚合中，单体-聚合物胶粒起初较小（十几纳米），只能容纳 1 个自由基。由于乳胶粒表面乳化剂的保护作用，包埋在乳胶粒内的自由基寿命较长（10～100s），允许较长时间的链增长，等水相中的第 2 个自由基扩散进入乳胶粒内，才双基终止，乳胶粒内自由基数变为零。第 3 个自由基进入乳胶粒后，又引发聚合；第 4 个自由基进入，再终止；如此反复进行，乳胶粒中的自由基数在 0 和 1 之间变化。总体来说，体系中一半乳胶粒含有 1 个自由基，另一半则无自由基，乳胶粒内平均自由基数 $\bar{n}=0.5$。聚合反应至中后期，乳胶粒发育到足够大时，也可能容纳几个自由基，同时引发链增长。乳液聚合的特征就是链引发、链增长、链终止的基元反应在"被隔离"的胶束或乳胶粒内进行。

一般乳液聚合体系中乳胶粒数 $N=10^{14}$ cm^{-3}，$\bar{n}=0.5$，因而［M·］可达 10^{-7}mol·L^{-1}，比一般自由基聚合（［M·］$=10^{-8}$mol·L^{-1}）要大 10 倍。同时，多数聚合物和单体达溶胀平衡时，单体体积分数为 0.5～0.85，乳胶粒内单体浓度可达 5mol·L^{-1}。因此乳液聚合速率比较快。

（2）聚合度

自由基聚合物的动力学链长或聚合度可由链增长速率和链终止（或引发）速率的比值求得，但需考虑 1 个乳胶粒内的增长速率和引发速率。

一个乳胶粒的引发速率 r_i 是总引发速率 R_i（相当于自由基生成速率 ρ）与捕捉自由基的粒子数之比，而捕捉自由基的粒子数是乳胶粒中平均自由基数 $\bar{n}$ 与总粒子数 N 的乘积。因此

$$r_i = \frac{R_i}{nN} \tag{3-90}$$

1 个乳胶粒的增长速率 r_p 为

$$r_p = k_p[M] \tag{3-91}$$

聚合物的平均聚合度为

$$\overline{X}_n = \frac{r_p}{r_i} = \frac{k_p[M]\overline{n}N}{R_i} \tag{3-92}$$

从式（3-94）粗看起来，聚合度与总引发速率成反比，与乳胶粒数成正比。而从式（3-92）看，乳胶粒数却与总引发速率成正比。结果是，增加乳胶粒数，可同时提高聚合速率和聚合度。

从以上经典乳液聚合机理看，一个乳胶粒内的自由基数在 0 和 1 之间交替变化，平均数 $\overline{n}=0.5$。一般自由基寿命只有 10^{-1} s，双基终止时间只有 10^{-3} s。由于"隔离作用"，乳胶粒内自由基的寿命延长（10～100s），因而有较长的链增长时间，从而提高了分子量。所以，是"隔离作用"使得乳液聚合兼有高速率和高分子量的特点。

若有链转移反应，例如加入链转移剂供作分子量调节剂，则使聚合度降低，其规律与一般自由基聚合相同。

（3）乳胶粒数

从以上分析可知，乳液聚合中的乳胶粒数 N 是决定聚合速率和聚合度的关键因素，且都呈一次方的正比关系［式(3-89) 和式(3-92)］。稳定的乳胶粒数与体系中乳化剂能覆盖粒子的总表面积 a_sS 有关。其中，a_s 是一个乳化剂分子所具有的表面积，S 是体系中乳化剂的总浓度。同时，N 也与自由基生成速率 ρ（相当于总引发速率 R_i）直接有关。其定量关系为

$$N = k\left(\frac{\rho}{\mu}\right)^{2/5}(a_sS)^{3/5} \tag{3-93}$$

式中，μ 为胶粒体积增加速率；k 为常数，处于 0.37～0.53 之间，取决于胶束和乳胶粒捕获自由基的相对效率以及乳胶粒的几何参数，如半径、表面积或体积等。粒子数与粒径有立方根的关系，即胶粒数多，则粒径小。

式（3-93）表明，乳胶粒数与自由基生成速率 ρ 和乳化剂浓度 S 有关。乳化剂浓度愈大，形成的胶束数愈多，成核的机会也愈多。但是否成核，还需要自由基进入胶束，这就与自由基生成速率有关了。

（4）乳胶粒中平均自由基数 $\overline{n}$

以上提到，经典乳液聚合的理想情况下乳胶粒中平均自由基数 $\overline{n}=0.5$。实际上 $\overline{n}$ 与单体水溶性、引发剂浓度、乳胶粒数、粒径、自由基进入乳胶粒的效率因子 f 和逸出乳胶粒速率、终止速率等因素有关，基本上可分成下列 3 种情况：

① $\overline{n}=0.5$　单体难溶于水的理想体系，乳胶粒小，只容纳 1 个自由基，忽略自由基的逸出；第 2 个自由基进入时，双基终止，自由基数为零。每一乳胶粒的平均自由基数为 0.5。

② $\overline{n}<0.5$　单体水溶性较大而又容易链转移时（如醋酸乙烯酯、氯乙烯），短链自由基容易解吸，即自由基逸出速度＞进入速度，最后在水相中终止，就可能有 $\overline{n}=0.1$ 的情况。

③ $\overline{n}>0.5$　当乳胶粒体积增大时，可容纳多个自由基同时增长，乳胶粒中的终止速率小于自由基进入速率，自由基解吸忽略，则 $\overline{n}>0.5$。例如聚苯乙烯乳胶粒达 0.7μm 和 90% 转化率时，$\overline{n}$ 从 0.5 增至 0.6；当乳胶粒达 1.4μm 和 80% 转化率时，$\overline{n}$ 增加到 1，90% 转化

率时 $\overline{n} > 2$。

（5）温度对乳液聚合的影响

在一般自由基聚合中，升高温度，将使聚合速率增加，使聚合度降低。但温度对乳液聚合的影响却比较复杂，温度升高的结果是：k_p 增加；ρ 增加，因而 N 增加；乳胶粒中单体浓度 [M] 降低；自由基和单体扩散入乳胶粒的速率增加。

升高温度除了使聚合速率增加、聚合度降低外，还可能引起许多副作用，如乳液凝聚和破乳，产生支链和交联（凝胶），并对聚合物微结构和分子量分布产生影响。

3.13.6.5 乳液聚合技术进展

以上主要介绍了经典乳液聚合的基本概念、机理和动力学。近几十年来，乳液聚合技术研究继续向纵深方向发展，在特殊分子/颗粒结构聚合物及其胶乳制备、聚合反应效率提升，以及节能环保等方面取得了若干重要突破，一些已实现了工业化。

（1）种子乳液聚合

常规乳液聚合产物的粒度较细，一般在 100～150nm（可以在 50～200nm 范围内波动）之间，如果需要较大的粒径，则可通过种子聚合和溶胀技术来制备。

所谓种子乳液聚合，是将少量单体在有限的乳化剂条件下先乳液聚合成种子胶乳（50～100nm 或更小），然后将少量种子胶乳（1%～3%）加入正式乳液聚合的配方中，种子胶粒被单体所溶胀，继续聚合，使粒径增大。经过多级溶胀聚合，粒径可达 1～2μm 或更大。种子乳液聚合成功的关键是防止乳化剂过量，以免形成新的胶束和乳胶粒。

乳液聚合的成核过程非线性极强，粒子数易受聚合条件而波动。工业过程因此多采用种子乳液聚合。种子乳液聚合的粒径分布接近单分散。如果在聚合体系中同时加入粒径不同的第一代和第二代种子胶乳，则可形成双峰分布的乳胶粒。这样制成的胶乳中，小粒子可充填在大粒子的空隙间，可提高胶乳的固含率。

（2）核壳乳液聚合

核壳乳液聚合是种子乳液聚合的发展。若种子聚合和后继聚合采用不同单体，则形成核壳结构的胶粒，在核与壳的界面上形成接枝层，增加两者的相容性和粘接力，提高力学性能。核壳乳液聚合成功的关键也要限量乳化剂。核和壳单体的选择视聚合物的性能要求而定。正常的核壳聚合物基本上有软核硬壳和硬核软壳两种类型。

软核硬壳型乳胶粒，如以聚丁二烯（B）为核，苯乙烯（S）和丙烯腈（A）共聚物为壳，可合成 ABS 工程塑料；以甲基丙烯酸甲酯（M）和苯乙烯共聚物为壳，则成为 MBS 抗冲改性剂；以丙烯酸丁酯为核；以甲基丙烯酸甲酯为壳，则可聚合成 ACR 抗冲改性剂。

硬核软壳型胶乳主要用作涂料，硬核赋予漆膜强度，软壳则可调节玻璃化温度或最低成膜温度。

影响核壳结构的因素中，除了两种单体的加料次序外，还与单体亲水性有关。一般先聚合的为核，后聚合的为壳。但先将亲水性的单体聚合成核，在后续疏水性单体聚合时，亲水性核将向外迁移，趋向水相，内核和外壳有逆转倾向；逆转不完全，有可能形成草莓形、雪人形等异形结构。其他如引发剂的水溶性、温度、pH 值、聚合物黏度都有影响。

（3）活性乳液聚合

"活性"自由基聚合并不是真正意义上的活性聚合，体系中仍存在不可逆终止反应、不可逆链转移等副反应，在均相聚合体系中"活性"自由基聚合仅适合于低分子量聚合物的可控合成。在乳液聚合中，单个自由基被隔离在 100nm 左右的乳胶粒中，双自由基终止反应受到抑制，产生"隔离效应"。应用这一效应可降低活性自由基聚合体系的死聚物生成量，从而提高可控聚合产物分子量。

NMP 和 ATRP 的活性自由基稳态浓度由活性自由基/休眠链交换反应的动态平衡决定。对现有的可控聚合体系而言，活性自由基稳态浓度太低，没有明显的隔离效应，因此 NMP 和 ATRP 并不能利用乳液聚合来降低死聚物生成量。RAFT 聚合的交换反应是可逆链转移反应，采用乳液聚合时，单个乳胶粒内平均自由基数的理论表达式为

$$\frac{1}{\bar{n}} = \frac{1}{\bar{n}_0} + K[\text{RAFT}] \tag{3-94}$$

式中，$\bar{n}_0$ 为传统乳液聚合中单个乳胶粒内平均自由基数；K 为 RAFT 反应平衡常数；[RAFT] 为 RAFT 试剂的摩尔浓度。

式（3-94）描述了 RAFT 乳液聚合的缓聚现象。相比传统乳液聚合，RAFT 乳液聚合平均自由基数由于中间态自由基的存在而下降，其下降程度与 RAFT 反应平衡常数和 RAFT 试剂浓度相关。即便如此，RAFT 乳液聚合仍可表现出显著的"隔离效应"，从而有利于提高可控聚合产物分子量。即使对于聚合速率常数较低的苯乙烯，通过 RAFT 乳液聚合也可高效制备出分子量超过 50 万的聚合产物。

简单地将"活性"自由基聚合配方引入乳液聚合体系并不成功，普遍出现乳液在聚合早期即失稳、分子量失控、分子量分布宽等问题。活性乳液聚合中，复杂的基元反应、各组分的相转移及传递现象与复杂的成粒过程相互偶合，是造成这些问题的原因。与传统乳液聚合不同，活性乳液聚合初期，乳胶粒内生成低分子量齐聚物，这些齐聚物极难溶于水，同时与单体有较高的混合熵，大量单体将转移到乳胶粒内溶胀齐聚物，当乳胶粒/水界面张力较低时，平衡溶胀度远高于传统乳液聚合，导致超级溶胀现象，使乳胶粒易于破乳，分子量失控。

应以合适结构的双亲性 RAFT 试剂齐聚物为表面活性剂和调控试剂，才能实施稳定的 RAFT 乳液聚合，聚合速率快、分子量可控、分子量分布窄。聚合物可为均聚物、无规共聚物、梯度共聚物、多嵌段共聚物，分子量可高达 50 多万。

RAFT 乳液聚合不仅可大幅度提高可控聚合产物的分子量，而且可直接制备得到嵌段共聚物胶乳，从而制得具有可控微相分离结构的纳米结构聚合物粒子，在高性能水性黏结剂、涂料等领域有重要应用前景。

（4）细乳液聚合

细乳液聚合由经典乳液聚合发展而来。经典乳液聚合中，乳胶粒是由第 I 阶段成核过程生成的，单体液滴主要作为单体的仓库。细乳液聚合采用与微悬浮类似的乳化体系，通过均化器等高速剪切设备将单体乳化成 30～500nm 的细乳液（miniemulsion），随后引发聚合。

要制得细乳液，除传统乳化剂外，在单体乳化前还需加入助稳定剂。助稳定剂的作用在于抑制奥氏熟化。当液滴尺寸较小时，油水界面能对化学位的影响不可忽略，这时小液滴内的化学位高于大液滴的化学位，从而驱动单体从小液滴扩散到大液滴中，这一现象成为奥氏熟化。

细乳液聚合动力学特征与经典乳液聚合相近，但成核机理不同，乳胶粒主要由单体细液

滴直接成核转化而来，成为单体液滴成核。引发剂既可采用水溶性，也可采用油溶性。细乳液聚合特别适合将极低水溶性组分（如长侧链丙烯酸酯、氟代丙烯酸酯、植物油）引入到乳胶粒中。乳液液滴成核的特性使其成核过程更不敏感。以双亲性的活性聚合调控试剂为乳化剂，可将自由基聚合限定在油水界面，成为界面细乳液聚合，适合用于制备聚合物纳米胶囊。

（5）微乳液聚合

传统乳液聚合最终乳胶粒径为 $100 \sim 150nm$，乳液不透明，呈乳白色，属于热力学不稳定体系。而微乳液聚合（microemulsion polymerization）的胶乳粒径为 $8 \sim 80nm$，属于纳米级微粒，经特殊表面活性剂体系保护，可成为热力学稳定体系，各向同性，清亮透明。

微乳液聚合配方的特点是：单体用量很少（$<10\%$），乳化剂很多（$>$单体量），并加有大量戊醇（其物质的量$>$乳化剂的物质的量）作助乳化剂，乳化剂和戊醇能形成复合胶束和保护膜，还可使水的表面张力降得很低，因而容易使单体分散成 $8 \sim 80nm$ 的微液滴，乳液稳定性良好。这一点与微悬浮聚合中采用乳化剂/难溶助剂复合体系有点相似。

十六烷基三甲基溴化铵等阳离子型乳化剂用于微乳液聚合时，可不加其他助剂。

在微乳液聚合过程中，除胶束成核外，微液滴可以与增溶胶束（约 $10nm$）竞争，吸取水相中的自由基而进行液滴成核。聚合成乳胶粒后，未成核的微液滴中单体通过水相扩散，供应乳胶粒继续聚合，微液滴很快消失（相当于 $4\% \sim 5\%$ 转化率）。微液滴消失后，增溶胶束仍继续胶束成核。未成核的胶束就为乳胶粒提供保护所需的乳化剂，最终形成热力学稳定的胶乳。

微乳液聚合的最终乳胶粒径小，表面张力低，渗透、润湿、流平等性能特好，可得透明涂膜，如与常规聚合物乳液混用，更能优势互补。

（6）反相乳液聚合

在传统乳液聚合中，单体更易溶于有机溶剂，即油溶性；乳液以溶有少量引发剂、乳化剂和单体的水为连续相，单体液滴和乳胶粒为分散相，即乳液呈水包油（O/W）型结构。

如单体与水完全互溶，即呈水溶性，其与有机溶剂、油溶性引发剂、油溶性乳化剂合用时，则分散成油包水（W/O）型乳液，而后聚合，就成为反相乳液聚合。

反相乳液聚合中研究得最多的单体是丙烯酰胺，（甲基）丙烯酸及其钠盐、对乙烯基苯磺酸钠、N-乙烯基吡咯烷酮等也曾有研究。甲苯、二甲苯等芳烃是常用的分散介质，环己烷、庚烷、异辛烷等也常选用。

HLB 值在 5 以下的非离子型油溶性表面活性剂，如山梨糖醇脂肪酸酯（Span60、Span80 等）及其环氧乙烷加成物（Tween80）以及两者的混合物，常选作乳化剂。乳化剂可处于液滴的保护层，也可能在有机相内形成胶束，单体扩散入内，形成增溶胶束。

水溶性（如过硫酸钾）和油溶性（如 AIBN、BPO）引发剂均有选用，成粒机理均以液滴成核为主。反相乳液聚合的液滴和最终粒子很小（$100 \sim 200nm$），称为反相细乳液聚合更确切。

反相乳液聚合法制得的聚丙烯酰胺的分子量可达千万以上，常用作采油助剂、絮凝剂等。

（7）无皂乳液聚合

一般乳胶粒表面吸附有乳化剂，难以用水洗净，在生化医药制品的载体应用上受到了限制，因此考虑无皂聚合。所谓"无皂"聚合，只是利用引发剂或极性共单体，将极性或可电离的基团键接在大分子上，使聚合产物本身就成为表面活性剂，举例见表 3-28。

表 3-28   无皂聚合中的共单体

基团特性	共单体示例
非离子,极性	丙烯酰胺类
弱电离	(甲基)丙烯酸,马来酸。共聚物中 COOH 可用碱中和成 $COO^- Na^+$
强电离	(甲基)烯丙基磺酸钠,对苯乙烯磺酸钠
离子和非离子基团复合型	羧酸-聚醚复合型 $HOOCCH = CHCO \cdot O(CH_2CH_2O)_n R$
可聚合的表面活性剂(surfmer)	烯丙基型离子型表面活性共单体 $C_{12}H_{25}O \cdot OCCH_2CH(SO_3Na)CO \cdot OCH_2CH(OH)CH_2OCH_2CH = CH_2$

　　采用过硫酸盐引发剂时,硫酸根就成为大分子的端基,只是硫酸根含量太少,乳化稳定能力有限,所得胶乳浓度很低（<10%）。而利用不电离、弱电离或强电离的亲水性极性共单体与苯乙烯、(甲基)丙烯酸酯类共聚,则可使较多的极性基团成为共聚物的侧基,乳化稳定作用较强,可以制备高固体含量的胶乳。

　　无皂聚合可用来制备粒径单分散性好、表面洁净、带有功能基团的聚合物微球,可在粒径和孔径测定、生物医药载体等特殊场合获得应用。

思　考　题

　　1.烯类单体加聚有下列规律：① 单取代和 1,1-双取代烯类容易聚合,而 1,2-双取代烯类难聚合；② 大部分烯类单体能自由基聚合,而能离子聚合的烯类单体却较少。试说明原因。

　　2.下列烯类单体适用于何种机理聚合？自由基聚合、阳离子聚合还是阴离子聚合？并说明原因。

$CH_2 = CHCl$　　　　$CH_2 = CCl_2$　　　　$CH_2 = CHCN$　　　　$CH_2 = C(CN)_2$　　　　$CH_2 = CHCH_3$

$CH_2 = C(CH_3)_2$　　　$CH_2 = CHC_6H_5$　　　$CF_2 = CF_2$　　　　　　$CH_2 = C(CN)COOR$

$CH_2 = C(CH_3) - CH = CH_2$

　　3.下列单体能否进行自由基聚合？并说明原因。

$CH_2 = C(C_6H_5)_2$　　　　$ClCH = CHCl$　　　　$CH_2 = C(CH_3)C_2H_5$　　　　$CH_3CH = CHCH_3$

$CH_2 = CHOCOCH_3$　　　$CH_2 = C(CH_3)COOCH_3$　　　$CH_3CH = CHCOOCH_3$　　　$CF_2 = CFCl$

　　4.是否所有自由基都可以用来引发烯类单体聚合？试举活性不等的自由基 3～4 例,说明应用结果。

　　5.以偶氮二异庚腈为引发剂,写出氯乙烯自由基聚合中各基元反应：链引发、链增长、偶合终止、歧化终止、向单体转移、向大分子转移。

　　6.为什么说传统自由基聚合的机理特征是慢引发、快增长、速终止？在聚合过程中,聚合物的聚合度、转化率、聚合产物中的物种变化趋向如何？

　　7.过氧化二苯甲酰和偶氮二异丁腈是常用的引发剂,有几种方法可以促使其分解成自由基？写出分解反应式。这两种引发剂的诱导分解和笼蔽效应有何特点？对引发剂效率的影响如何？

　　8.大致说明下列引发剂的使用温度范围,并写出分解反应式：①异丙苯过氧化氢；②过氧化十二酰；③过氧化二碳酸二环己酯；④过硫酸钾-亚铁盐；⑤过氧化二苯甲酰-二甲基苯胺。

　　9.评述下列烯类单体自由基聚合所选用的引发剂和温度条件是否合理。如有错误,试作纠正。

单　　体	聚合方法	聚合温度/℃	引　发　剂
苯乙烯	本体聚合	120	过氧化二苯甲酰
氯乙烯	悬浮聚合	50	偶氮二异丁腈
丙烯酸酯类	溶液共聚	70	过硫酸钾-亚硫酸钠
四氟乙烯	水相沉淀聚合	40	过硫酸钾

　　10.与引发剂引发聚合相比,光引发聚合有何优缺点？举例说明直接光引发、光引发剂引发和光敏剂间接引发的聚合原理。

　　11.等离子体对聚合和聚合物化学反应有何作用？传统聚合反应与等离子态聚合有何区别？

12.推导自由基聚合动力学方程时，作了哪些基本假定？一般聚合速率与链引发速率（引发剂浓度）的平方根成正比（0.5级），是哪一机理（链引发或链终止）造成的？什么条件会产生 0.5～1 级、1 级或 2 级？

13.氯乙烯、苯乙烯、甲基丙烯酸甲酯聚合时，都存在自动加速现象，三者有何异同？这三种单体聚合的链终止方式有何不同？氯乙烯聚合时，选用半衰期约 2h 的引发剂，可望接近匀速反应，解释其原因。

14.建立数量和单位概念：引发剂分解、链引发、链增长、链终止诸基元反应的速率常数和活化能，单体、引发剂和自由基浓度，自由基寿命等。剖析和比较微观和宏观体系的链增长速率、链终止速率和总速率。

15.在自由基溶液聚合中，单体浓度提高 10 倍且无链转移，求：a. 对聚合速率的影响；b. 数均聚合度的变化。

如果保持单体浓度不变，欲使引发剂浓度减半，求：a. 聚合速率的变化；b. 数均聚合度的变化。

16.动力学链长的定义是什么？与平均聚合度有何关系？链转移反应对动力学链长和聚合度有何影响？试举 2～3 例说明利用链转移反应来控制聚合度的工业应用，试用链转移常数数值来帮助说明。

17.说明聚合度与温度的关系，引发条件为：a. 引发剂热分解；b. 光引发聚合；c. 链转移为控制反应。

18.提高聚合温度和增加引发剂浓度，均可提高聚合速率，问哪一措施更好？

19.链转移反应对支链的形成有何影响？聚乙烯的长支链和短支链，以及聚氯乙烯的支链是如何形成的？

20.按理论推导，歧化终止和偶合终止时聚合度分布有何差异？为什么凝胶效应和沉淀聚合使分布变宽？

21.低转化聚合偶合终止时，聚合物分布如何？下列条件对分布有何影响：a. 向正丁硫醇转移；b. 高转化率；c. 向聚合物转移；d. 自动加速。使分布加宽的条件下，有无可能采取措施使分布变窄？

22.苯乙烯和醋酸乙烯酯分别在苯、甲苯、乙苯、异丙苯中聚合，从链转移常数来比较不同自由基向不同溶剂链转移的难易程度和对聚合度的影响，并作出分子级的解释。

23.指明和改正下列方程式中的错误：

a. $R_p = k_p^{1/2} (f k_d / k_t) [I]^{1/2} [M]$　　　　b. $\nu = (k_p / 2 k_t) [M \cdot] [M]$

c. $\overline{X}_n = (\overline{X}_n)_0 + C_S [S] / [M]$　　　　d. $\tau_s = (k_p^2 / 2 k_t) [M] / R_i$

24.简述产生诱导期的原因。从阻聚常数来评价硝基苯、苯醌、DPPH、氯化铁的阻聚效果。

25.简述自由基聚合中的下列问题：a. 产生自由基的方法；b. 速率、聚合度与温度的关系；c. 速率常数与自由基寿命；d. 阻聚与缓聚；e. 如何区别偶合终止和歧化终止；f. 如何区别向单体和向引发剂转移。

26.为什么可以说丁二烯或苯乙烯是氯乙烯或醋酸乙烯酯聚合的终止剂或阻聚剂？比较醋酸乙烯酯和醋酸烯丙酯的聚合速率和聚合产物的分子量，说明原因。

27.在求取自由基聚合动力学参数 k_p、k_t 时，可以利用哪 4 个可测参数、相应关系和方法来测定？

28.可控/"活性"自由基聚合的基本原则是什么？简述氮氧稳定自由基（NMP）法、原子转移自由基聚合（ATRP）法、可逆加成-断裂转移（RAFT）法可控自由基聚合的基本原理。

29.比较传统自由基聚合与"活性"自由基聚合的引发反应，说明传统自由基聚合为什么要求"慢引发"，"活性"自由基聚合（NMP、ATRP、RAFT）如何实现"快引发"？

30."活性"自由基聚合实现窄分子量分布的原理是什么？

31."活性"自由基聚合中，如何实现分子量随单体转化率线性增长？

32.聚合方法（过程）中有许多名称，如本体聚合、溶液聚合和悬浮聚合，均相聚合和非均相聚合，沉淀聚合和分散聚合，试说明它们相互间的区别和关系。

33.本体法制备有机玻璃板和通用级聚苯乙烯，比较过程特征，说明如何解决传热问题、保证产品品质。

34.溶液聚合较少用于自由基聚合，为什么？

35.举例说明分散聚合配方中的溶剂和稳定剂以及稳定机理。

36.悬浮聚合和微悬浮聚合在分散剂选用、产品颗粒特性上有何不同？

37.苯乙烯和氯乙烯悬浮聚合在过程特征、分散剂选用、产品颗粒特性上有何不同？

38.比较氯乙烯本体沉淀聚合和悬浮聚合的过程特征、产品品质有何异同？

39.简述经典乳液聚合中单体、乳化剂和引发剂的所在场所，链引发、链增长和链终止的场所和特征，胶束、乳胶粒、单体液滴和速率的变化规律。

40.简述胶束成核、液滴成核、水相成核的机理和区别。

41.通过动力学分析，说明为什么 NMP、ATRP 体系的自由基隔离效应不明显。

42.简述在乳液聚合中实施 RAFT 聚合的意义。

43.简述种子乳液聚合和核壳乳液聚合的区别和关系。

44.比较微悬浮聚合、乳液聚合、细乳液聚合、微乳液聚合的产物粒径和稳定用的分散剂。

45.举例说明反相乳液聚合的特征。

46.实施无皂乳液聚合有几种方法？

计 算 题

1.甲基丙烯酸甲酯进行聚合，试由 ΔH 和 ΔS 来计算 77℃、127℃、177℃、227℃时的平衡单体浓度，从热力学上判断聚合能否正常进行。

2.60℃过氧化二碳酸二乙基己酯在某溶剂中分解，用碘量法测定不同时间的残留引发剂浓度，数据如下，试计算分解速率常数（s^{-1}）和半衰期（h）。

时间/h	0	0.2	0.7	1.2	1.7
EHP 浓度/(mol·L^{-1})	0.0754	0.0660	0.0484	0.0334	0.0228

3.在甲苯中于不同温度下测定偶氮二异丁腈的分解速率常数，数据如下，求分解活化能。再求 40℃ 和 80℃ 下的半衰期，判断在这两温度下聚合是否有效。

温度/℃	50	60.5	69.5
分解速率常数/s^{-1}	2.64×10^{-6}	1.16×10^{-5}	3.78×10^{-5}

4.引发剂半衰期与温度的关系式中的常数 A、B 与指前因子、活化能有什么关系？文献经常报道半衰期为 1h 和 10h 的温度，这有什么方便之处？过氧化二碳酸二异丙酯半衰期为 1h 和 10h 的温度分别为 61℃ 和 45℃，试求 A、B 值和 56℃ 的半衰期。

5.过氧化二乙基的一级分解速率常数为 $1.0\times10^{14}\exp(-146.5kJ/RT)$，在什么温度范围使用才有效？

6.苯乙烯溶液浓度为 $0.20mol\cdot L^{-1}$，过氧类引发剂浓度为 $4.0\times10^{-3}mol\cdot L^{-1}$，在 60℃ 下聚合，如引发剂半衰期为 44h，引发剂效率 $f=0.80$，$k_p=145L\cdot mol^{-1}\cdot s^{-1}$，$k_t=7.0\times10^{7}L\cdot mol^{-1}\cdot s^{-1}$，欲达到 50% 转化率，需多长时间？

7.过氧化二苯甲酰引发某单体聚合的动力学方程为 $R_p=k_p[M](fk_d/k_t)^{1/2}[I]^{1/2}$，假定各基元反应的速率常数和 f 都与转化率无关，$[M]_0=2mol\cdot L^{-1}$，$[I]=0.01mol\cdot L^{-1}$，在相同的聚合时间内，欲将最终转化率从 10% 提高到 20%，试求：

a.$[M]_0$ 增加或降低多少倍？

b.$[I]_0$ 增加或降低多少倍？$[I]_0$ 改变后，聚合速率和聚合度有何变化？

c.如果热引发或光引发聚合，应该升高还是降低聚合温度？

已知 E_d、E_p、E_t 分别为 124kJ·mol^{-1}、32kJ·mol^{-1} 和 8kJ·mol^{-1}。

8.以过氧化二苯甲酰作引发剂，苯乙烯聚合各基元反应的活化能为 $E_d=125kJ\cdot mol^{-1}$，$E_p=32.6kJ\cdot mol^{-1}$，$E_t=10kJ\cdot mol^{-1}$，试比较从 50℃ 增至 60℃ 以及从 80℃ 增至 90℃ 聚合速率和聚合度的变化。光引发的情况又如何？

9.以过氧化二苯甲酰为引发剂，在 60℃ 进行苯乙烯聚合动力学研究，数据如下：a.60℃ 苯乙烯的密度为 0.887g·cm^{-3}；b.引发剂用量为单体量的 0.109%；c.$R_p=0.255\times10^{-4}mol\cdot L^{-1}\cdot s^{-1}$；d.聚合度 = 2460；e.$f=0.80$；f.自由基寿命 = 0.82s。试求 k_d、k_p、k_t，建立三常数的数量级概念，比较 [M] 和 [M·] 的大小，比较 R_i、R_p、R_t 的大小。

10.27℃ 时苯乙烯分别用 AIBN 和紫外光引发聚合，获得相同的聚合速率（$0.001mol\cdot L^{-1}\cdot s^{-1}$）和聚合度（200），77℃ 聚合时，聚合速率和聚合度各多少？

11. 对于双基终止的自由基聚合物，每一大分子含有 1.30 个引发剂残基，假定无链转移反应，试计算歧化终止和偶合终止的相对量。

12. 以过氧化叔丁基作引发剂，60℃时苯乙烯在苯中进行溶液聚合，苯乙烯浓度为 1.0mol·L^{-1}，过氧化物浓度为 0.01mol·L^{-1}，初期引发速率和聚合速率分别为 4.0×10^{-11}mol·L^{-1}·s^{-1} 和 1.5×10^{-7}mol·L^{-1}·s^{-1}。苯乙烯-苯为理想体系，计算 fk_d、初期聚合度、初期动力学链长，求由过氧化物分解所产生的自由基平均要转移几次，分子量分布宽度如何？

计算时采用下列数据：

$C_M=8.0\times10^{-5}$，$C_I=3.2\times10^{-4}$，$C_S=2.3\times10^{-6}$，60℃下苯乙烯密度为 0.887g·mL^{-1}，苯的密度为 0.839g·mL^{-1}。

13. 按上题制得的聚苯乙烯分子量很高，常加入正丁硫醇（$C_S=21$）调节，问加多少才能制得分子量为 8.5 万的聚苯乙烯？加入正丁硫醇后，聚合速率有何变化？

14. 聚氯乙烯的分子量为什么与引发剂浓度无关而仅决定于聚合温度？向氯乙烯单体链转移常数 C_M 与温度的关系为 $C_M=125\exp(-30500/RT)$，其中 $R=8.314$J·mol^{-1}·K^{-1}。试求 40℃、50℃、55℃、60℃下聚氯乙烯的平均聚合度。

15. 用过氧化二苯甲酰作引发剂，苯乙烯在 60℃下进行本体聚合，试计算双基终止、向引发剂转移、向单体转移三部分在聚合度倒数中所占的百分比。对聚合有何影响？

计算时用下列数据：$[I]=0.04$mol·L^{-1}，$f=0.8$，$k_d=2.0\times10^{-6}$s^{-1}，$k_p=176$L·mol^{-1}·s^{-1}，$k_t=3.6\times10^7$L·mol^{-1}·s^{-1}，$\rho(60℃)=0.887$g·mL^{-1}，$C_I=0.05$，$C_M=0.85\times10^{-4}$。

16. 自由基聚合遵循下式规律 $R_p=k_p(fk_d[I]/k_t)^{1/2}[M]$，在某一引发剂起始浓度、单体浓度和聚合时间下的转化率如下表，试计算下表实验 4 达到 50% 转化率所需的时间，并计算总活化能。

实验	T/℃	$[M]$/(mol·L^{-1})	$[I]$/(10^{-3}mol·L^{-1})	聚合时间/min	转化率/%
1	60	1.00	2.5	500	50
2	80	0.50	1.0	700	75
3	60	0.80	1.0	600	40
4	60	0.25	10.0	?	50

17. 100℃下，苯乙烯（M）在甲苯（S）中进行热聚合，测得数均聚合度与 [S]/[M] 比值有如下关系：

$\overline{X}_n/10^3$	3.3	1.62	1.14	0.80	0.65
[S]/[M]	0	5	10	15	20

求向甲苯的转移常数 C_S；要制得平均聚合度为 2×10^5 的聚苯乙烯，[S]/[M] 应该为多少？

18. 某单体用不同浓度的某引发剂进行自由基聚合，链引发速率单独测定，自由基寿命用旋转光闸法测定，有如下实验数据。链引发速率和自由基寿命的变化均符合自由基聚合动力学规律，试求链终止速率常数。

R_i/(10^{-9}mol·L^{-1}·s^{-1})	2.35	1.59	12.75	5.00	14.85
τ/s	0.73	0.93	0.32	0.50	0.29

19. 用氧化-还原体系引发 20%（质量分数）丙烯酰胺溶液绝热聚合，起始温度为 30℃，聚合热为 -74kJ·mol^{-1}，假定反应器和内容物的热容为 4J·g^{-1}·K^{-1}，最终温度是多少？最高浓度为多少才无失控危险？

20. 计算苯乙烯乳液聚合速率和聚合度。已知：60℃时，$k_p=176$L·mol^{-1}·s^{-1}，$[M]=5.0$mol·L^{-1}，$N=3.2\times10^{14}$mL^{-1}，$\rho=1.1\times10^{13}$mL^{-1}·s^{-1}。

21. 比较苯乙烯在 60℃下本体聚合和乳液聚合的速率和聚合度。乳胶粒数 $=1.0\times10^{15}$mL^{-1}，$[M]=5.0$mol·L^{-1}，$\rho=5.0\times10^{12}$mL^{-1}·s^{-1}。两体系的速率常数相同：$k_p=176$L·mol^{-1}·s^{-1}，$k_t=3.6\times10^7$L·mol^{-1}·s^{-1}。

22.经典乳液聚合配方如下：苯乙烯 100g，水 200g，过硫酸钾 0.3g，硬脂酸钠 4.5g。试计算：

a.溶于水中的苯乙烯分子数（mL^{-1}）。已知：20℃溶解度为 $0.02g \cdot (100g\ 水)^{-1}$，阿伏伽德罗常数 $N_A = 6.023 \times 10^{23} mol^{-1}$。

b.单体液滴数（mL^{-1}）。条件：液滴直径 1000nm，苯乙烯溶解和增溶量共 2g，苯乙烯密度为 $0.9g \cdot cm^{-3}$。

c.溶于水中的钠皂分子数（mL^{-1}）。条件：硬脂酸钠的 CMC 为 $0.13g \cdot L^{-1}$，分子量为 306.5。

d.水中胶束数（mL^{-1}）。条件：每胶束由 100 个肥皂分子组成。

e.水中过硫酸钾分子数（mL^{-1}）。条件：分子量为 270。

f.初级自由基形成速率 $\rho(mL^{-1} \cdot s^{-1})$。条件：50℃时，$k_d = 9.5 \times 10^{-7} s^{-1}$。

g.乳胶粒数（mL^{-1}）。条件：粒径 100nm，无单体液滴。已知：苯乙烯密度 $0.9g \cdot cm^{-3}$，聚苯乙烯密度 $1.05g \cdot cm^{-3}$，转化率 50%。

23.60℃下乳液聚合制备聚丙烯酸酯类胶乳，聚合时间 8h，转化率 100%。配方：（丙烯酸乙酯＋共单体）100，水 133，过硫酸钾 1，十二烷基硫酸钠 3，焦磷酸钠（pH 缓冲剂）0.7。

下列各组分变动时，第二阶段的聚合速率有何变化？

a.用 6 份十二烷基硫酸钠   b.用 2 份过硫酸钾

c.用 6 份十二烷基硫酸钠和 2 份过硫酸钾   d.添加 0.1 份十二硫醇（链转移剂）

24.按下列乳液聚合配方，计算每升水相的聚合速率。[提示：计算每升水中的乳胶粒数，再用式（3-89）。]

组分	质量份	密度
苯乙烯	100	$0.9g \cdot cm^{-3}$
水	180	$1g \cdot cm^{-3}$
过硫酸钾	0.85	
十二烷基磺酸钠	3.5	

每一表面活性剂分子的表面积	$50 \times 10^{-6} cm^2$
第二阶段聚苯乙烯粒子体积增长速率	$5 \times 10^{-20} cm^3 \cdot s^{-1}$
乳胶粒中苯乙烯浓度	$5 mol \cdot L^{-1}$
过硫酸钾 $k_d(60℃)$	$6 \times 10^{-6} s^{-1}$
苯乙烯 $k_p(60℃)$	$200 L \cdot mol^{-1} \cdot s^{-1}$

4

自由基共聚合

4.1 引言

在连锁加聚中，由一种单体参与的聚合，称作均聚，产物是组成单一的均聚物；由两种或多种单体参与的聚合，则称作（二元）共聚或多元共聚，产物为多组分的共聚物。

本章着重讨论研究得比较成熟的自由基共聚，有关离子共聚，则附在离子聚合一章（第5章）内参比自由基共聚作适当简介。

4.1.1 共聚物的类型和命名

根据大分子中结构单元的排列情况，二元共聚物有下列 4 种类型：

① 无规共聚物　两结构单元 M_1、M_2 按概率无规排布，M_1、M_2 连续的单元数不多，自一至十几不等。多数自由基共聚物属于这一类型，如苯乙烯-丙烯腈共聚物。

$$\sim M_1 M_2 M_2 M_1 M_2 M_2 M_2 M_1 M_1 M_2 M_1 M_1 M_1 M_2 M_2 \sim$$

② 交替共聚物　共聚物中 M_1、M_2 两单元严格交替相间。

$$\sim M_1 M_2 M_1 M_2 M_1 M_2 M_1 M_2 \sim$$

这可以看作无规共聚物的特例。苯乙烯-马来酸酐常温溶液共聚物属于这一类。

③ 嵌段共聚物　由较长的 M_1 链段和另一较长的 M_2 链段构成的大分子，每一链段可长达几百至几千结构单元，这一类称作 AB 型嵌段共聚物。

$$\sim M_1 M_1 M_1 M_1 \sim M_1 M_1 \cdot M_2 M_2 M_2 \sim M_2 M_2 \sim$$

也有 ABA 型（如苯乙烯-丁二烯-苯乙烯三嵌段共聚物 SBS）和 $(AB)_x$ 型。

④ 接枝共聚物　主链由 M_1 单元组成，支链则由另一种 M_2 单元组成。

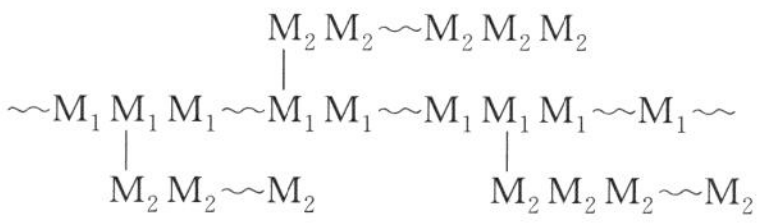

$$
\begin{array}{cc}
M_2 M_2 \sim M_2 M_2 M_2 & \\
| & | \\
\sim M_1 M_1 M_1 \sim M_1 M_1 \sim M_1 M_1 M_1 \sim M_1 \sim & \\
| & | \\
M_2 M_2 \sim M_2 & M_2 M_2 M_2 \sim M_2
\end{array}
$$

抗冲聚苯乙烯（聚丁二烯接枝苯乙烯）属于这一类。

无规共聚物和交替共聚物呈均相，遵循同一共聚合原理，将在本章作详细讨论。嵌段共聚物和接枝共聚物往往呈非均相，可由多种聚合机理合成，详见第 8 章。

共聚物的命名原则系将两单体名称连以短横，前面冠以"聚"字，如聚（丁二烯-苯乙烯），或称作丁二烯-苯乙烯共聚物。国际命名中常在两单体名之间插入-co-、-alt-、-b-、-g-，分别代表无规、交替、嵌段、接枝。无规共聚物名称中前一单体 M_1 为主单体，后为第二单体 M_2。嵌段共聚物名称中的前后单体则代表单体加入聚合的次序。接枝共聚物中前一单体 M_1 为主链，后一单体 M_2 则为支链。

4.1.2　研究共聚合反应的意义

均聚物的种类有限，一种单体只能形成一种均聚物，虽然可以生产不同聚合度的多种牌号，但品种仍然不多。通过与第二、三单体共聚，可以改进大分子的结构性能，增加品种，扩大应用范围。可改变的性能包括：刚性、韧性、弹性、塑性、柔软性、玻璃化温度、塑化温度、熔点、溶解性能、染色性能、表面性能等。性能改变的程度与共单体的种类、数量以及排列方式有关。根据第二单体的用量，可将无规共聚粗分成两类：①第二单体用量较多，以百分之数十计，共聚物性能多介于两种均聚物之间；②第二单体用量较少，以百分之几计，主要用来改善某种特殊性能。第三单体用量更少，按特殊需要添加。

典型共聚物改性例子见表 4-1。

表 4-1　典型共聚物

主单体	第二单体	共聚物	改进的性能和主要用途	聚合机理
乙烯	35%醋酸乙烯酯	EVA	增加韧性；聚氯乙烯抗冲改性剂	自由基
乙烯	30%（摩尔分数）丙烯	乙丙橡胶	破坏结晶性，增加弹性；合成橡胶	配位
异丁烯	3%异戊二烯	丁基橡胶	引入双键，供交联用；气密性橡胶	阳离子
丁二烯	25%苯乙烯	丁苯橡胶	增加强度；合成橡胶	自由基或阴离子
丁二烯	26%丙烯腈	丁腈橡胶	增加极性；耐油合成橡胶	自由基
苯乙烯	40%丙烯腈	SAN 树脂	提高抗冲强度；工程塑料	自由基
氯乙烯	13%醋酸乙烯酯	氯-醋共聚物	增加塑性和溶解性能；塑料和涂料	自由基
偏氯乙烯	15%氯乙烯	偏-氯共聚物	破坏结晶性，增加塑性；阻透塑料	自由基
四氟乙烯	全氟丙烯	F-46 树脂	破坏结晶性，增加柔性；特种橡胶	自由基
甲基丙烯酸甲酯	10%苯乙烯	MMA-S 共聚物	改善流动性和加工性能；塑料	自由基
丙烯腈	7%丙烯酸甲酯	腈纶树脂	改善柔软性，易染色；合成纤维	自由基
醋酸乙烯	50%（摩尔分数）马来酸酐		交替共聚物；分散剂	自由基

通过共聚，除了可以扩大聚合物品种外，还可以将一些难以均聚的单体用作共聚单体。例如马来酸酐是难均聚的单体，却可以在高温（＞100℃）下与苯乙烯无规共聚，制备苯乙烯-马来酸酐无规共聚物（R-SMA），可作聚苯乙烯的耐热改性品种，也可用玻璃纤维增强后用作工程塑料；如两单体在常温下进行溶液共聚，则可制得交替共聚物（A-SMA），用作分散剂等助剂。

在理论上，通过共聚合研究，可以评价单体、自由基、碳负离子、碳正离子的活性，进一步了解单体活性与结构的关系。

在均聚中，聚合速率、平均聚合度、聚合度分布是需要研究的三项重要指标；在共聚反应中，共聚物组成和序列分布却上升为首要问题。

4.2　二元共聚物的组成

两单体共聚时，会出现多种情况，例如：共聚物组成与单体配比不同；共聚前期和后期生成的共聚物组成并不一致，共聚物组成随转化率而变，存在着组成分布和平均组成问题；有些易均聚的单体难以共聚，少数难均聚的单体却能共聚。所有这些问题都有待于共聚物组成与单体组成间关系的基本规律来解决。

　　共聚物瞬时组成、平均组成、序列分布等都是共聚研究中的重要问题。

4.2.1　共聚物组成微分方程

　　共聚物组成方程系描述共聚物组成与单体组成间的定量关系，可以由共聚动力学或由链增长概率推导出来。

　　20 世纪 40 年代，Mayo 等就着手研究共聚理论，建立了共聚物组成方程。

　　用动力学法推导共聚物组成方程时，除了沿用自由基聚合中的等活性、聚合度很大、稳态 3 个基本假定外，尚需考虑无前末端效应和无解聚反应，共计 5 个假定：

　　① 等活性理论，即自由基活性与链长无关；

　　② 共聚物聚合度很大，链引发和链终止对共聚物组成的影响可以忽略；

　　③ 稳态，要求自由基总浓度和两种自由基的浓度都不变；

　　④ 无前末端效应，即链自由基中倒数第二单元的结构对自由基活性无影响；

　　⑤ 无解聚反应，即不可逆聚合。

　　以 M_1、M_2 代表 2 种单体，以 $\sim M_1 \cdot$、$\sim M_2 \cdot$ 代表 2 种链自由基。二元共聚时就有 2 种链引发、4 种链增长、3 种链终止。

　　链引发

$$R \cdot + M_1 \xrightarrow{k_{i1}} RM_1 \cdot \quad (\text{或 } \sim M_1 \cdot)$$

$$R \cdot + M_2 \xrightarrow{k_{i2}} RM_2 \cdot \quad (\text{或 } \sim M_2 \cdot)$$

　　式中，k_{i1} 和 k_{i2} 分别代表初级自由基引发单体 M_1 和 M_2 的速率常数。

　　链增长

$$\sim M_1 \cdot + M_1 \xrightarrow{k_{11}} \sim M_1 \cdot \qquad R_{11} = k_{11}[M_1 \cdot][M_1] \tag{4-1}$$

$$\sim M_1 \cdot + M_2 \xrightarrow{k_{12}} \sim M_2 \cdot \qquad R_{12} = k_{12}[M_1 \cdot][M_2] \tag{4-2}$$

$$\sim M_2 \cdot + M_1 \xrightarrow{k_{21}} \sim M_1 \cdot \qquad R_{21} = k_{21}[M_2 \cdot][M_1] \tag{4-3}$$

$$\sim M_2 \cdot + M_2 \xrightarrow{k_{22}} \sim M_2 \cdot \qquad R_{22} = k_{22}[M_2 \cdot][M_2] \tag{4-4}$$

　　式中，R 和 k 中下标两位数中前一数字代表自由基，后一位数字代表单体，例如 R_{11} 和 k_{11} 分别代表自由基 $M_1 \cdot$ 和单体 M_1 反应的链增长速率和链增长速率常数，其余类推。

　　链终止

$$\sim M_1 \cdot + \cdot M_1 \sim \xrightarrow{k_{t11}} \sim M_1 M_1 \sim \quad (\text{自终止})$$

$$\sim M_1 \cdot + \cdot M_2 \sim \xrightarrow{k_{t12}} \sim M_1 M_2 \sim \quad (\text{交叉终止})$$

$$\sim M_2 \cdot + \cdot M_2 \sim \xrightarrow{k_{t22}} \sim M_2 M_2 \sim \quad (\text{自终止})$$

　　式中，k_{t11} 代表链自由基 $M_1 \cdot$ 与链自由基 $M_1 \cdot$ 的终止速率常数，其余类推。

根据假定②，共聚物聚合度很大，链引发和链终止对共聚物组成的影响甚微，可以忽略不计。M_1 和 M_2 的消失速率或进入共聚物的速率仅决定于链增长速率。

$$-\frac{d[M_1]}{dt}=R_{11}+R_{21}=k_{11}[M_1\cdot][M_1]+k_{21}[M_2\cdot][M_1] \tag{4-5}$$

$$-\frac{d[M_2]}{dt}=R_{12}+R_{22}=k_{12}[M_1\cdot][M_2]+k_{22}[M_2\cdot][M_2] \tag{4-6}$$

两单体消耗速率之比等于两单体进入共聚物的摩尔比 (n_1/n_2)。

$$\frac{n_1}{n_2}=\frac{d[M_1]}{d[M_2]}=\frac{k_{11}[M_1\cdot][M_1]+k_{21}[M_2\cdot][M_1]}{k_{12}[M_1\cdot][M_2]+k_{22}[M_2\cdot][M_2]} \tag{4-7}$$

对 $M_1\cdot$ 和 $M_2\cdot$ 分别作稳态处理，得

$$\frac{d[M_1\cdot]}{dt}=R_{i1}+k_{21}[M_2\cdot][M_1]-k_{12}[M_1\cdot][M_2]-R_{t12}-R_{t11}=0 \tag{4-8a}$$

$$\frac{d[M_2\cdot]}{dt}=R_{i2}+k_{12}[M_1\cdot][M_2]-k_{21}[M_2\cdot][M_1]-R_{t21}-R_{t22}=0 \tag{4-8b}$$

满足上述稳态假定的要求，需具备两个条件：一是 $M_1\cdot$ 和 $M_2\cdot$ 的链引发速率分别等于各自的链终止速率，即 $R_{i1}=R_{t11}+R_{t12}$，$R_{i2}=R_{t22}+R_{t21}$，这相当于自由基均聚中所作的稳态假定 $R_i=R_t$；二是 $M_1\cdot$ 转变成 $M_2\cdot$ 和 $M_2\cdot$ 转变成 $M_1\cdot$ 的速率相等，即

$$k_{12}[M_1\cdot][M_2]=k_{21}[M_2\cdot][M_1] \tag{4-9}$$

由式(4-9) 解出 $[M_2\cdot]$，代入式(4-7)，消去 $[M_1\cdot]$。并将均聚和共聚链增长速率常数之比定义为竞聚率 r，以表征两单体的相对活性。

$$r_1=\frac{k_{11}}{k_{12}} \qquad r_2=\frac{k_{22}}{k_{21}}$$

最后得到最基本的共聚物组成微分方程，描述共聚物瞬时组成与单体组成间的定量关系。

$$\frac{d[M_1]}{d[M_2]}=\frac{[M_1]}{[M_2]}\times\frac{r_1[M_1]+[M_2]}{r_2[M_2]+[M_1]} \tag{4-10}$$

根据统计法，由链增长概率，也可以得到同样的结果。

令 f_1 等于某瞬间单体 M_1 占单体混合物的摩尔分数，即

$$f_1=1-f_2=\frac{[M_1]}{[M_1]+[M_2]}$$

而 F_1 代表同一瞬间单元 M_1 占共聚物的摩尔分数，即

$$F_1=1-F_2=\frac{d[M_1]}{d[M_1]+d[M_2]}$$

式(4-10) 就可以转换成以摩尔分数表示的共聚物组成微分方程。

$$F_1 = \frac{r_1 f_1^2 + f_1 f_2}{r_1 f_1^2 + 2f_1 f_2 + r_2 f_2^2} \tag{4-11}$$

在不同场合，若选用得当，式(4-10)和式(4-11)各有方便之处。也可以转换成以质量比或质量分数表示的组成方程，只是形式更加复杂，使用起来并不一定方便。

4.2.2 共聚行为——共聚物组成曲线

共聚行为与气液平衡原理类似。式(4-11)表示共聚物瞬时组成 F_1 是单体组成 f_1 的函数，相应有 F_1-f_1 关系曲线，竞聚率 r_1、r_2 是影响两者关系的主要参数。竞聚率可以在很广的范围内变动，共聚物组成曲线也相应有多种类型，差异很大。

竞聚率是自增长速率常数与交叉增长速率常数的比值（$r_1 = k_{11}/k_{12}$，$r_2 = k_{22}/k_{21}$）。在剖析共聚行为以前，预先了解一下竞聚率典型数值的意义，将有助于理解和记忆。

① $r_1 = 0$，表示 $k_{11} = 0$，自由基 $M_1 \cdot$ 不能与同种单体均聚，只能与异种单体 M_2 共聚。

② $r_1 = 1$，表示 $k_{11} = k_{12}$，即 $M_1 \cdot$ 加上同种和加上异种单体的难易程度或两者概率相同。

③ $r_1 < 1$，有利于 $M_1 \cdot$ 与异种单体 M_2 共聚；$r_1 > 1$，则有利于 $M_1 \cdot$ 和同种单体 M_1 均聚。

先介绍理想共聚和交替共聚两种比较简单的情况，然后讨论一般规律。

（1）理想共聚（$r_1 r_2 = 1$）

$r_1 = r_2 = 1$ 是极端的理想情况，表示两自由基的自增长和交叉增长的概率完全相同。不论单体配比和转化率如何，共聚物组成与单体组成完全相等，即 $F_1 = f_1$，共聚物组成曲线是一对角线，可称为理想恒比共聚。乙烯-醋酸乙烯酯、甲基丙烯酸甲酯-偏二氯乙烯、四氟乙烯-三氟氯乙烯的共聚都接近这一情况。这类共聚物组成就由单体配比来控制。

一般理想共聚，$r_1 r_2 = 1$ 或 $r_2 = 1/r_1$，式(4-10)和式(4-11)可简化为

$$\frac{d[M_1]}{d[M_2]} = r_1 \frac{[M_1]}{[M_2]} \tag{4-12a}$$

$$F_1 = \frac{r_1 f_1}{r_1 f_1 + f_2} \tag{4-12b}$$

式(4-12a)表明，共聚物中两单元摩尔比是原料中两单体摩尔比的 r_1 倍。组成曲线关于恒比对角线呈对称状，如图 4-1 所示。当 $r_1 > 1$ 时，位于对角线的上方；$r_1 < 1$ 时，位于对角线的下方。60℃时丁二烯（$r_1 = 1.39$）-苯乙烯（$r_2 = 0.78$）、偏氯乙烯（$r_1 = 3.2$）-氯乙烯（$r_2 = 0.3$）共聚接近这种情况。离子共聚多为理想共聚。

（2）交替共聚（$r_1 = r_2 = 0$）

$r_1 = r_2 = 0$，表明两种自由基都不能与同种单体均聚，只能与异种单体共聚，因此共聚物中两单元严格交替相间。不论单体配比如何，共聚物组成均恒定为

$$\frac{d[M_1]}{d[M_2]} = 1 \tag{4-13}$$

上式在 F_1-f_1 图上是一条 $F_1 = 0.5$ 的水平线（见图 4-2），F_1 与 f_1 值无关。原始物料中两种单体量不相等进行共聚时，含量少的单体消耗完毕，聚合就停止，留下的是多余的另一单体。

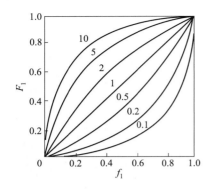

图 4-1　理想共聚曲线（$r_1 r_2 = 1$）

曲线上数字为 r_1 值

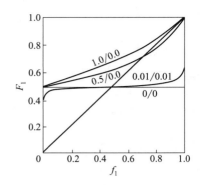

图 4-2　共聚曲线（$r_1 \leqslant 1$，$r_2 < 1$）

曲线上数字为 r_1 / r_2 值

易成电荷转移配合物的两种单体，如马来酸酐和醋酸-2-氯烯丙基酯就属此情况。

如果 $r_2 = 0$，$r_1 > 0$，则式（4-10）可简化为

$$\frac{d[M_1]}{d[M_2]} = 1 + r_1 \frac{[M_1]}{[M_2]} \qquad (4\text{-}14)$$

当 $[M_2]$ 过量很多、$r_1 [M_1]/[M_2] \ll 1$ 时，才形成组成为 1∶1 的交替共聚物。M_1 耗尽后，聚合也就停止。如 $[M_1]$ 和 $[M_2]$ 不相上下，则共聚物中 $F_1 > 50\%$。60℃时苯乙烯（$r_1 = 0.01$）和马来酸酐（$r_2 = 0$）共聚是这方面的例子。

交替共聚物瞬时组成与单体组成的关系变化情况如图 4-2 所示。

（3）$r_1 r_2 < 1$ 而 $r_1 > 1$、$r_2 < 1$ 的非理想共聚

这类共聚曲线与理想共聚有点相似，处于对角线的上方，如图 4-3 所示。这类例子很多，如氯乙烯（$r_1 = 1.68$）-醋酸乙烯酯（$r_2 = 0.23$）、甲基丙烯酸甲酯（$r_1 = 1.91$）-丙烯酸甲酯（$r_2 = 0.5$）。苯乙烯（$r_1 = 55$）与醋酸乙烯酯（$r_2 = 0.01$）的特征是 $r_1 \gg 1$，$r_2 \ll 1$，其共聚行为表面上看来也应属于这一类，但实际上，聚合前期产物是含有微量醋酸乙烯酯单元的聚苯乙烯，苯乙烯聚合结束，后期产物才是纯醋酸乙烯酯均聚物，结果几乎是两种均聚物的混合物。

$r_1 r_2 < 1$ 而 $r_1 < 1$、$r_2 > 1$ 时，则共聚物组成曲线处在对角线的下方。

（4）$r_1 r_2 < 1$ 而 $r_1 < 1$、$r_2 < 1$ 的非理想共聚

这类共聚曲线与对角线有一交点，该点的共聚物组成与单体组成相等，特称作恒比点。根据 $d[M_1]/d[M_2] = [M_1]/[M_2]$ 的条件，由式（4-10）可以得出恒比点的组成与竞聚率的关系。

$$\frac{[M_1]}{[M_2]} = \frac{1 - r_2}{1 - r_1} \qquad (4\text{-}15a)$$

$$F_1 = f_1 = \frac{1 - r_2}{2 - r_1 - r_2} \qquad (4\text{-}15b)$$

当 $r_1 = r_2 < 1$ 时，恒比点处于 $F_1 = f_1$，共聚物组成曲线关于恒比点对称。这一情况只有很少例子。$r_1 < 1$、$r_2 < 1$ 且 $r_1 \neq r_2$ 时，共聚曲线不再关于恒比点对称，如图 4-4 所示。这类例子很多，如苯乙烯（$r_1 = 0.41$）与丙烯腈（$r_2 = 0.04$）、丁二烯（$r_1 = 0.3$）与丙烯腈（$r_2 = 0.2$）等。

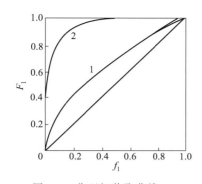

图 4-3 非理想共聚曲线

1—氯乙烯($r_1=1.68$) -醋酸乙烯酯($r_2=0.23$);

2—苯乙烯($r_1=55$) -醋酸乙烯酯($r_2=0.01$)

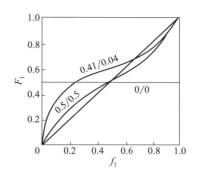

图 4-4 非理想恒比共聚曲线

r_1r_2 接近于零，则趋向于交替共聚；r_1r_2 接近于 1，则接近理想共聚。$0<r_1r_2<1$ 的共聚曲线介于交替共聚（$F_1=0.5$）和恒比对角线（$F_1=f_1$）之间。

（5）"嵌段"共聚（$r_1>1$ 且 $r_2>1$）

$r_1>1$ 且 $r_2>1$ 只有少数例子，如苯乙烯（$r_1=1.38$）与异戊二烯（$r_2=2.05$）。这种情况下，两种链自由基都倾向于加上同种单体，形成"嵌段"共聚物，链段长短决定于 r_1、r_2 的大小。但 M_1 和 M_2 的链段都不长，很难用这种方法来制备真正嵌段共聚物产品。

$r_1>1$ 且 $r_2>1$ 的共聚曲线也有恒比点，但曲线形状和位置与 $r_1<1$ 且 $r_2<1$ 时相反。

4.2.3 共聚物组成与转化率的关系

（1）定性描述

二元共聚时，由于两单体活性或竞聚率不同，除恒比点外，共聚物组成并不等于单体组成，两者均随转化率而变。

$r_1>1$ 而 $r_2<1$ 时，瞬时组成曲线如图 4-5 中的曲线 1。起始瞬时共聚物组成 F_1^0 大于相对应的起始单体组成 f_1^0。这就使残留单体组成 f_1 递减，所对应的共聚物组成 F_1 也在递减，组成变化如曲线 1 上的箭头方向。结果，单体 M_1 先耗尽，以致后期产生一定量的均聚物 M_2。因此，先后形成的共聚物组成并不均一，存在着组成分布，产物应该是平均组成 $\overline{F_1}$。

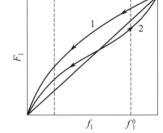

图 4-5 共聚物瞬时组成
的变化方向

如果 $r_1<1$ 且 $r_2<1$，则有恒比点，如图 4-5 中的曲线 2。f_1 低于恒比组成时，共聚曲线处于对角线的上方，共聚物组成的变化与曲线 1 相同。但 f_1 大于恒比组成时，曲线则处于对角线的下方，形成共聚物的组成 F_1 将小于单体组成 f_1。结果 f_1、F_1 均随转化率增加而增大。

（2）共聚物平均组成-转化率关系式

根据以上分析，单体组成 f_1、共聚物瞬时组成 F_1、共聚物平均组成 $\overline{F_1}$ 与起始单体组成 f_1^0、转化率 C 有关，有待进一步建立相互间的定量关系。

1944 年，Skeist 曾提出处理办法。设某二元共聚体系中两单体的总摩尔数为 M，形成的共聚物中 M_1 较单体中多，即 $F_1>f_1$。当 dM 消耗于共聚时，共聚物中单元 M_1 的量为

$F_1 dM$，残留单体中 M_1 的量为 $(M-dM)(f_1-df_1)$。于共聚前后，在单体、共聚物间对 M_1 进行物料衡算。

$$Mf_1-(M-dM)(f_1-df_1)=F_1 dM \tag{4-16}$$

$dM df_1$ 项很小，可以略去，式(4-16) 可以重排成下式，类似间歇蒸馏。

$$\int_{M^0}^{M} \frac{dM}{M}=\ln\frac{M}{M^0}=\int_{f_1^0}^{f_1} \frac{df_1}{F_1-f_1} \tag{4-17}$$

上标"0"代表起始。在式(4-17) 积分式出现以前，往往用图解积分法来处理。

转化率 C 为进入共聚物的单体量 (M^0-M) 占起始单体量 M^0 的百分比。

$$C=\frac{M^0-M}{M^0}=1-\frac{M}{M^0} \qquad 或 \qquad M=M^0(1-C) \tag{4-18}$$

20 世纪 60 年代中期，Meyer 曾将 F_1-f_1 的关系式(4-11) 代入式(4-17)，积分得

$$C=1-\frac{M}{M^0}=1-\left(\frac{f_1}{f_1^0}\right)^{\alpha}\left(\frac{f_2}{f_2^0}\right)^{\beta}\left(\frac{f_1^0-\delta}{f_1-\delta}\right)^{\gamma} \tag{4-19}$$

式中，4 个常数的定义如下：

$$\alpha=\frac{r_2}{1-r_2} \qquad\qquad \beta=\frac{r_1}{1-r_1}$$
$$\gamma=\frac{1-r_1 r_2}{(1-r_1)(1-r_2)} \qquad \delta=\frac{1-r_2}{2-r_1-r_2} \tag{4-20}$$

Kruse 曾将式(4-10) 积分，经重排，也得到式(4-19)。

由式(4-19)算出 f_1-C 关系，按式(4-11)的 F_1-f_1 关系，就可进一步求得 F_1-C 的关系。

共聚产物需用平均组成表示。设两种单体起始总数 $M^0=1mol$，则 $f_1^0=M_1^0/M^0=M_1^0$。利用式(4-18)，共聚物的平均组成可由下式计算：

$$\overline{F_1}=\frac{M_1^0-M_1}{M^0-M}=\frac{f_1^0-(1-C)f_1}{C} \tag{4-21}$$

联立式(4-21)和式(4-19)，消去 f_1，由起始单体浓度 f_1^0 和转化率 C 求出共聚物平均组成 $\overline{F_1}$。

有许多特殊情况，如 $r_1=r_2=1$、$r_1=r_2=0$、$r_1 r_2=1$，式(4-11) 就可简化，代入式(4-17)，积分就容易得多，积分结果也简单得多。

有些普通情况也可特殊处理。例如 60℃ 时氯乙烯和醋酸乙烯酯的竞聚率分别为 $r_1=1.68$，$r_2=0.23$，在常用的 $f_1=0.6\sim1.0$ 范围内，F_1-f_1 几乎呈下列线性关系：

$$F_1=0.605 f_1+0.395 \tag{4-22}$$

代入式(4-17)，就很容易积分成

$$C=1-\left(\frac{1-f_1^0}{1-f_1}\right)^{2.53} \tag{4-23}$$

丁二烯 $(r_1=1.39)$-苯乙烯 $(r_2=0.78)$、丙烯腈 $(r_1=1.26)$-丙烯酸甲酯 $(r_2=$

0.67）等的共聚也可作类似简化处理。

根据式（4-19）、式（4-11）和式（4-21），就可作出 f_1、F_1、$\overline{F}_1$ 与 C 间的关系曲线。有恒比点的苯乙烯（M_1）-甲基丙烯酸甲酯（M_2）体系的组成-转化率曲线如图 4-6 所示。

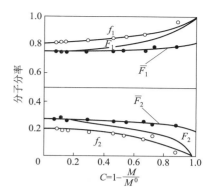

图 4-6 苯乙烯-甲基丙烯酸甲酯共聚体系的组成-转化率曲线

$f_1^0=0.80$，$f_2^0=0.20$，$r_1=0.53$，$r_2=0.56$；中间水平线为恒比组成，$f_1=F_1=\overline{F}_1=0.484$

（3）共聚物平均组成的控制

对于理想恒比共聚和在恒比点的共聚，共聚物组成与单体组成相同，不随转化率而变，不存在组成控制问题。除此之外，单体组成和共聚物组成均随转化率而变，欲获得组成比较均一的共聚物，应设法控制。一般控制方法有三：

① 控制转化率的一次投料法 当 $r_1>1$ 且 $r_2<1$，以 M_1 为主时，可采用此法。例如氯乙烯-醋酸乙烯酯共聚，$r_1=1.68$，$r_2=0.23$，醋酸乙烯酯含量为 3%～15%，符合上述条件，按适当单体配比一次投料后，控制转化率<80%，可以获得组成分布不宽的共聚物。

② 补加活泼单体法 当 $r_1>1$ 且 $r_2<1$，以 M_2 为主或较多时，采用此法。例如，希望合成含 60%（质量分数）氯乙烯的丙烯腈（$r_1=2.7$）-氯乙烯（$r_2=0.04$）共聚物。但 $r_1\gg r_2$，单体中氯乙烯∶丙烯腈=92∶8（摩尔比），才能保证共聚物中 60%（质量分数）氯乙烯的含量。在共聚过程中，丙烯腈消耗得快，需及时补加丙烯腈，才能保持单体组成恒定，获得组成比较均一的共聚物。

③ 全混流反应器中的连续共聚法 化学反应工程根据物料在反应器中的返混情况，将连续反应器分为全混流和平推流两种理想类型。平推流反应器，如无物料返混的管式反应器，不同竞聚率的两种单体在其中进行共聚反应时，生成共聚物的组成会沿管线变化（与间歇共聚相似），反应器出口的共聚物组成分布较宽。全混流反应器，如单只理想全混的搅拌釜（CSTR），不同竞聚率的两种单体以 $[M_1]_0/[M_2]_0$ 的浓度比进入该反应器时，瞬间即被充分混合，反应釜内单体的转化率等于其出口转化率。釜内两单体的浓度比不随时间和空间位置而变，且为

$$\frac{[M_1]}{[M_2]}=\frac{[M_1]_0(1-C_1)}{[M_2]_0(1-C_2)} \tag{4-24}$$

式中，C_1、C_2 分别为两单体的转化率，可由总转化率 C 和共聚物组成求得。

将式（4-24）代入式（4-10），计算得共聚物的瞬时组成。共聚物的平均组成与之相等，组成分布均一。许多工业共聚合过程采用此类反应器。

4.3　二元共聚物微结构和链段序列分布

以上讨论了间歇共聚反应中，共聚物瞬时组成、平均组成和转化率间的关系。除了严格的交替共聚外，在无规共聚物中，同一大分子内 M_1、M_2 两单元的排列并不规则，存在着链段序列分布问题。两大分子之间的链段分布也有差别。

以 $r_1=5$、$r_2=0.2$ 的理想共聚体系为例，$[M_1]/[M_2]=1$ 时，按式（4-10）计算，得

$d[M_1]/d[M_2]=5$。这并不表示大分子都完全由 5 个 M_1 链节组成的链段（简称 $5M_1$ 段）和 1 个 M_2 链节组成的链段（简称 $1M_2$ 段）相间而成，只不过是出现概率最大的一种情况而已。实际上，$1M_1$ 段、$2M_1$ 段、…、xM_1 段都可能存在，按一定概率分布，1、2、…、x 称作链段长。

$$\sim\!\!M_2\!-\!\underline{M_1\,M_1\,M_1\,M_1}\!-\!M_2\!-\!\underline{M_1\,M_1\,M_1}\!-\!M_2\,M_2\!-\!\underline{M_1\,M_1\,M_1\,M_1\,M_1}\!-\!M_2\!-\!\underline{M_1\,M_1\,M_1}\!-\!M_2\,M_2\!\sim$$

链段分布有点类似聚合度分布，也可用概率法导出分布函数。

自由基 $M_1\cdot$ 与单体 M_1、M_2 加聚是一对竞争反应，形成 $M_1M_1\cdot$ 和 $M_1M_2\cdot$ 的概率分别为 p_{11} 和 p_{12}。

$$p_{11}=1-p_{12}=\frac{r_1[M_1]}{r_1[M_1]+[M_2]} \tag{4-25}$$

同理，形成 $M_2M_2\cdot$ 和 $M_2M_1\cdot$ 的概率分别为 p_{22} 和 p_{21}。

$$p_{22}=1-p_{21}=\frac{r_2[M_2]}{[M_1]+r_2[M_2]} \tag{4-26}$$

由 $M_2M_1\cdot$ 形成 xM_1 段，必须连续加上 $(x-1)$ 个 M_1 单元，而后接上一个 M_2。

$$\sim\!\!M_2\;\underbrace{M_1\,M_1\,M_1\,M_1\,M_1\,M_1\cdots\;\;M_1}_{(x-1)M_1}\overbrace{}^{xM_1段}\!-\!\underset{1M_2}{M_2}$$

形成 xM_1 段 $[-(M_1)_xM_2-]$ 的概率 $(p_{M_1})_x$ 为

$$(p_{M_1})_x=p_{11}^{x-1}p_{12}=p_{11}^{x-1}(1-p_{11}) \tag{4-27}$$

式(4-27) 称作链段序列数量分布函数，表明形成 xM_1 段的概率是单体组成和 r_1 的函数，与 r_2 无关，该式可用来计算某一单体组成下的共聚物链段分布，相应的分布图见图 4-7（a）。

同理，形成 xM_2 段 $[-(M_2)_xM_1-]$ 的概率 $(p_{M_2})_x$ 为

$$(p_{M_2})_x=p_{22}^{x-1}p_{21}=p_{22}^{x-1}(1-p_{22}) \tag{4-28}$$

式(4-28) 表明 $(p_{M_2})_x$ 是单体组成和 r_2 的函数，与 r_1 无关。

xM_1 段的数均长度 $\overline{N}_{M_1}$ 可以参照数均聚合度的定义由下式求得。

$$\overline{N}_{M_1}=\sum_{x=1}^{x}x(p_{M_1})_x=\sum_{x=1}^{x}xp_{11}^{x-1}(1-p_{11})=\frac{1}{1-p_{11}} \tag{4-29a}$$

同理，xM_2 段的数均长度为

$$\overline{N}_{M_2}=\sum_{x=1}^{x}x(p_{M_2})_x=\sum_{x=1}^{x}xp_{22}^{x-1}(1-p_{22})=\frac{1}{1-p_{22}} \tag{4-29b}$$

式(4-29) 中，x 为 M_1 或 M_2 链段任意长度，等于 1、2、3 等整数。

以 $r_1=5$、$r_2=0.2$、$[M_1]/[M_2]=1$ 为例，按式(4-25) 计算得 $p_{11}=5/6$。再按式(4-27) 计算出形成 $1M_1$ 段、$2M_1$ 段、$3M_1$ 段等的概率或百分数分别为 16.7％、13.9％、11.6％等。由此可见，形成 xM_1 段的概率随链段长度增加而递减，如图 4-7(a) 所示。按式 (4-29a) 计算得 xM_1 段数均长度 $\overline{N}_{M_1}$ 为 6。

可进一步计算 $x\mathrm{M}_1$ 链段所含的 M_1 单元数。以 100 个链段计，数均链段长度 $\overline{N}_{\mathrm{M}_1} = 6$，因此 M_1 单元总数 $= 600$。$1\mathrm{M}_1$ 段含有 $100 \times 16.7\% = 16.7$ 单元，占 M_1 单元总数 600 的 2.8%；$2\mathrm{M}_1$ 段含有 $2 \times 100 \times 13.9\% = 27.8$ 单元，占 4.6%；其余类推。$5\mathrm{M}_1$ 段或 $6\mathrm{M}_1$ 段中 M_1 单元数占 100 个链段中单元总数的百分比最大，约 6.7%，相当于图 4-7(b) 中曲线的峰值。

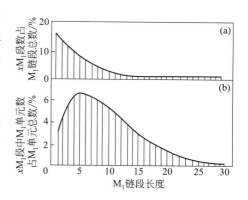

图 4-7　二元共聚物链段序列分布 (a) 和链节分布 (b)

根据式（4-27）和式（4-29a），$x\mathrm{M}_1$ 段中的 M_1 单元数占 M_1 单元总数的分数可由下式表示：

$$\frac{x(p_{\mathrm{M}_1})_x}{\sum x(p_{\mathrm{M}_1})_x} = x p_{11}^{x-1}(1 - p_{11})^2 \qquad (4\text{-}30)$$

式（4-30）与聚合度质量分布函数相当，如图 4-7（b）所示。

同理，也可求出 $x\mathrm{M}_2$ 段及其所含 M_2 单元的分布。

如聚合度不够大（<1000），二元共聚物中某一大分子与另一大分子的链段分布并不完全相同。聚合度 >5000 以后，大分子间链段序列分布才较接近。

根据概率，也可以推导出二元共聚物组成微分方程。因为共聚物中两单元数比 n_1/n_2 等于两种链段的数均长度比 $\overline{N}_{\mathrm{M}_1}/\overline{N}_{\mathrm{M}_2}$，将式（4-29a）、式（4-29b）、式（4-25）、式（4-26）的关系代入，就可以得到与式（4-10）相同的共聚物组成方程。

$$\frac{n_1}{n_2} = \frac{\overline{N}_{\mathrm{M}_1}}{\overline{N}_{\mathrm{M}_2}} = \frac{1/(1-p_{11})}{1/(1-p_{12})} = \frac{[\mathrm{M}_1]}{[\mathrm{M}_2]} \times \frac{r_1[\mathrm{M}_1] + [\mathrm{M}_2]}{r_2[\mathrm{M}_2] + [\mathrm{M}_1]}$$

4.4　前末端效应

推导共聚物组成方程时，除了均聚时的 3 个假定外，另有两个重要假定：一是前末端单元对自由基活性无影响，这属于动力学行为；二是链增长反应不可逆，这属于热力学问题。如果有些单体或条件不符合这两个假定，上述共聚物组成方程将产生一定的偏离。

现着重讨论前末端效应。带有位阻或极性较大基团的烯类单体进行自由基共聚合时，前末端单元对末端自由基的活性将产生影响，苯乙烯（M_1）-反丁烯二腈（M_2）共聚是一个典型例子。前末端单元为反丁烯二腈的苯乙烯自由基 $\sim\mathrm{M}_2\mathrm{M}_1\cdot$ 与反丁烯二腈单体 M_2 反应的活性将显著降低，主要原因是前末端反丁烯二腈单元与参加链增长反应的反丁烯二腈单体之间有位阻和极性斥力。此外，还有许多类似例子，如苯乙烯-丙烯腈、α-甲基苯乙烯-丙烯腈、甲基丙烯酸甲酯-4-乙烯基吡啶、丁二烯-丙烯酸甲酯等。

考虑到 $\sim\mathrm{M}_1\mathrm{M}_1\cdot$ 和 $\sim\mathrm{M}_2\mathrm{M}_1\cdot$、$\sim\mathrm{M}_2\mathrm{M}_2\cdot$ 和 $\sim\mathrm{M}_1\mathrm{M}_2\cdot$ 的活性不同，对前末端效应作数学处理时，将有 8 个链增长反应和 4 个竞聚率。

$$\sim\mathrm{M}_1\mathrm{M}_1\cdot + \mathrm{M}_1 \xrightarrow{k_{111}} \sim\mathrm{M}_1\mathrm{M}_1\mathrm{M}_1\cdot$$

$$\sim\mathrm{M}_1\mathrm{M}_1\cdot + \mathrm{M}_2 \xrightarrow{k_{112}} \sim\mathrm{M}_1\mathrm{M}_1\mathrm{M}_2\cdot$$

$$r_1 = \frac{k_{111}}{k_{112}}$$

$$\sim M_2 M_2 \cdot + M_2 \xrightarrow{k_{222}} \sim M_2 M_2 M_2 \cdot$$

$$r_2 = \frac{k_{222}}{k_{221}}$$

$$\sim M_2 M_2 \cdot + M_1 \xrightarrow{k_{221}} \sim M_2 M_2 M_1 \cdot$$

$$\sim M_2 M_1 \cdot + M_1 \xrightarrow{k_{211}} \sim M_2 M_1 M_1 \cdot$$

$$r_1' = \frac{k_{211}}{k_{212}}$$

$$\sim M_2 M_1 \cdot + M_2 \xrightarrow{k_{212}} \sim M_2 M_1 M_2 \cdot$$

$$\sim M_1 M_2 \cdot + M_2 \xrightarrow{k_{122}} \sim M_1 M_2 M_2 \cdot$$

$$r_2' = \frac{k_{122}}{k_{121}} \tag{4-31}$$

$$\sim M_1 M_2 \cdot + M_1 \xrightarrow{k_{121}} \sim M_1 M_2 M_1 \cdot$$

与推导式（4-10）时相似，先写出 M_1 和 M_2 的消失速率比。

$$\frac{d[M_1]}{d[M_2]} = \frac{R_{111} + R_{221} + R_{121} + R_{211}}{R_{112} + R_{222} + R_{122} + R_{212}} \tag{4-32}$$

对 $[M_1 M_1 \cdot]$、$[M_2 M_2 \cdot]$、$[M_2 M_1 \cdot]$ 作下列 3 种稳态处理。

$$k_{112}[M_1 M_1 \cdot][M_2] = k_{211}[M_2 M_1 \cdot][M_1]$$
$$k_{221}[M_2 M_2 \cdot][M_1] = k_{122}[M_1 M_2 \cdot][M_2] \tag{4-33}$$

$$k_{211}[M_2 M_1 \cdot][M_1] + k_{212}[M_2 M_1 \cdot][M_2] = k_{121}[M_1 M_2 \cdot][M_1] + k_{122}[M_1 M_2 \cdot][M_2][M_1 M_2 \cdot]$$

将以上三式代入式（4-31），令 $X = [M_1]/[M_2]$，则得

$$\frac{d[M_1]}{d[M_2]} = \frac{1 + \dfrac{r_1' X (r_1 X + 1)}{r_1' X + 1}}{1 + \dfrac{r_2'(r_2 + X)}{X(r_2' + X)}} \tag{4-34}$$

如果还要考虑前前末端效应，将有更复杂的繁分数方程式，但形式有点类似。

对于苯乙烯-反丁烯二腈体系，反丁烯二腈不能自聚，$r_2 = r_2' = 0$，上式就可简化成

$$\frac{d[M_1]}{d[M_2]} = 1 + \frac{r_1' X (r_1 X + 1)}{r_1' X + 1} \tag{4-35}$$

$r_1 = 0.072$，$r_1' = 1.0$，代入式（4-35）计算得共聚物组成，与实验结果比较吻合。

4.5　非均相二元共聚的组成方程

需要指出的是，式（4-10）或式（4-11）代表的共聚物组成方程只是针对均相共聚反应。3.13 节介绍了许多非均相聚合过程，如进行共聚合，则很有可能不符合这两方程，如苯乙烯与丙烯腈的二元乳液共聚合。

设水相中两单体的浓度分别为 $[M_1^a]$ 和 $[M_2^a]$，主要聚合反应场所（乳胶粒相）中两单体浓度分别为 $[M_1^p]$ 和 $[M_2^p]$，它们之间存在着如下关系：

$$[M_1^p] = K_1 [M_1^a] \qquad [M_2^p] = K_2 [M_2^a] \tag{4-36}$$

式中，K_1、K_2 为两单体的相平衡常数。由于两单体在水中的溶解度和对共聚物的溶胀

程度不同，故 $K_1 \neq K_2$。

若乳胶粒相的体积分率为 ϕ，则反应器中两单体的表观浓度为

$$[M_1] = \phi[M_1^p] + (1-\phi)[M_1^a] \qquad [M_2] = \phi[M_2^p] + (1-\phi)[M_2^a] \qquad (4\text{-}37)$$

则有

$$[M_1^p] = \frac{[M_1]}{\phi + \dfrac{1-\phi}{K_1}} = \frac{[M_1]}{\phi\left(1 + \dfrac{1-\phi}{K_1\phi}\right)} \qquad (4\text{-}38)$$

同理

$$[M_2^p] = \frac{[M_2]}{\phi\left(1 + \dfrac{1-\phi}{K_2\phi}\right)} \qquad (4\text{-}39)$$

因此，乳胶粒相两单体的浓度比为

$$\frac{[M_1^p]}{[M_2^p]} = \frac{[M_1]}{[M_2]} \times \frac{1 + (1-\phi)/K_2\phi}{1 + (1-\phi)/K_1\phi} \qquad (4\text{-}40)$$

按式（4-10），生成共聚物中两单体单元的比为

$$\frac{d[M_1^p]}{d[M_2^p]} = \frac{m_1}{m_2} = \frac{[M_1^p]}{[M_2^p]} \times \frac{r_1[M_1^p] + [M_2^p]}{r_2[M_2^p] + [M_1^p]} \qquad (4\text{-}41)$$

若以两单体的表观浓度表示，则

$$\frac{m_1}{m_2} = \frac{[M_1]}{[M_2]} \times \frac{r_1'[M_1] + [M_2]}{r_2'[M_2] + [M_1]} \qquad (4\text{-}42)$$

式中，r_1' 和 r_2' 分别为两单体的表观竞聚率。它们与真实竞聚率 r_1 和 r_2 的关系为

$$r_1' = r_1 \frac{1 + (1-\phi)/K_2\phi}{1 + (1-\phi)/K_1\phi} \qquad (4\text{-}43a)$$

$$r_2' = r_2 \frac{1 + (1-\phi)/K_1\phi}{1 + (1-\phi)/K_2\phi} \qquad (4\text{-}43b)$$

据文献报道，苯乙烯（M_1）与丙烯腈（M_2）共聚反应的竞聚率为：本体共聚时，$r_1 = 0.41$，$r_2 = 0.04$；乳液共聚时，$r_1 = 0.54$，$r_2 = 0.02$。其实，乳液共聚时测得的竞聚率是表观竞聚率。因苯乙烯难溶于水，又能溶解共聚物，而丙烯腈易溶于水，又难溶胀共聚物，故 $K_1 \gg K_2$，必然有 $r_1' > r_1$、$r_2' < r_2$。

又如丙烯腈（M_1）与丙烯酸甲酯（M_2）的共聚，文献报道，二甲基亚砜（DMSO）中溶液共聚时，竞聚率 $r_1 = 1.02$，$r_2 = 0.70$；水相沉淀聚合时，则 $r_1 = 0.68$，$r_2 = 1.10$。其实，水相沉淀共聚时测得的竞聚率是表观竞聚率。因丙烯腈易溶于水，又难溶胀共聚物，而丙烯酸甲酯则难溶于水，又能部分溶胀共聚物，故 $K_1 \ll K_2$，必然 $r_1' < r_1$、$r_2' > r_2$。饶有意思的是，这对单体在溶液聚合和在水相沉淀聚合中，竞聚率的乘积分别为 0.714 和 0.748，非常相近，几乎与式（4-43a）和式（4-43b）相乘的结果一致。

4.6　多元共聚

在实际应用中，共聚并不限于二元，三元共聚已很普通，四元共聚也有出现。

常见的三元共聚物多以两种主要单体确定基本性能，再加少量第三单体作特殊改性。例如，氯乙烯-醋酸乙烯酯（15％）共聚物配有 1％～2％马来酸酐可提高粘接性能；丙烯腈-丙烯酸甲酯（7％～8％）共聚物中加 1％～2％衣康酸，可改善聚丙烯腈的染色性能；乙烯-丙烯共聚物中加 2％～3％二烯烃，可为乙丙橡胶交联提供必要的双键等。

三元共聚物组成方程可以参照二元共聚方程进行推导。三元共聚时，有 3 种链引发、9 种链增长、6 种链终止。9 种链增长反应式及其速率方程如下：

$$
\begin{aligned}
&M_1 \cdot + M_1 \longrightarrow M_1 \cdot \quad R_{11} = k_{11}[M_1 \cdot][M_1] \\
&M_1 \cdot + M_2 \longrightarrow M_2 \cdot \quad R_{12} = k_{12}[M_1 \cdot][M_2] \\
&M_1 \cdot + M_3 \longrightarrow M_3 \cdot \quad R_{13} = k_{13}[M_1 \cdot][M_3] \\
&M_2 \cdot + M_1 \longrightarrow M_1 \cdot \quad R_{21} = k_{21}[M_2 \cdot][M_1] \\
&M_2 \cdot + M_2 \longrightarrow M_2 \cdot \quad R_{22} = k_{22}[M_2 \cdot][M_2] \\
&M_2 \cdot + M_3 \longrightarrow M_3 \cdot \quad R_{23} = k_{23}[M_2 \cdot][M_3] \\
&M_3 \cdot + M_1 \longrightarrow M_1 \cdot \quad R_{31} = k_{31}[M_3 \cdot][M_1] \\
&M_3 \cdot + M_2 \longrightarrow M_2 \cdot \quad R_{32} = k_{32}[M_3 \cdot][M_2] \\
&M_3 \cdot + M_3 \longrightarrow M_3 \cdot \quad R_{33} = k_{33}[M_3 \cdot][M_3]
\end{aligned}
\tag{4-44}
$$

6 个竞聚率为

$$
\begin{array}{cccc}
& M_1 - M_2 & M_2 - M_3 & M_1 - M_3 \\
r_1: & r_{12} = \dfrac{k_{11}}{k_{12}} & r_{23} = \dfrac{k_{22}}{k_{23}} & r_{13} = \dfrac{k_{11}}{k_{13}} \\[3mm]
r_2: & r_{21} = \dfrac{k_{22}}{k_{21}} & r_{32} = \dfrac{k_{33}}{k_{32}} & r_{31} = \dfrac{k_{33}}{k_{31}}
\end{array}
\tag{4-45}
$$

3 种单体的消失速率为

$$
\begin{aligned}
-\frac{d[M_1]}{dt} &= R_{11} + R_{21} + R_{31} \\
-\frac{d[M_2]}{dt} &= R_{12} + R_{22} + R_{32} \\
-\frac{d[M_3]}{dt} &= R_{13} + R_{23} + R_{33}
\end{aligned}
\tag{4-46}
$$

作 $[M_1 \cdot]$、$[M_2 \cdot]$、$[M_3 \cdot]$ 稳态假定，可以导出三元共聚物组成方程。有 2 种稳态处理方式，相应有 2 种形式的方程式。

① Alfrey-Goldfinger 作如下稳态假定：

$$
\begin{aligned}
R_{12} + R_{13} &= R_{21} + R_{31} \\
R_{21} + R_{23} &= R_{12} + R_{32} \\
R_{31} + R_{32} &= R_{13} + R_{23}
\end{aligned}
\tag{4-47}
$$

最后得到三元共聚物组成比为

$$d[M_1] : d[M_2] : d[M_3] = [M_1] \left\{ \frac{[M_1]}{r_{31}r_{21}} + \frac{[M_2]}{r_{21}r_{32}} + \frac{[M_3]}{r_{31}r_{23}} \right\} \left\{ [M_1] + \frac{[M_2]}{r_{12}} + \frac{[M_3]}{r_{13}} \right\} :$$

$$[M_2] \left\{ \frac{[M_1]}{r_{12}r_{31}} + \frac{[M_2]}{r_{12}r_{32}} + \frac{[M_3]}{r_{32}r_{13}} \right\} \left\{ [M_2] + \frac{[M_1]}{r_{21}} + \frac{[M_3]}{r_{23}} \right\} :$$

$$[M_3] \left\{ \frac{[M_1]}{r_{13}r_{21}} + \frac{[M_2]}{r_{23}r_{12}} + \frac{[M_3]}{r_{13}r_{23}} \right\} \left\{ [M_3] + \frac{[M_1]}{r_{31}} + \frac{[M_2]}{r_{32}} \right\}$$

$$(4\text{-}48)$$

② Valvassori-Sartori 另作比较简单的稳态处理：

$$R_{12} = R_{21} \qquad R_{23} = R_{32} \qquad R_{13} = R_{31} \qquad (4\text{-}49)$$

得到另一种形式的方程：

$$d[M_1] : d[M_2] : d[M_3] = [M_1] \left\{ [M_1] + \frac{[M_2]}{r_{12}} + \frac{[M_3]}{r_{13}} \right\} :$$

$$[M_2] \frac{r_{21}}{r_{12}} \left\{ \frac{[M_1]}{r_{21}} + [M_2] + \frac{[M_3]}{r_{23}} \right\} : \qquad (4\text{-}50)$$

$$[M_3] \frac{r_{31}}{r_{13}} \left\{ \frac{[M_1]}{r_{31}} + \frac{[M_2]}{r_{32}} + [M_3] \right\}$$

Ham 用概率处理，得到类似的结果。

如果已知三种单体的两两竞聚率，就可以用式(4-48) 或式(4-50) 算出三元共聚物组成，示例见表 4-2。很难说哪一方程比较准确。这两个方程还可以延伸用于四元共聚。

表 4-2　三元共聚物组成计算值和实验值

体系	配料组成		共聚物组成(摩尔分数)/%		
	单体	摩尔分数/%	实验值	按式(4-48)计算	按式(4-50)计算
1	苯乙烯	31.24	43.4	44.3	44.3
	甲基丙烯酸甲酯	31.12	39.4	41.2	42.7
	偏二氯乙烯	37.64	17.2	14.5	13.0
2	甲基丙烯酸甲酯	35.10	50.8	54.3	56.6
	丙烯腈	28.24	28.3	29.7	23.5
	偏二氯乙烯	36.66	20.9	16.0	19.9
3	苯乙烯	34.03	52.8	52.4	53.8
	丙烯腈	34.49	36.0	40.5	36.6
	偏二氯乙烯	31.48	10.5	7.1	9.6
4	苯乙烯	35.92	44.7	43.6	45.2
	甲基丙烯酸甲酯	36.03	26.1	29.2	33.8
	丙烯腈	28.05	29.2	26.2	21.0
5	苯乙烯	20.00	55.2	55.8	55.8
	丙烯腈	20.00	40.3	41.3	41.4
	氯乙烯	60.00	4.5	2.9	2.8
6	苯乙烯	25.21	40.7	41.0	41.0
	甲基丙烯酸甲酯	25.48	25.5	27.3	29.3
	丙烯腈	25.40	25.8	24.8	22.8
	偏二氯乙烯	23.91	6.0	6.9	6.9

第4章

三元或四元共聚时，如某一单体不能均聚，其竞聚率为零，就不能应用式(4-48) 和式(4-50) 了，需另作推导。

4.7　"活性"自由基共聚合

自由基聚合适用单体多，可容忍多种功能性基团，单体共聚能力强，通过"活性"自由基共聚合不仅可以合成由均聚物链段构成的嵌段共聚物，也可以合成嵌段呈梯度的多嵌段共聚物，从而扩大共聚物种类。

活性链与休眠链间的交换反应不改变自由基对单体反应的选择性，传统自由基聚合的共聚物组成方程仍适用于"活性"自由基共聚合，且竞聚率不变，但共聚物组成随转化率的变化，从分子间变为分子内。即在传统的间歇自由基共聚中，共聚物链形成于不同时间，当两单体的活性差异较大时，高活性单体的消耗速率快于低活性单体，生成的共聚物分子中高活性单体单元的含量一直随时间和转化率而减小。而在间歇"活性"自由基共聚中，绝大多数共聚物链都一直在生长，链中高活性单体单元从开始时的高占比随时间和转化率变为低占比，共聚物链的单体单元组成沿链增长方向呈梯度变化，产物俗称梯度共聚物。如不加控制，这种梯度的变化率就取决于竞聚率。但若采用半连续共聚法，有目标地设置进料中共聚单体的比例，则可有效地调控共聚物链的组成梯度。

在许多情况下，共聚合会对"活性"自由基聚合的可控性产生影响。例如，TEMPO对苯乙烯聚合可控性好，对丙烯酸酯聚合控制性差，但在丙烯酸酯中只要加入少量苯乙烯即可实现可控聚合。甲基丙烯酸甲酯难以通过 NMP 方法实现可控聚合，但其与苯乙烯、丙烯酸酯的共聚却可以。RAFT 聚合要求离去基团有良好的离去能力，末端单元为甲基丙烯酸甲酯的离去能力比苯乙烯的离去能力强，因此合成嵌段共聚物时应先合成聚甲基丙烯酸甲酯段，后合成苯乙烯段。在苯乙烯-甲基丙烯酸甲酯共聚合体系中，由于链中单体单元组成的漂移，聚合后期甲基丙烯酸甲酯含量过高，体系的可控性将变差，易形成双峰分布。

4.8　竞聚率

竞聚率是共聚物组成方程中的重要参数，可用来判断共聚行为，也可从单体组成来计算共聚物组成。因此，事前应该求取竞聚率。从文献手册中摘取的少数竞聚率数据见表 4-3。

表 4-3　常用单体的竞聚率

M_1	M_2	$T/^{\circ}C$	r_1	r_2
丁二烯	异戊二烯	5	0.75	0.85
	苯乙烯	50	1.35	0.58
		60	1.39	0.78
	丙烯腈	40	0.3	0.02
	甲基丙烯酸甲酯	90	0.75	0.25
	丙烯酸甲酯	5	0.76	0.05
	氯乙烯	50	8.8	0.035

M_1	M_2	$T/℃$	r_1	r_2
苯乙烯	异戊二烯	50	0.80	1.68
	丙烯腈	60	0.40	0.04
	甲基丙烯酸甲酯	60	0.52	0.46
	丙烯酸甲酯	60	0.75	0.20
	偏二氯乙烯	60	1.85	0.085
	氯乙烯	60	17	0.02
	醋酸乙烯酯	60	55	0.01
丙烯腈	甲基丙烯酸甲酯	80	0.15	1.224
	丙烯酸甲酯	50	1.5	0.84
	偏二氯乙烯	60	0.91	0.37
	氯乙烯	60	2.7	0.04
	醋酸乙烯酯	50	4.2	0.05
甲基丙烯酸甲酯	丙烯酸甲酯	130	1.91	0.504
	偏二氯乙烯	60	2.35	0.24
	氯乙烯	68	10	0.1
	醋酸乙烯酯	60	20	0.015
丙烯酸甲酯	氯乙烯	45	4	0.06
	醋酸乙烯酯	60	9	0.1
氯乙烯	醋酸乙烯酯	60	1.68	0.23
	偏二氯乙烯	68	0.1	6
醋酸乙烯酯	乙烯	130	1.02	0.97
马来酸酐	苯乙烯	50	0.04	0.015
	α-甲基苯乙烯	60	0.08	0.038
	反二苯基乙烯	60	0.03	0.03
	丙烯腈	60	0	6
	甲基丙烯酸甲酯	75	0.02	6.7
	丙烯酸甲酯	75	0.02	2.8
	醋酸乙烯酯	75	0.055	0.003
四氟乙烯	三氟氯乙烯	60	1.0	1.0
	乙烯	80	0.85	0.15
	异丁烯	80	0.3	0.0

4.8.1 竞聚率的测定

求取竞聚率时，需测定几组单体配比（即不同 f_1^0）下低转化率（<5%）时共聚物的组成（即 F_1^0）或残留单体的组成，作 F_1^0-f_1^0 图。根据图形判断，由试差法初步选取 r_1、r_2 值。如果试差计算的 F_1^0-f_1^0 图与实测图重合，说明预先拟定的 r_1、r_2 正确。一般反复几次，就可以得到准确值。以前认为该法烦琐，但有了计算机后，该法却成为简便方法。如应用商业数学软件，输入一组 F_1^0-f_1^0 数据，即可获得竞聚率 r_1、r_2。

共聚物组成的测定可以选用元素分析、红外光谱、紫外光谱等方法，残留单体组成则多用气相色谱法测定。

为了使测定结果更准确，往往需要 5 组及以上的不同单体配比，且 f_1^0 的范围尽可能广，如 0.05～0.95。

这种低转化率下共聚实验测试竞聚率的最大困难是，共聚产物的量太少，较难获得足够量的样品供组成测定。为此，研究者用共聚物组成-转化率数据来求取 r_1、r_2 值。例如应用式 (4-19)，作 f_1-C 图，由计算机确定 r_1、r_2 的最佳值。将求得的 r_1、r_2 代入式 (4-19)，会得到相同的曲线。

4.8.2 影响竞聚率的因素

竞聚率是两链增长速率常数之比，影响链增长速率常数的因素都将影响到竞聚率。本节将讨论温度、压力、溶剂等对竞聚率的影响。

（1）温度

竞聚率的定义为 $r_1 = k_{11}/k_{12}$，因此

$$\frac{d(\ln r_1)}{dT} = \frac{E_{11} - E_{12}}{RT^2} \tag{4-51}$$

式中，E_{11}、E_{12} 分别为自增长和交叉增长的活化能。

表 4-4 温度对竞聚率的影响（M_1＝苯乙烯）

M_2	$T/℃$	r_1	r_2
甲基丙烯酸甲酯	35	0.52	0.44
	60	0.52	0.46
	131	0.59	0.54
丙烯腈	60	0.40	0.04
	75	0.41	0.03
	99	0.39	0.06
丁二烯	5	0.44	1.40
	50	0.58	1.35
	60	0.78	1.39

链增长活化能小（$21 \sim 34 \text{kJ} \cdot \text{mol}^{-1}$），$E_{11} - E_{12}$ 差值就更小。结果，温度对竞聚率的影响并不大，见表 4-4。共聚中的自增长和交叉增长反应相似，频率因子值也相近，因此两者的速率常数仅取决于活化能。若 $r_1 < 1$，表明 $k_{11} < k_{12}$，或 $E_{11} > E_{12}$。温度升高，活化能较大的链增长速率常数 k_{11} 增加得较快，k_{12} 增加得较慢。结果，r_1 值逐渐上升，向 1 逼近。相反，$r_1 > 1$ 时，将使 r_1 随温度升高而降低，最后也接近 1。总之，温度升高，将向理想共聚方向发展。

（2）压力

竞聚率随压力的变化与温度的影响类似。升高压力也使共聚向理想共聚方向移动。例如在 0.001MPa、0.1MPa、10MPa 下，甲基丙烯酸甲酯-丙烯腈进行共聚的 $r_1 r_2$ 分别为 0.16、0.54、0.91。

（3）溶剂

溶剂的极性对竞聚率有影响，见表 4-5。

（4）其他因素

介质 pH 值和盐类将引起竞聚率的变化。酸类单体，如甲基丙烯酸（M_1）和甲基丙烯酸 2-（N,N-二乙氨基）乙酯（M_2）共聚，pH＝1 时，甲基丙烯酸 M_1 以酸的形式存在，氢键易缔合，活性高，故 $r_1 = 0.98$，$r_2 = 0.90$，两竞聚率相近；而 pH＝7.2 时，M_1 转变成盐，氢键消失，活性低，故 $r_1 = 0.08$，$r_2 = 0.65$；两者相差很大。实际上，甲基丙烯酸与甲基丙烯酸盐已属两种单体。

表 4-5 苯乙烯（M_1）-甲基丙烯酸甲酯（M_2）在不同溶剂中的竞聚率

溶剂	r_1	r_2
苯	0.570 ± 0.032	0.460 ± 0.032
苯甲腈	0.480 ± 0.045	0.490 ± 0.045
苯甲醇	0.440 ± 0.054	0.390 ± 0.054
苯酚	0.350 ± 0.024	0.350 ± 0.024

某些盐类将增加交替共聚倾向。例如苯乙烯-甲基丙烯酸甲酯用偶氮二异丁腈引发共聚，

50℃下 r_1r_2 值为 0.212，加有不同浓度的氯化锌时，r_1r_2 值逐步降为 0.014，逼近交替共聚。

　　表 4-3～表 4-5 给出的均是均相体系中的竞聚率值。如进行沉淀、分散、悬浮或乳液共聚等非均相共聚合，使用这些表中的数据会引起较大的偏差。需要在探明聚合机理（尤其是聚合场所）的基础上，采用类似 4.5 节的方法对竞聚率加以修正。

4.9　单体活性和自由基活性

　　链增长是自由基与单体间的反应，两物种的活性同时影响着链增长速率常数的大小，很难用链增长速率常数单一参数来逆向判断自由基活性或单体活性。例如苯乙烯的 $k_p = 145 \text{L} \cdot \text{mol}^{-1} \cdot \text{s}^{-1}$，醋酸乙烯酯的 $k_p = 2300 \text{L} \cdot \text{mol}^{-1} \cdot \text{s}^{-1}$，很容易误认为苯乙烯的活性小于醋酸乙烯酯。实际上，苯乙烯单体的活性大于醋酸乙烯酯单体，只是苯乙烯自由基的活性远小于醋酸乙烯酯自由基的活性而已。因此比较两单体活性时，需考虑与同种自由基反应；与此相似，比较两自由基活性时，需考虑与同种单体反应。竞聚率对两物种活性的判断就起了关键作用。

4.9.1　单体活性

　　表 4-6 列出了竞聚率的倒数（$1/r_1 = k_{12}/k_{11}$），表示同一自由基和异种单体的交叉增长速率常数与和同种单体的自增长速率常数之比，可用来衡量两单体的相对活性。表中，横行数据比较没有意义；通过纵列数据的比较，可看出不同单体对同一自由基反应的相对活性，例如第二列代表各单体与苯乙烯自由基反应。

表 4-6　乙烯基单体对同一自由基的相对活性（$1/r_1$）

单　　体	链　　自　　由　　基						
	B·	S·	VAc·	VC·	MMA·	MA·	AN·
B		1.7		29	4	20	50
S	0.4		100	50	2.2	6.7	25
MMA	1.3	1.9	67	10		2	6.7
甲基乙烯酮		3.4	20	10		1.2	1.7
AN	3.3	2.5	20	25	0.82		
MA	1.3	1.4	10	17	0.52		0.67
VDC		0.54	10		0.39		1.1
VC	0.11	0.059	4.4		0.10	0.25	0.37
VAc		0.019		0.59	0.050	0.11	0.24

　　从表 4-6 的数据可看出，大部分单体的活性由上而下依次减弱。乙烯基单体 $CH_2 = CHX$ 的活性次序可排列如下。

　　X：C_6H_5—，$CH_2 = CH$—＞—CN，—COR＞—COH，—COOR＞—CCl＞—OCOR，—R＞—OR，—H

4.9.2　自由基活性

　　$r_1 = k_{11}/k_{12}$，其中 k_{11} 相当于单体 M_1 的增长速率常数 k_p。r_1 和 k_p 都是可测参数，因此就可求出 k_{12} 值。一些典型 k_{12} 值见表 4-7。

表 4-7　同一自由基与不同单体反应的 k_{12}　　　　单位：$L\cdot mol^{-1}\cdot s^{-1}$

单　体	链　自　由　基						
	B·	S·	MMA·	AN·	MA·	VAc·	VC·
B	100	246	2820	98000	41800		357000
S	40	145	1550	49000	14000	230000	615000
MMA	130	276	705	13100	4180	154000	123000
AN	330	435	578	1960	2510	46000	178000
MA	130	203	367	1310	2090	23000	209000
VC	11	8.7	71	720	520	10100	12300
VAc		3.9	35	230	230	2300	7760

由表 4-7 中的横行数据，可以比较自由基的相对活性，从左到右依次增强；由表中的纵列数据则可比较单体活性，从上而下依次减弱。从取代基的影响来看，单体活性次序与自由基活性次序恰好相反，但变化的倍数并不相同。例如苯乙烯单体的活性是醋酸乙烯酯单体的 50～100 倍，但醋酸乙烯酯自由基的活性却是苯乙烯自由基的 100～1000 倍。可见，取代基对自由基活性的影响比对单体活性的影响要大得多，因此，醋酸乙烯酯均聚速率常数反而比苯乙烯的大。

4.9.3　取代基对单体活性和自由基活性的影响

正如剖析影响烯类单体的聚合倾向一样，取代基的共轭效应、极性效应和位阻效应对自由基活性和单体活性均有影响，但影响程度不一。

（1）共轭效应

按表 4-7 所列的自由基活性次序，可见共轭效应对自由基活性的影响很大。苯乙烯自由基中的苯环与自由基独电子共轭稳定，使活性降低，几乎是烯类自由基中活性较低的一员。—CN、—COOH、—COOR 等基团对自由基均有共轭效应，这类自由基的活性也不很高。相反，卤素、乙酰基、醚等基团只有卤原子、氧原子上的未键合电子对自由基稍有作用，因此氯乙烯、醋酸乙烯酯、乙烯基醚等自由基就很活泼。另一重要现象是单体活性与自由基活性次序正好相反，即苯乙烯单体活泼，而醋酸乙烯酯单体并不活泼。

先以单体和自由基活性处于两个极端的苯乙烯（M_1）-醋酸乙烯酯（M_2）为例，来说明 4 种链增长反应速率常数的变化规律，显示共轭效应对单体活性和自由基活性影响的程度。

$$S\cdot \ + \ VAc \longrightarrow VAc\cdot \qquad k_{12}=3.9$$
$$S\cdot \ + \ S \longrightarrow S\cdot \qquad k_{11}=k_{p1}=145 \qquad r_1=55$$
$$VAc\cdot \ + \ VAc \longrightarrow VAc\cdot \qquad k_{22}=k_{p2}=2300 \qquad r_2=0.01$$
$$VAc\cdot \ + \ S \longrightarrow S\cdot \qquad k_{21}=230000$$

显然，低活性的苯乙烯自由基很难与低活性的醋酸乙烯酯单体交叉增长（$k_{12}=3.9$），而特高活性的醋酸乙烯酯自由基与高活性的苯乙烯单体将迅速交叉增长（$k_{21}=230000$）。一旦形成苯乙烯自由基，再难引发醋酸乙烯酯单体聚合。实际上，苯乙烯很难与醋酸乙烯酯共聚，只能先后形成两种均聚物。苯乙烯单体可以看作醋酸乙烯酯聚合的阻聚剂，要在苯乙烯完全均聚结束之后，醋酸乙烯酯才开始均聚。介于两交叉增长之间的是两单体的均聚：苯乙烯单体的活性虽高，但其自由基活性过低，其均聚速率较小（$k_{11}=k_{p1}=145$），聚合时间往往需要十几小时；而醋酸乙烯酯的自由基活性很高，足以弥补较低的单体活性，能以较高的速率（$k_{22}=k_{p2}=2300$）进行聚合，聚合时间只需要几小时。

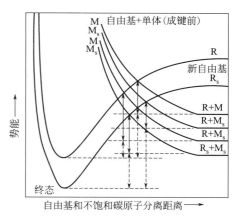

图 4-8 链自由基与单体作用的势能-距离图

自由基与单体活性次序相反的情况还可以用两者作用的势能图来说明。图 4-8 有两组势能曲线：一组是势能斥力线，代表自由基与单体靠近时势能随距离缩短而增加的情况；另一组是两条 Morse 曲线，代表形成键的稳定性。两组曲线的交点代表单体与自由基反应的过渡态，交点处键合和未键合状态的势能相同。带箭头垂直实线代表活化能，虚线代表反应热。有共轭效应的取代基对自由基活性的降低远大于对单体活性的降低，因此两 Morse 曲线间的距离比斥力曲线间的距离要大。

根据图 4-8 活化能的大小（实线的长短），反应速率常数的次序为

$$R_s \cdot + M \quad < \quad R_s \cdot + M_s \quad < \quad R \cdot + M \quad < \quad R \cdot + M_s$$

下标 s 代表共轭。这正说明了苯乙烯-醋酸乙烯酯间 4 种链增长反应速率常数大小的原因。

（2）极性效应

有些极性单体，如丙烯腈，在单体和自由基活性次序中出现反常现象。供电子基团使烯类单体双键带负电，吸电子基团则使其带正电。这两类单体易进行共聚，并有交替倾向。这称作极性效应。

按极性大小排成表 4-8 的形式。带供电子基团的单体处于左上方，带吸电子基团的单体处于右下方。两单体在表中的位置距离愈远，即极性相差愈大，则 $r_1 r_2$ 乘积愈接近于 0，交替倾向愈甚。一些难均聚的单体，如顺丁烯二酸酐（马来酸酐）、反丁烯二酸二乙酯，却能与极性相反的单体，如苯乙烯、乙烯基醚等共聚。反二苯基乙烯（电子给体）和马来酸酐（电子受体）两单体虽然不能均聚，却往往形成电荷转移配合物而交替共聚。配合物过渡态的形成将使活化能降低，从而使共聚速率增大。

表 4-8 自由基共聚中的 $r_1 r_2$ 值[①]

乙烯基[②]

醚类(-1.3)[③]									
	丁二烯(-1.05)								
	0.98	苯乙烯(-0.80)							
	0.55		醋酸乙烯酯(-0.22)						
	0.31	0.34	0.39	氯乙烯(0.20)					
	0.19	0.24	0.30	1.0	甲基丙烯酸甲酯(0.40)				
	<0.1	0.16	0.6	0.96	0.61	偏二氯乙烯(0.36)			
	0.10	0.35	0.83		0.99	甲基乙烯基酮(0.68)			
0.0004	0.006	0.016	0.21	0.11	0.18	0.34	1.1	丙烯腈(1.20)	
约0		0.021	0.0049	0.056		0.56		反丁烯二酸二乙酯（1.25）	
约0.002		0.006	0.00017	0.0024	0.11				马来酸酐(2.25)

①$r_1 r_2$ 值计算自表 4-6；②乙基、异丁基或十二烷基乙烯基醚；③ 括号内为 e 值。

马来酸酐自由基与苯乙烯单体间的电荷转移如下式：

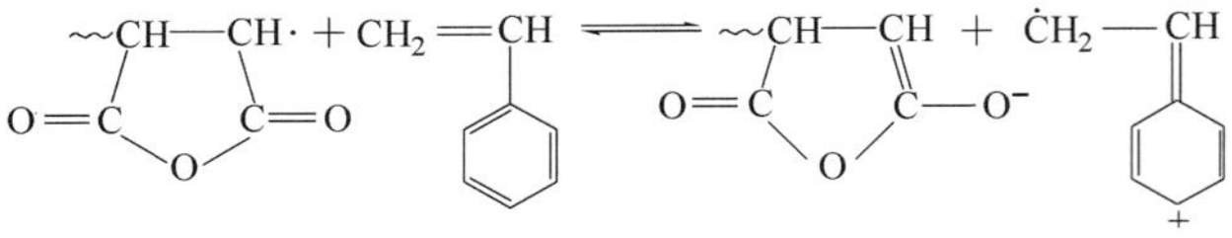

苯乙烯自由基与马来酸酐单体间的电荷转移也相似。

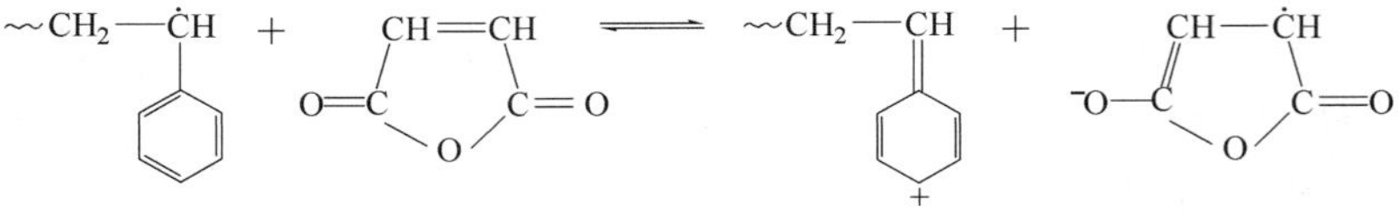

并非极性单一因素就能决定交替倾向的次序，尚需考虑位阻的影响。

（3）位阻效应

共聚速率还与位阻效应有关。表 4-9 为多种氯代乙烯与不同自由基反应的 k_{12} 值。

表 4-9　自由基-单体共聚速率常数 k_{12}

单　体	链　自　由　基		
	VAc·	S·	AN·
偏二氯乙烯	23000	78	2200
氯乙烯	10100	8.7	720
顺-1,2-二氯乙烯	370	0.60	
反-1,2-二氯乙烯	2300	3.90	
三氯乙烯	3450	8.60	29
四氯乙烯	460	0.70	4.1

1,1-双取代烯类单体的位阻效应并不显著，2 个取代基电子效应的叠加反而使单体活性增强。如果 2 个取代基处在不同的碳原子上，则因位阻效应使活性减弱。例如，与氯乙烯相比，偏二氯乙烯和多种自由基反应的活性要高 2～10 倍，而 1,2-二氯乙烯的活性则是氯乙烯的 1/2～1/20。因位阻关系，1,2-双取代乙烯不能均聚，却能与苯乙烯、丙烯腈、醋酸乙烯酯等单取代乙烯共聚，但其共聚速率比 1,1-双取代乙烯要低。

比较顺式和反式 1,2-二氯乙烯，可以看出反式异构体的活性要高 6 倍，这是普遍现象。主要原因是顺式异构体不易成平面型，因而活性较低。氟原子体积小，位阻效应小，因此四氟乙烯和三氟氯乙烯既易均聚，又易共聚。

4.10　Q-e 概念

竞聚率是共聚物组成方程中的重要参数。每一对单体可由实验测得一对竞聚率，100 种单体将构成 4950 对竞聚率，全面测定 r_1、r_2 值，将不胜其烦。因此希望建立单体结构与活性间的定量关联式来估算竞聚率。最通用的关联式是 Alfrey-Price 的 Q-e 式。该式将自由基-单体间的反应速率常数与共轭效应、极性效应关联起来。

$$k_{12} = P_1 Q_2 \exp(-e_1 e_2) \tag{4-52}$$

式中，P_1、Q_2 分别为自由基和单体活性的共轭效应度量；e_1、e_2 分别为自由基和单体活性的极性度量。

假定单体及其自由基的极性 e 值相同，以 e_1 代表 M_1 和 $M_1·$ 的极性，e_2 代表 M_2 和 $M_2·$ 的极性，则可写出与式（4-52）相似的 k_{11}、k_{22}、k_{21} 表达式。最后可得到

$$r_1 = \frac{Q_1}{Q_2} \exp[-e_1(e_1 - e_2)] \tag{4-53}$$

$$r_2 = \frac{Q_2}{Q_1} \exp[-e_2(e_2 - e_1)] \tag{4-54}$$

将上述两式相乘，得

$$\ln(r_1 r_2) = -(e_1 - e_2)^2 \tag{4-55}$$

由实验测得 r_1、r_2，但无法应用式(4-55)解出 e_1、e_2 两个未知数。因此规定苯乙烯的 $Q = 1.0$，$e = -0.8$ 作基准。代入式(4-53)~式(4-55)，就可求出另一单体的 Q、e 值。常用 Q、e 值见表 4-10。在没有竞聚率实验数据的情况下，可以由 Q、e 值来估算。

竞聚率的测定有一定的实验误差，Q-e 方程中还没有包括位阻效应，从实验和理论基础两方面来看，由 Q、e 来计算竞聚率会有偏差，但 Q-e 方程仍不失为有价值的关联式。Q 值大小代表共轭效应，表示单体转变成自由基的容易程度，例如丁二烯（$Q = 2.39$）和苯乙烯（$Q = 1.00$）的 Q 值大，易形成自由基。e 值代表极性，吸电子基团使双键带正电，规定 e 为正值，如丙烯腈 $e = +1.20$。带有供电子基团的烯类单体 e 为负值，如醋酸乙烯酯 $e = -0.22$。通常，Q、e 相近的一对单体，往往接近理想共聚，如苯乙烯-丁二烯、氯乙烯-醋酸乙烯酯；Q 值相差较大的单体，难以共聚；而 e 值相差较大的单体，如苯乙烯-马来酸酐、苯乙烯-丙烯腈，则有较大的交替共聚倾向。

表 4-10　一些单体的 Q、e 值

单体	Q	e	单体	Q	e
乙烯基乙醚	0.018	−1.80	偏氯乙烯	0.31	0.34
N-乙烯基吡咯烷酮	0.088	−1.62	甲基丙烯酸甲酯	0.78	0.40
乙烯基正丁基醚	0.038	−1.50	丙烯酰胺	0.23	0.54
对甲氧基苯乙烯	1.53	−1.40	甲基丙烯酸	0.98	0.62
异丁烯	0.023	−1.20	丙烯酸甲酯	0.45	0.64
醋酸乙烯酯	0.026	−0.88	氟乙烯	0.008	0.72
α-甲基苯乙烯	0.97	−0.81	4-乙烯基吡啶	2.47	0.84
苯乙烯	1.00	−0.80	丙烯酸	0.83	0.88
异戊二烯	1.99	−0.55	丙烯腈	0.48	1.23
1,3-丁二烯	1.70	−0.50	四氟乙烯	0.032	1.63
乙烯	0.016	0.05	富马酸二乙酯	0.25	2.26
氯乙烯	0.056	0.16	马来酸酐	0.86	3.69

4.11　共聚速率

共聚速率是共聚反应的另一个重要问题。共聚物组成仅与链增长反应有关，而速率则涉及链引发、链增长、链终止三种基元反应。与均聚相比，共聚又有 2 种链引发、4 种链增长、3 种链终止，影响共聚总速率的因素将更复杂。

早期曾用化学控制终止的方法来推导共聚速率方程，但自终止反应受扩散控制的概念被广泛接受以来，由化学控制终止导出的共聚速率方程已不再被应用。

目前普遍认为，链终止是物理扩散和化学反应的串联过程。按讲，自终止（k_{t11}、k_{t22}）和交叉终止（k_{t12}）的速率常数不同，但在扩散控制的条件下，扩散成为链终止全过程的主要阻力。为此，引入一个综合扩散终止速率常数 $k_{t(12)}$：

$$\left.\begin{array}{l} M_1 \cdot + M_1 \cdot \\ M_1 \cdot + M_2 \cdot \\ M_2 \cdot + M_2 \cdot \end{array}\right\} \xrightarrow{k_{t(12)}} 死聚物 \tag{4-56}$$

扩散终止速率常数 $k_{t(12)}$ 无法测定。为此，假设 $k_{t(12)}$ 是共聚物组成和两均聚链终止速率的函数，按摩尔分数（F_1、F_2）平均加和。

$$k_{t(12)} = F_1 k_{t11} + F_2 k_{t22} \tag{4-57}$$

对自由基总浓度作稳态处理，得

$$R_i = 2k_{t(12)}([M_1 \cdot] + [M_2 \cdot])^2 \tag{4-58}$$

于是得共聚速率为

$$R_p = \bar{k}_p [M][R_i / 2k_{t(12)}]^{1/2} \tag{4-59}$$

式中，[M] 为两单体的总浓度；$\bar{k}_p$ 为平均增长速率常数，取决于两单体的进料组成、竞聚率和均聚速率常数，即

$$\bar{k}_p = \frac{r_1 f_1^2 + 2f_1 f_2 + r_2 f_2^2}{(r_1 f_1 / k_{11}) + (r_2 f_2 / k_{22})} \tag{4-60}$$

自由基聚合的终止属于扩散控制，这在物理概念上是比较正确的。可惜扩散交叉终止速率常数难以定量测定，由自终止速率常数按摩尔分数来平均加和只是假设，可能有偏差。

思 考 题

1.无规、交替、嵌段、接枝共聚物的结构有何差异？举例说明这些共聚物名称中单体前后位置的规定。

2.试用共聚动力学和概率两种方法来推导二元共聚物组成微分方程，推导时有哪些基本假定？

3.说明竞聚率 r_1、r_2 的定义，指明理想共聚、交替共聚、恒比共聚时竞聚率数值的特征。

4.考虑 $r_1 = r_2 = 1$、$r_1 = r_2 = 0$、$r_1 > 0$ 且 $r_2 = 0$、$r_1 r_2 = 1$ 等情况，说明 $F_1 = f(f_1)$ 的函数关系和图像特征。

5.示意画出下列各对竞聚率的共聚物组成曲线，说明特征。$f_1 = 0.5$ 时，低转化阶段的 F_1 约多少？

情况	1	2	3	4	5	6	7	8	9
r_1	0.1	0.1	0.1	0.5	0.2	0.8	0.2	0.2	0.2
r_2	0.1	1	10	0.5	0.2	0.8	0.8	5	10

6.丙烯腈与丙烯酸甲酯在二甲基亚砜中溶液共聚时，测得竞聚率为 $r_1 = 1.02$、$r_2 = 0.70$；而当它们进行水相沉淀聚合时，测得竞聚率为 $r_1 = 0.68$、1.10。为什么？

7.何为梯度共聚物？如何调控梯度共聚物的组成梯度？

8.在苯乙烯-甲基丙烯酸甲酯的 RAFT 共聚合体系中，实验发现聚合后期体系的可控性将变差，形成双峰分布，请合理分析其原因。

9.醋酸乙烯酯（$e = -0.88$，$Q = 0.026$）和甲基丙烯酸甲酯（$e = 0.40$，$Q = 0.78$）等摩尔共聚，是否合理？

10.甲基丙烯酸甲酯、丙烯酸甲酯、苯乙烯、马来酸酐、醋酸乙烯酯、丙烯腈等单体与丁二烯共聚，交替倾向的次序如何？说明原因。（提示：如无竞聚率数据，可用 Q、e 值。）

11.共聚速率方程式（4-58）的提出，需要做哪些假定？

计 算 题

1.氯乙烯-醋酸乙烯酯、甲基丙烯酸甲酯-苯乙烯两对单体共聚，若两体系中醋酸乙烯酯和苯乙烯均为15%（质量分数）。a.根据表 4-10 中的 Q、e 值预测它们的竞聚率；b.求这两种共聚物的起始组成。

2.甲基丙烯酸甲酯（M_1）浓度为 $5mol \cdot L^{-1}$，5-乙基-2-乙烯基吡啶浓度为 $1mol \cdot L^{-1}$，竞聚率 $r_1 = 0.40$，$r_2 = 0.69$。a.计算聚合共聚物起始组成（以摩尔分数计）；b.求共聚物组成与单体组成相同时两单体的摩尔配比。

3.氯乙烯（$r_1 = 1.67$）与醋酸乙烯酯（$r_2 = 0.23$）共聚，希望获得初始共聚物瞬时组成和 85% 转化率时共聚物平均组成为 5%（摩尔分数）醋酸乙烯酯，分别求两单体的初始配比。

4.两单体竞聚率为 $r_1 = 0.9$，$r_2 = 0.083$，摩尔配比为 50:50，对下列关系进行计算和作图：

　　a.残余单体组成与转化率　　　　b.瞬时共聚物组成与转化率

　　c.平均共聚物组成与转化率　　　d.共聚物组成分布

5.0.3mol 甲基丙烯腈和 0.7mol 苯乙烯进行自由基共聚，求共聚物中每种单元的链段长。

6.0.75mol 丙烯腈（M_1，$r_1 = 0.9$）和 0.25mol 偏二氯乙烯（M_2，$r_2 = 0.4$）进行共聚。

　　a.求共聚物中含 3 个或 3 个以上单元丙烯腈链段的分数。

　　b.要求共聚物组成不随转化率而变，求配方中两单体组成。

7.0.414mol 甲基丙烯腈 MAN（M_1）、0.424mol 苯乙烯 S（M_2）、0.162mol α-甲基苯乙烯 α-MS（M_3）三元共聚，计算起始三元共聚物组成（以摩尔分数计）。竞聚率如下：

MAN/S：$r_{12} = 0.44$，$r_{21} = 0.37$；

MAN/α-MS：$r_{13} = 0.38$，$r_{31} = 0.53$；

S/α-MS：$r_{23} = 1.124$，$r_{32} = 0.627$。

8.丙烯酸和丙烯腈进行共聚，实验数据如下，试用参数回归法或直接用 Matlab 软件求取竞聚率。

单体中 M_1 的质量分数/%	20	25	50	60	70	80
共聚物中 M_1 的质量分数/%	25.5	30.5	59.3	69.5	78.6	86.4

综 合 题

1.根据表 4-10 所列 Q、e 值，计算苯乙烯-丁二烯、苯乙烯-甲基丙烯酸甲酯、苯乙烯-氯乙烯三对单体的竞聚率，并与下表所列的实验值比较，讨论出现偏差的几种原因。

共聚反应	实　验　值	
	r_1	r_2
苯乙烯-丁二烯乳液共聚	0.58	1.35
苯乙烯-甲基丙烯酸甲酯本体共聚	0.52	0.46
苯乙烯-氯乙烯悬浮共聚	11	0.02

2.丙烯酸乙酯-甲基丙烯酸无规共聚物具有 pH 相应性，即在低 pH 条件下不溶于水，在高 pH 条件下溶于水。据此可将其用于智能释放药物口服胶囊的包衣材料，药物胶囊在胃内酸性条件下不释放，在肠内较高 pH 条件下快速释放。因环保要求，需采用乳液共聚法合成该共聚物胶乳，以便将其喷涂在药物颗粒表面形成包衣。根据以上信息，试设计该乳液共聚的配方，指出其成核机理和反应场所。

3.光刻胶是制备大规模集成电路的关键材料，集成电路的集成度随着摩尔定律迅速提高，特征线宽不断下降，光刻波长不断缩短，光刻胶用树脂也发生了多次更迭。请通过 AI 工具或查阅文献，a.描述光刻原理；b.指出不同集成电路工艺节点对应的光刻胶树脂；c.写出这些树脂的化学结构式、树脂合成的基元反应式，并说明需调控的关键参数及手段。

5

离子聚合

5.1 引言

由离子活性种引发的聚合反应称为离子聚合。根据离子电荷的性质，又可分为阴离子聚合和阳离子聚合。配位聚合也可归属于离子聚合的范畴，但机理独特，故另列一章。离子聚合和配位聚合都属于连锁聚合，但在机理和动力学上与自由基聚合有些差异。

大部分烯类单体都能进行自由基聚合，但离子聚合对单体却有较大的选择性，示例见表5-1。通常带有氰基、羰基等吸电子基团的烯类单体，如丙烯腈、甲基丙烯酸甲酯等，有利于阴离子聚合；带有烷基、烷氧基等供电子基团的烯类单体，如异丁烯、烷基乙烯基醚等，有利于阳离子聚合；带苯基、乙烯基等的共轭烯类单体，如苯乙烯、丁二烯等，则既能阴离子聚合，又能阳离子聚合，更是自由基聚合的常用单体。

表 5-1   离子聚合的单体

阴离子聚合		阴、阳离子聚合		阳离子聚合	
丙烯腈	$CH_2{=}CH{-}CN$	苯乙烯	$CH_2{=}CH{-}C_6H_5$	异丁烯	$CH_2{=}C(CH_3)_2$
甲基丙烯酸甲酯	$CH_2{=}C(CH_3)COOCH_3$	α-甲基苯乙烯	$CH_2{=}C(CH_3)C_6H_5$	3-甲基-1-丁烯	$CH_2{=}CHCH(CH_3)_2$
亚甲基丙二酸酯	$CH_2{=}C(COOR)_2$	丁二烯	$CH_2{=}CHCH{=}CH_2$	4-甲基-1-戊烯	$CH_2{=}CHCH_2CH(CH_3)_2$
α-氰基丙烯酸酯	$CH_2{=}C(CN)COOR$	异戊二烯	$CH_2{=}C(CH_3)CH{=}CH_2$	烷基乙烯基醚	$CH_2{=}CH{-}OR$
ε-己内酰胺 $(CH_2)_5{-}NH$ $\underset{O}{\overset{}{C}}$		甲醛 $CH_2{=}O$		氧杂环丁烷衍生物 $H_2C{-}C(CH_2Cl)_2$ (O—CH_2)	
		环氧乙烷 $CH_2{-}CH_2$ (O)	环氧烷烃 $CH_2{-}CH{-}R$ (O)	四氢呋喃	
		硫化乙烯 $CH_2{-}CH_2$ (S)		三氧六环	

杂环也是离子聚合的常用单体，部分见表5-1，详见第7章。

烯类单体自由基聚合、阴离子聚合、阳离子聚合的活性链末端分别是碳自由基（C·）、碳负离子（C:$^{\ominus}$）、碳正离子（C$^{\oplus}$）。三种活性种的分子结构不同，反应特性和聚合机理各异。

离子聚合引发剂易与水反应而失活，故多在有机溶剂的存在下进行溶液聚合。溶剂性质影响颇大，因此需考虑单体、引发剂、溶剂三组分对聚合速率、聚合度、聚合物立构规整性等的综合影响。

顺丁橡胶、异戊橡胶、丁基橡胶、聚醚、聚甲醛等重要聚合物，由离子聚合来合成。有些常用单体，如丁二烯、苯乙烯，原可以采用价廉的自由基聚合来合成聚合物，但改用离子聚合或配位聚合后，却可赋予特殊的链结构，从而获得更优异的性能。

5.2　阴离子聚合

阴离子聚合的常用单体有丁二烯类和丙烯酸酯类，常用引发剂有丁基锂，生产的聚合物有低顺 1,4-聚丁二烯、顺 1,4-聚异戊二烯、苯乙烯-丁二烯-苯乙烯（SBS）嵌段共聚物等。

阴离子活性种末端 $B^{\ominus}$ 近旁往往伴有金属阳离子作为反离子 $A^{\oplus}$，形成离子对 $B^{\ominus}A^{\oplus}$。特别标以 "$\ominus\oplus$"，以示与真正的无机离子相区别；为书写方便，也不妨简化成 "－＋"。

阴离子聚合反应的通式可用下式表示，单体插入离子对引发聚合。

$$B^-A^+ + M \longrightarrow BM^-A^+ \xrightarrow{\ M\ } \cdots \xrightarrow{\ M\ } BM_n^- A^+$$

20 世纪早期，碱催化环氧乙烷开环聚合和丁钠橡胶的合成都属于阴离子聚合，但当时并不知道机理。1956 年 Szwarc 根据苯乙烯-萘钠-四氢呋喃体系的聚合特征，首次提出活性阴离子聚合的概念。从此以后，这一领域迅速发展。

第 5 章

5.2.1　阴离子聚合的烯类单体

阴离子聚合的单体可以粗分为烯类和杂环两大类，本章着重讨论烯类单体。杂环类单体的聚合见本书第 7 章开环聚合。

具有吸电子基团的烯类原则上容易阴离子聚合。吸电子基团能使双键上的电子云密度减弱，有利于阴离子的进攻，并使所形成的碳阴离子的电子云密度分散而稳定。但一般带有吸电子基团并且是 π-π 共轭的烯类才能阴离子聚合，如丙烯腈、甲基丙烯酸甲酯等，共轭更有利于阴离子活性中心的稳定。

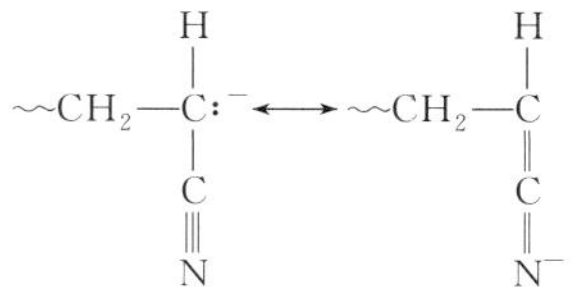

但 p-π 共轭而带吸电子基团的烯类单体，如氯乙烯，却难阴离子聚合，因为 p-π 共轭效应和诱导效应相反，削弱了双键电子云密度降低的程度，不利于阴离子的进攻。

按阴离子聚合活性次序，可将烯类单体分成四组，列在表 5-2 内。表中从上而下，单体活性递增，A 组为共轭烯类，如苯乙烯、丁二烯类，活性较弱；B 组为（甲基）丙烯酸酯类，活性较强；C 组为丙烯腈类，活性更强；D 组为硝基乙烯和双取代吸电子基单体，活性最强。

表 5-2　阴离子聚合的单体活性和引发剂活性

引发剂			单体	结　构　式	Q	e	σ
SrR_2，CaR_2			α-甲基苯乙烯	$CH_2\!=\!C(CH_3)C_6H_5$			-0.161
Na，NaR	a	A	苯乙烯	$CH_2\!=\!CHC_6H_5$	1	-0.8	0.009
Li，LiR			丁二烯	$CH_2\!=\!CHCH\!=\!CH_2$	1.7	-0.5	
RMgX			甲基丙烯酸甲酯	$CH_2\!=\!C(CH_3)COOCH_3$	0.78	0.4	0.385
t-ROLi	b	B	丙烯酸甲酯	$CH_2\!=\!CHCOOCH_3$	0.45	0.64	
ROX			丙烯腈	$CH_2\!=\!CHCN$	0.48	1.23	0.660
ROLi	c	C	甲基丙烯腈	$CH_2\!=\!C(CH_3)CN$	3.33	1.74	
强碱			甲基乙烯基酮	$CH_2\!=\!CHCOCH_3$	3.45	1.51	0.502
吡啶			硝基乙烯	$CH_2\!=\!CHNO_2$			0.778
NR_3			亚甲基丙二酸二乙酯	$CH_2\!=\!C(COOC_2H_5)_2$			
弱碱	d	D	α-氰基丙烯酸乙酯	$CH_2\!=\!C(CN)COOC_2H_5$			1.150
ROR			偏二氰基乙烯	$CH_2\!=\!C(CN)_2$			
H_2O			α-氰基-2,4-己二烯酸乙酯	$CH_3CH\!=\!CHCH\!=\!C(CN)COOC_2H_5$			1.256

　　可从 Q-e 概念中的 e 值（极性或吸电子性）和 Hammett 方程 $[\lg(1/r_1)=\rho\sigma]$ 中的基团特性常数 σ 值，来半定量地衡量阴离子聚合活性。表 5-2 中 e、σ 值从上而下逐渐增大，与聚合活性相一致。有些单体 e 值虽不大，但 Q 值较大（共轭效应），也可阴离子聚合。

5.2.2　阴离子聚合的引发剂和引发反应

　　阴离子聚合的引发剂有碱金属、碱金属和碱土金属的有机化合物、三级胺等碱类、给电子体或亲核试剂，其活性可参见表 5-2，从上而下递减。其中碱金属引发属于电子转移机理，而其他则属于阴离子直接引发机理。

　　（1）碱金属——电子转移引发

　　钠、钾等碱金属原子最外层只有一个电子，易转移给单体，形成阴离子而后引发聚合。

　　① 电子直接转移引发　20 世纪早期，钠细分散液引发丁二烯聚合，生产丁钠橡胶，是这一引发机理的例子。但丁钠橡胶性能差，引发效率低，该技术早已淘汰。现以苯乙烯为单体来说明其引发机理。

　　钠将外层电子直接转移给苯乙烯，生成单体自由基-阴离子，两分子的自由基末端偶合终止，转变成双阴离子，而后由两端阴离子引发单体双向增长而聚合。

　　② 电子间接转移引发　苯乙烯-钠-萘-四氢呋喃体系是典型的例子。钠和萘溶于四氢呋喃中，钠将外层电子转移给萘，形成萘钠自由基-阴离子，呈绿色。溶剂四氢呋喃中氧原子上的未共用电子对与钠离子形成络合阳离子，使萘钠结合疏松，更有利于萘自由基-阴离子的引发。

$$2\left[\begin{array}{c}\overset{\cdot}{C}H-\overset{\cdot\cdot}{C}H_2 \longleftrightarrow \overset{\cdot\cdot}{C}H-\overset{\cdot}{C}H_2 \\ | \\ C_6H_5 \quad\quad C_6H_5\end{array}\right]^- Na^+ \longrightarrow Na^+\left[\begin{array}{c}^-CHCH_2-CH_2C^- \\ | \quad\quad | \\ C_6H_5 \quad\quad C_6H_5\end{array}\right]Na^+$$

一加入苯乙烯，萘自由基-阴离子就将电子转移给苯乙烯，形成苯乙烯自由基-阴离子，呈红色。两阴离子的自由基端基偶合成苯乙烯双阴离子，而后双向引发苯乙烯聚合。最终结果与钠电子直接转移引发相似，只是萘成了电子转移的媒介，故称为电子间接转移引发。

苯乙烯单体聚合耗尽，红色并不消失，表明活性苯乙烯阴离子仍然存在，再加入单体，仍可继续聚合，聚合度不断增加，显示出无终止的特征，故称活性聚合。碳阴离子$C:^{\ominus}$具有未成键的电子对，比较稳定，寿命长，为活性聚合创造了条件。

（2）有机金属化合物——阴离子引发

这类引发剂有金属的烷基化合物和烷氧基化合物、格氏试剂等亲核试剂。碱金属氨基化合物虽非有机金属化合物，却是典型的阴离子引发剂，且历史悠久，故一并介绍。

① 碱金属氨基化合物——氨基钾　K 或 Na 金属性强，液氨介电常数大，溶剂化能力强，KNH_2-液氨就构成了高活性的阴离子引发体系，氨基以游离的单阴离子存在，引发单体聚合，最后向氨转移而终止。

$$2K + 2NH_3 \longrightarrow 2KNH_2 + H_2\uparrow$$

$$KNH_2 \Longleftrightarrow K^+ + {}^-NH_2$$

$$H_2N^- + CH_2=\underset{\underset{C_6H_5}{|}}{CH} \longrightarrow H_2N-CH_2\underset{\underset{C_6H_5}{|}}{CH^-} \xrightarrow{M} \cdots$$

这类阴离子引发剂研究得较早，聚合机理和动力学均有详细报道，但目前少用，故从简。

② 金属烷基化合物　许多金属都可以形成烷基化合物，但常用作阴离子聚合引发剂的却是丁基锂，其次是格氏试剂 RMgX。能否用作引发剂，需从引发活性和溶解性能两方面因素综合考虑。

丁基锂之所以成为最常用的阴离子引发剂，原因是其兼具引发活性和良好的溶解性能。锂电负性为 1.0，是碱金属中原子半径最小的元素，Li—C 键为极性共价键，丁基锂可溶于多种非极性溶剂（如烷烃）和极性溶剂（如四氢呋喃等）中。丁基锂在非极性溶剂中以缔合体存在，无引发活性；若添加少量四氢呋喃，则解缔合成单量体，就有引发活性。同时，四氢呋喃中氧的未配对电子与锂阳离子络合，有利于疏松离子对或形成自由离子，活性得以提高。

$$C_4H_9Li + :OC_4H_8 \longrightarrow C_4H_9^- \| [Li\leftarrow OC_4H_8]^+$$

丁基锂就以单阴离子的形式引发单体聚合，并以相同的方式增长。

$$C_4H_9^-Li^+ + CH_2=\underset{\underset{X}{|}}{CH} \longrightarrow C_4H_9-CH_2\underset{\underset{X}{|}}{CH^-}Li^+ \xrightarrow{M} C_4H_9-CH_2\underset{\underset{X}{|}}{CH}\cdots CH_2-\underset{\underset{X}{|}}{CH^-}Li^+$$

K、Na 电负性分别为 0.8、0.9，M—C 键更倾向于离子键，引发活性虽强，但不溶于有机溶剂中，难以使用。相反，金属电负性越大，如 Al(1.5)，M—C 键越倾向于共价键，溶解性能虽好，但活性过低，无引发能力。

Mg 的电负性为 1.2，R_2Mg 中的 Mg—C 键的极性过弱，尚难引发阴离子聚合；如引入卤素，成为格氏试剂 RMgX，适当增加 Mg—C 键的极性，也可成为阴离子聚合的引发剂。

③ 金属烷氧基化合物　甲醇钠或甲醇钾是碱金属烷氧基化合物的代表，活性较低，无法引发共轭烯烃和丙烯酸酯类单体的聚合，多用于高活性环氧烷烃（如环氧乙烷、环氧丙烷等）的开环聚合，详见本书第 7 章。

（3）其他亲核试剂

R_3N、R_3P、ROH、H_2O 等中性亲核试剂或给电子体，都有未共用的电子对。引发和增长过程中，生成电荷分离的两性离子，但其活性很弱，只能引发很活泼的单体聚合。

$$R_3N: + CH_2{=}CH \underset{X}{|} \longrightarrow R_3N^+{-}CH_2CH^- \underset{X}{|} \longrightarrow \cdots \longrightarrow R_3N^+\!\!\left[CH_2CH\right]_{\overline{n}}CH_2CH^- \underset{X}{|}\ \underset{X}{|}$$

5.2.3　单体和引发剂的匹配

阴离子聚合的引发剂和单体的活性可以差别很大，两者配合得当，才能聚合。表 5-2 中四组引发剂的活性从上而下递减，四组单体活性从上而下递增，两者间能反应的则以直线相连。

a 组引发剂活性最高，可引发 A、B、C、D 四组单体聚合。引发 C、D 组高活性单体时，反应过于剧烈，难以控制，还可能产生副反应使链终止，需进行低温聚合。

b 组引发剂的代表是格氏试剂，能引发 B、C、D 组单体，并可能制得立体规整聚合物。

c 组引发剂可引发 C、D 组单体聚合。

d 组是活性最低的引发剂，只能引发 D 组高活性单体聚合。微量水往往使阴离子聚合终止，但可引发高活性的 α-氰基丙烯酸乙酯聚合。

判断阴离子引发剂能否引发单体，还希望有半定量的评价指标。

阴离子聚合引发剂属于 Lewis 碱类，其活性即引发单体的能力与碱性强度有关。以乙基锂引发苯乙烯为例，能否继续增长，与苯乙烯碳阴离子所对应的"共轭酸"的相对碱性有关。

$$C_2H_5Li + CH_2{=}CH \underset{C_6H_5}{|} \longrightarrow C_2H_5{-}CH_2CH^- \underset{C_6H_5}{|} Li^+$$

共轭"碳酸"HA 与碳阴离子 A^- 构成离解平衡。

$$HA \overset{K_a}{\rightleftharpoons} A^- + H^+$$

$$K_a = \frac{[A^-][H^+]}{[HA]}$$

$$pK_a = -lgK_a = lg\frac{[HA]}{[A^-][H^+]}$$

K_a 愈小，则 pK_a 值愈大，表示碱性愈大或亲电性愈小。

pK_a 值大的烷基金属化合物可以引发 pK_a 值较小的单体聚合，形成该单体的碳阴离子。是否能接着引发另一单体聚合，则要看两单体的相对碱性。从表 5-3 中可见，苯乙烯 pK_a

（＝40～42）最大，其阴离子碱性最强，活性最高，可以引发所有其他单体（如丙烯酸酯类 $pK_a＝24$）聚合。除二烯烃外，其他单体碳阴离子都不能引发苯乙烯聚合。这一规律可用来指导嵌段共聚物合成中单体的加入次序。

pK_a 值很低的化合物，如甲醇（$pK_a＝16$），所形成的甲氧基阴离子活性很低，不能引发苯乙烯、丙烯酸酯类单体，甲醇就成为这些单体阴离子聚合的阻聚剂。

自由基聚合中曾有单体活性次序与自由基活性次序相反的规律，阴离子聚合中也类似，即单体活性愈低，则其阴离子活性愈高。

实际上，低活性的共轭二烯烃进行阴离子聚合，多选用丁基锂作引发剂；而高活性环醚的阴离子开环聚合，则多选用低活性的醇钠、醇钾作引发剂。

表 5-3 化合物的 pK_a 值

化合物	pK_a 值
乙烷	48
苯	41
苯乙烯、二烯烃	40～42
氨	36
丙烯酸酯类	24
丙烯腈	(25)
炔烃	25
甲醇	16
环氧化合物	15
硝基烯烃	11

5.2.4 阴离子聚合增长速率常数及其影响因素

与自由基聚合相比，阴离子聚合速率常数 k_p 的影响因素就要复杂得多。除了烯类单体本身取代基的电子效应有显著影响之外，溶剂和反离子的环境因素更不容忽视。以 Na^+ 为反离子，四氢呋喃为溶剂，几种单体的 k_p 比较见表 5-4。苯乙烯阴离子聚合 k_p（＝950）是该单体自由基聚合 k_p（＝145）的 6～7 倍。2-乙烯基吡啶 $k_p＝7300$，说明吸电子的吡啶基对 k_p 的增强作用；而 α-甲基苯乙烯 $k_p＝2.5$，则说明供电子的甲基对 k_p 的减弱作用，这也是单体中基团的电子效应对阴离子聚合选择性的另一种反映。

现进一步说明溶剂、反离子、温度等因素对苯乙烯阴离子聚合速率常数 k_p 值的影响。

表 5-4 阴离子聚合增长速率常数

（反离子为 Na^+，溶剂为 THF，$T＝25℃$）

单 体	$k_p/(L \cdot mol^{-1} \cdot s^{-1})$
α-甲基苯乙烯	2.5
p-甲氧基苯乙烯	52
o-甲基苯乙烯	170
苯乙烯	950
4-乙烯基吡啶	3500
2-乙烯基吡啶	7300

（1）溶剂的影响

烯类单体的离子聚合一般采用溶液聚合。环状单体的离子开环聚合（见第 7 章）除了溶液聚合外，还有本体聚合和沉淀聚合。

溶剂对阴离子聚合速率和聚合物立构规整性很有影响。从非极性溶剂到极性溶剂，阴离子活性种与反离子所构成的离子对可以处在多种形态，即可在极化共价键、紧密离子对（紧对）、疏松离子对（松对）、自由离子之间平衡变动：

$$B^{\delta-}A^{\delta+} \longleftrightarrow B^-A^+ \longleftrightarrow B^-\|A^+ \longleftrightarrow B^- + A^+$$

极化共价键　　　紧密接触　　　溶剂隔离　　　自由离子
离子对（紧对）　离子对（松对）

紧密离子对有利于单体的定向配位插入聚合，形成立构规整性聚合物，但聚合速率较低。相反，疏松离子对和自由离子的聚合速率较高，却失去了定向能力。单体-引发剂-溶剂配合得当，才能兼顾聚合活性和定向能力两方面指标。

丁基锂是阴离子聚合的常用引发剂，可溶于从非极性到极性的多种溶剂，但最常用的溶

表 5-5　溶剂的介电常数和电子给予指数

溶　　剂	介电常数	电子给予指数
正己烷	2.2	
苯	2.2	2
二氧六环	2.2	5
乙醚	4.3	19.2
四氢呋喃	7.6	20.0
丙酮	20.7	17.0
硝基苯	34.5	4.4
二甲基甲酰胺	35	30.9

剂却是烷烃，另加少量四氢呋喃来调节极性。溶剂的极性常用介电常数来评价，电子给予指数也是表征溶剂化能力的辅助参数，见表 5-5。

表 5-6 表明溶剂性质对苯乙烯-萘钠体系 k_p 的影响。在弱极性苯或二氧六环（$\varepsilon = 2.2$）中，$k_p = k_\mp = 2 \sim 5$，比自由基聚合 k_p（$= 145$）低 $1 \sim 2$ 个数量级，估计活性种以紧对存在。在极性四氢呋喃（$\varepsilon = 7.6$）和 1,2-二甲氧基乙烷（$\varepsilon = 5.5$）中的 k_p 分别为 550 和 3800，是苯乙烯自由基聚合 k_p 的几倍至几十倍，估计以松对和/或自由离子存在。1,2-二甲氧基乙烷的介电常数虽然不甚高，但电子给予指数很大，溶剂化能力很强，有利于松对或自由离子的形成。

通常测得的链增长速率常数 k_p 一般是离子对各种状态的综合值，希望对离子对和自由离子的速率常数进行分离。离子对结合的松紧程度很难量化，为简化起见，仅将活性种区分成离子对 P^-C^+ 和自由离子 P^- 两种，其增长速率常数分别以 $k_\mp$ 和 k_- 表示，离解平衡可写成下式：

表 5-6　溶剂对苯乙烯阴离子聚合 k_p 的影响

（萘钠，25℃）

溶　　剂	介电常数 ε	$k_p/(\text{L}\cdot\text{mol}^{-1}\cdot\text{s}^{-1})$
苯	2.2	2
二氧六环	2.2	5
四氢呋喃	7.6	550
1,2-二甲氧基乙烷	5.5	3800

$$P^-C^+ + M \xrightarrow[\text{离子对增长}]{k_\mp} PM^-C^+$$
$$\Big\| K \qquad\qquad\qquad \Big\| K$$
$$P^- + C^+ + M \xrightarrow[\text{自由离子增长}]{k_-} PM^- + C^+$$

总聚合速率是离子对 P^-C^+ 和自由离子 P^- 聚合速率之和。

$$R_p = k_\mp[P^-C^+][M] + k_-[P^-][M] \tag{5-1}$$

我们又有离子聚合的一般速率方程

$$R_p = -\frac{d[M]}{dt} = k_p[M^-][M] \tag{5-2}$$

两式联立，则得表观增长速率常数

$$k_p = \frac{k_\mp[P^-C^+] + k_-[P^-]}{[M^-]} \tag{5-3}$$

式中，活性种总浓度 $[M^-] = [P^-] + [P^-C^+]$。

设两活性种处于平衡状态，平衡常数 K 为

$$K = \frac{[P^-][C^+]}{[P^-C^+]} \tag{5-4}$$

通常 $[P^-] = [C^+]$，则

$$[P^-] = (K[P^-C^+])^{1/2} \tag{5-5}$$

联立式(5-1) 和式(5-5) 得

$$\frac{R_p}{[M][P^-C^+]} = k_\mp + \frac{K^{1/2}k_-}{[P^-C^+]^{1/2}} \tag{5-6}$$

离子对离解常数很小（$K=10^{-7}$），离子对浓度 $[P^-C^+]$、活性种浓度 $[M^-]$ 和引发剂浓度 $[C]$ 都相近，即 $[P^-C^+] \approx [M^-] = [C]$，代入式(5-6)，得

$$k_p = k_\mp + \frac{K^{1/2}k_-}{[C]^{1/2}} \tag{5-7}$$

以 k_p 对 $[C]^{-1/2}$ 作图（见图 5-1），得一直线，由截距求 $k_\mp$，由斜率求 $K^{1/2}k_-$。再由电导法测得平衡常数 K 后，就可求出 k_-，结果见表 5-7。

表 5-7　苯乙烯阴离子聚合增长速率常数（25℃）

反离子	二氧六环	四氢呋喃		
	$k_\mp$	$k_\mp$	$K/10^{-7}$	k_-
Li$^+$	0.94	160	2.2	
Na$^+$	3.4	80	1.5	
K$^+$	19.8	60~80	0.8	$6.5×10^4$
Rb$^+$	21.5	50~80	1.1	
Cs$^+$	24.5	22	0.02	

从表 5-7 可以预计到，以弱极性的二氧六环作溶剂时，离子对并不离解，且以紧对存在，速率常数 $k_\mp$ 很低（=0.94~24.5）。以溶剂化能力强的极性四氢呋喃作溶剂时，离子对少量离解成自由离子，多数以松对存在。离解常数（=$2×10^{-9}$~$2.2×10^{-7}$）虽小，但自由离子速率常数 k_-（=$6.5×10^4$）很高，比松对的 $k_\mp$（=100~22）要大上 2~3 个数量级，因此 k_- 在表观增长速率常数中占着主要地位。

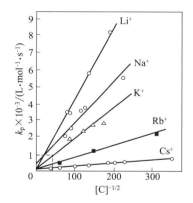

图 5-1　苯乙烯阴离子聚合（在 THF 中）的表观速率常数 k_p 与 $[C]^{-1/2}$ 的关系

（2）反离子的影响

以弱极性的二氧六环作溶剂时，$k_\mp$ 很低。从锂到铯，原子半径递增，$k_\mp$ 从 0.94 渐增至 24.5，可见碱金属离子半径对 $k_\mp$ 颇有影响。较大的原子半径，扩展了两离子间的距离，使离子对"疏松"，有点类似溶剂化作用中的溶剂隔离作用，从而使 $k_\mp$ 增加。

以四氢呋喃作溶剂时，$k_\mp$ 增大。但由锂到铯，$k_\mp$ 递减（100→22），说明溶剂化作用对原子半径小的反离子更有影响。对铯而言，二氧六环和四氢呋喃介质中的 $k_\mp$（24.5~22）已相互接近。

（3）温度的影响

温度对阴离子聚合 k_p 的影响比较复杂，需从对速率常数本身的影响和对离解平衡的影响两方面来考虑。

一方面，升高温度可使离子对和自由离子的增长速率常数增加，遵循 Arrhenius 指数关系。增长反应综合活化能一般是小的正值，速率随温度升高而略增，但并不敏感。另一方

面，升高温度却使离解平衡常数 K 降低，自由离子浓度也相应降低，速率因而降低。两方面对速率的影响方向相反，但并不一定完全相互抵消，可能有多种综合结果。

离子对离解平衡常数 K 与温度的关系有如下式：

$$\ln K = -\frac{\Delta H}{RT} + \frac{\Delta S}{R}$$ (5-8)

ΔH 为负值，因此 K 随 T 而反变。例如苯乙烯-钠-THF 体系，温度从 $-70℃$ 升至 $25℃$，K 值约降低 300 倍，活性种浓度为 10^{-3} mol·L^{-1} 时，自由离子的浓度减小为原来的 $1/20$。

5.2.5 活性阴离子聚合

（1）活性阴离子聚合的机理

阴离子聚合中，单体一经引发成阴离子活性种，就以相同的模式进行链增长，一般无终止和无链转移，直至单体耗尽，几天乃至几周都能保持活性，因此称作活性聚合。难终止的原因有：①活性链末端都是阴离子，无法双基终止；②反离子为金属离子，无 H$^+$ 可供夺取而转移终止；③夺取活性链中的 H 需要很高的能量，也难进行。

（2）活性阴离子聚合动力学

活性阴离子聚合具有快引发、慢增长、无终止、无链转移的机理特征，因此其动力学处理比较简单。快引发活化能低，与光引发相当。所谓慢增长，是与快引发相对而言的，实际上阴离子聚合的链增长速率比自由基聚合快，且深受溶剂极性的影响。

① 聚合速率 阴离子活性聚合的引发剂，如钠、萘钠、丁基锂等，有化学计量和瞬时离解的特性。聚合前，预先全部瞬时转变成阴离子活性种，然后同时以同一速率引发单体增长。在增长过程中，再无新的引发，活性种数不变。每一活性种所连接的单体数基本相等，聚合度就等于单体的物质的量除以引发剂的物质的量，而且比较均一，分布窄。如无杂质，则不终止，聚合将一直进行到单体耗尽。根据这一机理，就可依次写出链引发、链增长的反应式以及聚合速率方程：

链引发 $B^- A^+ + M \longrightarrow BM^- A^+$

链增长 $BM^- A^+ + nM \longrightarrow BM_{n+1}^- A^+$

由以上反应式即可得式(5-2)，表明聚合速率对单体呈一级反应。在聚合过程中，阴离子活性增长种的总浓度 $[B^-]$ 始终保持不变，且等于引发剂浓度 $[C]$，即 $[B^-]=[C]$。如将式(5-2) 积分，就可导得单体浓度（或转化率）随时间作线性变化的关系式。

$$\ln \frac{[M]_0}{[M]} = k_p [C] t$$ (5-9)

式中，引发剂浓度 $[C]$ 和起始单体浓度 $[M]_0$ 已知，只要测得 t 时的残留单体浓度 $[M]$，就可求出链增长速率常数 k_p。在适当溶剂中，苯乙烯阴离子聚合的 k_p 值可以与自由基聚合的 k_p 值相近，但阴离子聚合无终止，阴离子浓度（$10^{-3} \sim 10^{-2}$ mol·L^{-1}）比自由基浓度（$10^{-9} \sim 10^{-7}$ mol·L^{-1}）高得多，因此阴离子聚合速率总比自由基聚合快得多。

② 聚合度和聚合度分布 根据阴离子聚合机理，所消耗的单体平均分配键接在每个活

性端基上，活性聚合物的平均聚合度就等于消耗单体数（或起始和 t 时的单体浓度差 $[M]_0-[M]$）与活性端基浓度 $[M^-]$ 之比，因此可将活性聚合称作化学计量聚合。

$$\overline{X}_n=\frac{[M]_0-[M]}{[M^-]/n}=\frac{n([M]_0-[M])}{[C]} \tag{5-10}$$

式中，$[C]$ 为引发剂浓度；n 为每一大分子所带有的活性端基数。采用萘钠时，活性种为双阴离子，$n=2$；丁基锂活性种为单阴离子，$n=1$。如果聚合至结束，单体全部耗尽，则 $[M]=0$。

聚合度分布服从 Flory 分布或 Poissen 分布，即 x-聚体的摩尔分数为

$$n_x=\frac{N_x}{N}=\frac{e^{-\nu}\cdot\nu^{x-1}}{(x-1)!} \tag{5-11}$$

式中，ν 为与每个引发剂分子反应的单体分子数，即动力学链长。若引发反应包含一个单体分子，则 $\overline{X}_n=\nu+1$。由式(5-11) 可得重均聚合度和数均聚合度之比：

$$\frac{\overline{X}_w}{\overline{X}_n}=1+\frac{\overline{X}_n}{(\overline{X}_n+1)^2}\approx 1+\frac{1}{\overline{X}_n} \tag{5-12}$$

当 $\overline{X}_n$ 很大时，$\overline{X}_w/\overline{X}_n$ 接近于 1，表示分布很窄。例如以萘钠-四氢呋喃引发所制得的聚苯乙烯，$\overline{X}_w/\overline{X}_n=1.06\sim1.12$，接近单分散。

以上有关聚合速率、聚合度及其分布的方程是建立在引发剂完全转变成活性种以及无终止和无链转移的条件下推导出来的，否则，需另作处理。

总结以上机理，活性聚合有下列四大特征，这些特征可以用作活性聚合的判据。

① 大分子具有活性末端，有再引发单体聚合的能力；

② 聚合度与单体浓度/起始引发剂浓度的比值成正比；

③ 聚合物分子量随转化率线性增加；

④ 所有大分子链同时增长，增长链数不变，聚合物分子量分布窄。

（3）活性阴离子聚合的应用

根据无终止和无链转移的机理特征，活性阴离子聚合可以有下列应用。

① 合成分子量均一的聚合物　用作凝胶色谱测定分子量及其分布时的标样。

② 制备嵌段聚合物　利用阴离子聚合，相继加入不同活性的单体进行聚合，就可以制得嵌段聚合物。

$$\sim\!M_1^-A^+ + M_2 \longrightarrow \sim\!M_1M_2\cdots M_2^-A^+$$

该法制备嵌段共聚物的关键在于单体加料的先后次序，并非所有活性聚合物都能引发另一种单体聚合，而决定于 M_1^- 和 M_2 的相对碱性，即 M_1^- 的给电子能力和 M_2 的亲电子能力。单体的加料次序可用 pK_a 值大小来指导，即 pK_a 值大的单体先加，pK_a 值小的单体后加。

③ 制备带有特殊官能团的遥爪聚合物　活性聚合结束，加入二氧化碳、环氧乙烷或二异氰酸酯进行反应，形成带有羧基、羟基、氨基等端基的聚合物。如果是双阴离子引发，则大分子链两端都有这些端基，就成为遥爪聚合物，可在后加工过程中进一步反应。

$$M_x^- A^+ + CO_2 \longrightarrow M_x COO^- A^+ \xrightarrow{H^+} M_x COOH$$

$$M_x^- A^+ + \underset{\displaystyle O}{CH_2 \!-\! CH_2} \longrightarrow M_x CH_2 CH_2 O^- A^+ \xrightarrow{H^+} M_x CH_2 CH_2 OH$$

$$M_x^- A^+ + OCN\!-\!R\!-\!NCO \longrightarrow M_x\!-\!\underset{\underset{O^- A^+}{|}}{C}\!=\!N\!-\!R\!-\!NCO \xrightarrow{H^+} M_x\!-\!\underset{\underset{O}{\|}}{C}\!-\!NH\!-\!R\!-\!NH_2$$

5.2.6 特殊链终止和链转移反应

实际上，阴离子聚合体系长期储存，也可能自终止；试剂和器皿难以绝对除净微量杂质，也可以经链转移而终止。聚合末期，还需人为地加入终止剂。

自发终止的原因是活性端基异构化，而后形成不活泼的烯丙基型端基阴离子。活性阴离子可以向氨、甲苯、极性单体转移而终止。氧、水、二氧化碳等含氧杂质均可使阴离子终止。因此，实验时，器皿要反复抽真空烘烤，并用高纯氮或氩吹扫，除净吸附的痕量水，甚至用少量活性物质（能与水和氧高效反应）的有机溶液来洗涤；单体、溶剂要严格纯化。

活性聚合结束时，需加特定终止剂使聚合终止。凡 pK_a 值比单体小的化合物都能终止阴离子聚合，如甲醇（$pK_a = 16$）。新形成的甲醇锂活性低，不能再引发烯类单体聚合。

$$M_x^- Li^+ + CH_3OH \longrightarrow M_x H + CH_3 OLi$$

环氧乙烷阴离子开环聚合时，活性种本身就是醇氧阴离子，常加草酸、磷酸等来终止。

5.2.7 丁基锂引发剂的特性

（1）丁基锂的缔合和解缔合

n-丁基锂是目前应用得最广的阴离子聚合引发剂，在正己烷、环己烷、苯、甲苯等非极性溶剂中，往往以缔合体存在，缔合度 2、4、6 不等。其缔合体无引发活性，只在解缔合成单量体以后，才有活性。

n-丁基锂在芳烃中的引发速率与丁基锂浓度的关系呈 1/6 级，表明缔合度为 6；而增长速率与活性链浓度呈 1/2 级，表明缔合度为 2。设缔合常数为 K，则缔合体和单量体在链引发和链增长中存在下列平衡：

链引发 $\qquad\qquad\qquad (C_4H_9Li)_6 \underset{}{\overset{K_1}{\rightleftharpoons}} 6C_4H_9Li$

链增长 $\qquad\qquad\qquad (C_4H_9M_n^-Li^+)_2 \overset{K_2}{\rightleftharpoons} 2C_4H_9M_n^-Li^+$

未缔合的丁基锂和活性链的浓度分别为

$$[C_4H_9Li] = K_1^{1/6}\left[(C_4H_9Li)_6\right]^{1/6}$$

$$[C_4H_9M_n^-Li^+] = K_2^{1/2}\left[(C_4H_9M_n^-Li^+)_2\right]^{1/2}$$

用黏度法和光散射法测定聚合物的分子量，可证明上述六缔合体和二缔合体的存在。苯乙烯在丁基锂-苯体系中的聚合速率远比在萘钠-四氢呋喃体系中低。

以脂肪烃为溶剂，丁基锂引发苯乙烯的聚合速率比芳烃中还要低，因为更难使丁基锂解缔合。在烷烃和环烷烃中，丁基锂多以四缔合体或二缔合体存在，相应有 1/4 或 1/2 方次关系。

n-丁基锂浓度很低（$<10^{-4}\sim10^{-5}$ mol·L^{-1}）或在非极性溶剂中加少量 Lewis 碱（如 THF）时，不缔合，链引发和链增长速率都与丁基锂浓度呈一级反应。THF 还可与单量体络合，形成松对或自由离子，从而提高聚合速率，并改变聚合物微结构。四氢呋喃、乙醚、二甲氧基乙醚、三乙胺、二氧六环等都是有效的 Lewis 碱。Lewis 碱与引发剂的摩尔比为 0.1～10 时，对解缔合比较有效。

（2）丁基锂的配位能力和定向作用

共轭二烯烃聚合物分子异构的方式有两类：一类是 1,4- 或 1,2-(或 3,4-)键接；另一类是顺式或反式、全同或间同立构。

丁二烯阴离子聚合时，活性链末端可能有 σ-烯丙基和 π-烯丙基两种形态。烃类中以 σ-烯丙基末端为主，多 1,4-加成；极性溶剂中，则以 π-烯丙基末端为主，多 1,2-加成。如下式所示。

碱金属引发二烯烃聚合时，决定聚二烯烃分子结构的因素主要是碱金属的电负性和原子半径以及溶剂极性对离子对的紧密程度的影响。

碱金属和溶剂对聚丁二烯微结构的影响见表 5-8。在戊烷中，锂引发丁二烯聚合，顺 1,4-聚丁二烯含量（约 35%）最高，并随碱金属原子半径的增大而降低。在四氢呋喃中，以任何碱金属作引发剂，顺 1,4-聚丁二烯含量均为零，而以 1,2-聚丁二烯结构为主，且随碱金属原子半径的增加而有所降低。

表 5-8　引发剂（含反离子）和溶剂对聚丁二烯微结构的影响（聚合温度为 0℃）

溶剂和反离子	聚丁二烯微结构 /%			溶剂和反离子	聚丁二烯微结构 /%		
	顺 1,4-	反 1,4-	1,2-		顺 1,4-	反 1,4-	1,2-
在戊烷中				在四氢呋喃中			
Li	35	52	13	Li-萘	0	4	96
Na	10	25	65	Na-萘	0	9	91
K	15	40	45	K-萘	0	18	82
Rb	7	31	62	Rb-萘	0	35	75
Cs	6	35	59	Cs-萘	0	35	75
				自由基聚合(5℃)	15	68	17

碱金属和溶剂对聚异戊二烯微结构的影响见表 5-9。以丁基锂为引发剂，异戊二烯在戊烷、苯、环己烷中聚合，顺 1,4-聚异戊二烯的含量依次递减。在戊烷中添加 10%THF 或全用 THF 作溶剂时，顺 1,4-聚异戊二烯含量降为零。总的规律是溶剂的极性和碱金属的原子半径增加，均使顺 1,4-聚异戊二烯含量减小。

丁基锂在烃类溶剂中的缔合现象实质上是丁基锂分子本身的配位作用，用作阴离子聚合引发剂时，则与单量体配位。因此，丁基锂引发二烯烃聚合时，引发剂（含反离子）和溶剂的种类不仅影响聚合速率，而且还影响到单体的配位和聚合物的立构规整性。

表 5-9　引发剂和溶剂对聚异戊二烯微结构的影响

引发剂	溶　　剂	聚合物微结构/%			
		顺 1,4-	反 1,4-	1,2-	3,4-
C_4H_9Li	戊烷	93	0	0	7
C_4H_9Li	苯	75	12	0	7
$C_4H_9Li/2THF$	环己烷	68	19	0	13
C_4H_9Li	戊烷/THF(90:10)	0	26	9	66
C_4H_9Li	THF	0	12	27	59
Li	戊烷	94	0	0	6
Li	乙醚	0	49	5	46
Li	苯甲醚	64	0	0	36
Li	二苯醚	82	0	0	18
Na	戊烷	0	43	6	51
Na	THF	0	0	18	82
Cs	戊烷	4	51	8	37

　　在非极性溶剂中，由丁基锂引发二烯烃聚合时，单体首先与 sp^3 构型的 Li^+ 配位，形成六元环过渡态，如下左式，而后插入 C^-Li^+ 键而增长，结果，顺 1,4-结构占优势。

丁二烯顺1,4-配位　　　　异戊二烯顺1,4-配位

　　此外，NMR 显示，在非极性溶剂中，聚异戊二烯增长链主要是顺式，负电荷基本在 C1 和 C3 之间，1,4-结构占优势，加上锂离子同时与增长链和异戊二烯单体配位（如上右式），C2 上的甲基阻碍了链端上 C2—C3 单键的旋转，使单体处于 S-顺式，单体的 C4 和烯丙基的 C1 之间成键后，即成顺 1,4-聚合，其含量可高达 90%～94%。对于丁二烯，C2—C3 键可以自由旋转，而且单体又以 S-反式为主，因而顺 1,4-聚丁二烯的含量较低（30%～40%）。在极性溶剂中，上述链端配位结合较弱，致使链端 C2—C3 键可以自由旋转，顺、反 1,4-聚合甚至 1,2-聚合和 3,4-聚合随机进行。因此，在极性溶剂中易获得反 1,4-聚丁二烯或 1,2-聚丁二烯、3,4-聚异戊二烯。

　　上述规律可用来指导多种微结构聚二烯烃的制备：丁二烯或异戊二烯的自由基聚合物呈无规立构（10%～20%顺 1,4-）。丁基锂/烷烃体系中，可制得 36%～44%顺 1,4-聚丁二烯和 92%～94%顺 1,4-聚异戊二烯。在四氢呋喃中聚合，则得约 80% 1,2-聚丁二烯或 75% 3,4-聚异戊二烯。用非极性和极性混合溶剂，还可制得中乙烯基（35%～55%）和更高的 1,2-聚丁二烯。

5.3　阳离子聚合

　　可供阳离子聚合的单体种类有限，主要是异丁烯；但引发剂种类却很多，从质子酸到 Lewis 酸。可选用的溶剂不多，一般选用卤代烃，如氯甲烷。主要聚合物商品有聚异丁烯、

丁基橡胶等。

烯烃阳离子聚合的活性种是碳阳离子 A^+，与反离子（或抗衡离子）B^- 形成离子对，单体插入离子对而引发聚合。阳离子聚合的通式可写如下式：

$$A^+B^- + M \longrightarrow AM^+B^- \xrightarrow{M} \cdots \xrightarrow{M} AM_n^+B^-$$

5.3.1 阳离子聚合的烯类单体

除羰基化合物、杂环外，阳离子聚合的烯类单体主要是带有供电子基团的异丁烯、烷基乙烯基醚，以及有共轭结构的苯乙烯类、二烯烃等少数几种。

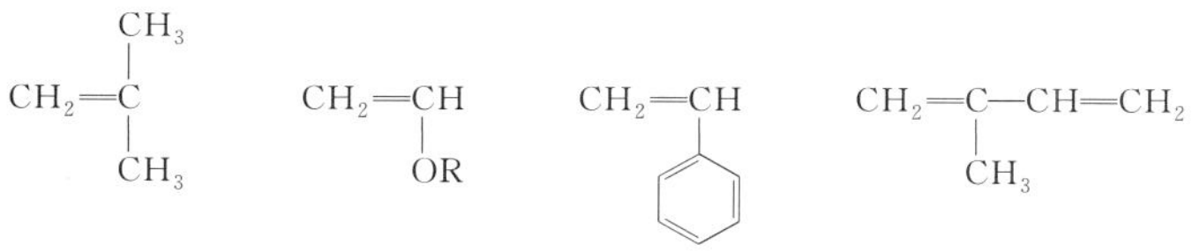

供电子基团一方面使碳碳双键电子云密度增加，有利于阳离子活性种的进攻；另一方面又使生成的碳阳离子电子云分散而稳定，减弱副反应。

（1）异丁烯和 α-烯烃

异丁烯几乎是单烯烃中能阳离子聚合的主要单体，原因如下：

① 乙烯无取代基，非极性，原有的电子云密度不足以被碳阳离子进攻，也就无法聚合。

② 丙烯、丁烯等 α-烯烃只有 1 个烷基，供电不足，对质子或阳离子亲和力弱，聚合速率慢；另一方面，接受质子后的二级碳阳离子比较活泼，易重排成较稳定的三级碳阳离子 C^+。

$$H^+ + CH_2{=}CHC_2H_5 \longrightarrow CH_3C^+HC_2H_5 \longrightarrow (CH_3)_3C^+$$

二级碳阳离子还可能进攻丁烯二聚体，形成位阻更大的三级碳阳离子，而后链转移终止。

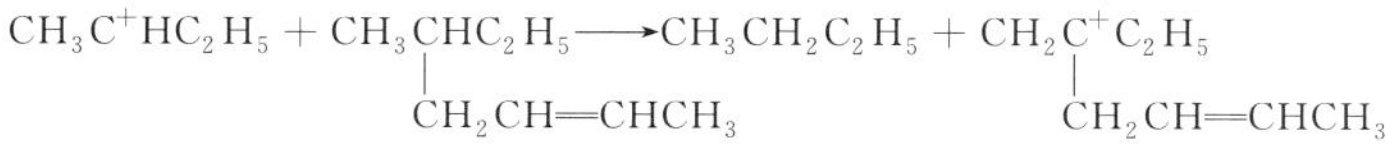

因此，丙烯、丁烯等 α-烯烃经阳离子聚合，最多只能得到低分子油状物，甚至二聚物。

③ 异丁烯有两个供电子甲基，使碳碳双键电子云密度增加很多，易受阳离子进攻而被引发，形成三级碳阳离子—$CH_2C^+(CH_3)_2$。链中—CH_2—上的氢受两边 4 个甲基的保护，不易被夺取，减少了转移、重排、支化等副反应，最终则可增长成高分子量的线形聚异丁烯。

（2）烷基乙烯基醚

烷基乙烯基醚是容易阳离子聚合的另一类单体。其中烷氧基的诱导效应使双键的电子云密度降低，但氧原子上未共用电子对与双键形成的 p-π 共轭效应，却使双键电子云密度增加，相比之下，共轭效应占主导地位。因此，烷氧基的共振结构使形成的碳阳离子上的正电荷分散而稳定，结果，烷基乙烯基醚更容易进行阳离子聚合。

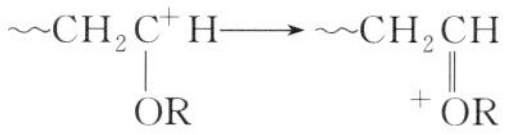

相反，乙烯基苯基醚阳离子聚合活性却很低，因为苯环与氧原子上的未共用电子对共轭稳定。

（3）共轭烯烃

苯乙烯、α-甲基苯乙烯、丁二烯、异戊二烯等共轭烯类，π 电子的活动性强，易诱导极化。因此，能进行阴、阳离子聚合和自由基聚合。但其阳离子聚合活性远不及异丁烯和烷基乙烯基醚。以苯乙烯为标准，烯类阳离子聚合的相对活性比较见表 5-10。

共轭烯类很少用阳离子聚合来生产均聚物，仅选作共单体，如异丁烯与少量异戊二烯共聚，制备丁基橡胶。

表 5-10　单体阳离子聚合相对活性

单　　体	相对活性
烷基乙烯基醚	很大
p-甲氧基苯乙烯	100
异丁烯	4
p-甲基苯乙烯	1.5
苯乙烯	1
α-甲基苯乙烯	1.0
p-氯代苯乙烯	0.4
异戊二烯	0.12
丁二烯	0.02

（4）其他

N-乙烯基咔唑、乙烯基吡咯烷酮、茚和古马隆等都是可进行阳离子聚合的活泼单体。

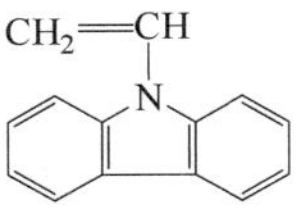

N-乙烯基咔唑

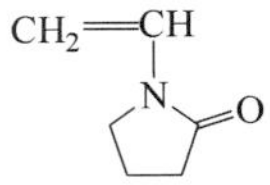

乙烯基吡咯烷酮

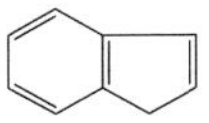

茚

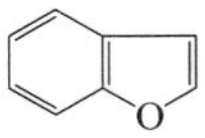

古马隆

环醚、醛类、环缩醛、三元环酰胺的阳离子聚合另见第 7 章。

5.3.2　阳离子聚合的引发体系和引发作用

阳离子聚合的引发剂主要有质子酸和 Lewis 酸两大类，都属于亲电试剂。

（1）质子酸

质子酸使烯烃质子化，有可能引发阳离子聚合。酸要有足够强度，保证质子化种的形成，但酸中阴离子的亲核性不应太强（如氢卤酸），以免与质子或阳离子共价结合而终止。

$$H^+X^- + CH_2{=}\underset{R}{\overset{H}{C}} \longrightarrow CH_3\underset{R}{\overset{H}{C^+}}X^- \longrightarrow CH_3\underset{R}{\overset{H}{C}}{-}X$$

浓硫酸、磷酸、高氯酸、氯磺酸（HSO_3Cl）、氟磺酸（HSO_3F）、三氯代乙酸（CCl_3COOH）、三氟代乙酸（CF_3COOH）、三氟甲基磺酸（CF_3SO_3H）等强质子酸在非水介质中部分电离，产生质子 H^+，能引发一些烯类聚合。实际应用时多将质子酸分散在载体上，在 200～300℃下，按阳离子机理引发 α-烯烃低聚，产物分子量很少超过几千，主要用作柴油、润滑油等。

用硫酸作引发剂，古马隆和茚的阳离子聚合产物分子量为 1000～3000，可用作涂料、胶黏剂、地砖、蜡纸等。

（2）Lewis 酸

Lewis 酸是最常用的阳离子聚合的引发剂，种类很多，主要有 BF_3、$AlCl_3$、$TiCl_4$、$SnCl_4$、$ZnCl_2$、$SbCl_5$ 等。聚合多在低温下进行，所得聚合物分子量可以很高（10^5～10^6）。

纯 Lewis 酸引发活性低，需添加微量共引发剂作为阳离子源，才能保证正常聚合。阳离子源有质子供体和碳阳离子供体两类，与 Lewis 酸配合的引发反应举例如下。

① 质子供体，如 H_2O、ROH、$RCOOH$、HX 等，与 Lewis 酸先形成络合物和离子对，如三氟化硼-水体系，然后引发异丁烯聚合。

$$BF_3 + H_2O \Longrightarrow [H_2O \cdot BF_3] \Longrightarrow H^+(BF_3OH)^-$$

$$CH_2=\underset{\underset{CH_3}{|}}{\overset{\overset{CH_3}{|}}{C}} + H^+(BF_3OH)^- \longrightarrow [CH_2=\overset{\overset{CH_3}{|}}{\underset{\underset{CH_3}{|}}{C}} \cdot H^+(BF_3OH)^-] \longrightarrow CH_3\overset{\overset{CH_3}{|}}{\underset{\underset{CH_3}{|}}{C^+}}(BF_3OH)^-$$

异丁烯插入离子对，按引发的相同模式，以极快的速率进行链增长，直至很高的聚合度。

② 碳阳离子供体，如 RX、$RCOX$、$(RCO)_2O$ 等（R 为烷基），离子对的形成和引发反应与上相似，如 $SnCl_4$-RCl 体系：

$$SnCl_4 + RCl \Longrightarrow R^+(SnCl_5)^-$$

$$R^+(SnCl_5)^- + CH_2=\underset{\underset{CH_3}{|}}{\overset{\overset{CH_3}{|}}{C}} \longrightarrow RCH_2\overset{\overset{CH_3}{|}}{\underset{\underset{CH_3}{|}}{C^+}}(SnCl_5)^-$$

以上两式表明，水或卤代烷提供质子或碳阳离子，理应是（主）引发剂，BF_3 或 $SiCl_4$ 为共引发剂。参照习惯，本书将 Lewis 酸称作阳离子引发剂，水或氯代烷称作共引发剂。

引发剂和共引发剂的不同组合，活性差异很大，主要决定于向单体提供质子的能力。主引发剂的活性与接受电子的能力、酸性强弱有关，次序如下：

$$BF_3 > AlCl_3 > TiCl_4 > SnCl_4$$
$$BF_3 > BCl_3 > BBr_3$$
$$AlCl_3 > AlRCl_2 > AlR_2Cl > AlR_3$$

BF_3 引发异丁烯时，共引发剂的活性比为

水：醋酸：甲醇 = 50 : 1.5 : 1

$SnCl_4$ 引发异丁烯聚合时，聚合速率随共引发剂酸的强度增加而增大，其次序为

氯化氢 > 醋酸 > 硝基乙烷 > 苯酚 > 水 > 甲醇 > 丙酮

一般引发剂和共引发剂有一最佳比，才能获得最大聚合速率和最高分子量。两者最佳比还与溶剂性质有关。定性地说，共引发剂过少，则活性不足；共引发剂过多，则将终止。水过量使阳离子聚合活性降低的原因有二：一是可能生成活性较低的氧鎓离子；二是向水转移而终止，产生无活性的"络合物"。

$$BF_3 + H_2O \Longrightarrow H^+(BF_3OH)^- \overset{H_2O}{\longrightarrow} (H_3O)^+(BF_3OH)^-$$

$$\sim CH_2\overset{\overset{CH_3}{|}}{\underset{\underset{CH_3}{|}}{C^+}}(BF_3OH)^- + H_2O \longrightarrow \sim CH_2\overset{\overset{CH_3}{|}}{\underset{\underset{CH_3}{|}}{C}}OH + H^+(BF_3OH)^-$$

以 BF_3、$AlCl_3$ 作引发剂时，极微量水（10^{-3} mg·L^{-1}）就足以保证高活性，引发速率可以比无水时高 10^3 倍。聚合体系未经人为干燥，实际上就吸附有微量水。若水过量，则会使引发剂失活。

有些强 Lewis 酸，如 $AlCl_3$、$AlBr_3$、$TiCl_4$ 等，经自身双分子反应，电离成离子对而起

引发作用，但活性较低，只能引发高活性单体。

$$2AlBr_3 \Longleftrightarrow AlBr_2^+ \left[AlBr_4\right]^- \xrightarrow{M} AlBr_2 M^+ \left[AlBr_4\right]^-$$

（3）其他

其他阳离子引发剂还有碘、氧鎓离子以及比较稳定的阳离子盐，如高氯酸盐 $\left[CH_3CO^+(ClO_4)^-\right]$、三苯基甲基盐 $\left[(C_6H_5)_3C^+(SbO_6)^-$ 和 $(C_6H_5)_3C^+(BF_4)^-\right]$ 和环庚三烯盐 $\left[C_7H_7^+(SbO_6)^-\right]$ 等。这些比较稳定的阳离子盐只能引发 N-乙烯基咔唑、对甲氧基苯乙烯、乙烯基醚等高活性单体聚合，用于动力学机理研究有方便之处，但不能引发异丁烯或苯乙烯。

碘分子按下式歧化成离子对，再按阳离子机理引发聚合。

$$I_2 + I_2 \longrightarrow I^+(I_3)^-$$

$TiCl_4$ 经自电离，可以直接引发单体聚合。

$$TiCl_4 + M \longrightarrow TiCl_3 M^+ Cl^-$$

此外，电解、电离辐射也曾用来引发阳离子聚合。

5.3.3 阳离子聚合机理

阳离子聚合的机理特征可以概括为快引发、快增长、易转移、难终止，其中链转移是终止的主要方式，是影响聚合度的主要因素。阳离子聚合的特点有：引发剂往往与共引发剂配合使用，引发体系离解度很低，较难达到活性聚合的要求。

（1）链引发

一般情况下，Lewis 酸（C）先与质子供体（RH）或碳阳离子供体（RX）形成络合物离子对，小部分离解成质子（自由离子），两者构成平衡，而后引发单体 M。

$$C+RH \Longleftrightarrow H^+(CR)^- \Longleftrightarrow H^+ + (CR)^-$$

$$H^+(CR)^- + M \xrightarrow{k_i} HM^+(CR)^-$$

阳离子引发极快，几乎瞬间完成，引发活化能 E_i 为 $8.4 \sim 21 kJ \cdot mol^{-1}$，与自由基聚合中的慢引发截然不同（$E_d = 105 \sim 125 kJ \cdot mol^{-1}$）。

（2）链增长

链引发生成的碳阳离子活性种与反离子形成离子对，单体分子不断插入其中而增长。

$$HM_{n-1}^+(CR)^- + M \xrightarrow{k_p} HM_n^+(CR)^-$$

阳离子聚合的链增长反应有下列特征：

① 增长速率快，活化能低（$E_p = 8.4 \sim 21 kJ \cdot mol^{-1}$），几乎与链引发同时瞬间完成，反映出"低温高速"的宏观特征。

② 阳离子聚合中，单体按头尾结构插入离子对而增长，对单体单元构型有一定控制能力，但控制能力远不及阴离子聚合和配位聚合，较难达到真正活性聚合的标准。

③ 伴有分子内重排、转移、异构化等副反应。例如 3-甲基-1-丁烯的阳离子聚合物含有下列两种结构单元，就是重排的结果，因此有异构化聚合或分子内氢转移聚合之称。

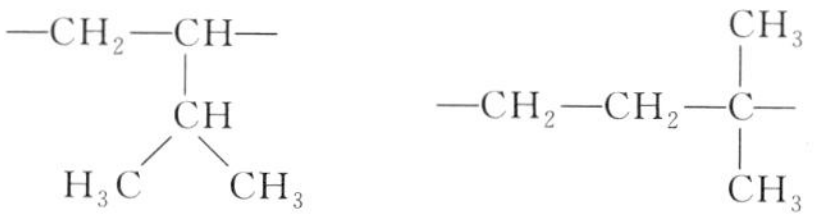

正常产物　　　　　　重排产物

（3）链转移

阳离子聚合的活性种很活泼，容易向单体或溶剂链转移，形成带不饱和端基的大分子，同时再生出仍有引发能力的离子对，使动力学链不终止。以异丁烯-三氟化硼-水体系为例：

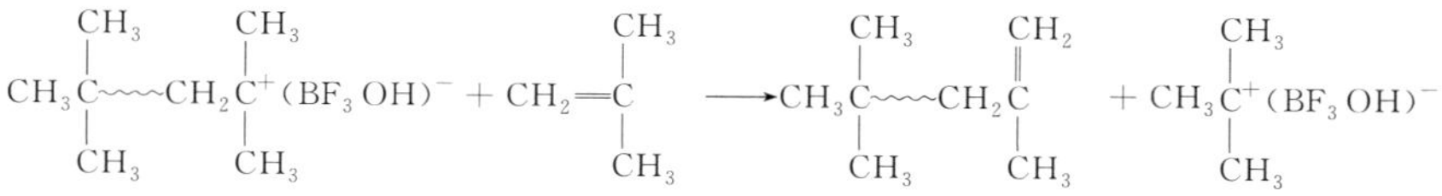

$$HM_n^+ (CR)^- + M \xrightarrow{k_{tr,M}} M_n + HM^+ (CR)^-$$

室温及以上温度下，阳离子聚合中向单体的链转移常数很大（$C_M = k_{tr,M}/k_p = 10^{-1} \sim 10^{-2}$），比自由基聚合的 $C_M (= 10^{-3} \sim 10^{-5})$ 要大 2～3 个数量级。向溶剂链转移的情况也类似。链转移就成为控制分子量的关键因素。阳离子聚合往往在低温（如 $-100℃$）下进行，其目的在于减弱链转移，提高分子量。

（4）链终止

阳离子聚合的活性种带有正电荷，同种电荷相斥，不能双基终止，也无凝胶效应，这是与自由基聚合显著不同之处。但也可能有以下几种终止方式。

① 自发终止　增长离子对重排，终止成聚合物，同时再生出引发剂-共引发剂络合物，继续引发单体，保持动力学链不终止。但自发终止比向单体或溶剂链转移终止要慢得多。

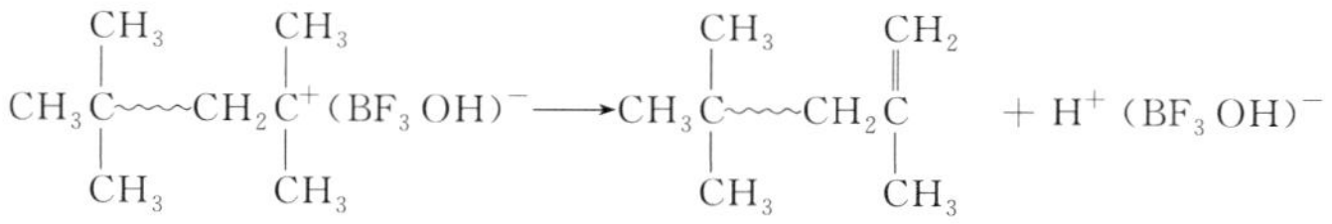

$$HM_n^+ (CR)^- \xrightarrow{k_t} M_n + H^+ (CR)^-$$

② 反离子加成　当反离子的亲核性足够强时，将与增长碳阳离子共价结合而终止。如三氟乙酸引发苯乙烯聚合，就有这种情况发生。

$$HM_n^+ (CR)^- \longrightarrow HM_n (CR)$$

③ 活性中心与反离子中的一部分结合而终止，不再引发。例如：

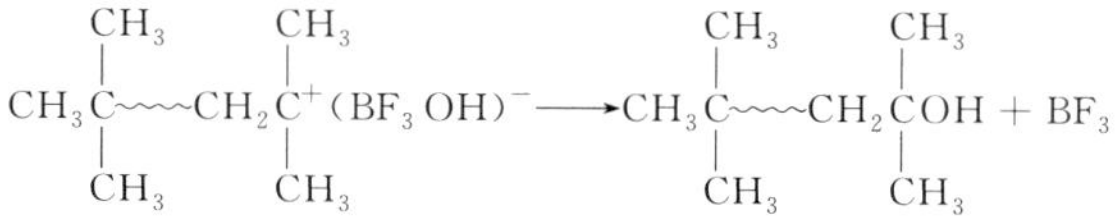

以上众多阳离子聚合终止方式往往都难以顺利进行，因此有"难终止"之称，但未达到完全无终止的程度。

实际上，阳离子聚合中经常添加水、醇、酸等来人为地终止。下式形成的 XCR 再无引发活性；添加胺，则形成稳定季铵盐，也不再引发。

$$HM_n^+ (CR)^- + HX \xrightarrow{k_{tr,S}} HM_n X + HCR$$

$$HM_n^+ (CR)^- +:NR_3 \xrightarrow{k_p} HM_n^+ NR_3(CR)^-$$

苯醌对自由基聚合和阳离子聚合都有阻聚作用，但阻聚机理不同，因此苯醌不能用来判别这两类聚合的归属。阳离子活性链将质子转移给醌分子，生成稳定的二价阳离子而终止。

$$2HM_n^+(CR)^- + O= \langle \underset{\text{}}{\bigcirc} \rangle =O \longrightarrow M_n + [HO-\langle \underset{\text{}}{\bigcirc} \rangle -OH]^{2+}[(CR)^-]_2$$

阳离子聚合中真正动力学链终止反应比较少，又不像阴离子聚合那样无终止而成为活性聚合。

5.3.4 阳离子聚合动力学

阳离子聚合动力学研究要比自由基聚合困难得多，这是因为：阳离子聚合体系总伴有共引发剂，使引发反应复杂化，微量共引发剂和杂质对聚合速率影响很大；离子对和（少量）自由离子并存，两者影响难以分离；聚合速率极快，链引发和链增长几乎同步瞬时完成，数据重现性差；链转移反应显著，很难确定真正的链终止反应，稳态假定并不一定适用等。

（1）聚合速率

为了建立速率方程，多选用低活性引发剂（如 $SnCl_4$）进行研究。选择向反离子转移作为（单分子）自终止方式，终止前后引发剂浓度不变，则各基元反应的速率方程如下：

链引发 $R_i = k_i[H^+(CR)^-][M] = Kk_i[C][RH][M]$ (5-13)

链增长 $R_p = k_p[HM^+(CR)^-][M]$ (5-14)

自终止 $R_t = k_t[HM^+(CR)^-]$ (5-15a)

向单体转移终止 $R_{tr} = k_{tr}[HM^+(CR)^-][M]$ (5-15b)

式中，$[HM^+(CR)^-]$ 代表所有增长离子对的总浓度；K 代表引发剂-共引发剂络合平衡常数。

虽然阳离子聚合极快，一般 $R_i > R_t$，很难建立稳态，但对聚合较慢的异丁烯-$SnCl_4$ 体系，作稳态假定 $R_i = R_t$ 倒也可取，因此由式(5-13)和式(5-15a)可以解得离子对浓度。

$$[HM^+(CR)^-] = \frac{R_i}{k_t} = \frac{Kk_i[C][RH][M]}{k_t}$$ (5-16)

将式(5-16)代入式(5-14)，则单分子终止时的聚合速率方程为

$$R_p = \left(\frac{k_p}{k_t}\right)[M]R_i = \frac{Kk_ik_p[C][RH][M]^2}{k_t}$$ (5-17a)

式(5-17a)表明，在自终止的条件下，速率对引发剂和共引发剂浓度呈一级反应，对单体浓度则呈二级反应。

自终止比较困难，而向单体转移往往是主要终止方式，如果 $R_i = R_{tr}$，也可导得类似速率方程 [式(5-17b)]，只是与单体浓度的一次方成正比。

$$R_p = \frac{Kk_ik_p[C][RH][M]}{k_{tr}}$$ (5-17b)

（2）聚合度

在阳离子聚合中，向单体链转移和向溶剂链转移是主要的链终止方式，链转移后，速率不变，聚合度则降低。向单体和溶剂链转移的速率方程如下：

$$R_{tr,M} = k_{tr,M}[HM^+(CR)^-][M] \tag{5-18}$$

$$R_{tr,S} = k_{tr,S}[HM^+(CR)^-][S] \tag{5-19}$$

阳离子聚合物的聚合度综合式可表示如下：

$$\frac{1}{\overline{X}_n} = \frac{k_t}{k_p[M]} + C_M + C_S \frac{[S]}{[M]} \tag{5-20}$$

上式右边各项分别代表单基终止、向单体链转移终止和向溶剂链转移终止对聚合度的贡献。

以氯甲烷为溶剂低温下合成丁基橡胶，向单体链转移和向溶剂链转移对聚合度的影响都不容忽视，温度不同，两者影响程度不一。图 5-2 中聚合度与温度倒数的关系曲线在 −100℃ 附近有一转折点。−100℃ 以下，主要向单体链转移；−100℃ 以上，则向溶剂链转移为主。

暂时忽略向溶剂链转移，则式（5-20）可简化为

$$\frac{1}{\overline{X}_n} = \frac{k_t}{k_p[M]} + \frac{k_{tr,M}}{k_p} \tag{5-21}$$

根据 $(1/\overline{X}_n)$-$(1/[M])$ 线性关系，由截距可求得向单体的链转移常数 $C_M = k_{tr,M}/k_p$。

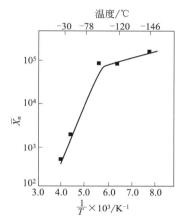

图 5-2 氯化铝引发异丁烯聚合 $\overline{X}_n$ 与温度的关系

5.3.5 阳离子聚合速率常数

（1）阳离子聚合速率常数概述

阳离子聚合速率常数测定值（表观值）k_p 往往是离子对 $k_\pm$ 和自由离子 k_+ 的综合贡献，两者贡献大小随引发体系和实验条件而定。一般引发体系的离解度很小，虽然自由离子只占极小的比值，但 k_+ 值要比 $k_\pm$ 值大 1～3 个数量级，结果，综合表观增长速率常数也较大。

阳离子聚合中自由离子增长速率常数 k_+ 的测定方法有二：①辐射引发，消除反离子的影响；②稳定的阳离子盐作引发剂，如 $(C_6H_5)_3C^+SbCl_6^-$ 和 $C_7H_7^+SbCl_6^-$，瞬时完全离解成自由离子。典型 $k_p(k_+)$ 见表 5-11。即使在低温下，辐射引发聚合的 k_p 也高达 10^6，远比 60℃ 自由基聚合的 k_p 大。$C_7H_7^+SbCl_6^-$ 作引发剂时，k_p 较小（$10^2 \sim 10^3$），与自由基聚合的常数相当。

表 5-11 阳离子聚合自由离子增长速率常数

单体	溶剂	温度/℃	引发剂	$k_p/(10^4 \text{L·mol}^{-1}\text{·s}^{-1})$
苯乙烯	无	15	辐射	350
α-甲基苯乙烯	无	0	辐射	400
异丁基乙烯基醚	无	30	辐射	30
异丁基乙烯基醚	CH_2Cl_2	0	$C_7H_7^+SbCl_6^-$	0.5
甲基乙烯基醚	CH_2Cl_2	0	$C_7H_7^+SbCl_6^-$	0.014

工业上异丁烯-氯化铝体系的阳离子聚合速率很快，动力学参数较难获得。现取活性较低的阳离子聚合动力学参数，与自由基聚合比较。由表 5-12 可以看出，阳离子聚合 k_p 波动范围较大，随引发体系而定；$k_{tr,M}$ 要大 3～4 个数量级，对聚合度的影响显著；自终止 k_t 要小 9 个数量级，综合常数 k_p/k_t 比 $k_p/k_t^{1/2}$ 大 4 个数量级，可见阳离子聚合极快，近于瞬时反应。

表 5-12　苯乙烯阳离子聚合和自由基聚合动力学参数比较

项　　　目	苯乙烯/H_2SO_4	异丁基乙烯基醚 / $(C_6H_5)_3C^+SbCl_6^-$	苯乙烯 / BPO
溶剂	二氯乙烷(25℃)	二氯乙烷(0℃)	本体 /60
[I]	约 $10^{-3}mol \cdot L^{-1}$	6.0×10^{-5}	$10^{-2} \sim 10^{-4}$
$k_p/(L \cdot mol^{-1} \cdot s^{-1})$	7.6	7.0×10^3	145
$k_{tr,M}/(L \cdot mol^{-1} \cdot s^{-1})$	1.2×10^{-1}	1.9×10^2	$10^{-4} \sim 10^{-5}$
自终止 k_t/s^{-1}	4.9×10^{-2}	0.2	
结合终止 k_t/s^{-1}	6.7×10^{-3}		$10^6 \sim 10^8$
		$k_p/k_t = 10^2$	$k_p/k_t^{1/2} = 10^{-2}$

（2）阳离子聚合速率常数的影响因素

溶剂、反离子和温度等因素对阳离子聚合的速率常数有不同程度的影响。

① 溶剂　阳离子聚合所用的溶剂受到许多限制：烃类非极性，离子对紧密，聚合速率过低；芳烃可能与碳阳离子发生亲电取代反应；四氢呋喃、醚、酮、酯等含氧化合物将使阳离子聚合终止。通常选用低极性卤代烷作溶剂，如氯甲烷、二氯甲烷、二氯乙烷、三氯甲烷、四氯化碳等。因此，阳离子聚合引发体系较少离解成自由离子，这与阴离子聚合选用烃类-四氢呋喃作溶剂有别。

溶剂的极性（介电常数）和溶剂化能力将有利于疏松离子对和自由离子的形成，因此也就影响到阳离子活性种的活性和增长速率常数，见表 5-13 中数据。

表 5-13　溶剂极性对苯乙烯阳离子聚合增长速率常数的影响（$HClO_4$，[M]=0.43mol·L^{-1}，25℃）

溶　　剂	介电常数	$k_p/(L \cdot mol^{-1} \cdot s^{-1})$
CCl_4	2.3	0.0012
CCl_4-$(CH_2Cl)_2$(40:60)	5.16	0.40
CCl_4-$(CH_2Cl)_2$(20:80)	7.0	3.2
$(CH_2Cl)_2$	9.72	17.0

② 反离子　反离子对阳离子聚合的影响很大：亲核性过强，将使链终止；反离子体积大，则离子对疏松，聚合速率较大。在 1,2-二氯乙烷中于 25℃ 下，以 I_2、$SnCl_4$-H_2O 和 $HClO_4$ 引发苯乙烯聚合，表观增长速率常数分别为 0.003L·mol^{-1}·s^{-1}、0.42L·mol^{-1}·s^{-1} 和 1.701L·mol^{-1}·s^{-1}，就可说明这一点。

③ 聚合温度　阳离子聚合通过离子对和自由离子引发，温度对引发速率影响较小，对聚合速率和聚合度的影响就决定于温度对 $k_i k_p/k_t$ 和对 $k_p/k_{tr,M}$ 的影响。将式(5-17)和式(5-21)写成 Arrhenius 式：

$$R_p \propto \frac{A_i A_p}{A_t} \exp[-(E_i + E_p - E_t)/RT] \tag{5-22}$$

$$\overline{X}_n = \frac{A_p}{A_{tr,M}} \exp[-(E_p - E_{tr,M})/RT] \tag{5-23}$$

阳离子聚合链引发和链增长的活化能一般都很小，链终止活化能较大，且 $E_t > E_i + E_p$，聚合速率总活化能 $E_R (= E_i + E_p - E_t)$ 为负值。因此，会出现聚合速率随温度降低而增大的现象。但因其绝对值较小，温度对速率的影响比自由基聚合时要小得多。

阳离子聚合 E_t 或 $E_{tr}>E_p$，$E_{Xn}=E_p-E_{tr,M}$ 常为负值（$-29\sim-12.5\text{kJ}\cdot\text{mol}^{-1}$），聚合度将随温度降低而增大。因此，常在 $-100℃$ 下合成丁基橡胶，减弱链转移反应，提高分子量。

5.3.6　聚异丁烯和丁基橡胶

由异丁烯合成聚异丁烯和丁基橡胶是阳离子聚合的重要工业应用。

（1）聚异丁烯

聚异丁烯工业产品可分为低分子量（$\overline{M}_w=500\sim5000\text{g}\cdot\text{mol}^{-1}$）、中分子量（$\overline{M}_w=5000\sim50000\text{g}\cdot\text{mol}^{-1}$）和高分子量（$\overline{M}_w>50000\text{g}\cdot\text{mol}^{-1}$）三类。其中低分子量和中分子量产品可用作油品添加剂、胶黏剂、密封剂、涂料、润滑剂、增塑剂和电缆浸渍剂。高分子量产品呈黏滞液体或半固体，主要用作胶黏剂、嵌缝材料、密封材料、动力油料的添加剂，以改进黏度。高分子量产品呈固态，多用作天然橡胶、丁苯橡胶及塑料的改性剂。低分子量聚异丁烯占比较高，这是因为其中除普通的聚异丁烯（LPIB）外，还有一种长链末端为 α-烯烃的高活性聚异丁烯（HRPIB）。它不仅可覆盖 LPIB 的全部应用领域，而且因其高反应活性，故应用更广泛。

聚异丁烯工业合成最常用的引发剂为 $AlCl_3$ 和 BF_3。以 $AlCl_3$ 为引发剂，混合 C_4 馏分或以纯异丁烯为原料，$-30℃$ 左右聚合，所得产物中末端为 α-烯烃的含量通常低于 15%，即为普通型聚异丁烯。

BF_3 引发体系是目前工业上应用最广的制备 HRPIB 的引发体系。如以 BF_3-仲醇和/或叔醚为引发体系，纯异丁烯为原料，低温下进行溶液聚合，可合成出末端 α-烯烃含量大于 80% 的 HRPIB。然而，使用 BF_3 引发体系并不完美。一是 BF_3 气体具有高危险性和腐蚀性，给引发体系的制备与聚合过程造成安全隐患；二是当原料不纯时，有可能在聚合物中混有微量的氟化物，从而使产品在应用时释放出强腐蚀性的 HF。有鉴于此，迄今许多研究者还在尝试开发新的更合适的引发体系。

事实上，高活性聚异丁烯的末端 α-烯烃是链转移的结果。在链增长过程中，碳阳离子活性中心保持在链末端。当这一末端活性中心向单体发生链转移时，主要有两种 β-氢的脱除方式，分别形成如下所示的末端为 α-烯烃和 β-烯烃的死聚物。因位阻效应和电荷效应，β-烯烃的反应活性远不如 α-烯烃。又因由 BF_3-质子供体构成的反离子有利于形成 α-烯烃末端，故 BF_3 引发可制得高活性的聚异丁烯。

（2）丁基橡胶

丁基橡胶（IIR）具有优良的气密性、水密性、耐热性、抗老化性、抗腐蚀性和电绝缘性等特点，因而被广泛应用于轮胎内胎、手套箱手套、垫圈、水坝底层等各种橡胶制品。

工业上，丁基橡胶系以氯甲烷为聚合介质、$AlCl_3$-H_2O 为引发体系，$-95 \sim -100℃$ 下进行异丁烯和少量异戊二烯（摩尔分数 $1\% \sim 5\%$）共聚而得，重均分子量 35 万~70 万。在该聚合体系中，异丁烯-异戊二烯的竞聚率为 $r_1 = 2.5$、$r_2 = 0.4$，属理想共聚。聚合反应几乎瞬间完成，产物不溶于过冷的氯甲烷，不发黏，也不结晶，以细粒状沉析出来，构成淤浆液，故称淤浆聚合。

异丁烯均聚物化学结构饱和，不能进行传统的化学交联，以赋予其弹性。将少量异戊二烯结构单元引入到聚合物的链中就是为了交联。此外，丁基橡胶呈非极性，与补强剂等填料和其他橡胶相容性差，工业上常将其溶于烷烃或环烷烃中，在搅拌作用下进行溴化或氯化。这种卤化丁基橡胶除有一般丁基橡胶的用途外，特别适用于制作无内胎轮胎的内密封层、子午线轮胎的胎侧、胶黏剂和医用瓶塞等。

5.4　离子共聚及主要的离子共聚物

能够进行离子共聚的单体对数不多。离子共聚的研究工作不像自由基共聚那么深入。离子共聚与自由基共聚虽有差异，但共聚物组成方程仍可参照使用。

① 离子共聚对单体有较高的选择性。丙烯腈、丙烯酸酯类等带吸电子基团的烯类是容易阴离子聚合的单体群；异丁烯、烷基乙烯基醚等带供电子基团的烯类是容易阳离子聚合的单体群；苯乙烯、共轭二烯烃则能进行阴、阳离子聚合和自由基聚合。极性相差大的两群单体很难进行阴离子或阳离子共聚，因此离子共聚的单体对数有限。

② 同一对单体用不同机理的引发体系进行共聚时，竞聚率和共聚物组成会有很大的差异。表 5-14 是 3 对单体进行自由基共聚、阴离子共聚和阳离子共聚时竞聚率的比较。以苯乙烯-甲基丙烯酸甲酯（MMA）为例：自由基共聚，两竞聚率相近（$r_1 = 0.52$，$r_2 = 0.46$）；阴离子共聚，MMA 竞聚率很大（$r_1 = 0.12$，$r_2 = 6.4$）；阳离子共聚，MMA 竞聚率却很小（$r_1 = 10.5$，$r_2 = 0.1$）。

表 5-14　3 对单体经不同机理共聚的竞聚率

单体 M_1	单体 M_2	自由基共聚		阴离子共聚		阳离子共聚	
		r_1	r_2	r_1	r_2	r_1	r_2
苯乙烯	醋酸乙烯酯	55	0.01	0.01	0.1	8.25	0.015
苯乙烯	甲基丙烯酸甲酯	0.52	0.46	0.12	6.4	10.5	0.1
甲基丙烯酸甲酯	甲基丙烯腈	0.67	0.65	0.67	5.2	—	—

③ 极性相近的单体进行离子共聚，多接近理想共聚，$r_1 r_2 \approx 1$，较难合成两种单体单元含量都很高的共聚物，但可引入少量第二单体来改性，如异丁烯与异戊二烯共聚，合成丁基橡胶。少数单体有交替倾向。

④ 溶剂、反离子、温度对离子共聚均有影响，遵循离子均聚时的一般规律。

5.4.1　阴离子共聚

烯类单体阴离子共聚的竞聚率数据不多，表 5-15 是以苯乙烯为 M_1 的共聚数据。

表 5-15 苯乙烯（M$_1$）阴离子共聚的竞聚率

M$_2$	引发剂	溶剂	温度 /℃	r_1	r_2	$r_1 r_2$
丙烯腈	C$_6$H$_5$MgBr / 甲苯	环己烷	−45	0.05	15.0	0.75
甲基丙烯酸甲酯	C$_6$H$_5$MgBr / 醚	甲苯	−30	0.01	25.0	0.25
甲基丙烯酸甲酯	C$_6$H$_5$MgBr / 醚	乙醚	−30	0.05	14.0	0.7
α-甲基苯乙烯	Na-K 合金	四氢呋喃	25	35	0.003	0.105
p-甲基苯乙烯	Na-K 合金	四氢呋喃	25	5.3	0.18	0.95

表 5-15 中许多对单体的 $r_1 r_2 = 0.7 \sim 0.95$，接近理想共聚；两竞聚率相差很大，容易形成嵌段共聚物或长链段序列分布。苯乙烯和 α-甲基苯乙烯共聚，有交替倾向，可能与 α-甲基的位阻有关。位阻更大的 1,1-二苯基乙烯、反 1,2-二苯基乙烯与共轭二烯烃共聚，几乎完全交替。

与阴离子均聚时相似，溶剂、反离子和温度对共聚的竞聚率均有影响。表 5-16 显示了苯乙烯-异戊二烯阴离子共聚中溶剂和反离子对共聚物组成的影响。

表 5-16 苯乙烯-异戊二烯（1∶1）阴离子共聚中溶剂和反离子对共聚物组成的影响（25℃）

溶剂	共聚物中的苯乙烯含量/%	
	Na$^+$	Li$^+$
无溶剂	66	15
苯	66	15
三乙胺	77	59
乙醚	75	68
四氢呋喃	80	80

5.4.2 阳离子共聚

能够阳离子均聚的单体本来就不多，共聚的单体对数更有限。异丁烯是阳离子聚合的主要单体，苯乙烯也能阳离子聚合，这两单体与有关单体进行阳离子聚合的竞聚率见表 5-17。

表 5-17 少数单体阳离子共聚的竞聚率

M$_1$	M$_2$	引发剂	溶剂	温度 /℃	r_1	r_2
异丁烯	异戊二烯	AlCl$_3$	CH$_3$Cl	−100	2.5±0.5	0.4 ± 0.1
异丁烯	丁二烯	AlCl$_3$	CH$_3$Cl	−100	115	0.01
异丁烯	苯乙烯	TiCl$_4$	正己烷	−20	0.54±0.34	1.20 ± 0.11
苯乙烯	α-甲基苯乙烯	BF$_3$O(C$_2$H$_5$)$_2$	CH$_2$Cl$_2$	−20	0.2~0.5	12
苯乙烯	异戊二烯	SnCl$_4$	C$_2$H$_5$Cl	−20~0	0.8	0.1

按一般规律，烯类单体中基团的供电性愈强，则其阳离子聚合活性愈高，竞聚率也愈大。竞聚率可从单体聚合活性获得一些信息，考察间位、对位取代苯乙烯系列的阳离子聚合活性与取代基团的供（吸）电性的大小有如下关系：

$$p\text{-OCH}_3 > p\text{-CH}_3 > p\text{-H} > p\text{-Cl} > m\text{-Cl} > m\text{-NO}_2$$
$$\sigma：\quad -0.27 \qquad -0.17 \qquad 0 \qquad +0.23 \quad +0.37 \quad +0.71$$

阳离子聚合活性还可用 Hammett 方程 $[\lg(1/r_1) = \rho\sigma]$ 中的 σ 值作出半定量的判断，σ 表征基团的电子效应，供电子基团的 σ 为负，吸电子基团的 σ 为正，σ 称作极性取代常数。从中可以看出，甲氧基是强供电子基团（$\sigma = -0.27$），表明 p-甲氧基苯乙烯的阳离子聚合活性很高；相反，硝基是强吸电子基团（$\sigma = +0.71$），致使 m-硝基苯乙烯阳离子聚合的活性很低。

同系单体的位阻效应，以及溶剂、反离子、温度对阳离子共聚的竞聚率均有影响。

5.4.3　主要的离子共聚物

5.3.6 节已述及阳离子共聚物的代表产物丁基橡胶。

阴离子共聚方面，工业上较有代表性的产物是丁二烯和苯乙烯的无规共聚物、三嵌段共聚物和多嵌段共聚物。这些共聚物与第 3 章所述自由基聚合所得的高抗冲聚苯乙烯和丁二烯-苯乙烯乳液共聚产物均由丁二烯和苯乙烯两种单体共聚反应而得，但因单体配比、聚合机理和聚合工艺不同，它们的分子结构完全不同，性能和应用领域也大不相同，是聚合反应调控聚合物结构与性能的一个很有代表性的实例。

（1）丁二烯-苯乙烯无规共聚物——溶聚丁苯橡胶

由约 75％丁二烯和约 25％苯乙烯无规共聚制得的丁苯橡胶是目前产量最大的合成橡胶，其工业生产有自由基乳液共聚法和阴离子溶液共聚法两种。前者的产品称为乳聚丁苯橡胶（ESBR），后者的产品称为溶聚丁苯橡胶（SSBR）。因聚合机理的不同，两种产品的分子结构和性能差异较大。在 ESBR 分子中，约 80％的丁二烯链节为 1,4-加成，且主要呈反式结构（约 70％），约 20％为 1,2-加成。因此其玻璃化温度在 −45℃ 左右，作为橡胶使用有些偏高。此外，因自由基聚合易链终止和转移，共聚物的分子量分布较宽，并有一定数量的支化链。

丁二烯和苯乙烯的阴离子溶液共聚，系以 C_4H_9Li 为引发剂、混合烃为溶剂，于 50～100℃ 下进行。早年生产的 SSBR 分子链呈线形，分子量分布窄，玻璃化温度可低至 −70℃。这种胶的耐磨性和耐寒性虽比 ESBR 好，但粘接性、抗湿滑性和加工性能差。综合轮胎胎面胶抗湿滑性能和耐磨性，要求 SSBR 分子中顺 1,4-结构须在 35％～40％ 之间、1,2-结构约为 10％、重均分子量约 25 万、分子量分布指数约为 2.5。为此，工业上研究开发了许多调控的手段，例如：为了将竞聚率相差很大的两单体（$r_B \gg r_{St}$）制成无规共聚物，采用了“饥饿”进料方法使丁二烯的浓度始终维持在很低的水平，或采用添加极性溶剂方法以提高苯乙烯在离子对活性种中的插入能力；为了使原本很窄的分子量分布变宽，在聚合后利用聚合物链端的活性种，通过加入偶联剂来进行大分子间的偶联；为了适度地形成支化链，也在聚合后利用聚合物末端的活性种，通过加入某种多官能团物质进行支化等。

（2）丁二烯-苯乙烯三嵌段共聚物

传统橡胶的制品需化学交联成网络才具有回弹性，这导致传统橡胶的成型加工不能像热塑性塑料加工那样简便、高效。同时，因化学交联键不可逆，传统橡胶制品退役后也难以重新塑化回用。热塑性弹性体以物理的热可逆交联替代了化学交联，因而可像热塑性塑料那样熔融加工，并具有一定的弹性。

丁二烯-苯乙烯三嵌段共聚物（SBS）是目前产量最大、应用最广的热塑性弹性体。它同样由约 75∶25 的丁二烯和苯乙烯阴离子溶液共聚而成。一般以丁基锂为引发剂、环己烷和少量四氢呋喃为溶剂，采用分段聚合的方法进行。先在 40～50℃ 下进行苯乙烯的聚合，约 20～50min 后苯乙烯消耗完，再加入混合单体丁二烯和苯乙烯，在聚苯乙烯活性链的末端继续进行链增长反应。因丁二烯的竞聚率远大于苯乙烯，进行这第二段链增长的单体主要是丁二烯。待丁二烯消耗完后，自然开始第三段苯乙烯单体的聚合。第二段和第三段聚合温度为 50～60℃，反应时间各为 20～50min。

初期生产的共聚物只是呈线形，加工性好，但强度不足，永久变形率也大。为此，人们又利用这阴离子聚合产物末端的活性，通过加偶联剂的方法使它们扩链或偶联为星形聚合物。为进一步提高性能，工业上又相继开发了氢化和极性化改性的方法。所谓氢化，就是对合成的 SBS 进行催化加氢，将共聚物链中的部分 C＝C 双键饱和成 C—C 键，一方面将结晶性的聚乙烯链段作为新的"交联点"附加到原本仅由聚苯乙烯硬段聚集而成的"交联点"上（故称 SEBS），从而提高强度和耐溶剂性，另一方面，通过减少不稳定的 C＝C 双键，改善耐候性和耐热性。极性化的主要目的是改善该共聚物与填料和其他聚合物的相容性、粘接性。共聚物链中 C＝C 双键的环氧化和卤化等，以及链末端的官能化均是极性化行之有效的手段。SBS 的扩链、偶联、氢化和极性化均属高分子化学反应的范畴，本书第 8 章将予以详述。

与 SBS 同类的另一个热塑性弹性体是苯乙烯-异戊二烯-苯乙烯三嵌段共聚物（SIS）。它的聚合机理、合成工艺、构效关系、改性方法以及应用领域几乎都与 SBS 相似。

（3）丁二烯-苯乙烯多嵌段共聚物

第 3 章介绍过聚丁二烯存在下的苯乙烯自由基本体聚合，可形成以聚苯乙烯树脂为连续相、聚丁二烯-g-聚苯乙烯接枝物包覆的聚丁二烯微球为分散相的高抗冲聚苯乙烯树脂（HIPS）。由于连续相与分散相的折射率不同，且分散相的粒径大于可见光的波长，HIPS 一般不透明。若采用阴离子溶液聚合法，将丁二烯占比不超过 25％ 的苯乙烯、丁二烯共聚成多嵌段共聚物，则可制得透明的抗冲聚苯乙烯，俗称 K 树脂。

K 树脂的合成，一般也以丁基锂为引发剂、环己烷为溶剂，间歇多段聚合而成。即先引发苯乙烯聚合；消耗完苯乙烯后，再加混合单体丁二烯和苯乙烯，先消耗完丁二烯，再消耗完苯乙烯。再加混合单体，进行序贯共聚；同时，为调宽分子量分布，其间也适当加入第一段聚合所得的聚苯乙烯活性链进行增长。如此多次补加混合单体，进行链增长，直至重均分子量达 20 万左右，分子量分布指数在 1.5～2.5 之间。

如此制得的共聚物，聚集态仍会出现相分离，只不过它的橡胶相尺寸都在 50nm 以下，小于可见光波长，因而透明，透光率与普通聚苯乙烯和聚碳酸酯相当，抗冲击性为普通聚苯乙烯的 3～5 倍。

5.5 离子聚合与自由基聚合的比较

离子聚合与自由基聚合同属于连锁聚合，但聚合机理却有差异：自由基聚合的机理特征可以概括为慢引发、快增长、速终止；阴离子聚合则是快引发、慢增长、无终止、无转移，可成为活性聚合；阳离子聚合为快引发、快增长、易转移、难终止，主要是向单体和溶剂转移，也可能单分子自发终止。这些差异是单体种类、引发剂、溶剂、温度等因素综合影响的结果，归纳如表 5-18。

① 单体 大多数乙烯基单体都能自由基聚合，带吸电子基团的共轭烯类单体容易阴离子聚合，带供电子基团的烯类单体有利于阳离子聚合，共轭烯烃能以三种机理聚合。

② 引发剂和活性种 自由基聚合的活性种是自由基，常选用过氧类、偶氮类化合物作引发剂，引发剂的影响仅局限于引发反应；活性链的增长表现为单体在链自由基上的不断加成。阴离子聚合的活性种是碳阴离子，选用碱金属及其烷基化合物等亲核试剂作引发剂。阳离子聚合的活性种是碳阳离子，选用 Lewis 酸等亲电试剂作引发剂。离子聚合的活性种常以离子对存在，离子对始终影响着聚合反应的全过程；活性链的增长表现为单体在离子对中的不断插入。

表 5-18　自由基聚合和离子聚合的特点比较

聚合反应	自由基聚合	离子聚合	
		阴离子聚合	阳离子聚合
引发剂	过氧和偶氮类化合物。本体、溶液、悬浮聚合选用油溶性引发剂；乳液聚合选用水溶性引发剂	Lewis 碱、碱金属、有机金属化合物、碳阴离子、亲核试剂	Lewis 酸、质子酸、碳阳离子、亲电试剂
单体聚合活性	带弱吸电子基团的烯类单体、共轭单体	带吸电子基团的烯类单体、共轭单体、易极化为正电性的单体	带供电子基团的烯类单体、易极化为负电性的单体
活性中心	自由基	碳阴离子等	碳阳离子等
主要终止方式	双基终止	难终止，活性聚合	向单体和溶剂转移
阻聚剂	生成稳定自由基和化合物的试剂，如对苯二酚、DPPH	亲电试剂。水、醇、酸等，氧、CO_2 等	亲核试剂。水、醇、酸、胺类
聚合介质（或溶剂）影响	帮助散热，可用水作介质	烷烃、四氢呋喃等	氯代烃，如氯甲烷等
		溶剂的极性影响离子对的紧密程度，从而影响聚合速率和立构规整性	
聚合速率	$[M][I]^{1/2}$	$k[M]^2[C]$	
聚合度	$k'[M][I]^{-1/2}$	$k'[M]$	
聚合活化能	较大，$84\sim105kJ \cdot mol^{-1}$	小，$0\sim21kJ \cdot mol^{-1}$	
聚合温度	一般 $50\sim80℃$	低温，0℃ 以下	室温或低温，$-100℃$
聚合方法	本体、溶液（包括沉淀）、悬浮、乳液	溶液（包括沉淀）、本体	

③ 溶剂　自由基聚合中，溶剂影响限于引发剂的笼蔽效应和链转移反应，且可以水为介质进行沉淀、悬浮和乳液聚合。离子聚合的引发剂容易被水、醇、氧、二氧化碳等含氧化合物所破坏，因此多采用有机溶剂中的溶液聚合或沉淀聚合（又称淤浆聚合）。离子聚合中，溶剂首先影响到活性种的形态和离子对的紧密程度，进而影响到聚合速率和定向能力。阴离子聚合可选用非极性或中极性的溶剂，如烷烃、四氢呋喃等；而阳离子聚合则限用弱极性溶剂，如卤代烃等。

④ 温度　自由基聚合的引发剂分解活化能较大，需在相对较高的温度（$50\sim80℃$）下聚合，温度对聚合速率和分子量的影响较大。而离子聚合中的引发活化能较低，为了减弱链转移反应，通常在较低的温度下聚合，温度对速率的影响较小。

⑤ 阻聚剂　自由基聚合的阻聚剂一般为氧、苯醌、DPPH 等能与自由基结合而终止的化合物。水、醇等极性化合物是离子聚合的阻聚剂，酸类（亲电试剂）使阴离子聚合阻聚，碱类（亲核试剂）则使阳离子聚合阻聚；苯醌也是阳离子聚合的终止剂。

思　考　题

1. 试从单体结构来解释丙烯腈和异丁烯离子聚合行为的差异，选用何种引发剂？丙烯酸、烯丙醇、丙烯酰胺、氯乙烯能否进行离子聚合？为什么？

2. 下列单体选用哪一引发剂才能聚合？指出聚合机理类型。

单　　体	$CH_2\!=\!CHC_6H_5$	$CH_2\!=\!C(CN)_2$	$CH_2\!=\!C(CH_3)_2$	$CH_2\!=\!CH\!-\!O\!-\!n\text{-}C_4H_9$	$CH_2\!=\!C(CH_3)COOCH_3$
引发体系	$(C_6H_5CO)_2O_2$	$Na + 萘$	$BF_3 + H_2O$	$n\text{-}C_4H_9Li$	$SnCl_4 + H_2O$

3. 下列引发剂可以引发哪些单体聚合？选择一种单体，写出引发反应式。

　　a. KNH_2　　　b. $AlCl_3 + HCl$　　c. $SnCl_4 + C_2H_5Cl$　　d. CH_3ONa

4. 在离子聚合中，活性种离子和反离子之间的结合可能有几种形式？其存在形式受哪些因素影响？不同形式对单体的聚合机理、活性和定向能力有何影响？

5. 分别叙述进行阴、阳离子聚合时，控制聚合速率和聚合物分子量的主要方法。离子聚合中有无自动加速现象？离子聚合物的主要微观构型是头尾连接还是头头连接？聚合温度对立构规整性有何影响？

6. 丁基锂和萘钠是阴离子聚合的常用引发剂，试说明两者引发机理和溶剂选择有何差别。

7. 由阴离子聚合来合成顺式聚异戊二烯，如何选择引发剂和溶剂？说明产生高顺式结构的机理。

8. 甲基丙烯酸甲酯分别在苯、四氢呋喃、硝基苯中用萘钠引发聚合，试问在哪一种溶剂中的聚合速率最大？

9. 应用活性阴离子聚合来制备下列嵌段共聚物，试提出加料次序方案。

　　a.（苯乙烯）$_x$-（甲基丙烯腈）$_y$　　　　　　　b.（甲基苯乙烯）$_x$-（异戊二烯）$_y$-（苯乙烯）$_z$

　　c.（苯乙烯）$_x$-（甲基丙烯酸甲酯）$_y$-（苯乙烯）$_x$

10. 由阳离子聚合来合成丁基橡胶，如何选择共单体、引发剂、溶剂和温度条件？为什么？

11. 用 BF_3 引发异丁烯聚合，如果将氯甲烷溶剂改成苯，预计会有什么影响？

12. 阳离子聚合和自由基聚合的终止机理有何不同？采用哪种简单方法可以鉴别属于哪种聚合机理？

13. 进行溶聚聚苯乙烯和 K 树脂的合成时，为什么要调宽它们的分子量分布？如何调宽它们的分子量分布？

14. 进行嵌段共聚物 SBS 的合成，为什么第一段必须是苯乙烯的聚合，第二段聚合时可加入混合单体而不用担心它们会成为无规共聚物？

15. 比较阴离子聚合、阳离子聚合、自由基聚合的主要差别，哪一种聚合的副反应最少？说明溶剂种类的影响，讨论其原因和本质。

16. 为什么离子聚合的单体对数远比自由基聚合的少？能否合成异丁烯和丙烯酸酯类的共聚物？

计　算　题

1. 将 1.0×10^{-3} mol 萘钠溶于四氢呋喃中，然后迅速加入 2.0mol 苯乙烯，溶液的总体积为 1L。假如单体立即混合均匀，发现 2000s 内已有一半单体聚合。计算聚合 2000s 和 4000s 时的聚合度。

2. 将苯乙烯加到萘钠的四氢呋喃溶液中，苯乙烯和萘钠的浓度分别为 0.2mol·L^{-1} 和 1×10^{-3}mol·L^{-1}。在 25℃下聚合 5s，测得苯乙烯的浓度为 1.73×10^{-3} mol·L^{-1}。试计算：

　　a.增长速率常数　　b.初始聚合速率　　c.10s 的聚合速率　　d.10s 的数均聚合度

3. 将 5g 充分纯化和干燥的苯乙烯在 50mL 四氢呋喃中的溶液保持在 -50℃。另将 1.0g 钠和 6.0g 萘加入干燥的 50mL 四氢呋喃中搅拌混匀，形成暗绿色萘钠溶液。将 1.0mL 萘钠绿色溶液注入苯乙烯溶液中，立刻变成橘红色，数分钟后反应完全。加入数毫升甲醇急冷，颜色消失。将反应混合物加热至室温，聚合物析出，用甲醇洗涤，无其他副反应，试求聚苯乙烯的 $\overline{M}_n$。如所有大分子同时开始增长和终止，则产物 $\overline{M}_w$ 应为多少？

4. 25℃时，在四氢呋喃中，以 C_4H_9Li 作引发剂（0.005mol·L^{-1}），1-乙烯基萘（0.75mol·L^{-1}）进行负离子聚合，计算：a.平均聚合度；b.聚合度的数量分布和质量分布。

5. 异丁烯阳离子聚合时，以向单体链转移为主要终止方式，聚合物末端为不饱和端基。现在 4.0g 聚异丁烯恰好使 6.0mL 0.01mol·L^{-1} 的溴-四氯化碳溶液褪色，试计算聚合物的数均分子量。

6. 在搅拌下依次向装有四氢呋喃的反应器中加入 0.2mol n-BuLi 和 20kg 苯乙烯。当单体聚合一半时，再加入 1.8g 水，然后继续反应。假如用水终止的和以后继续增长的聚苯乙烯的分子量分布指数均是 1，试计算：

　　a. 由水终止的聚合物的数均分子量；

　　b. 单体全部聚合后体系中全部聚合物的分子量分布；

　　c. 水终止完成以后所得聚合物的分子量分布指数。

　　7. $-35℃$下，以 $TiCl_4$-H_2O 作引发体系，异丁烯进行聚合，由下列单体浓度-聚合度数据求 k_{tr}/k_p 和 k_t/k_p。

$[C_4H_8]/(mol \cdot L^{-1})$	0.667	0.333	0.278	0.145	0.059
DP	6940	4130	2860	2350	1030

　　8. 在四氢呋喃中用 $SnCl_4+H_2O$ 引发异丁烯聚合，发现聚合速率 $R_p \propto [SnCl_4][H_2O][异丁烯]^2$。起始生成的聚合物数均分子量为 20000。1.00g 聚合物含 $3.0×10^{-5}$ mol 羟基但不含氯。写出链引发、链增长、链终止反应式。推导聚合速率和聚合度的表达式。指出推导过程中用了何种假定。什么情况下聚合速率对水或 $SnCl_4$ 呈零级关系，对单体为一级反应？

　　9. 异丁烯阳离子聚合时的单体浓度为 $2mol \cdot L^{-1}$，链转移剂浓度分别为 $0.2mol \cdot L^{-1}$、$0.4mol \cdot L^{-1}$、$0.6mol \cdot L^{-1}$、$0.8mol \cdot L^{-1}$，所得聚合物的聚合度依次是 25.34、16.01、11.70、9.20。向单体和向链转移剂的转移是主要终止方式，试用作图法求链转移常数 C_M 和 C_S。

6

配位聚合

6.1 引言

由一种过渡金属化合物与一种及以上组分构成络合引发体系，单体先与其中的过渡金属活性中心在空位处配位，形成 σ-π 配位络合物，进而插入过渡金属-碳（Mt-C）键中增长的聚合反应称为配位聚合。因活性中心与单体的每一步增长反应都有一个化学配位络合过程，故可合成出立构规整性聚合物，但也可得无规聚合物。

对配位聚合贡献最大的当数德国化学家 K. Ziegler 和意大利化学家 G. Natta。1953 年，Ziegler 以四氯化钛-三乙基铝［$TiCl_4$-$Al(C_2H_5)_3$］作引发剂，在温度（60～90℃）和压力（0.2～1.5MPa）温和的条件下，使乙烯聚合成高密度聚乙烯（HDPE，0.94～0.96g·cm^{-3}），其特点是少支链（1～3 个支链/1000 碳原子）、高结晶度（约 90%）和高熔点（125～130℃）。1954 年，Natta 进一步以 $TiCl_3$-$Al(C_2H_5)_3$ 作引发剂，将丙烯聚合成全同立构的等规聚丙烯（熔点 175℃）。Ziegler 和 Natta 的成就开辟了高分子科学的新领域，因而获得了诺贝尔奖。

随后，有人分别采用 $TiCl_4$-$Al(C_2H_5)_3$ 和烷基锂作引发剂，使异戊二烯聚合成高顺 1,4-聚异戊二烯（90%～97%）；采用钛、钴、镍或稀土络合引发体系，也合成了高顺 1,4-聚丁二烯（94%～97%）。德国化学家 W. Kaminsky 等则发现，由过渡金属或稀土金属与至少一个环戊二烯或其衍生物（简称"茂"，Cp）组成的金属有机配合物，可与烷基铝氧烷或有机硼化合物组成均相引发体系，以更高的活性进行烯烃的均聚或共聚，合成出窄分子量分布的烯烃均聚物、更宽组成范围的烯烃共聚物以及 Ziegler-Natta 引发体系难以制得的间规聚丙烯等立构规整性聚合物。

乙烯、丙烯、苯乙烯、丁二烯是石油化工中最方便制取的单体。Ziegler-Natta 等配位聚合引发体系发现的重大意义是：可使难以自由基聚合或传统离子聚合的烯类单体聚合，并形成立构规整聚合物，赋予其特殊性能，如高密度聚乙烯、线形低密度聚乙烯、等规聚丙烯、间规聚苯乙烯等合成树脂和塑料，顺 1,4-聚丁二烯、顺 1,4-聚异戊二烯、乙丙共聚物等合成橡胶，以及中高 α-烯烃含量的聚烯烃弹性体、塑性体等。

学习和研究配位聚合，需要了解立体异构现象，掌握配位聚合引发体系、聚合机理和动力学、定向机理等基本规律，并从烯烃扩展到二烯烃。

6.2　聚合物的立体异构现象

低分子化合物有同分异构（结构异构）现象，高分子的异构更具多样性，除结构异构外，还有立体构型异构。这两种异构对聚合物性能都有显著的影响。

结构异构是元素组成相同而原子或基团键接位置不同所引起的，例如聚乙烯醇和聚氧化乙烯、聚甲基丙烯酸甲酯和聚丙烯酸乙酯、聚酰胺-66 和聚酰胺-6 等互为结构异构体。

本节着重讨论立体构型异构。

6.2.1　立体（构型）异构及其图式

立体构型异构是原子在大分子中不同空间排列（构型，configuration）所产生的异构现象，与绕 C—C 单键内旋转而产生的构象（conformation）有别。

立体异构有对映异构和顺反异构两种。对映异构又称手性异构，是由手性中心产生的光学异构体 R（右）型和 S（左）型，如丙烯、环氧丙烷的聚合物。顺反异构是由双键引起的顺式（Z）和反式（E）的几何异构，两种构型不能互变，如聚异戊二烯。不论哪一类构型，立构规整大分子多以螺旋状构象存在。

（1）乙烯衍生物

丙烯、1-丁烯等 α-烯烃（$CH_2{=}CHR$）均聚或共聚所形成的 α-烯烃结构单元含有多个手性中心碳原子（C^*），C^* 连有 H、R 和两个碳氢链段。紧邻 C^* 的 CH_2 链段不等长，对旋光活性的影响差异甚微，并不显示光学活性，这种手性中心常称作假手性中心。

$$n CH_2{=}CH \longrightarrow \sim CH_2\overset{*}{C}H{-}CH_2\overset{*}{C}H{-}CH_2\overset{*}{C}H \sim$$
$$\underset{CH_3}{\big|} \qquad\qquad \underset{CH_3}{\big|} \quad \underset{CH_3}{\big|} \quad \underset{CH_3}{\big|}$$

每个假手性中心 C^* 都是立体构型点，与 C^* 相连的取代基可以产生右（R）和左（S）两种构型。如将 C—C 主链拉直成锯齿形，使之处在同一平面上，取代基处于平面的同侧，或相邻手性中心的构型相同，就成为全同立构（或等规，isotactic）聚合物，如等规聚丙烯（i-PP）。若取代基交替地处在平面的两侧，或相邻手性中心的构型相反并交替排列，则成为间同立构（间规）聚合物，如间规聚丙烯（s-PP）。若取代基在平面两侧或手性中心的构型呈无规则排列，则为无规聚合物，如无规聚丙烯（a-PP）。还有可能形成立构嵌段聚合物。

聚 α-烯烃的立体构型可用多种图式来描述。图 6-1(a) 为锯齿形图式，碳-碳主链处在纸平面上，H、R 处在纸平面上、下方，分别以实线和虚线表示。图 6-1(b) 为 Fischer 图式，如将 Fischer 图式按反时针方向扭转 90°，就成为 IUPAC 所推荐的图式，如图 6-1(c) 所示。

对于 1,1-双取代乙烯，若两基团相同（$CH_2{=}CR_2$），如异丁烯和偏氯乙烯，则没有立体异构现象。若两取代基不同（$CH_2{=}CRR'$），如甲基丙烯酸甲酯 $CH_2{=}C(CH_3)COOCH_3$，则第二取代基伴随第一取代基同步定向，立体异构与单取代乙烯相似，也有等规、间规、无规三种构型。

1,2-双取代乙烯 $RCH{=}CHR'$ 聚合物的构型异构更加复杂，该聚合物的结构单元有两

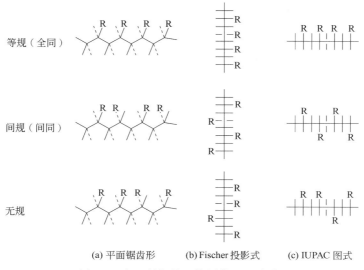

(a) 平面锯齿形　　　(b) Fischer 投影式　　　(c) IUPAC 图式

图 6-1　聚 α-烯烃的立构图像（H 从略）

个假手性中心，通过不同组合，就可能形成更多的立体异构现象。

$$\sim C^* - C^* \sim$$

如果两手性原子均为等规，则可能出现两个双等规立构：①两个手性原子的构型互为对映体时，在 IUPAC 图式中 R 和 R′ 在主链两侧，称为苏型对双等规立构（threodiisotactic）；②两个手性原子的构型相同时，R 和 R′ 在主链同侧，则称为赤型叠双等规立构（erythrodiisotactic）。相似地，也有苏型对双间规立构（threodisyndiotactic）和赤型叠双间规立构（erythrodisyndiotactic）。

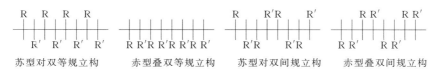

苏型对双等规立构　　赤型叠双等规立构　　苏型对双间规立构　　赤型叠双间规立构

（2）聚环氧丙烷

环氧丙烷分子本身含有手性碳原子 C^*。聚合后，手性碳原子仍留在聚环氧丙烷大分子中，连有 4 个不相同的基团，属于真正的手性中心，如条件得当，就可以显示出旋光性。

$$CH_2 - CH \longrightarrow \sim CH_2 - C^* - O - CH_2 - C^* - O \sim$$

如果起始环氧丙烷是含有等量 R 和 S 对映体的外消旋混合物，所用引发剂（如氯化锌-甲醇体系）对 2 种对映体的聚合无选择性，则 R 和 S 对映体将等量地进入大分子链，结果，聚合产物也外消旋，不显示光学活性。纯的全同立构聚合物具有旋光活性，而间同聚环氧丙烷的相邻手性中心间有内对称面，内补偿使旋光活性消失。

（3）聚二烯烃

丁二烯聚合，可以 1,4-或 1,2-加成，可能有顺 1,4-、反 1,4-和全同 1,2-、间同 1,2-聚

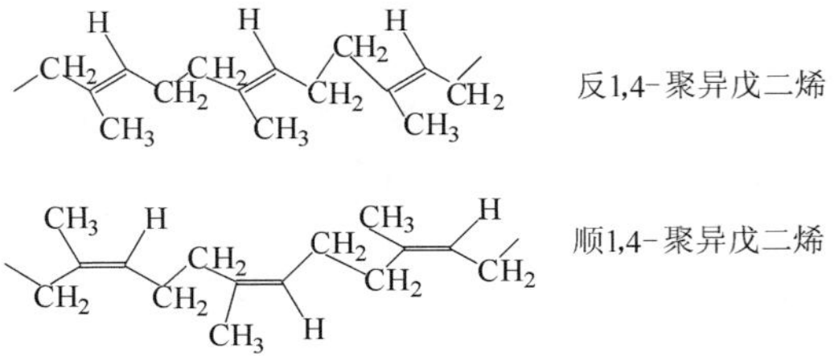

反1,4-聚异戊二烯

顺1,4-聚异戊二烯

图 6-2　顺 1,4-和反 1,4-聚异戊二烯
结构的平面示意图

丁二烯 4 种立体构型异构体，这 4 种异构体均已制得。

1,3-异戊二烯聚合，有可能 1,4-、1,2-、3,4-加成；1,4-加成中有顺、反结构，见图 6-2；1,2-或 3,4-加成，都可能全同和间同。因此聚异戊二烯异构体理应有 6 种，但目前还只制得顺 1,4-、反 1,4-和 3,4-三种立构异构体，这可能是由于位阻效应不利于 1,2-加成。

异戊二烯 1,2-或 3,4-加成以及 1,4-加成的聚合反应式如下：

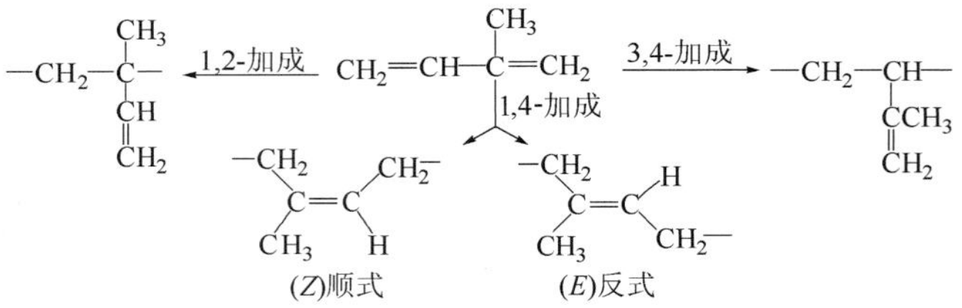

(Z)顺式　　　(E)反式

6.2.2　立构规整聚合物的性能

聚合物的立构规整性首先影响大分子堆砌的紧密程度和结晶度，进而影响到密度、熔点、溶解性能、强度、高弹性等一系列宏观性能，表 6-1 只是一部分数据。

表 6-1　聚 α-烯烃和聚二烯烃的物理性能

聚烯烃	密度/(g·cm^{-3})	熔点/℃	聚二烯烃	密度/(g·cm^{-3})	熔点/℃	T_g/℃
无规聚丙烯	0.85	75	顺 1,4-聚丁二烯	1.01	2	−108
全同聚丙烯	0.92	175	反 1,4-聚丁二烯	0.97	146	−58
全同聚 1-丁烯	0.91	124～130	全同 1,2-聚丁二烯	0.96	126	
全同聚 3-甲基-1-丁烯		300	间同 1,2-聚丁二烯	0.96	156	
全同聚 4-甲基-1-戊烯		250	顺 1,4-聚异戊二烯		28	−73
全同聚苯乙烯		240	反 1,4-聚异戊二烯		74	−58
间同聚苯乙烯		274				

（1）聚 α-烯烃

聚丙烯为聚 α-烯烃的代表。无规聚丙烯熔点低（75℃），易溶于烃类溶剂，强度差，用途有限。而等规聚丙烯（全同聚丙烯）却是熔点高（175℃）、耐溶剂、比强度（单位质量的强度）大的结晶性聚合物，广泛用作塑料和合成纤维（丙纶）。除 1-丁烯外，等规聚 α-烯烃的熔点随取代基增大而显著提高，如无取代基的高密度聚乙烯熔点为 120～130℃，全同聚丙烯熔点为 175℃，聚 3-甲基-1-丁烯熔点为 300℃，聚 4-甲基-1-戊烯熔点为 250℃ 等。因此，高级的聚 α-烯烃可用于耐温场合。

（2）聚二烯烃

立构规整性不同的聚二烯烃，其结晶度、密度、熔点、高弹性、机械强度等也有差异。全同和间同 1,2-聚二烯烃是熔点较高的塑料，顺 1,4-聚丁二烯和顺 1,4-聚异戊二烯都是 T_g 和 T_m 较低、不易结晶、高弹性能良好的橡胶，而反 1,4-聚二烯烃则是 T_g 和 T_m 相对较高、易结晶、弹性较差、硬度大的塑料。

（3）天然高分子

许多天然高分子也具有立构规整性。例如天然的巴西三叶胶是顺 1,4-异构体含量在 98% 以上的聚异戊二烯，而产于中美洲和马来西亚的古塔胶和巴拉塔胶则主要是反 1,4-异构体。又如，纤维素与淀粉互为异构体，纤维素的葡萄糖结构单元按反 1,4-键接，以伸直链的构象存在，分子堆砌紧密，结晶度较高，不溶于水，难水解，有较强的力学性能，可用作纤维材料。而淀粉中的葡萄糖单元则按顺 1,4-键接，以无规线团构象存在，能溶于水，易水解，是重要的食物来源。

蛋白质是氨基酸的缩聚物，具有立构规整性。酶是具有高度定向能力的生化反应催化剂，在生物高分子合成中起着关键作用。

6.2.3 立构规整度

立构规整聚合物占聚合物总量的百分数称为立构规整度。

（1）立构规整度的测定

立构规整度可由红外、核磁共振等波谱直接测定，也可以由结晶度、密度、溶解度等物理性质来间接表征。

聚丙烯的等规度或全同指数 IIP（isotactic index）可用红外光谱的特征吸收谱带来测定。波数为 $975cm^{-1}$ 是全同螺旋链段的特征吸收峰，而 $1460cm^{-1}$ 是与 CH_3 基团振动有关、对结构不敏感的参比吸收峰，取两者吸收强度（或峰面积）之比乘以仪器常数 K 即为等规度。

$$IIP = KA_{975}/A_{1460} \tag{6-1}$$

间规度可用波数 $987cm^{-1}$ 为特征峰面积来计算。

对于聚二烯烃，常用顺 1,4-、反 1,4-、全同 1,2-、间同 1,2-等的百分数来表征立构规整度。根据红外光谱特征吸收峰的位置（波数，cm^{-1}）和核磁共振氢谱的化学位移（δ，10^{-6}）可以定性测定各种立构的存在，从各特征吸收峰面积的积分则可定量计算这 4 种立构规整度的比值。

为方便起见，有时也用溶解性能、结晶度、密度等物理性质来间接表征等规度，例如聚丙烯的等规度 IIP 可用沸腾正庚烷的萃取剩余物占聚丙烯试样的质量分数来表示，也可以用差示扫描量热仪（DSC）测定等规聚丙烯的熔融焓来计算结晶度，或用 X 射线衍射直接测定等规聚丙烯的结晶度。

（2）立构单元的序列分布

严格来说，立构规整度应该由二单元组（diad）、三单元组（triad）的分数来表征。红外光谱难以分析这些立构单元的序列分布，核磁共振氢谱（^{1}H-NMR）和碳谱（^{13}C-NMR）则是有力的工具。

单取代乙烯聚合物的立构单元序列分布表述如下。等规或间规二单元组是相邻两重复单元的立体构型相同或相反的组合，其分数（或概率）以（m）或（r）表示。等规三单元组、间规三单元组和杂三单元组也相似，其分数分别以（mm）、（rr）、（mr）表示。下图中横线代表主链，带圈竖线代表重复单元中带取代基的手性中心部分，无圈竖线代表两手性中心之间的 CH_2。等规和间规二单元组中的 CH_2 所处的环境不同，在 NMR 谱中就显示出不同的化学位移。

等规二单元组(m)　间规二单元组(r)　等规三单元组(mm)　间规三单元组(rr)　杂三单元组(mr)

2 种二单元组分数（或概率）的总和等于 1，3 种三单元组分数的总和也等于 1，即

$$(m)+(r)=1$$
$$(mm)+(rr)+(mr)=1$$

二单元组分数与三单元组分数之间有如下关系：

$$(m)=(mm)+0.5(mr)$$
$$(r)=(rr)+0.5(mr)$$

只要测得任何两个三单元组的分数，就可以按以上 4 式求得聚合物二单元组和三单元组的完整信息。无规聚合物的 $(m)=(r)=0.5,(mm)=(rr)=0.25$，二单元组和三单元组无序分布时，$(mr)=0.5$。完全等规聚合物，$(m)=(mm)=1$；完全间规聚合物，则 $(r)=(rr)=1$；无序分布时，$(m)\neq(r)\neq0.5$，$(mm)\neq(rr)\neq0.25$，等规程度或间规程度不同。$(m)>0.5$ 或 $(mm)>0.25$ 时，等规立构占优势；$(r)>0.5$ 或 $(rr)>0.25$，则间规立构占优势。

应用高分辨率的核磁共振氢谱（^{1}H-NMR）和碳谱（^{13}C-NMR），还可测出四单元组（tetrad）、五单元组等，提供更详细的微结构信息。

6.3　Ziegler-Natta 引发体系

配位聚合的引发体系是影响聚合物立构规整性的关键因素，溶剂和温度则是辅助因素。

配位聚合往往经单体配位、络合活化、插入增长等过程，因而有络合聚合、插入聚合之称。同时，因主要的立构规整聚合物，如等规聚丙烯、间规聚丙烯、等规聚 1-丁烯、间规聚苯乙烯、顺丁橡胶、异戊橡胶等大都由配位聚合制备，故也有人称其为定向聚合（或有规立构聚合）等；但实际上，一些立构规整聚合物也可由离子聚合等制得，而配位聚合产物也不完全是立构规整聚合物，所以两者不能混同。

配位聚合的活性中心可分为阳离子和阴离子两种，分别称为配位阳离子聚合和配位阴离子聚合，其中阴离子聚合居多。目前配位阴离子聚合的引发体系有下列三类：

① Ziegler-Natta 引发体系　数量最多，可用于 α-烯烃、二烯烃、环烯烃的定向聚合。

② π-烯丙基镍（π-C_3H_5NiX）　限用于共轭二烯烃聚合，不能使 α-烯烃聚合。

③ 烷基锂类　可引发共轭二烯烃和部分极性单体定向聚合，已在第 5 章内介绍。

这些体系参与引发聚合以后，残基都进入大分子链，因此本书采用"引发剂"这一术语，代替习惯沿用的"催化剂"。

6.3.1　Ziegler-Natta 引发体系的主要组分

最初 Ziegler-Natta 引发剂由 $TiCl_4$（或 $TiCl_3$）和 $Al(C_2H_5)_3$ 组成，以后发展到由 ⅣB～ⅧB 族过渡金属化合物和 ⅠA～ⅢA 族金属有机化合物两大组分配合而成，组合系列难以计数。

① ⅣB～ⅧB 族过渡金属（Mt）化合物　包括 Ti、V、Mo、Zr、Cr 的氯（或溴、碘）

化物 $MtCl_n$、氧氯化物 $MtOCl_n$、乙酰丙酮物 $Mt(acac)_n$、环戊二烯基（Cp）金属氯化物 Cp_2TiCl_2 等，这些组分主要用于乙烯和 α-烯烃的配位均聚或共聚；$MoCl_5$ 和 WCl_6 组分专用于环烯烃的开环聚合；Co、Ni、Ru、Rh 等的卤化物或羧酸盐组分则主要用于二烯烃的定向聚合。

② ⅠA～ⅢA 族金属有机化合物　如 AlR_3、LiR、MgR_2、ZnR_2 等，式中 R 为烷基或环烷基。其中有机铝用得最多，如 $AlR_{3-n}Cl_n$、AlH_nR_{3-n}，一般 $n = 0 \sim 1$。最常用的有 $Al(C_2H_5)_3$、$Al(C_2H_5)_2Cl$、$Al(i\text{-}C_4H_9)_3$ 等。

以上两组分，前者称为主引发剂，后者称为助引发剂，或共引发剂。

6.3.2　Ziegler-Natta 引发体系的基本特性

（1）Ziegler-Natta 引发体系的溶解性能

Ziegler-Natta 引发体系可分成不溶于烃类（非均相）和可溶于烃类（均相）两大类，溶解与否与过渡金属组分和反应条件有关。

① 非均相引发体系　钛系为主要代表。$TiCl_4$-AlR_3（或 AlR_2Cl）（$R = C_2H_5 = Et$）在 $-78℃$ 下尚可溶于庚烷或甲苯，对乙烯聚合有活性，对丙烯聚合的活性则很低。升高温度，则转变成非均相，活性略有提高。低价氯化钛（或钒），如 $TiCl_3$、$TiCl_2$、VCl_4 等，本身就不溶于烃类，与 AlR_3 或 AlR_2Cl 反应后，仍为（微）非均相，对丙烯聚合有较高的活性，并有定向作用。

② 均相引发体系　钒系为代表，如合成乙丙橡胶中的 $VOCl_3/AlEt_2Cl$ 或 $V(acac)_3/AlEt_2Cl$。卤化钛中的卤素部分或全部被烷氧基（RO）、乙酰丙酮（acac）或茂（Cp）所取代，再与 AlR_3 络合，如 Cp_2TiCl_2-$AlEt_3$，也成为可溶性引发剂，对乙烯聚合尚有活性，但对丙烯聚合的活性和定向能力就很差了。

凡能使丙烯聚合的引发剂一般都能使乙烯聚合，但能使乙烯聚合的却未必能使丙烯聚合。

（2）Ziegler-Natta 引发体系两组分的反应

以 $TiCl_4$-$Al(C_2H_5)_3$（或 AlR_3）为代表，剖析两组分的反应情况。

$TiCl_4$、$TiCl_3$ 和 $Al(C_2H_5)_3$ 单独使用时，都难使乙烯或丙烯聚合，但 $TiCl_4$ 与 $Al(C_2H_5)_3$ 两组分相互作用后，却易使乙烯聚合；$TiCl_3$ 与 $Al(C_2H_5)_3$ 相互作用，则还能使丙烯定向聚合。

配制 Ziegler-Natta 引发体系时需要一定的陈化时间，以保证两组分适当反应。反应比较复杂，首先是两组分间基团交换或烷基化，形成钛-碳键。烷基氯化钛不稳定，进行还原性分解，在低价钛上形成空位，供单体配位之需，还原是产生活性不可或缺的反应。相反，高价钛的配位点全部与配体结合，就很难产生活性。分解产生的自由基双基终止，形成 C_2H_5Cl、$n\text{-}C_4H_{10}$、C_2H_6、H_2 等。以 $TiCl_4$ 和 AlR_3 为例：

烷基化
$$TiCl_4 + AlR_3 \longrightarrow RTiCl_3 + AlR_2Cl$$
$$TiCl_4 + AlR_2Cl \longrightarrow RTiCl_3 + AlRCl_2$$
$$RTiCl_3 + AlR_3 \longrightarrow R_2TiCl_2 + AlR_2Cl$$

烷基钛的均裂和还原
$$RTiCl_3 \longrightarrow TiCl_3 + R\cdot$$
$$R_2TiCl_2 \longrightarrow RTiCl_2 + R\cdot$$

$$TiCl_4 + R\cdot \longrightarrow TiCl_3 + RCl$$

自由基的终止　　　　　　　　$2R\cdot \longrightarrow$ 偶合或歧化终止

以 $TiCl_3$ 作主引发剂时，也发生类似反应。两组分比例不同，烷基化和还原的深度也有差异。上述只是部分反应式，非均相体系还可能存在着更复杂的反应。

研究 Cp_2TiCl_2-$AlEt_3$ 可溶性引发剂时，发现所形成的蓝色结晶有一定熔点（126～130℃）和一定分子量，经 X 射线衍射分析，确定结构为 $Ti\cdots Cl\cdots Al$ 桥形络合物（如下左式）。估计氯化钛和烷基铝两组分反应，也可能形成类似的双金属桥形络合物（如下中式）或单金属络合物（如下右式），成为烯烃配位聚合的活性种，但情况会更加复杂。

Cp₂TiCl₂-AlEt₃桥形络合物　　TiCl₃-AlEt₃双金属络合物　　TiCl₃单金属活性种

6.3.3　Ziegler-Natta 引发体系两组分对聚丙烯等规度和聚合活性的影响

等规度（IIP）和分子量是评价聚丙烯性能的重要指标，等规度和聚合活性则是衡量配位聚合引发剂的主要指标。聚合活性常以单位质量钛所能形成聚丙烯的质量（gPP/gTi）来衡量，有时还引入时间单位 ［gPP/(gTi·h)］，以便比较速率。引发剂两组分的搭配和配比不同，上述三指标会有很大的差异，从表 6-2 中数据可以看出影响聚丙烯立构规整度的一般规律。

表 6-2　Ziegler-Natta 引发体系组分对聚丙烯等规度的影响

组别	主引发剂 过渡金属化合物	助引发剂 烷基金属化合物	IIP	组别	主引发剂 过渡金属化合物	助引发剂 烷基金属化合物	IIP
I	$TiCl_4$	$AlEt_3$	30～60	III	$TiCl_3(\alpha,\gamma,\delta)$	$BeEt_2$	94
	$TiBr_4$		42			$MgEt_2$	81
	TiI_4		46			$ZnEt_2$	35
	VCl_4		48			$NaEt$	0
	$ZrCl_4$		52	IV	$TiCl_3(\alpha)$	$Al(CH_3)_3$	50
	$MoCl_4$		50			$Al(C_2H_5)_3$	85
II	$TiCl_3(\alpha,\gamma,\delta)$	$AlEt_3$	80～92			$Al(n\text{-}C_3H_7)_3$	78
	$TiBr_3$		44			$Al(n\text{-}C_4H_9)_3$	60
	$TiCl_3(\beta)$		40～50			$Al(n\text{-}C_6H_{13})_3$	64
	TiI_3		10			$Al(C_6H_5)_3$	约60
	$TiCl_2(OC_4H_9)$		35	V	$TiCl_3(\alpha)$	$AlEt_2F$	83
	$TiCl(OC_4H_9)_2$		10			$AlEt_2Cl$	83
	VCl_3		73			$AlEt_2Br$	93
	$CrCl_3$		36			$AlEt_2I$	98
	$ZrCl_4$		53				

引发剂组分的变化往往会使聚合活性和立构规整度的变化方向相反，选用时应加以注意。两组分对聚 α-烯烃立构规整性的影响大致有如下规律。

（1）过渡金属组分的影响

定向能力与过渡金属元素的种类和价态、相态和晶型、配体的性质和数量等有关。研究得最多的过渡金属是钛，＋4、＋3、＋2 等不同价态都可能成为活性中心，但定向能力各异，其中 $TiCl_3(\alpha,\gamma,\delta)$ 的定向能力最强。过渡金属对定向能力的影响规律如下：

a. 三价过渡金属氯化物　　　　$TiCl_3(\alpha,\gamma,\delta) > VCl_3 > ZrCl_3 > CrCl_3$

b. 高价态过渡金属氯化物　　　$TiCl_4 \approx VCl_4 \approx ZrCl_4$

c. 不同价态的氯化钛　　　　　$TiCl_3(\alpha,\gamma,\delta) > TiCl_2 > TiCl_4 \approx \beta\text{-}TiCl_3$

d. 四卤化钛的配体　　　　　　$TiCl_4 \approx TiBr_4 \approx TiI_4$

e. 三价卤化钛的配体　　　　　$TiCl_3(\alpha,\gamma,\delta) > TiBr_3 \approx \beta\text{-}TiCl_3 > TiI_3$

　　　　　　　　　　　　　　　$TiCl_3(\alpha,\gamma,\delta) > TiCl_2(OR) > TiCl(OR)_2$

f. 三氯化钛的晶型　　三氯化钛有 α、β、γ、δ 四种晶型，其中 α、γ、δ 三种结构相似，层状结晶，紧密堆砌，都可以形成高等规度的聚丙烯。而 $TiCl_4$ 经 $AlEt_3$ 还原成的 $\beta\text{-}TiCl_3$ 却是线形结构，定向能力很低，只能形成无规聚合物。

（2）ⅠA～ⅢA族金属烷基化合物的影响

ⅠA～ⅢA族金属组分的参与，对引发剂活性和定向能力都有显著影响。ⅠA族的 Li、Na、K，ⅡA族的 Be、Mg，ⅡB族的 Zn、Cd，ⅢA族的 Al、Ga 等的烷基物，用于乙烯或 α-烯烃定向聚合都很有效，但铝化合物使用方便，用得最广。Ga 贵，Be 有毒，ⅠA族烷基物难溶于烃类溶剂，都很少应用。

若所用的 $TiCl_3$ 相同，金属烷基化合物助引发剂中的金属和烷基对 IIP 有如下影响。

a. 金属　　　　　　　　　　　$BeEt_2 > MgEt_2 > ZnEt_2 > NaEt$

b. 烷基铝中的烷基　　　　　　$AlEt_3 > Al(n\text{-}C_3H_7)_3 > Al(n\text{-}C_4H_9)_3 \approx Al(n\text{-}C_6H_{13})_3 \approx Al(n\text{-}C_6H_5)_3$

c. 一卤代烷基铝中的卤素　　　$AlEt_2I > AlEt_2Br > AlEt_2Cl \approx AlEt_2F$

d. 氯代烷基铝中的氯原子数　　$AlEt_2Cl > AlEt_3$，$AlEt_2Cl > AlEtCl_2$

如果 ⅠA～ⅢA 族金属原子大小和电负性与过渡金属相当，如铍、铝与钛，可使活性种的稳定性增强。烷基铝中的烷基如被一个氯原子取代，可使铝的电负性更接近钛；第二个取代氯原子则使铝的正电性过大，从而失去活性。

由上述可见，Ziegler-Natta 引发体系两组分对聚丙烯等规度的影响因素非常复杂，诸如反应后形成络合物的晶型、状态和结构，活性种的价态和配位数，过渡金属和ⅠA～ⅢA族金属的电负性和原子半径，以及烷基化速率和还原能力等。从 IIP 考虑，首先选 $TiCl_3(\alpha,\gamma,\delta)$ 作丙烯配位聚合的主引发剂，但助引发剂的存在对丙烯聚合速率却起着重要作用，见表 6-3。

从 IIP、速率、价格等指标综合考虑，丙烯聚合时，优选 $AlEt_2Cl$ 作助引发剂。对于乙烯配位聚合，无定向可言，速率成为考虑的首要条件，因此选用 $TiCl_4\text{-}AlEt_3$ 作引发剂。

立构规整度和聚合速率不仅取决于引发剂两组分的搭配，而且还与配比有关。对于许多单体，最高立构规整度和最高转化率处在相近的 Al/Ti 比（见表 6-4），这对聚合工艺参数的选定颇为有利。$TiCl_3(\alpha,\gamma,\delta)\text{-}AlEt_2Cl$ 选作引发体系时，聚丙烯的分子量也受 Al/Ti 比的影响，呈钟形曲线变化，Al/Ti 比为 1.5～2.5 时，转化率和分子量均达最大值。

对于同一引发体系，因取代基空间位阻的影响，α-烯烃的聚合活性次序如下：

$CH_2{=}CH_2 > CH_2{=}CHCH_3 > CH_2{=}CHC_2H_5 > CH_2{=}CHCH_2CH(CH_3)_2 >$

$CH_2{=}CHCH(CH_3)C_2H_5 > CH_2{=}CHCH(C_2H_5)_2 \gg CH_2{=}CHC(CH_3)_3$

表 6-3 AlEt$_2$X 对丙烯聚合速率和 IIP 的影响（主引发剂为 α-TiCl$_3$）

AlEt$_2$X	相对聚合速率	IIP
AlEt$_3$	100	83
AlEt$_2$F	30	83
AlEt$_2$Cl	33	93
AlEt$_2$Br	33	95
AlEt$_2$I	9	96
AlEt$_2$OC$_6$H$_5$	0	—
AlEt$_2$SC$_6$H$_5$	0.25	95

表 6-4 Al/Ti 摩尔比对聚烯烃转化率和立构规整度的影响

单体	最高转化率的 Al/Ti 比	最高立构规整度时的 Al/Ti 比
乙烯	2.5～3	—
丙烯	1.5～2.5	3
1-丁烯	2	2
3-甲基-1-丁烯	1.2	1
苯乙烯	2.0	3
丁二烯	1.0～1.25	1.0～1.25(反 1,4-)
异戊二烯	1.2	1

6.3.4 Ziegler-Natta 引发体系的发展

Ziegler-Natta 引发体系研究和应用技术发展，重点是提高聚合活性、提高聚合产物的立构规整性、使聚合度分布和组成分布均一等，迄今有两个重大变革，即添加给电子体和负载化。

（1）添加给电子体（Lewis 碱）

α-TiCl$_3$ 配用 AlEt$_2$Cl 引发丙烯配位聚合时，定向能力比配用 AlEt$_3$ 时高，聚合活性则稍有降低。如配用 AlEtCl$_2$，则活性和定向能力均接近于零，但加入含有 O、N、P、S 等的给电子体 B:（Lewis 碱）后，聚合活性和 IIP 均有明显提高，分子量也增大。早期多从化学反应角度进行局部解释，例如 AlEtCl$_2$ 歧化成 AlEt$_2$Cl 和 AlCl$_3$ 后，Lewis 碱可与 AlCl$_3$ 络合，使 AlEt$_2$Cl 游离出来，恢复了部分活性和定向能力。

$$2AlEtCl_2 + :B \longrightarrow AlEt_2Cl + AlCl_3:B$$

给电子体对铝化合物的络合能力随其中氯含量的增多而加强，其顺序为

$$B:AlCl_3 > B:AlRCl_2 > B:AlR_2Cl > B:AlR_3$$

除上述从化学反应角度对聚合活性和定向能力提高的机理作出局部解释外，似更应该从晶型改变、物理分散等多方面来综合考虑。

（2）负载化

AlCl$_4$ 和 AlCl$_3$ 都是分子类型的晶体，裸露在晶体表面、边缘或缺陷处而成为活性中心的 Ti 原子只占约 1%，这是活性较低的重要原因。研究发现，如果将氯化钛充分分散在载体上，使大部分（如 90%）Ti 原子裸露而成为活性中心，则可大幅度地提高活性。

载体种类很多，如 MgCl$_2$、Mg(OH)Cl、Mg(OR)$_2$、SiO$_2$ 等。从聚合活性和聚合产物的立构规整性方面综合考虑，MgCl$_2$ 似乎最理想。

常用的无水氯化镁多为 α-晶型，结构规整，钛负载量少，活性也低。负载时，如经给电子体活化，则可大幅度地提高活性。活化方法有研磨法和化学反应法两种。

① 研磨法 将 TiCl$_4$-AlEt$_3$ 引发剂、MgCl$_2$ 载体、给电子体（如苯甲酸乙酯，EB）三者共同研磨，使引发剂分散并活化，则可显著提高聚合活性。这种在引发剂制备过程中所加入的给电子体，俗称内加给电子体（如内加酯）。活性提高的原因可能是形成了 MgCl$_2$·EB 或 MgCl$_2$·EB·TiCl$_4$ 络合物，构成了负载型引发剂的主体，推测有如下结构：

内加酯的配位能力愈强，则产物等规度愈高。酯的配位能力与电子云密度和邻近基团的空间障碍有关，一般双酯（如邻苯二甲酸二丁酯）对等规度的贡献比单酯（如苯甲酸乙酯）大。

负载型引发体系经内加酯后，聚合时还应再加另一外加酯（如二苯基二甲氧基硅烷）参与活性中心的形成，以便改变钛中心的微环境，增加立体效应，有利于等规度的提高。醚类也可用作内、外给电子体。载体和内、外给电子体配合得当，引发剂的聚合活性可以高达 $10^3 \mathrm{gPP/gTi}$。

② 化学反应法（又称浸渍法） 研磨法主要是物理分散，而化学反应法则是在溶液中反应而后沉淀出来，使引发剂组分-载体分散得更细，形态更好。一般先将 $MgCl_2$ 与醇、酯、醚、Lewis 碱（LB）等制成可溶于烷烃的复合物。

$$MgCl_2(s) + ROH \longrightarrow MgCl_2 \cdot ROH$$
$$MgCl_2 \cdot ROH + LB \Longleftrightarrow MgCl_2 \cdot ROH \cdot LB$$

再与 $TiCl_4$ 进行一系列化学反应，重新析出 $MgCl_2$，同时使部分钛化合物负载在 $MgCl_2$ 表面。加有 Lewis 碱，析出的 $MgCl_2$ 晶体是带有螺旋（rd）缺陷的结晶 $MgCl_2 \cdot LB(s)$，这是高活性引发剂的最好载体。而无 Lewis 碱时，析出的则是立方和六方紧密堆砌的 $MgCl_2$ 晶体，活性较差。

$$MgCl_2(s) + TiCl_4 \longrightarrow MgCl_2(s) \cdot TiCl_4$$
$$MgCl_2(s) + Cl_3TiOR \longrightarrow MgCl_2(s) \cdot Cl_3TiOR$$

基于添加给电子体和负载化等手段，Ziegler-Natta 引发体系自问世起大致经历了四个阶段，见表 6-5。

表 6-5 **Ziegler-Natta 引发体系的发展历程**

项目	第一阶段	第二阶段	第三阶段	第四阶段
主引发剂	$TiCl_3$	$TiCl_3$	$TiCl_4/MgCl_2$	$TiCl_4/MgCl_2$
助引发剂	$AlEt_2Cl$	$AlEt_2Cl$	$AlEt_3$	$AlEt_3$
主要改进措施	—	引入 Lewis 碱	负载化,并引入内给电子体和外给电子体	改进载体结构形貌,优化内外给电子体的组合及比例
活性/(kgPP/gCat)	0.8~1.2	3~5	5~15	20~60
IIP/%	88~91	95	98	99
产物形貌	无规则粉料	规则粉料	规则粒子	球形粒子
工艺要求	需脱灰,需脱无规物	需脱灰,无需脱无规物	无需脱灰,无需脱无规物	无需脱灰,无需脱无规物

第一阶段（20 世纪 50~60 年代），以 $\alpha\text{-}TiCl_3/AlEt_3$ 两组分引发体系为代表，催化丙烯聚合的活性仅 $1 \mathrm{kgPP/gCat}$ 左右，聚丙烯 IIP 为 $88\% \sim 91\%$；产物需要作脱灰（脱除引发剂

残渣）和脱无规物的处理。

第二阶段（1970～1978 年），由于 Lewis 碱的引入，催化活性提高到 3～5kgPP/gCat，IIP 达到了 95%；因高等规度，产物无需脱无规物，但仍需进行脱灰处理。

第三阶段（1978～1980 年），负载化并引入了以芳香单酯 EB 为代表的内给电子体和外给电子体，活性提高到 5～15kgPP/gCat，IIP 达到 98%；产物无需脱无规物，同时因活性提高，引发剂用量减少，也就无需脱灰处理；而且因载体形状规整，聚合物与载体有良好的复形关系，使产物呈规整的颗粒。

第四阶段（1980 年及以后），载体制备工艺得以改进，且内外给电子体的组合与比例进一步优化，活性达 20～60kgPP/gCat，IIP 高达 99%。更为重要的是，这种改进的负载型引发剂为疏松的多孔球形粒子，良好的复形关系使生成的聚丙烯颗粒外形更加圆整。一方面，降低了细粉的含量，增大了堆密度，可免去高耗能的造粒过程；另一方面，可通过序贯聚合或多区循环聚合，在球形多孔聚丙烯粒子的孔隙内原位地生成乙丙弹性体，从而制得具有良好抗冲性的聚丙烯合金（iPP/EPR）。

6.4 丙烯的配位聚合

丙烯是 α-烯烃的代表，经 Ziegler-Natta 聚合，可制得等规聚丙烯。

等规聚丙烯是结晶性聚合物，熔点高（175℃），拉伸强度高（35MPa），相对密度低（约 0.90），比强度大，耐应力开裂和耐腐蚀，电性能优，性能接近工程塑料范围，可制纤维（丙纶）、薄膜、注塑件、热水管材等，是当今产量最大的塑料品种之一，约占聚合物总产量的 1/5。

6.4.1 丙烯配位聚合反应历程

由 α-TiCl$_3$-AlEt$_3$（或 AlEt$_2$Cl）体系引发丙烯聚合属于阴离子配位聚合，暂且考虑两组分引发体系，并暂不考虑定向问题，其反应机理特征与活性阴离子聚合相似，基元反应主要由链引发、链增长组成，难终止，难转移。反应历程有如下式。

① 链引发 钛-铝两组分反应后，形成活性种 $\copyright^{\delta+}$—$R^{\delta-}$（简写作 $\copyright$—R）。

$$\copyright—H + CH_2=\underset{\underset{R}{|}}{CH} \xrightarrow{k_1} \copyright—CH_2—\underset{\underset{R}{|}}{CH_2}$$

$$\copyright—C_2H_5 + CH_2=\underset{\underset{R}{|}}{CH} \xrightarrow{k_2} \copyright—CH_2—\underset{\underset{R}{|}}{CH}—C_2H_5$$

② 链增长 单体在过渡金属-碳键间（$\copyright$—C 或 $Mt^{\delta+}$—$^{\delta-}CH_2\sim P_n$）插入而增长。

$$\copyright—CH_2\underset{\underset{R}{|}}{CH}—C_2H_5 + nCH_2=\underset{\underset{R}{|}}{CH} \xrightarrow{k_P} \copyright—CH_2\underset{\underset{R}{|}}{CH}\left[CH_2\underset{\underset{R}{|}}{CH}\right]_n C_2H_5$$

③ 链转移 活性链可能向烷基铝、丙烯转移，但转移常数较小。实际生产时，需加入氢作链转移剂来控制分子量。

向烷基铝转移

$$+ AlEt_3 \xrightarrow{k_{tr,Al}} \text{©}—Et + AlEt_2—CH_2CH\text{┼}CH_2CH\text{┤}_{\overline{n}}C_2H_5$$
$$\qquad\qquad R \qquad R$$

向单体转移

$$\text{©}—CH_2CH\text{┼}CH_2CH\text{┤}_{\overline{n}}C_2H_5 \qquad + C_3H_6 \xrightarrow{k_{tr,M}} \text{©}—C_3H_7 + CH_2\text{═}C\text{┼}CH_2CH\text{┤}_{\overline{n}}C_2H_5$$
$$\qquad R \qquad\quad R \qquad\qquad\qquad\qquad\qquad\qquad R \qquad R$$

向氢转移

$$+ H_2 \xrightarrow{k_{tr,H}} \text{©}—H + CH_3CH\text{┼}CH_2CH\text{┤}_{\overline{n}}C_2H_5$$
$$\qquad\qquad R \qquad R$$

④ 链终止　配位聚合难终止，经过长时间，也可能向分子链内的 β-H 转移而自身终止。

$$\text{©}—CH_2CH\text{┼}CH_2CH\text{┤}_{\overline{n}}C_2H_5 \xrightarrow{k_t} \text{©}—H + CH_2\text{═}C\text{┼}CH_2CH\text{┤}_{\overline{n}}C_2H_5$$
$$\qquad R \qquad\quad R \qquad\qquad\qquad\qquad\quad R \qquad R$$

水、醇、酸、胺等含活性氢的化合物是配位聚合的终止剂。聚合前，要除净这些活性氢物质，对单体纯度有严格的要求。聚合结束后，可加入醇类终止剂人为地结束聚合。

$$\text{©}—CH_2CH\text{┼}CH_2CH\text{┤}_{\overline{n}}C_2H_5 + ROH \xrightarrow{k_t} \text{©}—OR + CH_3CH\text{┼}CH_2CH\text{┤}_{\overline{n}}C_2H_5$$
$$\qquad R \qquad\quad R \qquad\qquad\qquad\qquad\qquad\qquad R \qquad R$$

6.4.2　丙烯配位聚合的定向机理

从价态的角度看，高价态过渡金属的配位点全部被配体所占据，无空位可供烯类进行 π-络合，但低价过渡金属却能和烯烃形成稳定的 π-络合物，原因是过渡金属的 d 轨道和烯烃的 π 轨道重叠。因此，引发体系配制过程中，还原是不可或缺的关键反应。目前认为，Ti^{3+} 是丙烯聚合的活性中心价态。

有关两组分 Ziegler-Natta 引发体系引发丙烯聚合的配位定向机理，主要有双金属活性中心模型和单金属活性中心模型两种，目前单金属活性中心模型更被接受。该模型认为，活性中心的 Ti 原子处于六配位的八面体环境中，其中有一个是空位，空位邻近的配体是聚合物链［见图 6-3(a)］，活性中心首先与要插入的 α-烯烃配位［见图 6-3(b)］，形成 π-络合物［见图 6-3(c)］，接着烯烃的双键打开，转变为四中心的过渡态，单体插入 Ti-聚合物键后，空位取向发生变化［见图 6-3(d)］。每插入一个单体后，生长链与空位调换一次，然后活性中心的构型复原［见图 6-3(e)］。

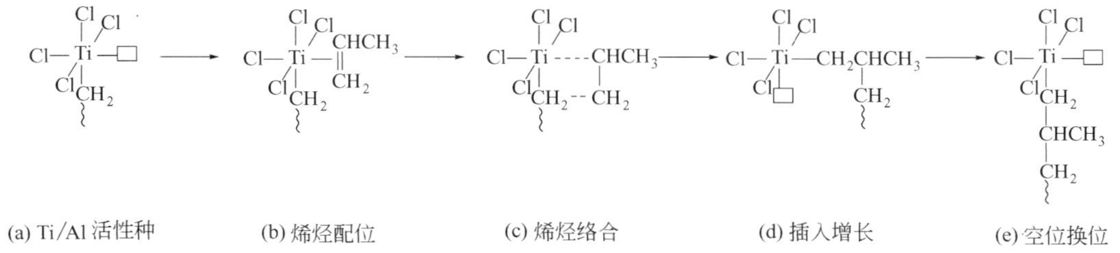

(a) Ti/Al 活性种　　(b) 烯烃配位　　(c) 烯烃络合　　(d) 插入增长　　(e) 空位换位

图 6-3　单金属配位聚合机理

对于含有主引发剂、助引发剂、载体、内给电子体、外给电子体等多组分的负载型引发体系，因多个组分之间的相互作用多且复杂，活性中心受到多个因素的共同影响，从原子水平上解释它们的配位定向机理仍是科学难题。目前，仅就如下机理特征达成了共识：

① 活性中心含有 Ti 原子；

② 活性中心位于引发体系颗粒的表面；

③ 活性中心是主引发剂中的 Ti 物种与金属有机助引发剂化学反应的产物；

④ 在聚合反应的初期，来自助引发剂的烷基基团是形成聚合物链最初的起始端；

⑤ 聚合物链的增长是 α-烯烃分子的 C=C 键插入活性中心的 Ti—C 键的反应；

⑥ 活性中心是配位不饱和的，很容易被诸如 CO、CO_2、膦和胺类配位而导致毒化。

研究表明，负载型 Ziegler-Natta 引发体系，至少包含四种或五种类型的活性中心。这些不同类型的活性中心在相同聚合条件下，形成的聚合物平均分子量、立体定向性差异都很大，动力学行为、共聚能力也显著不同。

有关给电子体作用机理，基本共识是：①在引发剂制备过程中加入的酯类或醚类内给电子体均会吸附在 $MgCl_2$ 晶体的表面，改变晶体尺寸，以及晶面类型、表面缺陷等晶体结构，并影响 $TiCl_4$ 吸附在载体表面的数量及部位。②在聚合反应中，烷基铝与酯类内给电子体发生配位络合，使其从引发剂上解吸附，因此酯类内给电子体不能起到提高活性中心立构选择性作用；而醚类内给电子体不易从引发剂上解吸附，在没有外给电子体存在下也能提高活性中心的立构选择性。③硅氧烷类和二醚类外给电子体均可吸附在 $MgCl_2(110)$ 晶面上的单个 $TiCl_4$ 附近，对吸附在 $TiCl_4$ 旁的 $AlEt_2Cl$ 产生空间屏蔽，稳定后者对 $TiCl_4$ 提供定位基团的作用，提高活性中心的立构选择性。

6.4.3   丙烯配位聚合动力学

无论均相聚合还是非均相聚合，聚合速率都可用链增长速率来表示，有以下方程：

$$R_p = k_p[C^*][M] \tag{6-2}$$

只是式中的活性中心浓度 $[C^*]$ 和单体浓度 $[M]$ 都必须是反应场所的浓度。此外，还应考虑 Ziegler-Natta 引发体系多活性中心的特点，将 $[C^*]$ 理解为活性中心的总浓度，而 k_p 则为表观增长速率常数。

实际的 Ziegler-Natta 引发剂引发的丙烯配位聚合都是非均相聚合，包括淤浆法、液相本体法和气相本体法；极少数号称溶液聚合法，因 Ziegler-Natta 引发体系本身是微非均相体系，反应场所也在非均相的活性位点上。

淤浆法又称淤浆聚合或浆液法，是最早采用的聚丙烯生产工艺。丙烯溶解在惰性的溶剂（如己烷）中，在引发剂的作用下，约 70℃、1.0MPa 下进行聚合反应，聚合物以固体粒状沉析出来，并悬浮于聚合反应体系中。如果单体从液相主体扩散到活性中心表面的速度足够快，则液相主体的单体浓度可当作式（6-2）中的单体浓度。当采用高活性负载型引发剂时，则有扩散控制的可能。

液相本体法，是反应体系中不加溶剂，将引发剂直接分散在丙烯液相本体中，70℃左右、3.0～4.0MPa 压力下进行聚合反应；聚合物同样以颗粒状析出并悬浮于聚合体系中。当采用高活性负载型引发剂时，该工艺的聚合速率也有扩散控制的可能。

气相本体法简称气相聚合或气相法，一般在流化床反应器中进行。单体以气流态将负载型引发剂颗粒悬浮于反应器的反应区中，同时在其表面进行引发聚合，生成的尺寸较大的聚合物颗粒则下沉并被排出。未聚合的单体在反应器顶部流出后再被引入到反应器中。因气体的扩散系数远大于液体，该工艺尤其适合高活性的负载型引发剂；同时该工艺将生成的聚合物与单体原位分离，节能效果显著，因而大受业界的欢迎。

但气体的热导率远低于液体，气相法的最大困难是聚合反应热难以从反应颗粒中撤出，易导致颗粒粘连结块，造成死床。为此，一种以超临界丙烷为稀释剂的丙烯聚合工艺应运而生。超临界态下，扩散和导热性能均很好，聚合反应速率可不再因此而受限，高活性引发剂的能力得以充分发挥。

无论何种聚合工艺，聚合速率-时间（R_p-t）曲线大都形如图 6-4 所示，可分为衰减型（曲线 1）和加速型（曲线 2）两种。其中，衰减型被认为是由研磨或活化后的引发体系所引起的，曲线分三段：第 I 段为增长期，在数分钟内，速率即增至最大值，相当于活性种迅速形成的过程；第 II 段为衰减期，可延续数小时；第 III 段为稳定期，速率几乎不变。加速型则是采用了未经研磨或未经活化的引发剂，可分为两段：第 I 段开始速率就随时间而增加，是引发剂粒子逐渐破碎、表面积逐渐增大的结果；后来，粒子的破碎和聚集达到平衡，进入稳定期（第 II 段）。

实际上，Ziegler-Natta 引发体系形成的活性中心都会经历引发、增长、转移、失活等步骤。动力学实验研究和实际生产操作时，往往会在引发剂制备过程中，在各组分按配比混合后在特定条件下静置存放一段时间，以使引发体系各组分充分接触，使引发性能更加均一；同时，为使生成的聚合物颗粒不轻易破碎，有良好的形态，一些聚合实验或生产过程还会设置一个预聚过程。这些都使实际观察到的聚合速率曲线多呈衰减型，甚至只看到曲线 1 的第 II 和 III 阶段。因此，阅读一些有关引发剂活性

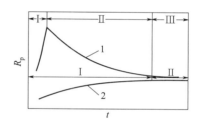

图 6-4　丙烯聚合动力学曲线
（α-TiCl$_3$-AlEt$_3$）

1—衰减型（ I —增长期，II —衰减期，III —稳定期）；
2—加速型（ I —增长期，II —稳定期）

的研究论文时，必须关注作者的聚合实验时间。有些论文的聚合实验少则进行了 10min，多则进行了半小时，却将引发体系的活性单位写为 kgPP/(gTi·h)，完全忽视了活性中心及聚合速率的衰减。

正因为丙烯配位聚合都为非均相聚合，且如此复杂，迄今还没有一个被学术界广泛接受的机理型的聚合动力学模型。

6.5　茂金属引发体系

20 世纪 50 年代，发现双（环戊二烯基）二氯化钛（Cp$_2$TiCl$_2$）与烷基铝配合，成为可溶性引发剂，但对烯烃聚合的活性较低，未能实际应用。1980 年，Kaminsky 用二氯二茂锆（Cp$_2$ZrCl$_2$）作主引发剂，改用甲基铝氧烷（MAO）作助引发剂，对乙烯显示出超高的聚合活性。从此，新型高活性茂金属引发剂迅速发展。

6.5.1　茂金属引发体系的主要组分

茂金属引发体系通常含茂金属引发剂（metallocene）和助引发剂两个组分。
茂金属引发剂是由五元环的环戊二烯基类（简称茂）、过渡金属或稀土金属、非茂配体

三部分组成的有机金属络合物的简称，主要有普通结构、桥链结构和限定几何构型配位体结构三种，简示如图 6-5。

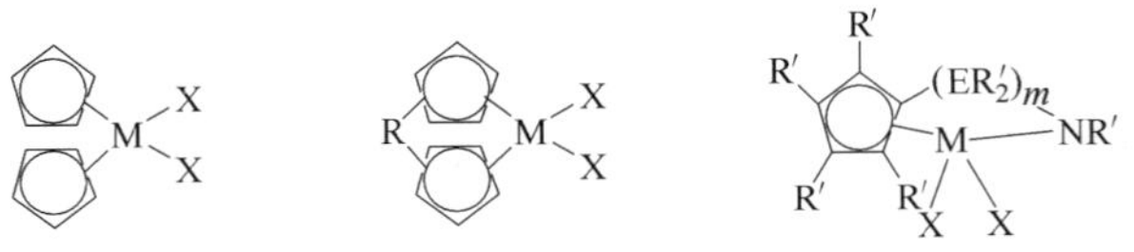

(a) 普通结构　　　　(b) 桥链结构　　　　(c) 限定几何构型配体结构

图 6-5　茂金属引发剂的三种结构

茂金属引发剂中的五元环可以是环戊二烯基（Cp）、茚基（Ind）或芴基（Flu），环上的氢可被烷基取代。ⅣB 族过渡金属 M 为锆（Zr）、钛（Ti）或铪（Hf），分别有茂锆、茂钛、茂铪之称。非茂配体 X 为氯、甲基等。二氯二茂锆是普通结构的代表。桥链结构中 R 为亚乙基、亚异丙基、二甲基亚硅烷基等，将两个茂环连接起来，以防茂环旋转，增加刚性。亚乙基二氯二茂锆是桥链结构的代表。限定几何构型配体结构只采用一个环戊二烯基，另一茂基被非茂（主要是含氮、磷、氧等）的给电子基团（如 N—R′）替代，并由亚硅烷—$(ER_2′)_m$—桥连在一起，R′ 为氢或甲基。

单独茂金属引发剂对烯烃聚合基本没有活性，常加甲基铝氧烷 MAO［含—Al(CH₃)—O—］作助引发剂。Cp_2ZrCl_2 或 $Et(Ind)_2ZrCl_2$ 与 MAO、$(CH_3)_3Al$ 或 $(CH_3)_2AlF$ 组合的引发剂，对乙烯或丙烯聚合都有相当高的活性。一般要求 MAO 大大过量，包围茂金属引发剂分子，以防其因双分子缔合而失活，因此成本较高。

乙基铝氧烷（EAO）、异丁基铝氧烷（IBAO）、叔丁基铝氧烷（TBAO）以及有机硼，如 $B(C_6F_5)_3$、$[C(C_6H_5)_3][B(C_6F_5)_4]$、$[PhNH(Me)_2][B(C_6F_5)_4]$，也可作助引发剂。但单独使用 EAO、IBAO、TBAO 时的引发活性均不及 MAO。考虑到 MAO 的生产成本和安全风险远大于其他烷基铝氧烷，因此许多研究者致力于复合使用烷基铝氧烷。他们发现，一些非 MAO 的铝氧烷与 MAO 混合使用后，有可能获得比单一使用 MAO 更高的活性。同时，烷基铝氧烷的复合使用，会使聚合产物的分子量分布变宽，说明原本单一的活性中心变成了多活性中心。

有机硼作助引发剂，用量可少得多。一般 MAO 作助引发剂时，要求其对茂金属引发剂的比（如 [Al]/[Zr]）至少要大于 200；而使用有机硼助引发剂时，两者之比 1∶1 也可满足聚合反应的要求。但迄今为止，茂金属助引发剂的主流仍是烷基铝氧烷。这是因为，有机硼化合物的合成成本较高，且其对过渡金属原子的烷基化及对活性中心的稳定性还不如烷基铝氧烷。

茂金属引发剂及助引发剂均溶于烃类溶剂，属于均相引发体系，适合于溶液聚合工艺。为了采用气相聚合、淤浆聚合等较节能的非均相聚合工艺，改善溶液聚合过程中那些易沉析聚合物的颗粒形态，减少 β-H 消去以便获得高分子量聚合物等，也有不少负载型茂金属引发剂的制备和在实际生产中的应用。虽然研究者尝试了不少载体，但工业应用则主要采用 SiO_2、$MgCl_2$ 和 Al_2O_3 三种。与 Ziegler-Natta 引发剂不同的是，茂金属引发剂本身为均相，不存在负载化使引发剂比表面积增大的问题，故负载化并不能使引发剂的活性明显增强，有时甚至相反，使活性下降。但负载化可避免引发剂的活性中心出现双分子缔合失活，减少用于隔离活性中心的 MAO 的使用量。

6.5.2　茂金属引发烯烃聚合的机理

茂金属引发体系中的两组分实为 Lewis 酸，因此茂金属引发剂与助引发剂相互作用形成了阳离子型活性中心，其聚合机理属阳离子配位聚合。以 MAO 为助引发剂为例，聚合机理如图 6-6 所示，首先 MAO 与茂金属引发剂作用形成甲基（Me）取代的茂锆化合物，并使一个甲基离去，形成缺电子且有配位空穴的阳离子活性中心。于是具有一定给电子能力的烯烃单体就在其上配位，进而成键，使单体插入并形成新的阳离子活性中心。

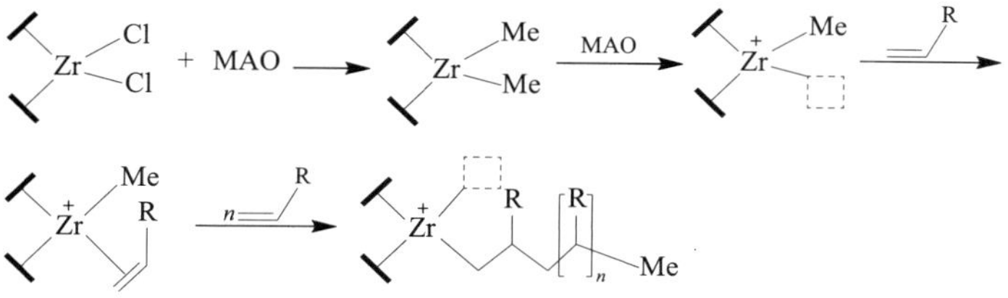

图 6-6　茂金属引发剂引发烯烃聚合的机理

6.5.3　茂金属引发体系的主要特点

与 Ziegler-Natta 引发剂比较，茂金属引发剂具有如下特点：

① 活性极高　因为呈均相，几乎 100% 的金属原子均可形成活性中心。例如 Cp_2ZrCl_2/MAO 用于乙烯聚合时的活性可高达 10^8 gPE/(gZr•h)，比高效 Ziegler-Natta 引发剂还要高两个数量级。但是这个高活性只是对主引发剂而言，如助引发剂使用量过大（如 [Al]/[Zr]>500），这高活性的实际意义则不大。

② 单一活性中心　产物分子量分布与共聚物组成分布均较窄。但窄分子量分布也给聚合物产品的加工带来了困难。为此，人们通过复合使用两种不同结构的茂金属引发剂，或将茂金属引发剂与 Ziegler-Natta 引发剂混合使用，或采用特殊的工艺，来合成一类分子量分布呈双峰的聚合物。

③ 可制得特殊立构的聚合物　传统的 Ziegler-Natta 引发剂引发苯乙烯聚合，只能合成无规聚苯乙烯（与自由基聚合相似），或者等规度在 95%～98% 之间的全同立构聚苯乙烯（iPS）。等规聚苯乙烯熔点虽达 240℃，但结晶速度很慢，加工困难。用茂金属引发剂可合成出间规度大于 95% 的间规聚苯乙烯（sPS）。该聚合物结晶速度快，熔点高达 270℃，是烯类单体聚合物中熔点最高的。此外，茂金属引发剂既可合成等规聚丙烯（iPP），也可合成 Ziegler-Natta 引发剂不能合成的高立构选择性的间规聚丙烯（sPP）。

另外，茂钒类引发剂对共轭二烯烃有很高的聚合活性，可制得顺式 1,4-结构占 80%、1,2-结构占 20% 的低顺式聚丁二烯橡胶。这种低顺胶尤其适合本书第 3 章介绍的高抗冲聚苯乙烯（HIPS）的生产。

④ 可聚合的单体更广　可聚合包括 α-烯烃、环烯烃、共轭二烯烃，以及氯乙烯、丙烯腈等极性单体。据此，可以合成出许多新型的聚烯烃材料。例如，采用可溶性钒系 Ziegler-Natta 引发体系合成三元乙丙橡胶（EPDM），乙烯与丙烯的竞聚率（$r_1 = 10\sim20$，$r_2 = 0.2\sim0.5$）相差很大，无规性不理想；使用茂金属引发体系 racEt(Ind)$_2$ZrCl$_2$/MAO，两者的竞聚率为 $r_1 = 2.57$，$r_2 = 0.39$，无规性明显改善，而且第三单体（如乙叉降冰片烯）的含量也可较大幅度地提高，由此制得的茂金属三元乙丙橡胶（mEPDM）广受欢迎。

又如，乙烯与 1-丁烯共聚，使用传统的 Ziegler-Natta 引发剂，两者的活性比大于 1000，共聚物中 1-丁烯的含量很难提高；使用茂金属引发剂，则可大大减小两者的活性比，不仅可合成出茂金属线形低密度聚乙烯树脂（mLLDPE），而且可合成出高 1-丁烯含量的聚烯烃塑性体（polyolefin plastomer，POP）、聚烯烃弹性体（polyolefin elastomer，POE）等。对于更长碳链的 1-己烯、1-辛烯等，或更大位阻的环烯烃，传统的 Ziegler-Natta 引发剂更难将它们与乙烯共聚。使用茂金属引发剂则可方便地通过它们与乙烯等的共聚，合成出力学性能更优越的 POP、POE，以及环烯烃-烯烃共聚物（cyclo-olefin copolymer，COC）；甚至将这些单体均聚，合成出聚 α-烯烃（polyalpha olefins，PAO）和聚环烯烃（cyclo-olefin polymer，COP）。

茂金属引发的烯烃聚合反应，尤其是高共聚单体含量的烯烃共聚物的合成，一般都采用溶液聚合法。这不仅因为这些共聚物的结晶度和密度低，如采用淤浆或气相聚合易发生聚合物颗粒的聚并，而且在溶液聚合体系中聚合物增长链舒展且易游动，更容易形成均匀而丰富的链结构。譬如，链穿梭聚合，即使用两个不同共聚能力的引发剂和一种链转移剂，使每条增长链来回地在两个活性中心上穿梭、增长，从而合成出软-硬多嵌段的共聚烯烃（OBC）。

采用 α-二亚胺后过渡金属引发剂的乙烯链行走聚合，由于要求活性中心通过高度 β-H 消除和重新插入能沿聚合物链移动，故也须采用溶液聚合。这种链行走可使乙烯在均聚过程中即产生高支化/超支化结构，产物即为超低密度的高支化和超支化聚乙烯（hyperbranched polyethylene，HBPE）。

然而，应当指出，溶液聚合并非新的聚合实施方法。与淤浆聚合、气相聚合等非均相聚合方法相比，溶液聚合工艺的溶剂分离回收工序长、能耗高。因此，随着 Ziegler-Natta 引发剂的发展，除非生产橡胶类产品，溶液聚合工艺都逐步被非均相聚合工艺所取代。茂金属引发体系的兴起，使人们看到了高端聚合物产品的巨大红利，溶液聚合工艺因此而得以回归。

茂金属引发剂对众多单体的聚合能力，以及对聚合产物立体异构的特殊选择性，可能与它活性中心的阳离子特性有关。

6.6　极性单体的配位聚合

一般情况下，极性单体多选用自由基聚合或离子聚合。自由基聚合或在溶剂化程度高的溶剂中离子聚合，活性种处于未配位状态，无定向能力，产物为无规聚合物。如单体、引发剂、溶剂、温度等条件配合得当，甲基丙烯酸甲酯和乙烯基醚类等极性单体也能进行配位聚合，形成立构规整聚合物。在弱溶剂化介质中的离子聚合，增长种和反离子配位，才有定向能力。丙烯酸酯类极性单体有很强的配位能力，只需均相引发剂，就可形成全同聚合物。极性单体中的 O 或 N 等给电原子易与 Ziegler-Natta 引发剂形成稳定的络合物，反而使引发剂失效。

在极性单体的配位聚合中，研究得最多的是用 n-BuLi 和 C_6H_5MgBr 引发（甲基）丙烯酸酯类，形成全同聚合物。以 n-BuLi 为引发剂，在甲苯中和 0℃下，使 MMA 聚合，得到 81% 全同立构的聚合物，这是典型的配位阴离子聚合。如改用四氢呋喃极性溶剂，增长种以松离子对存在，全同立构聚合物降为 31%。如在 THF 中和 70℃下，用联苯钠来引发 MMA 聚合，全同立构聚合物进一步降为 9%，间同立构聚合物却达 66%，这一条件下，增长种以自由离子存在。后两种情况均属于典型的阴离子聚合。未配位的增长种易形成无规物，降低温度有利于间同立构聚合物的形成。

6.7 共轭二烯烃的配位聚合

6.7.1 共轭二烯烃和聚二烯烃的构型

在轻、重油裂解制乙烯的过程中，C_4 馏分中含有大量 1,3-丁二烯（30%～50%），C_5 馏分中则有异戊二烯。这两种共轭二烯烃都是合成橡胶的重要单体，经配位聚合可制备顺 1，4-结构橡胶。

1,3-二烯烃的配位聚合和聚合物的立构规整性比 α-烯烃更为复杂，原因有三：

① 加成有顺式、反式、1,2-、3,4-等多种形式。

② 单体有顺、反两种构象。例如在常温下，丁二烯的 S-顺式占 4%，S-反式占 96%；相反，异戊二烯的 S-顺式却占 96%，而 S-反式只占 4%。

S-反式 S-顺式 S-反式 S-顺式

丁二烯   异戊二烯

③ 增长链端有 σ-烯丙基和 π-烯丙基两种键型。

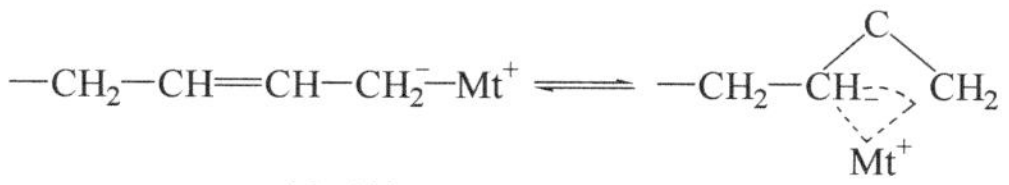

σ-烯丙基 π-烯丙基

上式中 Mt 为过渡金属或锂，左边 σ-烯丙基由 Mt 和 CH_2 以 σ 键键合，右边 π-烯丙基则由 Mt 与三价碳原子成 π 键，两者构成平衡。

根据上述三种特点，有可能选用多种引发体系，产生不同的配位定向机理。

丁二烯可以配位聚合成顺 1,4-、反 1,4-和 1,2-聚丁二烯，1,2-结构又有等规和间规之分。其中顺 1,4-聚丁二烯（顺丁橡胶）最重要，是世界第二大橡胶品种，其 T_g 约 -106℃，耐低温、弹性好、耐磨，与天然胶或丁苯胶混用，可制得综合性能优良的橡胶制品，包括轮胎。

聚异戊二烯的立体异构体更为复杂，其中顺 1,4-聚异戊二烯的结构性能与天然橡胶相同。

6.7.2 二烯烃配位聚合的引发剂和定向机理

二烯烃配位聚合的引发剂大致有 Ziegler-Natta 型、π-烯丙基型、烷基锂和茂金属等。烷基锂引发二烯烃聚合已在阴离子聚合（见第 5 章）中作了介绍；6.5.3 节也略微介绍了茂金属引发体系调控聚丁二烯立构选择性的结果。

（1）Ziegler-Natta 引发剂和二烯烃单体-金属配位机理

在 Ziegler-Natta 引发剂中，除了两（或三）组分的适当搭配外，配体种类和两组分的比对聚丁二烯的立构规整性也颇有影响，详见表 6-6。

表 6-6　丁二烯立构规整聚合的 Ziegler-Natta 引发体系

聚合类型	引发剂	微观结构/%		
		顺 1,4-	反 1,4-	1,2-
顺 1,4-	TiI$_4$-AlEt$_3$	95	2	3
	CoCl$_2$-2py-AlEt$_2$Cl	98	1	1
	Ni(naph)$_2$-AlEt$_3$-BF$_3$·OEt$_2$	97	2	1
	Ln(naph)$_2$-AlEt$_2$Cl-Al(i-Bu)$_3$	97	2	1
	U(OCH$_3$)-AlEtCl$_2$-AlCl$_3$	98	1	1
反 1,4-	TiCl$_4$-AlR$_3$(Al/Ti<1)	6	91	3
	Co(acac)$_2$-AlEt$_3$	0	97	3
	V(acac)$_4$-AlEt$_2$Cl	0	99	1
	VCl$_3$·THF-AlEt$_2$Cl	0	99	1
1,2-间规	V(acac)$_3$-AlR$_3$[Al/V=10(陈化)]	3~6	1~2	92~96
	MoO$_2$(acac)$_2$-AlR$_3$(Al/Mo<6)	3~6	1~2	92~96
	Cr(CNC$_6$H$_5$)$_6$-AlR$_3$(未陈化)	4~5	0~2	93~95
	Co(acac)$_2$-AlR$_3$-胺	0	2	98
1,2-等规	Cr(CNC$_6$H$_5$)$_6$-AlR$_3$(未陈化)	0~3	2	97~100

注：naph 表示环烷酸基；py 表示吡啶；acac 表示乙酰基丙酮基；Ln 表示镧系元素。

经典的 Ziegler-Natta 引发剂（TiCl$_4$-AlEt$_3$）用于丁二烯聚合，当 Al/Ti<1 时，产物中反 1,4-结构占 91%；而当 Al/Ti>1 时，顺 1,4-结构和反 1,4-结构各半。如改用 TiI$_4$-AlEt$_3$，则顺 1,4-结构可高达 95%。又如 TiCl$_4$-AlEt$_3$ 引发异戊二烯聚合，当 Al/Ti<1 时，反 1,4-结构占 95%；当 Al/Ti>1 时，顺 1,4-结构占 96%。

从表 6-6 中还可以看出，Ti、Co、Ni、U 和稀土（镧系）体系，如组分选择得当，都可以合成高顺 1,4-聚丁二烯。例如，国外多用钛系（TiI$_4$-AlEt$_3$）和钴系（CoCl$_2$-2py-AlEt$_2$Cl）；我国则用镍系 [Ni(naph)$_2$-AlEt$_3$-BF$_3$·O-(i-Bu)$_2$]，还开发了稀土引发体系，如 Ln(naph)$_2$-AlEt$_2$Cl-Al(i-Bu)$_3$、NdCl$_3$·3C$_2$H$_5$OH-EtAl$_3$ 等。这些体系引发丁二烯聚合的技术条件都比较温和：温度 30~70℃，压力 0.05~0.5MPa，1~4h，烃类作溶剂。

Ziegler-Natta 体系引发丁二烯聚合时，可用单体-金属的配位来解释定向机理，其观点是单体在过渡金属（Mt）d 空轨道上的配位方式决定着单体加成的类型和聚合物的微结构。

若丁二烯以两个双键和 Mt 进行顺式配位（双座配位），1,4-插入，将得到顺 1,4-聚丁二烯；若单体只一个双键与金属单座配位，则单体倾向于反式构型，1,4-插入得反 1,4-结构，1,2-插入得 1,2-聚丁二烯，如图 6-7 所示。当有给电子体（L）存在时，L 占据了空位，单体只能以一个双键（单座）配位，因此反式 1,4-或 1,2-链节增多。

单座或双座配位取决于两个因素：①中心金属配位座间的距离，适于 S-顺式的距离约 28.7nm，为双座配位，适于 S-反式的距离为 34.5nm 者，则为单座配位；②单体分子与金属的轨道能级是否接近，金属轨道的能级同时受金属和配体电负性的影响，电负性强的金属与电负性强的配体配合，才能获得顺 1,4-聚丁二烯，该结论与表 6-7 的规律相符，也是合成顺丁橡胶选用引发体系的依据，如：钛系用碘化钛（TiI$_4$-AlEt$_3$），钴系用氯化钴（CoCl$_2$-2py-AlEt$_2$Cl），镍系需与氟相配合 [Ni(naph)$_2$-AlEt$_3$-BF$_3$·OBu$_2$]。

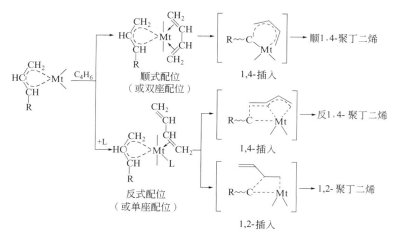

图 6-7 丁二烯-金属配位机理模型

Mt 为 Ni 或 Co，L 为给电子体

（2）π-烯丙基镍引发剂和 π-烯丙基配位机理

Ti、V、Cr、Ni、Co、Rh、U 等过渡金属均可与 π-烯丙基形成稳定的络合物，其中 π-烯丙基卤化镍（π-allyl-NiX）研究得最多，式中 X 为 Cl、Br、I、$OCOCH_2Cl$、$OCOCF_3$ 等电负性基。这类引发剂只含一种过渡金属，如配体电负性得当，单一组分对丁二烯聚合就有很高的活性，转化率、速率、立构规整性均可与 Ziegler-Natta 引发体系相比，而且制备也容易。

表 6-7 过渡金属和配体的组合情况对聚丁二烯顺式 1,4-结构含量（％）的影响

配位体	Ti	Co	Ni
F	35	83	**98**
Cl	75	**98**	85
Br	87	91	80
I	**93**	50	10

π-烯丙基过渡金属卤化物种类很多，π-allyl-NiX 引发丁二烯聚合结果示例见表 6-8。π-烯丙基镍（π-allyl-NiX）中配体 X 对聚丁二烯微结构深有影响：π-烯丙基镍中若无卤素配体，则无聚合活性。若引入 Cl，则顺 1,4-含量很高（约 92％）；而且顺 1,4-含量和活性均随电负性基的吸电子能力而增强，例如 $π-C_3H_5NiOCOCF_3$ 的活性比 $π-C_3H_5NiOCOCH_2Cl$ 要大 150 倍。$π-C_3H_5NiI$ 却表现为反 1,4-结构，但对水稳定，可用于乳液聚合。π-烯丙基卤化镍（π-allyl-NiX）或镍-铝-硼体系 $[Ni(naph)_2-AlEt_3-BF_3·OBu_2]$ 引发丁二烯聚合时，增长链端都是 π-烯丙基，有着相似的引发和配位定向聚合的机理。

表 6-8 π-allyl-NiX 引发剂对聚丁二烯微结构的影响

π-allyl-NiX	助引发剂	微结构/%		
		顺 1,4-	反 1,4-	1,2-
$(π-C_3H_5)_2Ni$		得 1,3,5-环十二碳三烯环化产物		
$π-C_3H_5NiCl$		92	6	2
$π-C_3H_5NiI$	（水溶液）	4	93	3
$π-C_3H_5NiOCOCH_2Cl$		92	6	2
$π-C_3H_5NiOCOCF_3$	$CF_3COOH/Ni=1$	94	3	3
$π-C_3H_5NiOCOCF_3$	$CF_3COOH/Ni=5$	50	49	1

π-烯丙基有对式（anti）和同式（syn）两种异构体，互为平衡。引发聚合时，同式 π-烯丙基链端将得到顺 1,4-结构，而对式链端则得到反 1,4-结构，如图 6-8 所示。

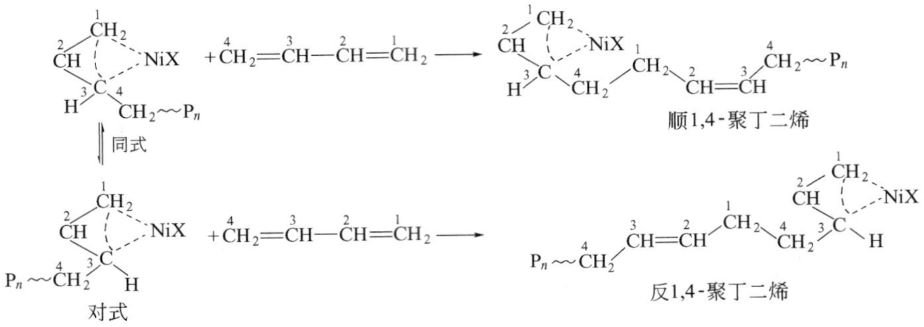

图 6-8   丁二烯定向聚合 π-烯丙基机理

P_n 表示增长链

思 考 题

1. 如何判断乙烯、丙烯在热力学上能够聚合？采用哪一类引发剂和工艺条件，才能聚合成功？

2. 解释和区别下列诸名词：配位聚合、络合聚合、插入聚合、定向聚合、有规立构聚合。

3. 区别聚合物构型和构象。简述光学异构和几何异构。聚丙烯和聚丁二烯有几种立体异构体？

4. 什么是聚丙烯的等规度？用红外光谱和沸庚烷不溶物的测定结果有何关系和区别？

5. 下列哪些单体能够配位聚合？采用什么引发剂？形成怎样的立构规整聚合物？有无旋光活性？写出反应式。

(1) $CH_2\!=\!CH\!-\!CH_3$

(2) $CH_2\!=\!C(CH_3)_2$

(3) $CH_2\!=\!CH\!-\!CH\!=\!CH_2$

(4) H_2NCH_2COOH

(5) $CH_2\!=\!CH\!-\!CH\!=\!CH\!-\!CH_3$

(6) 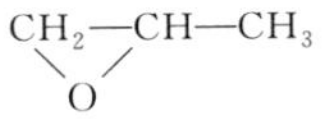 $CH_2\!-\!CH\!-\!CH_3$ 中 O

6. 下列哪一种引发剂可使乙烯、丙烯、丁二烯聚合？哪些能合成得到立构规整聚合物？

(1) $n\text{-}C_4H_9Li/$正己烷

(2) （萘＋钠）/四氢呋喃

(3) $TiCl_4\text{-}Al(C_2H_5)_3$

(4) $\alpha\text{-}TiCl_3\text{-}Al(C_2H_5)_2Cl$

(5) $\pi\text{-}C_3H_5NiCl$

(6) $(\pi\text{-}C_4H_7)_2Ni$

7. 简述 Ziegler-Natta 引发剂两主要组分，对烯烃、共轭二烯烃、环烯烃配位聚合在组分选择上有何区别？

8. 试举可溶性和非均相 Ziegler-Natta 引发剂的典型代表，并说明对立构规整性有何影响。

9. 丙烯进行自由基聚合、离子聚合及 Ziegler-Natta 引发的配位阴离子聚合，能否形成高分子量聚合物？分析其原因。

10. 要制备高 α-烯烃含量或高环烯烃含量的乙烯共聚物，需采用哪一类引发体系？简述它们的基本组成及结构特点。

11. 乙烯和丙烯配位聚合所用 Ziegler-Natta 引发剂两组分有何区别？两组分间有哪些主要反应？钛组分的价态和晶形对聚丙烯的立构规整性有何影响？

12. Ziegler-Natta 引发的丙烯配位聚合时，提高引发剂的活性和等规度有何途径？简述添加给电子体和负载的方法和作用。

13. 简述 Ziegler-Natta 引发剂负载化后活性提高的原因。

14. 简述 Ziegler-Natta 引发的丙烯配位聚合中链增长、链转移、链终止等基元反应的特点。如何控制分子量？

15. 简述 Ziegler-Natta 引发的配位聚合的两类动力学曲线的特征和成因。

16.简述 Ziegler-Natta 引发的丙烯配位聚合时单金属机理模型的要点。

17.简述茂金属引发体系的基本组成及其结构类型。

18.以 MAO 为茂金属引发剂的助引发剂，通常其使用量很大，为什么？

19.茂金属引发剂的负载化，通常对提高活性的作用不大，为什么？

20.简述茂金属引发体系引发 α-烯烃配位聚合的机理。

21.简述烯烃配位聚合的实施方法，并讨论溶液聚合方法的利弊。

22.结合 AI 工具或文献资料，说说下列茂金属聚合物产品的结构特点、主要性能和用途：mLLDPE、mEPDM、POP、POE、OBC、COC、COP、PAO、sPS。

23.列举丁二烯进行顺式 1，4-聚合的引发体系，并讨论顺式 1，4-结构的成因。

24.简述 π-烯丙基卤化镍引发丁二烯聚合的机理。用 $(\pi\text{-}C_3H_5)_2Ni$、$\pi\text{-}C_3H_5NiCl$ 和 $\pi\text{-}C_3H_5NiI$，结果如何？

25.生产等规聚丙烯和聚丁二烯橡胶，可否采用本体聚合和均相溶液聚合？为什么？

7

开环聚合

环状单体 σ-键断裂而后开环、形成线形聚合物的反应，称作开环聚合，通式如下：

$$n\overset{\frown}{R-X} \longrightarrow \ce{-[R-X]_n}$$

式中，R 代表 $\ce{-[CH_2]_{\overline{n}}}$，X 代表 O、N、S 等杂原子或基团，主要单体有环醚、环酯、环酰胺（内酰胺）、环硅氧烷等。

开环聚合可与缩聚、加聚并列，成为第三大类聚合反应。上述单体的开环聚合产物大多是杂链高分子，与缩聚物相似。但它们开环聚合时并无副产物产生，聚合物与单体的元素组成相同，貌似加聚反应。

从机理上考虑，除小部分开环聚合按逐步机理进行外，大部分开环聚合属于连锁离子聚合机理。烯类单体离子聚合常用的引发剂也可用于开环聚合，但开环聚合的阴离子活性种往往是氧阴离子（$\sim O^- A^+$）、硫阴离子（$\sim S^- A^+$）、胺阴离子（$\sim NH^- A^+$），阳离子活性种是三级氧鎓离子（$\equiv O^+ B^-$）或锍离子（$\equiv S^+ B^-$）。

近年来，一些环烯烃也被开环聚合，用以合成遥爪聚合物、嵌段共聚物、接枝共聚物和液晶聚合物等特殊结构的聚合物。从机理上讲，属于烯烃的复分解反应，又称易位聚合。

7.1 杂环开环聚合的热力学和动力学特征

开环聚合也存在热力学问题和引发剂-动力学问题。

（1）热力学因素

开环反应热力学主要研究开环的难易程度。有机化学对环烷烃的开环能力研究得比较透彻，但环烷烃开环聚合的产物是聚乙烯，与乙烯直接聚合相比，其成本高多了。即使是有取代基的环烷烃，它们所对应的聚合产物，也可方便地用廉价的烯类单体直接加聚反应得到，因此，很少人去探究环烷烃的开环聚合。

一般来说，环状单体的开环能力可用环张力来作初步判断，进一步则用聚合自由焓来量化。环的大小、环上取代基和构成环的元素（碳环或杂环）是影响环张力的三大因素。

环张力有多种表示方法，如键角大小或键的变形程度、环的张力能、聚合热乃至聚合自由焓。键的变形程度愈大，环的张力能和聚合热也愈大，聚合自由焓负得更厉害，则环的稳定性愈低，愈易开环聚合。

本书 1.4.2 节列出了部分环醚和醛的聚合热（表 1-5）。从中可以看出，三元和四元环醚的聚合热大，易聚合；五元及更大环的环醚，聚合热要低得多，不易聚合。而且，同样大小的环，随着取代程度的增加，$-\Delta H$ 依次递减，聚合难度递增。

通常，三、四元环容易开环聚合，五、六元环能否开环与环中杂原子有关，下列六元环不能开环聚合。

七、八元环则能开环聚合，但环与线形聚合物往往构成平衡，类似于2-官能度单体线形缩聚时的成环倾向。

如二甲基硅氧烷的聚合产物含有87%线形聚合物和13%环状四、五聚体，而带氟丙基的硅氧烷聚合产物$\ce{+(F_3CC_2H_4)Si(CH_3)-O+}$则含有86.5%环状三至六聚体。许多大侧基的环状单体较难或不能聚合，就是由于这一原因。

杂原子的存在，可能引起键能、键角、环张力的变化，以致一些五、六元杂环的开环聚合倾向有所变异。如五元环醚（如四氢呋喃）可聚合，而五元环内酯却不能聚合。相反，六元环四氢吡喃和1,4-二氧六环不能聚合，而六元环酯却能聚合。五、六元环酰胺都能聚合。开环聚合的主要单体和引发剂见表7-1。

表 7-1 开环聚合的主要单体和引发剂

单体类别	结 构	环的大小	引发剂
环烯		4,5,8	W、Mo、Ru、Re、Ti、Ta
环醚		3,4,5,7	阴离子、阳离子、亲核试剂
环缩醛		6,8,更大	阳离子
环酯		4,6,7,8	阴离子、阳离子、亲核试剂
环酸酐		5,7,8,更大	阴离子
环碳酸酯		6,7,8,20,更大	阴离子、亲核试剂
环酰胺		4~8,更大	阴离子、阳离子
环胺		3,4,7	阳离子、亲核试剂
环硫醚		3,4	阳离子、阴离子、亲核试剂
环二硫		4~8,更大	自由基
环硅氧烷		6,8,10,更大	阴离子、阳离子
环磷氮烯		6	阳离子

除了杂环开环聚合之外，环烯烃，如环戊烯、环辛烯等单环烯烃，环辛二烯、环辛四烯等单环多烯烃以及降冰片烯等双环烯烃，都能开环聚合。聚合时，单键断裂，所形成的大分子中保留有双键，可用作橡胶，更多的则作为功能高分子应用。

（2）引发剂和动力学因素

环中杂原子容易被亲核或亲电活性种进攻，只要热力学上有利于开环，动力学上就比环烷烃更易开环聚合。杂环开环聚合的引发剂有离子型和分子型两类。离子型引发剂比较活泼，包括阴离子引发剂 Na、RO^-、HO^- 和阳离子引发剂 H^+、BF_3。分子型引发剂（如水）活性较低，只限用于活泼单体。

离子开环聚合有以下两类机理。

① 引发剂进攻环而后断裂，在末端形成离子对，单体插入离子对而增长，有如下式：

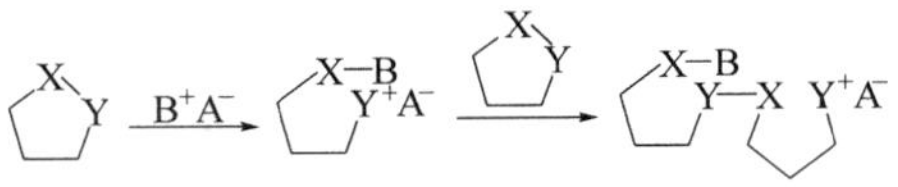

② 引发剂与环状单体形成络合中间体（通常是氧鎓离子），成为两性离子活性种。但链加长后，形成大环才能使两端离子靠近，使单体插入聚合。

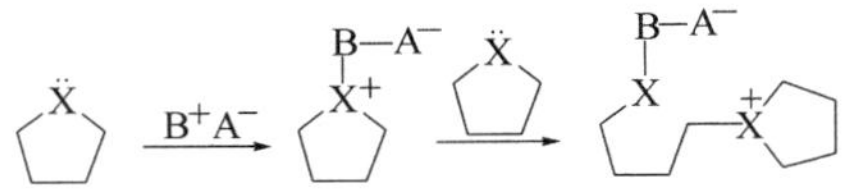

两者比较，单体插入离子对而聚合的前一机理，似更易被接受。

大部分离子开环聚合属于连锁机理，但有些带有逐步性质。其特点有：分子量随转化率而增加，聚合速率常数接近于逐步聚合，存在着聚合-解聚平衡。

7.2 三元环醚的阴离子开环聚合

环醚又称环氧烷烃，无取代的三、四、五元环醚分别称作环氧乙烷（氧化乙烯）、丁氧环、四氢呋喃，其聚合活性依次递减。二氧五环和三氧六环也能开环聚合，但后者另列为缩醛类。六元环的四氢吡喃和二氧六环不能开环聚合。更大的环醚较少用于开环聚合。

含氧杂环，包括环醚、三氧六环、环内酯、环酐等，都可以用阳离子引发剂来开环聚合，因为氧原子易受阳离子的进攻。但三元环醚张力大，也可用阴离子引发剂来开环。阳离子聚合易引起链转移副反应，产物的分子量不大。因此，能用阴离子引发的，工业上多不采用阳离子聚合。

本节仅介绍三元环醚的阴离子开环聚合，下一节则介绍其他环醚的阳离子开环聚合。

7.2.1 三元环醚的阴离子开环聚合机理与动力学

（1）开环机理

环氧乙烷（EO）和环氧丙烷（PO）是开环聚合的常用单体，环氧丁烷和环氧氯丙烷多用作共单体。但环氧氯丙烷更多用作环氧树脂的原料。

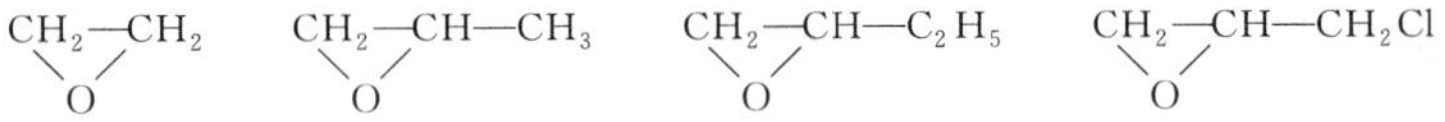

环氧乙烷   环氧丙烷   环氧丁烷   环氧氯丙烷

三元环醚张力和聚合热大，热力学上很有开环倾向。加上 C—O 键是极性键，富电子的氧原子易受阳离子进攻，缺电子的碳原子易受阴离子进攻，因此，酸（阳离子）、碱（阴离子）甚至中性（水）条件均可使 C—O 键断裂开环。在动力学上，三元环醚也极易聚合。

环氧乙烷开环聚合的产物是线形聚醚，有如下式：

$$CH_2{-}CH_2 \overset{O}{\diagup} \longrightarrow {-}O{-}CH_2{-}CH_2{-}$$

环氧丙烷开环聚合的机理与环氧乙烷略有差异，反映在开环方式和链转移上。

环氧丙烷结构不对称，可能有两种开环方式，其中 β-C（CH$_2$）原子空间位阻较小，易受亲核进攻，成为主攻点。但两种开环方式最终产物的头尾结构却是相同的。

$$CH_3CH{-}CH_2 \overset{O}{\diagup} \longrightarrow {\sim}CHCH_2O^-B^+ \quad 或 \quad {\sim}CH_2CHO^-B^+$$

$$\underset{(主)}{\underset{CH_3}{|}} \qquad\qquad \underset{(副)}{\underset{CH_3}{|}}$$

环氧乙烷阴离子开环聚合产物的分子量可达 3 万～4 万，经碱土金属氧化物引发或配位聚合甚至可达百万。环氧丙烷开环聚合物的分子量一般为 3000～4000，原因是环氧丙烷分子中甲基上的氢原子容易被夺取而转移，转移后形成的单体活性种很快转变成烯丙醇钠离子对，可继续引发聚合，但使分子量降低。

$$\sim CH_2CHO^-Na^+ + CH_3CH{-}CH_2 \xrightarrow{k_{tr,M}} \sim CH_2CHOH + CH_2{-}CHCH_2^-Na^+$$

$$\underset{CH_3}{|} \qquad\qquad\qquad\qquad\qquad \underset{CH_3}{|} \qquad\qquad \downarrow 很快$$

$$CH_2{=}CHCH_2O^-Na^+$$

聚环氧乙烷柔性大、强度低，且亲水；不同分子量的产品分别用作缓释药物的外涂层、牙膏、剃须膏、医用软膏的配合剂，轻纺和日用的非离子表面活性剂等。聚环氧丙烷主要作为聚醚多元醇，用于制备聚氨酯泡沫；且因疏水，常与聚环氧乙烷构成嵌段共聚物。

（2）引发与增长机理

一般认为，三元环醚的阴离子开环聚合常用的引发剂有碱金属的烷氧化物、氢氧化物、氨基化物、有机金属化合物和碱土金属氧化物等。但事实上，三元环醚因主要用作两亲的表面活性剂或聚醚二醇，聚合物的链结构或者呈 R$\sim$OH（其中 R 为疏水基），或呈 HO$\sim$R$\sim$OH，故聚合时常用末端含活泼氢的化合物为起始剂，用上述碱金属化合物、碱土金属化合物或有机金属化合物为催化剂来进行阴离子开环聚合。需要指出的是，所谓的起始剂英文仍是 initiator（即引发剂）；而催化剂则作链引发和增长反应的促进剂，由于聚合结束后，并没有催化剂的残片留在聚合物链中，因此是真正的催化剂。

可从甲醇钠引发的环氧乙烷开环聚合，来理解环氧烷烃的这一阴离子开环聚合机理。

聚合反应前，先将甲醇与氢氧化钠反应，加热、减压脱水，形成甲醇钠。再由甲氧阴离子（CH$_3$O$^-$）或醇钠离子对（CH$_3$O$^-$Na$^+$ 或 A$^-$B$^+$）来引发环氧乙烷（EO）开环。反应式如下：

$$CH_3OH + NaOH \longrightarrow CH_3O^-Na^+ + H_2O$$

$$引发 \qquad CH_3O^-Na^+ + EO \longrightarrow CH_3OEO^-Na^+$$

在这一体系中，甲醇是起始剂，NaOH 是催化剂，活性中心是烷氧阴离子（RO$^-$）。以上反应式与引发剂引发的自由基聚合类似，第一个反应形成初级烷氧阴离子，第二个反应则形成含一个单体单元的烷氧阴离子。第二步反应即为引发反应。因单体环氧乙烷的活性很高，且烷氧阴离子间不可能双基终止，这一引发反应的效率非常高，几乎是瞬间引发。

接下去，是烷氧阴离子活性中心不断进攻环氧乙烷中的碳原子，使单体不断插入醇钠离子对中（即链增长），最终形成高分子量的线形聚合物。反应式为：

$$增长 \quad CH_3O(EO)_{n-1}EO^-Na^+ + EO \longrightarrow CH_3O(EO)_nEO^-Na^+$$

与经典的活性阴离子聚合相同，这一反应体系中增长链很难终止。欲结束聚合，需人为地加入草酸、盐酸等质子酸，使活性链失活。

$$CH_3O(EO)_nEO^-Na^+ + H^+ \longrightarrow CH_3O(EO)_nEOH + Na^+$$

如不加终止剂而另加环氧丙烷，则可继续聚合成两性嵌段共聚物，用作表面活性剂。

如以乙二醇为起始剂、NaOH 为催化剂，则引发反应将形成 $Na^+O^-CH_2CH_2O^-Na^+$ 双活性中心；聚合反应最终将得到结构为 $H\text{—}[OCH_2CH_2]_n\text{—}OH$ 的聚乙二醇或聚醚二醇，用作聚氨酯的预聚物。

如以甘油为起始剂，由环氧丙烷（PO）的开环聚合，可制得结构为 $C_3H_5[O(PO)_nH]_3$ 的三官能团聚醚预聚物。

（3）聚合动力学

环氧乙烷和环氧丙烷的开环聚合均属于二级亲核取代反应。对于环氧乙烷的聚合，可以不考虑向单体的链转移反应，聚合速率与单体浓度（$[M]$）、引发剂浓度（$[C]_0 = [CH_3ONa]_0$）成正比（下标 0 表示起始，即 $t = 0$），与烯烃阴离子聚合相似。

$$R_p = -\frac{d[M]}{dt} = k_p[C][M] \tag{7-1}$$

$$\overline{X}_n = \frac{[M]_0 - [M]}{[C]_0} \tag{7-2}$$

对于环氧丙烷的聚合，应考虑向单体的链转移反应。单体消失速率为增长速率和转移速率之和。

向单体链转移反应时，聚环氧丙烷的聚合度可作如下动力学处理。当转移速率很快时，单体消失速率为增长速率和转移速率之和。

$$-\frac{d[M]}{dt} = (k_p + k_{tr,M})[M][C] \tag{7-3}$$

因为无终止，聚合物仅由链转移生成，所以聚合物链（其浓度为 $[N]$）的生成速率为

$$\frac{d[N]}{dt} = k_{tr,M}[M][C] \tag{7-4}$$

令链转移常数 $C_M = k_{tr,M}/k_p$，$[N]_0$ 为无链转移时的聚合物浓度。将式（7-4）和式（7-3）相除，积分，得

$$[N] = [N]_0 + \frac{C_M}{1+C_M}([M]_0 - [M]) \tag{7-5}$$

有、无向单体链转移时的平均聚合度分别为

$$\overline{X}_n = \frac{[M]_0 - [M]}{[N]} \tag{7-6}$$

$$(\overline{X}_n)_0 = \frac{[M]_0 - [M]}{[N]_0} \tag{7-7}$$

联立式(7-5)、式(7-6) 和式(7-7)，得

$$\frac{1}{\overline{X}_n} = \frac{1}{(\overline{X}_n)_0} + \frac{C_M}{1+C_M} \tag{7-8}$$

以 $1/\overline{X}_n$ 对 $1/(\overline{X}_n)_0$ 作图，得一直线，从直线截距可求得 C_M。以甲醇钠引发，在70℃ 和93℃下环氧丙烷的 C_M 分别为 0.013 和 0.027（10^{-2}），比一般单体的 C_M（$10^{-4} \sim 10^{-5}$）要大 2～3 数量级，致使聚环氧丙烷的分子量总在 3000～4000 以下。

7.2.2 聚醚型表面活性剂和聚醚多元醇的合成原理

聚醚型表面活性剂和聚醚多元醇是三元环醚的两种最主要的开环聚合产物。单官能团的表面活性剂和双官能团的聚醚二醇的典型结构式如下：

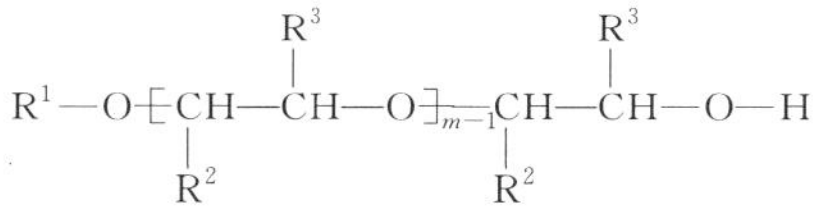

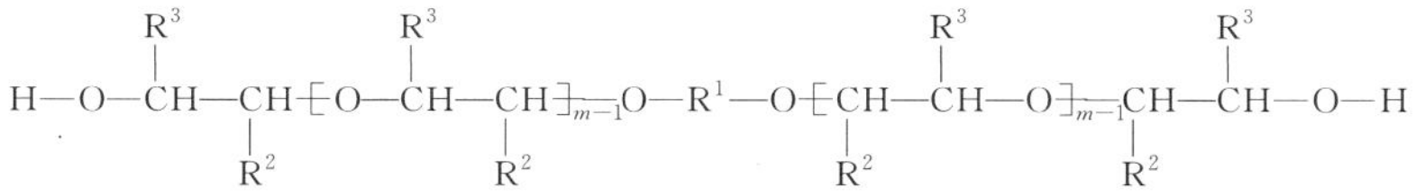

式中，R^1 对于单官能团的表面活性剂，代表起始剂中除活泼氢外的其他基团；对于双官能团的聚醚二醇，则是 H。R^2、R^3 为环状单体中的取代基，可以是 H，也可以是甲基（—CH_3）、乙基（—CH_2CH_3）、苯基（—C_6H_5）、羟甲基（—CH_2OH）或一氯甲基（—CH_2Cl）等；m 代表链长。更多官能团的聚醚多元醇的结构，可通过增加与 R^1 相连的臂数得到。

（1）聚醚型表面活性剂

聚醚型表面活性剂分子由疏水端基和亲水的聚氧乙烯链段组成。疏水端基由特定的起始剂来提供。起始剂（RXH）和环氧乙烷（EO）聚合成聚醚的通式如下：

$$RXH + nEO \longrightarrow RX(EO)_n H$$

起始剂中的 R 是 C、H 元素组成的疏水基，X 为连接元素（如氧、硫、氮），H 为活性氢。以表面活性剂 OP-10 为例，OP 代表起始剂辛基酚（$C_8H_{17}C_6H_4OH$），10 代表环氧乙烷单体单元数，因此它的分子式为 $C_8H_{17}C_6H_4O(EO)_{10}H$，属于低聚物，端基所占的比例不容忽略。

改变疏水基 R、连接元素 X、环氧烷烃种类及其聚合度 n 四个变量，就可以衍生出成千上万种聚醚产品。

合成聚醚型表面活性剂的起始剂种类很多，一般为单官能团化合物，如脂肪醇（ROH）、烷基酚（RC_6H_4OH）、脂肪酸（RCOOH）、胺类（RNH_2）等，可形成多种表面活

性剂产品，简示如表 7-2。环氧乙烷与环氧丙烷进行嵌段共聚，也可以形成特定的表面活性剂系列（Pluronic），因为当聚合度达到一定的程度（＞15）时，聚环氧丙烷就成为疏水基团。

表 7-2 聚醚型非离子表面活性剂

起始剂		环氧乙烷加成物	n	EO 质量分数/%	HLB
烷基酚	$R-C_6H_4OH(C_{8\sim9})$	$C_9H_{19}-C_6H_4O\!+\!EO\,\overline{)_n}H$	$1.5\sim40$	$20\sim90$	$4.6\sim17.8$
脂肪醇	$ROH(C_{12\sim18})$	$C_{16}H_{33}O\!+\!EO\,\overline{)_n}H$	$2\sim50$	$15\sim90$	
脂肪醇	$ROH(C_{8\sim18})$	$RO-(PO)_m\!+\!EO\,\overline{)_n}H$	$m>8$	$25\sim95$	
脂肪酸	$RCOOH(C_{11\sim17})$	$RCOO-(EO)_n H$			
丙二醇	HOC_3H_6OH	$HO(EO)_a(PO)_b(EO)_a H$	$b=15\sim56$	$10\sim80$	

聚醚型表面活性剂的合成原理也遵循环氧乙烷活性阴离子开环聚合的一般规律，但除了引发、增长反应外，还有可逆的交换反应。例如以脂肪醇 ROH（$C_{16}H_{33}OH$）作起始剂，聚环氧乙烷活性中心将与脂肪醇起交换反应。

$$CH_3(OE)_n O^- Na^+ + ROH \Longrightarrow CH_3(OE)_n OH + RO^- Na^+$$

交换反应的结果是，新形成的起始剂活性种 $RO^- Na^+$ 可以再引发单体而增长，聚合速率并不降低；但使原来的活性链终止，导致分子量降低。于是，聚合度应为

$$\overline{X}_n = \frac{[M]_0 - [M]}{[C]_0 + [ROH]_0} \tag{7-9}$$

交换前后，末端均为醇钠。两者活性相当，平衡常数 $K=1$，两类活性种并存。

烷基酚、脂肪酸、硫醇等起始剂 RXH 的酸性远强于醇，$K\gg1$，平衡很快向右移动。

$$ROCH_2CH_2O^- + RXH \Longrightarrow ROCH_2CH_2OH + RX^-$$

引发形成的环氧乙烷单加成物 $ROCH_2CH_2O^-$，很快就与 RXH 交换，形成 RX^-。当起始剂 RXH 全部交换成 RX^- 以后，才同步增长，产物分子量分布窄，反映出快引发、慢增长的活性阴离子聚合特征。在聚醚型表面活性剂合成中，交换反应就成为重要的基元反应。

用酸性较强的脂肪酸或烷基酚作起始剂时，交换反应总是向酸性较弱的生成物方向移动。起始剂酸性不同，引发、增长、交换反应的相对速率也有差异，最终影响到聚合速率和分子量。

（2）聚醚多元醇

聚醚多元醇是合成聚氨酯的重要原料之一。它是以多官能团化合物为起始剂，在催化剂的作用下，由环氧丙烷（PO）、环氧乙烷（EO）等环醚阴离子开环聚合而成。与聚酯型聚氨酯相比，聚醚型聚氨酯因聚合物链中含有大量的醚键，因此具有更好的柔软性、弹性、耐低温性能和防水性能，可以作为软泡沫、弹性体、密封材料和绝缘材料等。

用于聚醚多元醇合成的起始剂，同样也十分丰富，多为含活泼氢的多官能团的醇、酸和胺这三大类，以多元醇类为主，如丙二醇、乙二醇、甘油、三羟甲基丙烷、季戊四醇、辛醇、葡萄糖、蔗糖、乳糖以及低分子量聚醚或聚酯醇等。双酚 A 也常被用作起始剂。

早期采用的催化剂多为碱金属化合物和碱土金属化合物。前者多为碱金属氢氧化物，后者较有代表性的是含碱土金属锶、钡的化合物，工业生产中大多选择价格相对低廉的 KOH。

以 PO 为例，以 HOROH 为起始剂、KOH 为催化剂的开环聚合的历程如式（7-10）～

式（7-14）所示。为简洁起见，这里只列出一端的各步反应（即将起始剂假设为 ROH），实际体系应在另一端也发生类似的反应。

链引发

$$KOH + ROH \longrightarrow RO^-K^+ + H_2O \tag{7-10}$$

$$ROK + \underset{O}{\underset{\diagdown\diagup}{H_2C-CH}}\overset{CH_3}{\vert} \longrightarrow \left[H_2C \begin{array}{c} R-O^- \cdots K^+ \\ \\ O \end{array} \underset{CH_3}{\underset{\vert}{CH}} \right] \longrightarrow R-OCH_2\underset{\vert}{\overset{CH_3}{CH}}OK \tag{7-11}$$

链增长

$$R-OCH_2\overset{CH_3}{\underset{\vert}{CH}}OK + (n-1)\ \underset{O}{\underset{\diagdown\diagup}{H_2C-CH}}\overset{CH_3}{\vert} \longrightarrow RO{\left[CH_2\overset{CH_3}{\underset{\vert}{CH}}O \right]}_n H \tag{7-12}$$

向非活性链转移

$$R-O{\left[CH_2\overset{CH_3}{\underset{\vert}{CH}}O \right]}_m CH_2\overset{CH_3}{\underset{\vert}{CH}}O^- + R-O{\left[CH_2\overset{CH_3}{\underset{\vert}{CH}}O \right]}_n CH_2\overset{CH_3}{\underset{\vert}{CH}}OH \longrightarrow$$

$$R-O{\left[CH_2\overset{CH_3}{\underset{\vert}{CH}}O \right]}_m CH_2\overset{CH_3}{\underset{\vert}{CH}}O^- + R-O{\left[CH_2\overset{CH_3}{\underset{\vert}{CH}}O \right]}_n CH_2\overset{CH_3}{\underset{\vert}{CH}}OH \tag{7-13}$$

向单体转移

$$R-O{\left[CH_2\overset{CH_3}{\underset{\vert}{CH}}O \right]}_{n-1} CH_2\overset{CH_3}{\underset{\vert}{CH}}O^- + \underset{O}{\underset{\diagdown\diagup}{H_2C-CH}}\overset{CH_3}{\vert} \longrightarrow$$

$$R-O{\left[CH_2\overset{CH_3}{\underset{\vert}{CH}}O \right]}_{n-1} CH_2\overset{CH_3}{\underset{\vert}{CH}}OH + \underset{O}{\underset{\diagdown\diagup}{H_2C-CHCH_2^-}}$$

$$\downarrow \text{很快}$$

$$H_2C=CHCH_2OH \tag{7-14}$$

整个聚合体系中，除链引发 [式(7-10)、式(7-11)]、链增长 [式(7-12)] 外，还有两个链转移反应。一是活性链向非活性链的转移 [式(7-13)]，这一反应使链增长的均匀性增加，分子量分布变窄。另一个是向单体的链转移 [式(7-14)]，结果除了使平均分子量下降外，还产生了烯丙醇。这烯丙醇可参与式(7-10) 的反应，形成新的活性中心，增加聚合物链的总量，限制分子量的提高，使分子量变宽，更产生出相当数量的末端为烯丙醇 C=C 双键的单醇，增大产物的不饱和度，非常不利于后续聚氨酯的合成。研究表明，使用离子半径更大的碱金属（如铷和铯）和碱土金属（如锶和钡）的化合物或配合物可以减少活性链向单体的质子转移，降低不饱和度和分子量分布指数，提高分子量；但这些物质价格昂贵，分离过程烦琐，会增加生产成本，故应用受到限制。

自 20 世纪 90 年代以来，双金属氰化络合物（double metal cyanide complex，DMC）催化剂在聚醚多元醇的生产中得到了普遍应用。它可以高效地催化环氧化物的开环聚合，反应速率是 KOH 催化反应速率的 800~1000 倍，实际生产中使用量可以是 KOH 的万分之一，所得的聚合物产品具有较高的分子量、较窄的分子量分布，尤其是低的不饱和度。

DMC 催化剂中叔丁醇型 Co-Zn 应用最为广泛，其结构通式为：

$$Zn_3[Co(CN)_6]_2 \cdot a\ ZnCl_2 \cdot b\ t\text{-BuOH} \cdot c\ H_2O$$

DMC 催化环氧丙烷开环聚合的机理包括链引发、链增长和链转移三个过程。如式(7-15)～式(7-18)所示，在链引发阶段，催化剂 DMC 首先与起始剂 ROH 配位形成中间体 ROH·DMC，进而与单体 PO 反应使之开环，并形成活性链；而后，单体 PO 不断地配位至活性链而使聚合物链增长；同时，活性链与休眠的聚合物链之间又不断地进行链转移反应。

链引发 $ROH + DMC \rightleftharpoons ROH \cdot DMC$ (7-15)

$$\text{(环氧)} + ROH \cdot DMC \longrightarrow RO\text{——}OH \cdot DMC \qquad (7\text{-}16)$$

链增长 $RO\text{——}OH \cdot DMC + n\,\text{(环氧)} \longrightarrow RO\!\left[\text{——}O\text{——}\right]_n\! OH \cdot DMC$ (7-17)

链转移 $RO\!\left[\text{——}O\text{——}\right]_n\! OH \cdot DMC + RO\!\left[\text{——}O\text{——}\right]_m\! OH \rightleftharpoons$

$$RO\!\left[\text{——}O\text{——}\right]_n\! OH + RO\!\left[\text{——}O\text{——}\right]_m\! OH \cdot DMC \qquad (7\text{-}18)$$

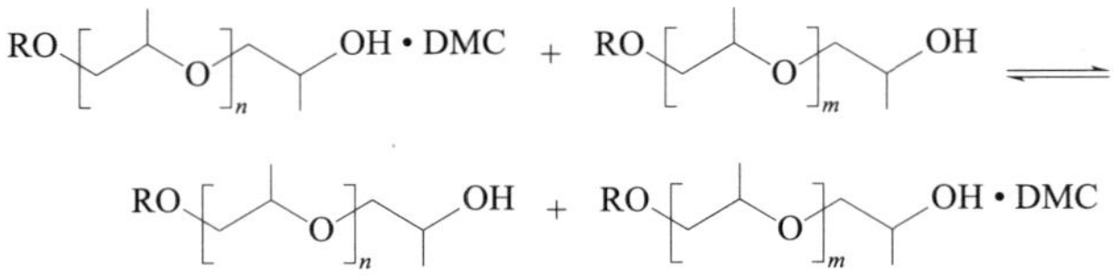

事实上，式（7-16）的引发过程较缓慢。如图 7-1 所示，开始时，反应体系中仅存在起始剂和 DMC，DMC 中 Zn 原子周围的空位几乎都被起始剂占据［见图 7-1(a)］；当环氧丙烷单体被加入后，它与起始剂竞争，部分地替换起始剂，而配位至 Zn 原子周围的空位上［见图 7-1(b)］；于是与其相邻空位上的起始剂的氧进攻单体中的亚甲基碳［见图 7-1(c)］，使三元环打开，并插入 ROH·DMC 中［见图 7-1(d)］，如此才完成链的引发。工业上，将这一过程称为诱导期，英文为 induction time。

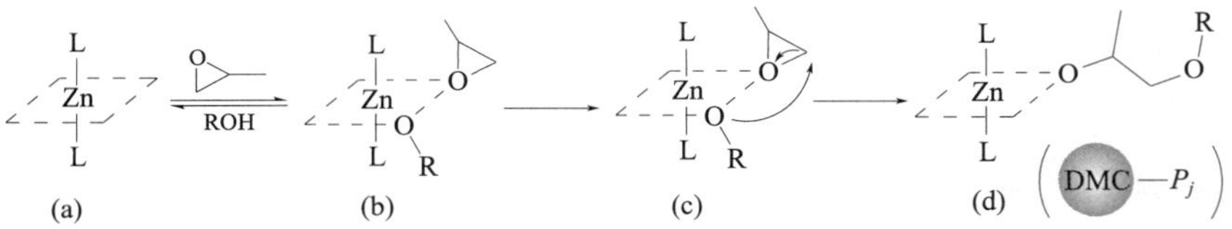

图 7-1   DMC 催化环氧丙烷开环聚合的诱导机理

活性链配位络合增长的机理与上述链引发过程类似。正是因为这一机理，限制了活性链向单体的转移，分子量得以提高，所谓的不饱和度则大幅度降低。同时，式（7-18）所示的向非活性链的转移（实为交换反应），使各聚合物链的增长机会趋于均等，因而聚合产物的分子量分布变窄。

DMC 作为环氧化物开环聚合的催化剂也有一些缺点。一是大部分 DMC 在使用时只能采用摩尔质量大于 $200\,\text{g} \cdot \text{mol}^{-1}$ 的低聚物作为起始剂，而不能直接使用小分子起始剂（如丙二醇等），因为小分子起始剂会阻碍单体与活性中心的配位而降低 DMC 的催化活性，导致产品质量低于预期。二是 DMC 催化聚合的诱导期较长，一般为 2～5h，而且一旦诱导期结束，反应会快速地进行，放出大量的反应热。

目前，DMC 催化环氧化物开环聚合的起始剂，多为 KOH 催化制得的低聚物多元醇。为降低聚醚多元醇产品对合成聚氨酯的影响，需对该类起始剂进行处理，如加质子酸，并吸附除去 K^+。至于 DMC 本身，因聚合时加入量少，产品中残基的比例极低，对后期的合成聚氨酯影响甚微。

由于 DMC 的活性很高，活性链的增长速率极快，且三元环醚的聚合热大（$\Delta H_{PO} = -85\,\text{kJ} \cdot \text{mol}^{-1}$，$\Delta H_{EO} = -95\,\text{kJ} \cdot \text{mol}^{-1}$），因此必须考虑反应热风险问题。工业上，通常采用半连续"饥饿聚合"工艺。即单体缓慢地滴加，通过滴加速率来控制聚合乃至放热速率。

近年来，一种利用微通道反应器传热效率高、过程安全的特点，进行 DMC 催化的环氧丙烷连续开环聚合的技术，引起了业界的关注。采用该技术可尽情地发挥 DMC 高活性的优势，使聚合过程的效率较半连续"饥饿聚合"法提高 20 倍以上。

进入 21 世纪以来，DMC 催化环氧烷烃与二氧化碳共聚制备脂肪族聚碳酸酯（PPC）的研究时有报道。据称，催化效率已达 6kg PPC/g Zn 以上，共聚物分子量和二氧化碳摩尔分数可分别达到 3.5 万和 70% 以上。众所周知，二氧化碳非常惰性，能达到这些指标，可见 DMC 的活性之高。

尽管如此，环氧烷烃配位开环聚合的新催化剂仍不断被报道，包括烷基金属催化剂、金属卟啉催化剂、稀土配合物催化剂、磷腈类催化剂等。但因性能或成本等因素，在工业上至今尚无法撼动 DMC 的地位。

7.3 环醚的阳离子开环聚合

7.3.1 丁氧环和四氢呋喃的阳离子开环聚合

除三元环醚外，能开环聚合的环醚还有丁氧环、四氢呋喃、二氧五环等。七、八元环醚也能开环聚合，但研究得较少。六元环四氢吡喃和二氧六环都不能开环聚合。环醚的活性次序为：环氧乙烷＞环氧丙烷＞丁氧环＞四氢呋喃＞七元环醚＞四氢吡喃（不能开环聚合）。

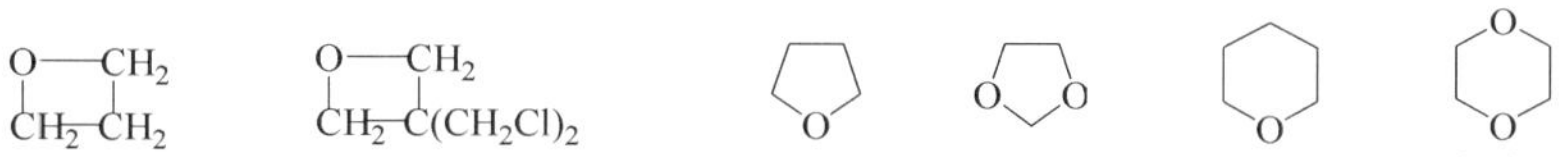

丁氧环　　3,3′-二（氯亚甲基）丁氧环　　四氢呋喃　　二氧五环　　四氢吡喃　　二氧六环

如前所述，环醚中 C—O 键是极性键，富电子的氧原子易受阳离子进攻，因此都可以用阳离子引发剂来开环聚合。但阳离子聚合易引起链转移等副反应，故对环张力大、易开环的三元环醚，一般采用阴离子引发剂来开环聚合。除此之外，大多数环醚还得采用阳离子开环聚合法。

除上节介绍的环氧乙烷和环氧丙烷的聚合物外，应用价值较大的还有丁氧环和四氢呋喃的开环聚合物。

（1）丁氧环

在 0℃ 或较低的温度下，丁氧环经 Lewis 酸（如 BF_3、PF_5）引发，易开环聚合成聚（氧化三亚甲基）。但有应用价值的单体却是 3,3′-二（氯亚甲基）丁氧环，其聚合产物俗称氯化聚醚，是结晶性成膜材料，熔点为 177℃，机械强度比氟树脂好，吸水性低，耐化学药品，尺寸稳定性好，电性能优良，可用作工程塑料。

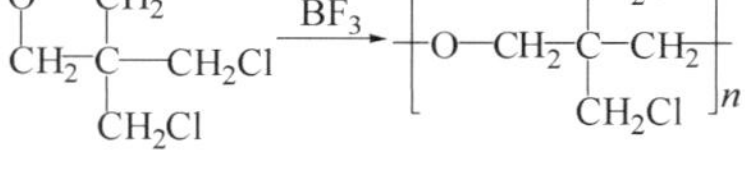

（2）四氢呋喃

四氢呋喃是五元环，张力小，活性低，对引发剂和单体纯度都有更高的要求，PF_5、SbF_5、$[Ph_3C]^+[SbCl_6]^-$ 均可用作引发剂。四氢呋喃与 PF_5 可形成络合物，成为引发剂，30℃ 下聚合

6h，产物聚（氧化四亚甲基）的分子量约30万，为韧性的成膜物质，结晶熔点为45℃。

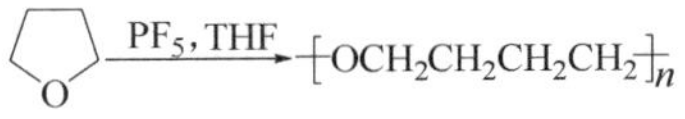

PF5, THF
O
[OCH2CH2CH2CH2]n

相对来说，Lewis酸络合物所提供的质子直接引发四氢呋喃开环的速率较慢，常加少量环氧乙烷作活化剂。选用五氯化锑引发剂时，速率和分子量要低得多。

实际上，工业应用最广的四氢呋喃开环聚合物是平均分子量分别在1000和2000左右的聚四氢呋喃醚二醇（polytetramethylene ether glycol，PTMG）。前者主要用作聚氨酯弹性体的软段，作传动带、垫圈、弹性涂料和人造革等；后者用于制造聚氨酯弹性纤维，即氨纶。也有报道称，因PTMG制成的嵌段聚氨酯有良好的抗凝血性，可用作医用高分子材料。

平均分子量1000～2000左右的PTMG正是阳离子开环聚合能较方便地制得的。聚合机理如下。

7.3.2　环醚的阳离子开环聚合机理

有些环醚阳离子开环聚合具有活性聚合的特性，如活性种寿命长、分子量分布窄、引发比增长速率快，具有快引发、慢增长的特征。但往往伴有链转移和解聚反应，使分子量难以提高、分子量分布则变宽；也有终止反应。下面结合四、五元环醚阳离子开环聚合，介绍各基元反应的特征。

（1）链引发与活化

有许多种阳离子引发剂可使四、五元环醚开环聚合。

① 质子酸和Lewis酸　如浓硫酸、三氟乙酸、氟磺酸、三氟甲基磺酸等强质子酸（H^+A^-），以及BF_3、PF_5、$SnCl_4$、$SbCl_5$等Lewis酸，都可用来引发环醚开环聚合。

Lewis酸与微量共引发剂（如水、醇等）形成络合物，而后转变成离子对（B^+A^-），提供质子或阳离子。有些Lewis酸自身也能形成离子对。

$$PF_5 + H_2O \longrightarrow [PF_5 \cdot H_2O] \longrightarrow H^{\oplus}[PF_5OH]^{\ominus}$$
$$2PF_5 \longrightarrow [PF_4]^+[PF_6]^-$$

② 环氧乙烷活化剂　引发初始活性种往往是碳阳离子，而环醚阳离子聚合的增长活性种却是三级氧鎓离子。质子引发环醚开环，先形成二级氧鎓离子，再次开环，才形成三级氧鎓离子，因而产生了诱导期。而环氧乙烷却很容易被引发开环，直接形成三级氧鎓离子，从而缩短或消除了诱导期，因此环氧乙烷常用作四氢呋喃开环聚合的活化剂。

二级氧鎓离子
三级氧鎓离子
CH2—CH2
O
H+A−
H—O+
A−
THF
HOCH2CH2—O+
A−
THF
增长
EO
HOCH2CH2—O+
A−
THF
H(OCH2CH2)2—O+
A−
THF
增长
三级氧鎓离子

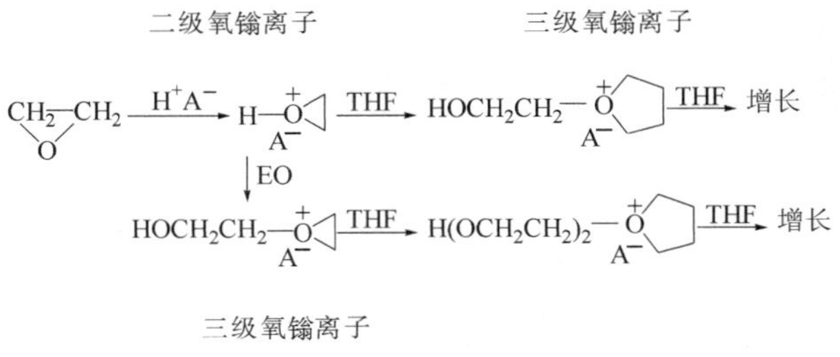

③ 三级氧鎓离子　既然环醚开环聚合的增长活性种是三级氧鎓离子，四氟硼酸三乙基氧鎓盐[$(C_2H_5)_3O^+(BF_4)^-$]能提供三级氧鎓离子，就可以直接用来引发环醚聚合。例如：

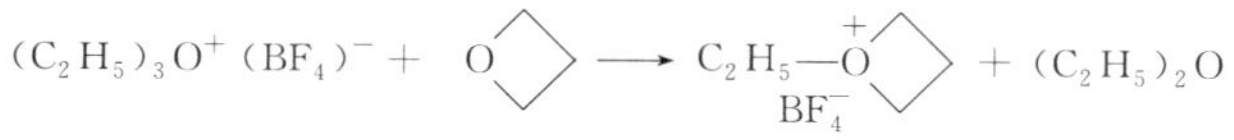

$$(C_2H_5)_3O^+(BF_4)^- + \text{O} \longrightarrow C_2H_5-\overset{+}{\underset{BF_4^-}{O}} + (C_2H_5)_2O$$

（2）链增长

增长活性种氧鎓离子带正电荷，其邻近的 α-碳原子电子不足，有利于单体分子中氧原子的亲核进攻而开环。以 3,3′-二(氯亚甲基)丁氧环开环聚合的增长反应为例：

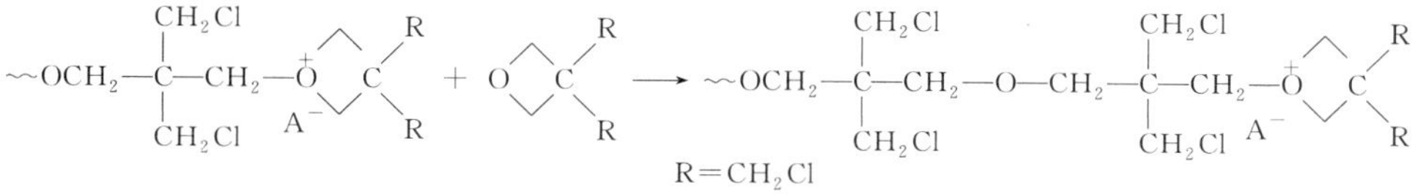

$$R=CH_2Cl$$

如此一直增长下去。因此大多数环醚的阳离子开环聚合都是双分子亲核取代（S_N2）反应。

（3）链终止

如反离子亲核性过强，则容易与阳离子活性种结合而链终止。

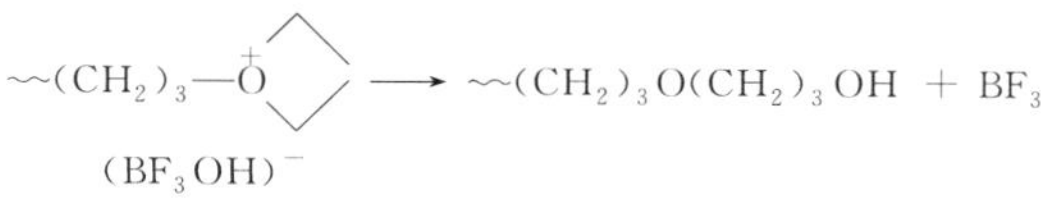

$$(BF_3OH)^-$$

（4）链转移和解聚

链转移与链增长是一对竞争反应，当增长较慢时，链转移更容易显现出来。大分子链中氧原子亲核进攻活性链中的碳原子，即增长链氧鎓离子与大分子链中醚氧进行分子间的烷基交换而链转移，有如下式。转移结果使分子量分布变宽。

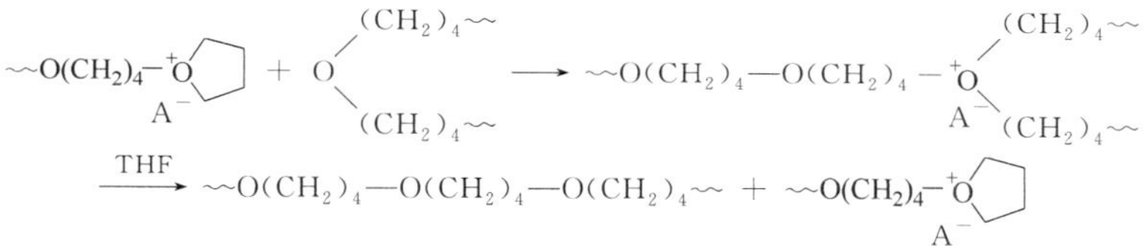

环醚的线形聚合物也可以分子内"回咬"转移，解聚成环状低聚物，与开环聚合构成平衡，这是开环聚合的普遍现象。但回咬在 1~4 单元处都有可能，形成多种环状低聚物的混合物。例如聚环氧乙烷的解聚产物是二聚体 1,4-二氧六环，有时可以高达 80%。

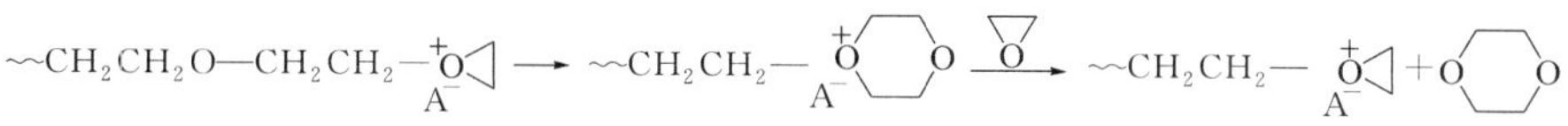

环醚的亲核性随环的增大而增强，因此，与环氧乙烷相比，聚丁氧烷解聚成环状低聚物稍少一些，四氢呋喃则更少。在丁氧烷聚合中，环状低聚物以四聚体为主，还有少量三聚体、五到九聚体，无二聚体。在四氢呋喃聚合中，二到八聚体都有，也以四聚体为主。

7.4　羰基化合物和三氧六环的阳离子开环聚合

7.4.1　羰基化合物的阳离子聚合

聚甲醛（polyformaldehyde，POM）属于工程塑料，可在 180~220℃下模塑成型，制品强韧，半透明。

甲醛是羰基化合物的代表，其中 C=O 双键具有极性，易受 Lewis 酸引发而进行阳离子聚合。但甲醛精制困难，工业上往往先预聚成三聚甲醛，经精制后，再开环聚合成聚甲醛。三聚甲醛升华或经 γ 射线辐照，也有聚甲醛形成。

$$\text{甲醛}\quad H_2C=O \longrightarrow \quad \begin{array}{c} H_2C \quad CH_2 \\ O \quad O \\ C \\ H_2 \end{array} \quad \text{三聚甲醛}$$

$$\text{聚甲醛} \quad +O-CH_2+_n \longleftarrow$$

羰基化合物中的 C=O 键经极化后，有异裂倾向，产生正、负电荷两个中心，不利于自由基聚合，而适于离子聚合，聚合产物为聚缩醛。

$$\begin{array}{c} R' \\ | \\ C=O \\ | \\ R \end{array} \longrightarrow \quad \sim\begin{array}{c} R' \\ | \\ C \\ | \\ R \end{array}-O-\begin{array}{c} R' \\ | \\ C \\ | \\ R \end{array}-O\sim$$

R＝R′＝H 时，上式就成为甲醛的聚合。实际上，羰基化合物中也只有甲醛才用于聚合。

乙醛中甲基有位阻效应，聚合热低，仅 $29kJ \cdot mol^{-1}$，且甲基还有诱导效应，使羰基氧上的电荷密度增加，也不利于聚合。乙醛需采用高活性的阳离子或阴离子引发剂，在较低温度下才勉强聚合，产物分子量也不高。

丙酮有两个甲基，位阻和诱导效应更大，更难聚合，在高压和低温下，才勉强聚合。此外，应用配位引发剂，丙酮倒可与甲醛共聚。除了环醚和环缩醛之外，环酯、乙交酯和丙交酯、环酐、环碳酸酯等带羰基的含氧杂环也都容易开环聚合，其聚合物的共同特性是容易生物降解和具有生物相容性，可望在生物医药中获得应用。

7.4.2　三氧六环（三聚甲醛）的阳离子开环聚合

三氧六环是甲醛的三聚体，易受三氟化硼-水体系 $[H^+(BF_3OH)^-$ 或 $H^+A^-]$引发，进行阳离子开环聚合，形成聚甲醛。1,3-二氧五环、1,3-二氧七环、1,3-二氧八环也能开环聚合。

三氧六环的聚合机理有如下特点：引发反应是 H^+A^- 与三氧六环形成氧鎓离子，而后开环转化为碳阳离子；碳阳离子成为增长种，三聚甲醛单体就在 $CH_2^+A^-$ 之间插入增长。

$$\begin{array}{c} H_2C \begin{array}{c} O-CH_2 \\ \\ O-CH_2 \end{array} O \xrightarrow{BF_3-H_2O} H_2C\begin{array}{c} O-CH_2 \\ \\ O-CH_2 \end{array}\begin{array}{c} H \\ O^+ \\ A^- \end{array} \longrightarrow HOCH_2OCH_2OCH_2^+A^- \xrightarrow{(CH_2O)_3} \end{array}$$

氧鎓离子　　　　　　　　　碳正离子

$$\sim(OCH_2)_3 OCH_2OCH_2OCH_2-\begin{array}{c} +O-CH_2 \\ A^- \\ CH_2-O \end{array}CH_2 \longrightarrow \sim(OCH_2)_3 OCH_2OCH_2OCH_2^+A^-$$

A^- 是反离子（BF_3OH^-）。上式表明氧鎓离子可转变成共振稳定的碳正离子：

$$\sim O^+-CH_2 \rightleftharpoons \sim O-C^+H_2$$

三聚甲醛开环聚合时，发现有聚甲醛-甲醛平衡或增长-解聚平衡的现象，诱导期就相当于产生平衡甲醛的时间。如果预先加入适量甲醛，则可消除诱导期。

$$\sim OCH_2OCH_2OC^+H_2 \Longrightarrow \sim OCH_2OC^+H_2 + HCHO$$

聚合结束，这种平衡仍然存在。如果排除甲醛，将使聚甲醛不断解聚。

聚甲醛有显著的解聚倾向，受热时，往往从末端开始，作连锁解聚。改进方法有二：

① 乙酰化或醚化封端　加入醋酐，与端羟基反应，使乙酰化封端，这是防止聚甲醛从端基开始解聚的重要措施。这一类产物称作均聚甲醛。

$$\sim (CH_2O)_nCH_2OH \xrightarrow{(RCO)_2O} RCOO(CH_2O)_nCH_2OCOR$$

② 三聚甲醛与少量二氧五环共聚，在聚甲醛主链中引入—CH₂CH₂O—链节，即使聚甲醛受热从端基开始解聚，也就到此而停止，阻断解聚。这类产物则称为共聚甲醛。

$$\sim (CH_2O)_n{-}CH_2CH_2O{+}CH_2O{-}CH_2OH$$

由三聚甲醛合成均聚甲醛或共聚甲醛，都可以选用溶液聚合法或本体沉淀聚合法。

7.5　己内酰胺的阴离子开环聚合

7.5.1　概述

能开环聚合的含氮杂环单体主要有环酰胺（内酰胺），如己内酰胺，其次是环亚胺。

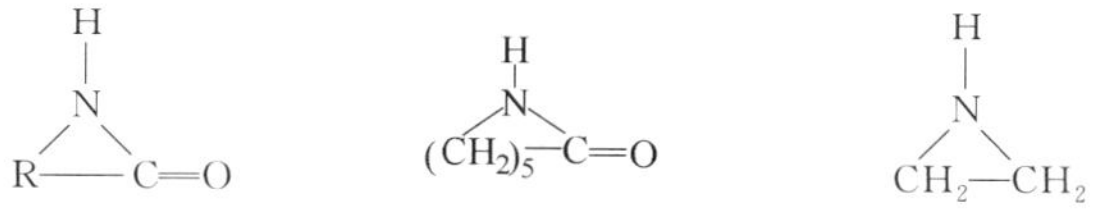

内酰胺　　己内酰胺　　环亚胺
R＝(CH₂)₂～₁₂

许多内酰胺，从四元环（环丙酰胺）到十二元环以上，包括五、六元环，都能开环聚合，其聚合活性与环的大小有关，次序大致为：4＞5＞7＞8、6。酰胺基团和亚甲基比不同，聚内酰胺的性能差异很大，例如聚丙内酰胺类似多肽酶，聚十二内酰胺接近聚乙烯。

工业上应用得最多的首推己内酰胺，下面着重介绍其聚合机理。

己内酰胺是七元杂环，有一定的环张力，在热力学上，有开环聚合倾向，最终产物中线形聚合物与环状单体并存，构成平衡，其中环状单体占 8%～10%。

$$n\,NH(CH_2)_5C{=}O \Longleftrightarrow {+}NH(CH_2)_5CO{\}_n}$$
8%～10%　　　　　＞90%

聚酯纤维生产中，有直纺工艺，即聚合后聚合物熔体直接用于纺丝。己内酰胺开环聚合物因受环状单体的影响，直纺尼龙-6 纤维目前尚有困难。

己内酰胺可用水、酸或碱来引发开环，分别按逐步、阳离子和阴离子机理进行聚合。

① 水解聚合　工业上由己内酰胺合成尼龙-6 纤维时，多采用水作引发剂，在 250～270℃的高温下进行连续聚合，属于逐步聚合机理。这一点已在第 2 章作了介绍。

② 阳离子聚合　可用质子酸或 Lewis 酸引发聚合，但伴有许多副反应，产物转化率和分子量都不高，最高分子量可达 1 万～2 万，工业上较少采用。

③ 阴离子聚合　主要用于模内浇铸（MC）技术，即以碱金属引发己内酰胺成预聚体，浇铸入模内，继续聚合成整体铸件，制备大型机械零部件，成为工程塑料。

7.5.2　己内酰胺阴离子开环聚合的机理

己内酰胺阴离子开环聚合具有活性聚合的性质，但引发和增长都有其特殊性。

（1）链引发

链引发由两步反应组成。

① 单体阴离子的形成　己内酰胺与碱金属（M）或其衍生物 B^-M^+（如 NaOH、CH_3ONa 等）反应，形成内酰胺单体阴离子（Ⅰ）。

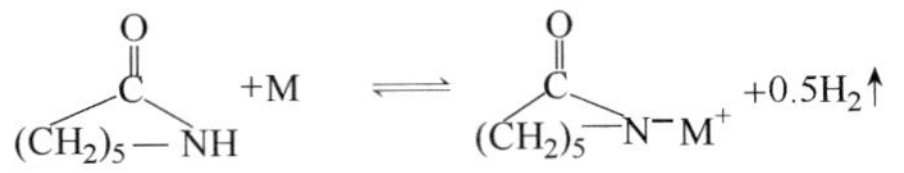

$$(CH_2)_5{-}NH +M \rightleftharpoons (CH_2)_5{-}N^-M^+ +0.5H_2\uparrow \qquad (反应 1a)$$

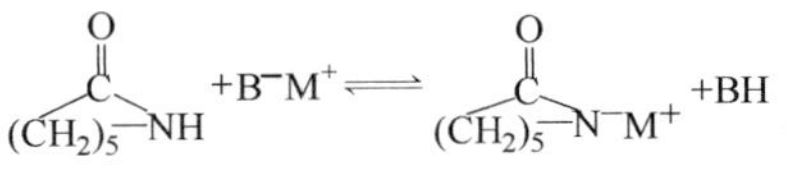

$$(CH_2)_5{-}NH +B^-M^+ \rightleftharpoons (CH_2)_5{-}N^-M^+ +BH \qquad (反应 1b)$$

己内酰胺　　　　己内酰胺负离子（Ⅰ）

选用氢氧化钠或甲醇钠时，副产物水或甲醇需在减压下排净，而后进入真正链引发阶段。

② 二聚体胺阴离子活性种的形成　己内酰胺单体阴离子（Ⅰ）与己内酰胺单体加成（反应 2），生成活泼的二聚体胺阴离子活性种（Ⅱ）。

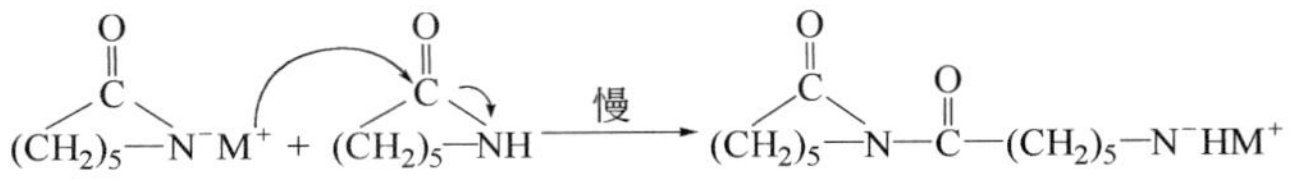

$$(CH_2)_5{-}N^-M^+ + (CH_2)_5{-}NH \xrightarrow{慢} (CH_2)_5{-}N{-}C{-}(CH_2)_5{-}N^-HM^+ \qquad (反应 2)$$

（Ⅰ）　　　　　　　　　　　　　（Ⅱ）二聚体胺阴离子

己内酰胺单体阴离子（Ⅰ）与环上羰基双键共轭，活性较低；而己内酰胺单体中酰胺键的碳原子缺电子性又不足，活性也较低。在两者活性都较低的条件下，反应 2 缓慢，有诱导期。

（2）链增长

链增长反应比经典的活性阴离子聚合要复杂得多。

反应 2 形成的二聚体胺阴离子（Ⅱ）无共轭效应，活性高，但还不直接引发单体，而是夺取单体上的质子而链转移，形成二聚体（Ⅲ），同时再生出内酰胺单体阴离子（Ⅰ），如反应 3。

反应 3 的产物二聚体（Ⅲ）中环酰胺的氮原子受两侧羰基的双重影响，使环酰胺键的缺电子性或活性显著增强，有利于低活性的己内酰胺单体阴离子（Ⅰ）的亲核进攻，很容易被开环而增长，如反应 4，其形式与反应 2 相似，只是增加一个结构单元，速率也快得多。

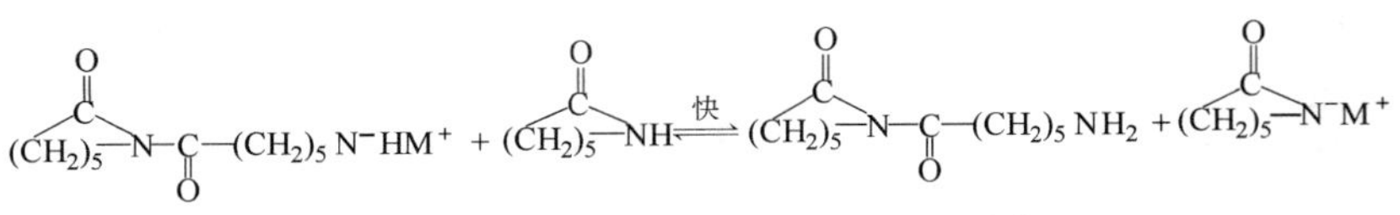

$$(CH_2)_5{-}C{-}N{-}C{-}(CH_2)_5{-}N^-HM^+ + (CH_2)_5{-}NH \xrightarrow{快} (CH_2)_5{-}C{-}N{-}C{-}(CH_2)_5NH_2 + (CH_2)_5{-}N^-M^+ \qquad (反应 3)$$

（Ⅱ）　　　　　　　　　　　　　　　　　（Ⅲ）二聚体

$$\longrightarrow \underset{(CH_2)_5}{\overset{O}{\parallel}} N-\overset{O}{\underset{\parallel}{C}}-(CH_2)_5-\overset{M^+}{N}-\overset{O}{\underset{\parallel}{C}}-(CH_2)_5NH\cdots \qquad (反应4)$$

（Ⅳ）预聚体阴离子

$$\xrightarrow{+己内酰胺} \underset{(CH_2)_5}{\overset{O}{\parallel}} N-\overset{O}{\underset{\parallel}{C}}-(CH_2)_5-\overset{H}{N}-\overset{O}{\underset{\parallel}{C}}-(CH_2)_5-NH\cdots + \underset{(CH_2)_5}{\overset{O}{\parallel}} N-M^+ \qquad (反应5)$$

（Ⅰ）

反应 4 的产物与单体进行链转移，如反应 5，即酰化后，又很快地与单体交换质子（转移），形成多 1 个结构单元的活泼 N-酰化内酰胺，并再生出内酰胺阴离子（Ⅰ），反应 5 类似反应 3。如此反复，使链不断增长。

从上述反应来看，在形式上貌似己内酰胺单体阴离子（Ⅰ）开环后插入活性较强的酰化内酰胺（Ⅲ）中，或认为高活性的酰化内酰胺（Ⅲ）使内酰胺单体阴离子（Ⅰ）开环而增长。但按聚合反应的习惯描述，不妨看作低活性的内酰胺单体阴离子（Ⅰ）引发高活性的酰化内酰胺（Ⅲ）开环聚合。

己内酰胺阴离子开环聚合的速率与单体浓度并无直接关系，而决定于活化单体和内酰胺单体阴离子（Ⅰ）的浓度，而这两物种的浓度则决定于碱的浓度，因此速率决定于碱的浓度。

如此看来，酰化的内酰胺比较活泼，是聚合的必要物种。如果以酰氯、酸酐、异氰酸酯等酰化剂与己内酰胺反应，预先形成 N-酰化己内酰胺，而后加到聚合体系中，则可消除诱导期，加速反应，缩短聚合周期。目前工业上生产浇铸尼龙的配方中都加有酰化剂。

$$O=\overset{}{C}(CH_2)_5NH + RCOCl \longrightarrow O=\overset{}{C}(CH_2)_5N-\underset{\underset{O}{\parallel}}{C}R + HCl$$

7.6 内酯的开环聚合

内酯经开环聚合，可以得线形聚酯。内酯开环聚合的可能性，与其他环状单体相似。γ-丁内酯是五元环内酯，较难聚合，只能制取低分子量的齐聚物，或与 ε-己内酯的共聚物；六元 δ-戊内酯却可聚合。三元内酯因太活泼而不能制得。ε-己内酯已产业化，其聚合物可与其他聚合物共混，以改进耐应力开裂、染色性和黏附性等。遥爪型的聚 ε-己内酯具有端羟基，常用于聚氨酯嵌段共聚物的合成。

交酯也是一种内酯。乳酸在 140～180℃下缩聚生成数千分子量的预聚物，再在 200℃ 裂解环化得粗丙交酯，经重结晶精制后得到高纯度的丙交酯。这种高纯度的丙交酯开环聚合，即可得平均分子量在十万以上的聚乳酸。与乳酸直接缩聚法相比，这种经由丙交酯的开环聚合而得的聚乳酸，分子量高，产品性能好，所以是目前工业上最普遍采用的方法。其产品是目前应用最广的生物降解高分子材料。

7.6.1 内酯的阴离子开环聚合

多种阴离子引发剂，包括离子型和共价型，已被用于聚合内酯。研究涉及的阴离子（配

第 7 章

位）引发剂包括：烷基金属醇盐（如 R_2AlOR'）、金属醇盐 [如 $Al(OR)_3$]、金属羧酸盐 [如 2-乙基己酸锡（Ⅱ）、金属卟啉] 和低聚物 [$Al(CH_3)O]_n$ 等。

几乎所有内酯的阴离子聚合都是通过酰基-氧裂解进行的，它与酯的碱性皂化机理一致。如甲醇盐离子的引发过程：

增长过程

$$CH_3O^- + O\!-\!\!\!\!\overset{\displaystyle\overset{O}{\|}}{\triangle}\!\!\!\!-R \longrightarrow CH_3O\!-\!CO\!-\!R\!-\!O^-$$

$$CH_3O\!\left[CO\!-\!R\!-\!O\right]_n\!CO\!-\!R\!-\!O^- + O\!-\!\!\!\!\overset{\displaystyle\overset{O}{\|}}{\triangle}\!\!\!\!-R \longrightarrow CH_3O\!\left[CO\!-\!R\!-\!O\right]_{n+1}\!CO\!-\!R\!-\!O^-$$

配位类引发剂的引发过程，首先是金属与羰基氧配位，然后烷氧基插入到酰-氧键中。如 $AlEt_2(OR)$ 引发 L-丙交酯的开环聚合，丙交酯上的羰基氧首先与引发剂金属原子上的空轨道配位络合，然后丙交酯开环插入，金属-氧键断裂。增长过程亦如此。

$$Et_3Al + R\!-\!OH \longrightarrow EtH + AlEt_2OR$$

使用共价型引发剂，特别是活性较低的引发剂，可控制聚合反应，尤其是实现活性聚合。这时，聚合速率关于单体和引发剂均呈一级反应，平均聚合度 $\overline{X}_n$ 可由单体与引发剂的摩尔比来确定，所得分子量分布很窄。使分子量难以提高的因素是，向单体的链转移，即从单体中夺取 β 质子。β-丁内酯阴离子开环聚合产物的数均分子量通常限在 20000 以下，就是这个道理。但对于其他单体，似乎不是这样，例如 β-丙内酯开环聚合产物的分子量已可达 10^5。

此外，还存在通过酯交换向聚合物的链转移，结果使分子量分布变宽。分子内的转移形成环状低聚物，而分子间的转移则使不同聚合物链之间的链段相互混杂。引发剂越活泼，向聚合物和向单体的链转移程度越大。

2-乙基己酸锡（Ⅱ）是环酯聚合的重要工业引发剂。金属羧酸盐只有在醇存在时，才是有用的引发剂。在没有醇存在的情况下，聚合速率非常慢，小于醇存在时聚合速率的 1%。实际的引发剂是金属羧酸盐与醇反应形成的金属醇盐。

烷基金属醇盐或金属醇盐中的每个醇盐基团引发一条聚合物链的生长。因此，R_2AlOR'、$Sn(OR)_2$ 和 $Al(OR)_3$ 中的每个金属原子分别产生一条、两条和三条增长链。然而，在某些条件下，每个金属原子也会引发几条增长链。例如以三聚体和四聚体形式聚集的异丙醇铝，其三聚体在聚合时非常活泼，活性是四聚体的 $10^2 \sim 10^5$ 倍。

由于四元环的高张力，β-丙内酯的聚合显示出饶有意思的结果。用叔胺、金属羧酸盐和膦等不太亲核的引发剂，对它进行聚合，开环的是烷-氧键，而不是酰-氧键。用较强的亲核试剂作引发剂，酰-氧键和烷-氧键均可能发生断裂，得到是羧基和醇盐混合的增长中心。但羧酸盐中心不能通过酰-氧键的断裂而增长，而醇盐增长中心既可通过烷-氧键断裂而增长，又可通过酰-氧键断裂而增长。随着时间的推进，醇盐增长中心逐渐转化为羧酸盐，若干次增长后羧酸盐中心就占所有增长中心的 95% 以上。

7.6.2　内酯的阳离子开环聚合

采用环醚阳离子开环聚合的一系列引发剂也可用于内酯的开环聚合。引发机理为碳阳离子进攻环酯中碱性更强的羰基氧，形成二氧代碳阳离子。例如，由 $CH_3OSO_2CF_3$ 或 $(CH_3)_2I^+SbF_6^-$ 产生的甲基碳正离子的引发反应：

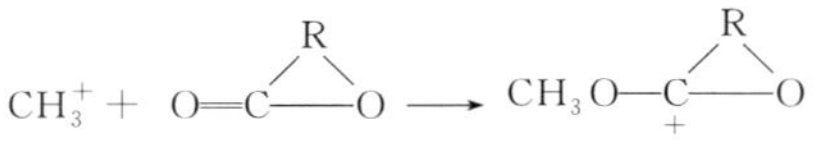

增长反应则以烷-氧键断裂的方式进行。

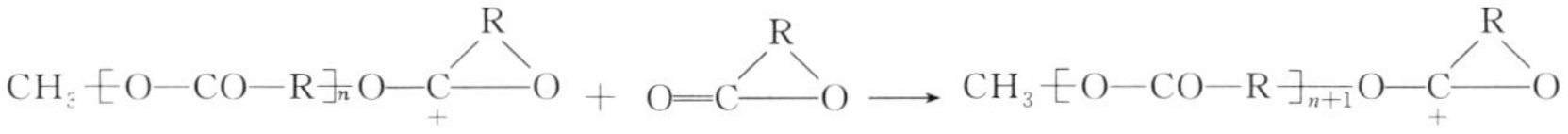

对于合成高分子量的聚酯，阳离子聚合几乎不如阴离子聚合有用。阳离子聚合会受分子内酯交换（环化）以及其他向聚合物链转移（包括氢化物和质子转移）的影响。

在醇的存在下，内酯的阳离子开环聚合机理类似于环醚的阳离子开环聚合。增长反应是通过增长链的端羟基向质子化（活化）单体的亲核进攻来实现的。

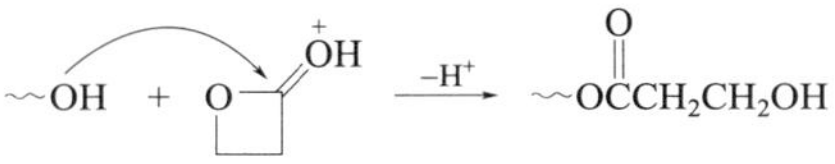

7.7　环烯烃的开环易位聚合

7.7.1　易位聚合及其引发剂

环烯烃是具有环内 C=C 双键的环状烃。简单的环状单烯烃包括环丙烯、环丁烯、环戊烯、环己烯、环庚烯、环辛烯、降冰片烯等，环状多烯烃则有环丁二烯、环戊二烯等。许多环烯烃在过渡金属络合物的引发下可以开环成主链含 C=C 双键的线形聚合物，例如环戊烯的开环聚合。

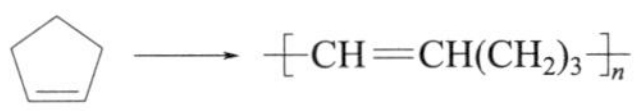

这种聚合反应称为开环易位聚合（ring-opening metathesis polymerization，ROMP），它类似于两个烯烃间的复分解反应。

$$RCH{=}CHR + R'CH{=}CHR' \longrightarrow 2RCH{=}CHR'$$

烯烃复分解和 ROMP 需要类似的引发剂，并通过相同的反应机理进行。引发和增长的活性中心是金属-亚烷基（卡宾）复合物。最初用于 ROMP 的引发剂是由前过渡金属如 W、Mo、Rh 或 Ru 的卤化物或氧化物与 Lewis 酸（如 R_4Sn 或 $RAlCl_2$）组成的双组分体系，它们可原位产生金属-卡宾。这一引发体系有一定的局限性，例如强 Lewis 酸使分子量的控制较困难，金属-卡宾引发剂的形成需要低浓度和 100℃ 的条件等。如下结构的金属-卡宾复合物，即基于钼和钨的 Schrock 引发剂和基于钌的 Grubbs 引发剂，具有更好的稳定性和可分离性，并可更好地控制反应。

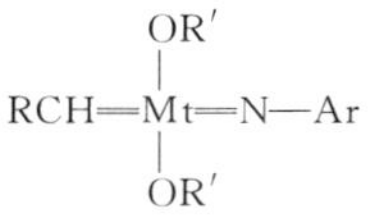

Schrock 引发剂（Mt＝W、Mo） 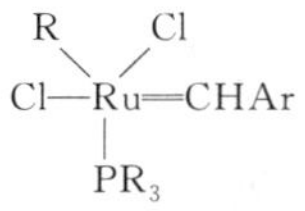   Grubbs 引发剂

Schrock 引发剂对空气和湿气敏感，且不耐受含有氧的官能团（如羰基、羧基和羟基）的单体。Grubbs 引发剂对多种官能团和反应条件有耐受性。后期 Grubbs 又通过改变连接到金属上的配体来进一步完善它的引发剂，以实现更快的聚合速率和对副反应的控制。例如，通过增加更大的膦给电子体、减少大的卤化物给电子体，来提高引发剂的活性。引发剂这些改性作用已在 ROMP 的机理中得到了合理的解释。目前，Schrock 引发剂和 Grubbs 引发剂之类的金属-卡宾，已普遍作为环烯烃开环易位活性聚合的引发剂，用于窄分子量分布聚合物和嵌段共聚物的合成。

7.7.2　环烯烃开环易位聚合的机理

环烯烃 ROMP 的引发机理如下，包括单体的双键与过渡金属（亚氨基和 OR′配体未显示）的配位、形成四元金属环丁烷中间体的 π-键断裂，以及随后的重排形成金属-卡宾增长链活性中心。

链增长与之类似，结果是单体的 C＝C 双键分成两半，并插入到金属-卡宾键中。环辛烯和环戊烯共聚物的臭氧分解产物分析，证实了是双键断裂，而不是与之相邻的单键断裂的结论。这个金属-卡宾增长中心可以通过其与醛的 Wittig 反应来转化成 C＝C 双键而终止。最终聚合物的两端和重复单元均有 C＝C 双键。

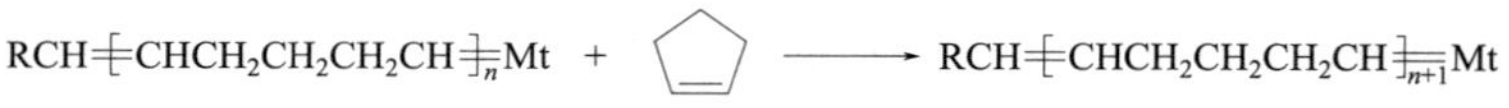

这种两端含 C＝C 双键的线形聚合物，可通过诸如巯基-烯点击反应、C＝C 的环氧化反应等，将聚合物的两端转化为羧基、羟基、氨基等，从而成为遥爪型聚合物。

7.7.3　环烯烃开环易位聚合的应用

除了环己烯只能形成极低分子量的低聚物外，许多环烯烃和双环烯烃均可聚合为高分子量的产物，包括：与丁苯橡胶和天然橡胶共混用的顺式-环辛烯聚合物，用于制作垫圈、制动软管和印刷辊等；作为特种橡胶的聚降冰片烯（结构如下），它可吸收数倍于其自身重量的油状塑化剂，且仍保持高的撕裂强度和动态阻尼性能，在柴油动力汽车等的噪声控制、车身减振，以及清理石油泄漏中得以应用。

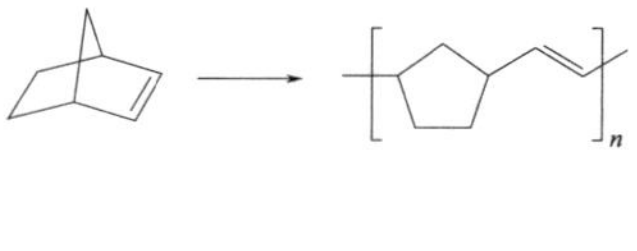

需要指出的是，降冰片烯开环易位聚合产物（ROMP-COP）的结构，不同于茂金属引发聚合生成的聚合物（mCOP）。如下式所示，开环易位聚合打开了降冰片烯的一个环，并将 C=C 双键留在聚合物的主链中；而茂金属引发聚合制得的聚合物中没有不饱和的 C=C 双键，且降冰片烯中的两个环均未被打开。两者都可称为环烯烃聚合物（COP），是制备摄像机镜头、显示屏薄膜、5G 天线接收罩等光学元件的首选材料，但性能稍有差异；ROMP-COP 因双键的存在，可交联，但耐候性较差，需要加氢改性。

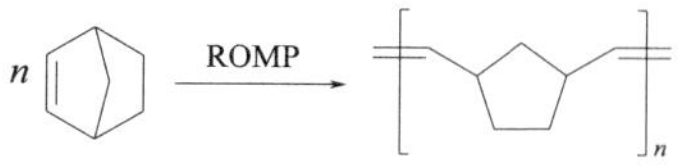

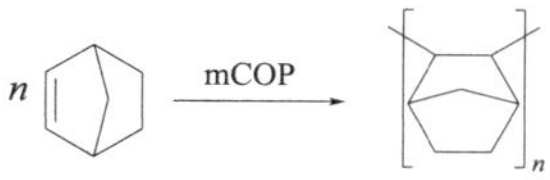

同样，茂金属引发的降冰片烯与乙烯共聚产物（COC）的结构，与开环易位共聚产物的结构也有差异。前者的结构式为

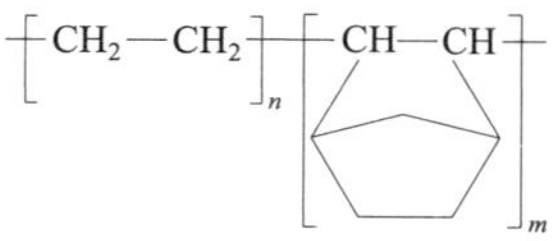

后者则遵循环烯烃与直链烯烃开环交叉复分解共聚机理（见下式），产物中同样含有 C=C 双键。当直链烯烃为乙烯时，则共聚物两端也为 C=C 双键。

7.8　聚硅氧烷

聚硅氧烷俗称有机硅，是目前半无机高分子中工业化早、发展规模最大的一员。

硅和碳同属于 ⅣA 族元素，价态为 +4，但其价电子却在 3d 轨道，原子半径较大，Si—Si 键能（约 125$kJ \cdot mol^{-1}$）要比 C—C 键能（350$kJ \cdot mol^{-1}$）低得多，因此硅烷（$Si_n H_{2n+2}$）不稳定，分子量不高。但 Si—O 键却很稳定（约 370$kJ \cdot mol^{-1}$），这就成为合成聚硅氧烷的基础。Si—C 键能也不低（240$kJ \cdot mol^{-1}$），可形成碳化硅，成为高硬度、耐磨的无机材料。

聚二甲基硅氧烷是聚硅氧烷的代表，其主链由硅和氧相间而成，硅上连有 2 个甲基。其起始单体为二甲基二氯硅烷。

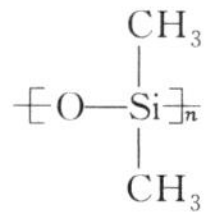

聚二甲基硅氧烷 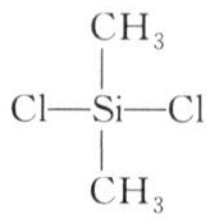　　　　　　二甲基二氯硅烷

7.8.1　单体

除了二甲基二氯硅烷是有机硅的主单体外，为了改善交联、封端、耐热、阻燃、相容等性能，还可以有带乙基、乙烯基、三氟丙基、p-氰乙基、苯基的许多共单体，例如：

$(CH_3)_2 SiCl_2$	$CH_3 SiCl_3$	$(CH_3)_3 SiCl$	$CH_2=CHSi(OC_2H_5)_3$	$(C_6H_5)_2 SiCl_2$
主单体	交联剂	封端剂	提供交联基团	提高耐热性

甲基氯硅烷由单质硅与氯甲烷反应而成，铜为催化剂，反应温度为 $250\sim280℃$，产物是多种氯硅烷的混合物，经精馏分离，可得二甲基二氯硅烷、三甲基一氯硅烷、甲基三氯硅烷等。

$$Si+CH_3Cl \xrightarrow[250\sim280℃]{Cu} (CH_3)_2SiCl_2 + (CH_3)_3SiCl + CH_3SiCl_3 + CH_3SiHCl_2$$

$$\qquad\qquad\qquad\quad 70\%\sim80\% \qquad 5\%\sim8\% \quad 10\%\sim18\% \quad 3\%\sim5\%$$

苯基氯硅烷则由氯苯与硅反应而成，只是反应温度较高。

7.8.2 聚合原理

氯硅烷中 Si—Cl 键不稳定，易水解成硅醇，硅醇迅速缩聚成聚硅氧烷，但分子量不高。

$$-\overset{|}{\underset{|}{Si}}-Cl \xrightarrow{H_2O} -\overset{|}{\underset{|}{Si}}-OH \xrightarrow{-H_2O} -\overset{|}{\underset{|}{Si}}-O-\overset{|}{\underset{|}{Si}}-$$

实际上，多将二甲基二氯硅烷水解，预缩聚成八元环四聚体（八甲基环四硅氧烷，D4）或六元环三聚体（六甲基环三硅氧烷，D3），经精制，再开环聚合成聚硅氧烷。

D4   D3

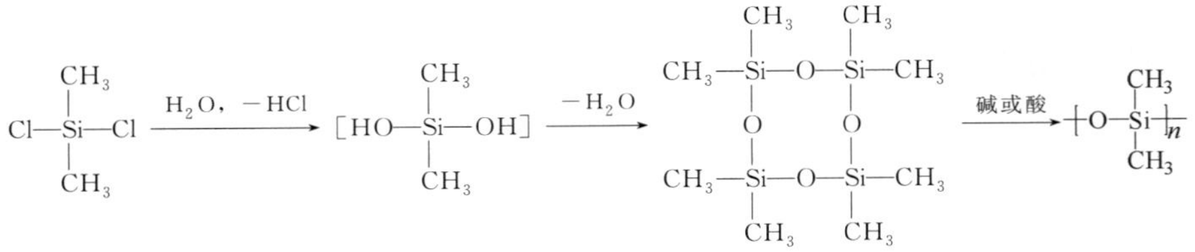

环硅氧烷四聚体为无色油状液体，在 $100℃$ 以上，可由碱或酸开环聚合成油状或冻胶状线形聚硅氧烷，分子量可高达 2×10^6，或 25000 重复单元。

D4 或 D3 的开环聚合，热力学上有两个特征：①环张力小，ΔH 接近于零，ΔS 却是正值，熵增就成为聚合的推动力，因为柔性线形聚硅氧烷比环状单体可以有更多的构象。②存在环-线平衡，聚合时线形聚合物与少量环状单体共存；在较高的温度（如 $250℃$）下，将解聚成环状低聚物，三至六聚体（六至十二元环）不等。

在动力学上，硅氧烷的开环聚合属于离子机理，碱或酸均可用作引发剂。

KOH 或 ROK 是环硅氧烷开环聚合常用的阴离子引发剂，可使硅氧键断裂，形成硅氧阴离子活性种，$—O^-$ 进攻环中硅原子，环状单体插入 $—O^-K^+$ 离子对而增长。

引发 $\qquad RO^-K^+ + \overline{SiR_2(OSiR_2)_3}O \longrightarrow RO(SiR_2O)_3SiR_2O^-K^+$

增长 $\qquad \sim SiR_2O^-K^+ + \overline{SiR_2(OSiR_2)_3}O \longrightarrow \sim(SiR_2O)_4SiR_2O^-K^+$

碱引发可合成高分子量聚硅氧烷。需另加 $(CH_3)_3Si—O—Si(CH_3)_3$ 作封端剂，控制分子量。封端终止是链转移反应，有如下式：

$$\sim\!Si(CH_3)_2\!-\!O^-K^+ + (CH_3)_3Si\!-\!O\!-\!Si(CH_3)_3 \longrightarrow \sim\!(CH_3)_2Si\!-\!O\!-\!Si(CH_3)_3 + (CH_3)_3Si\!-\!O^-K^+$$

强质子酸或 Lewis 酸也可使环硅氧烷阳离子开环聚合，活性种则是硅阳离子—$Si(R_2)^+A^-$，单体插入 Si^+A^- 键而增长，也可能先形成氧鎓离子，而后重排成硅阳离子。酸引发时，聚硅氧烷分子量较低，常用于硅油的合成。

$(CH_3)_3SiCl$ 水解后只有 1 个羟基，可用来封锁端基。CH_3SiCl_3 水解后则有 3 个羟基，可起交联作用。四氯化硅将水解成四羟基的硅酸，会引起深度交联。乙烯基氯硅烷参与共聚，将引入双键侧基，可供交联之需。苯基硅氧烷的苯环可以提高聚硅氧烷的耐热性。

7.8.3 结构性能与应用

聚二甲基硅氧烷的结构特征是氧、硅原子相间，硅原子有 2 个侧基，氧的键角较大（140°），侧基间相互作用较小，容易绕 Si—O 单键内旋，$T_g = -130℃$，可以在很宽温度范围（$-130 \sim +250℃$）内保持柔性和高弹性，是高分子中最柔顺的一员。此外，还有耐高温（<180℃）、耐化学品、耐氧化、疏水和电绝缘等优点，可以在许多重要领域中应用。

聚硅氧烷的工业产品主要有硅橡胶、硅油和硅树脂三类。高分子量线形聚硅氧烷进一步交联，就成为硅橡胶。低分子线形聚二甲基硅氧烷和环状低聚物的混合物可用作硅油。有三官能度存在的聚硅氧烷，俗称硅树脂，可以交联固化，用作涂料。

硅橡胶的交联方法有多种：①过氧化二氯代苯甲酰在 110~150℃ 下分解成自由基，夺取侧甲基上的氢，成亚甲基桥交联；②加少量（0.1%）乙烯基硅氧烷作共单体，引入乙烯基侧基交联点；③加多官能度氯硅烷，如四氯硅烷，用辛酸锡催化，则可室温固化。

硅橡胶的高度柔性同时也是其产生高度渗透性的原因，可用作膜材料。利用其生理惰性、疏水性、抗凝血性，用于人工心脏瓣膜和有关脏器配件、假体、接触眼镜、药物控制释放制剂以及防水涂层等。也曾有人利用其透氧性，试图研制潜水员的人工鳃。

7.8.4 改性

聚硅氧烷可以改性，例如与环氧树脂、醇酸树脂、丙烯酸酯类树脂结合，制备复合涂料；与三氟丙基甲基二氯硅烷共聚，制耐高温的氟硅橡胶，用于宇航。

聚硅氧烷限在 180℃ 以下使用，加热至 250℃，就迅速解聚成环状低聚物。可以有多种方法使其耐热性提高到 300℃ 以上，例如由苯基三氯硅烷（$C_6H_5SiCl_3$）水解，制备可溶性梯形有机硅，主链中引入芳环或碳硼烷等。

第 7 章

思 考 题

1. 举出不能开环聚合的 3 种六元环。为什么三氧六环却能开环聚合？

2. 环烷烃开环倾向大致为：三、四元环＞八元环＞七、五元环，分析其主要原因。

3. 下列单体选用哪一引发体系进行聚合？写出综合聚合反应式。

单 体	环氧乙烷	丁氧环	乙烯亚胺	八甲基四硅氧烷	三聚甲醛
引发剂	n-C_4H_9Li	$BF_3 + H_2O$	H_2SO_4	CH_3ONa	H_2O

4. 以辛基酚为起始剂，甲醇钾为引发剂，环氧乙烷进行开环聚合，简述其聚合机理。辛基酚用量对聚合速率、聚合度、聚合度分布有何影响？

5.以甲醇钾为引发剂聚合得到的聚环氧乙烷分子量可以高达 3 万～4 万，但在同样条件下，聚环氧丙烷的分子量却只有 3000～4000，为什么？说明两者聚合机理有何不同。

6.丁氧环、四氢呋喃开环聚合时需选用阳离子引发剂，环氧乙烷、环氧丙烷聚合时却多用阴离子引发剂，而丁硫环则既可阳离子聚合，也可阴离子聚合，为什么？

7.甲醛和三聚甲醛均能聚合成聚甲醛，但实际上多选用三聚甲醛作单体，为什么？在较高的温度下，聚甲醛很容易连锁解聚成甲醛，提高聚甲醛的热稳定性有哪些措施？

8.己内酰胺可以由中性水和阴、阳离子引发聚合，为什么工业上很少采用阳离子聚合？阴离子开环聚合的机理特征是什么？如何提高单体活性？什么叫乙酰化剂，有何作用？

9.乳酸和丙交酯均能聚合成聚乳酸，但实际上合成高分子量的聚乳酸多选用丙交酯的开环聚合，为什么？

10.降冰片烯可分别采用茂金属引发聚合和开环易位聚合，写出它们产物的分子结构。讨论它们可能的性能差异。

11.谈谈环烯烃开环易位聚合产物的主要结构特点，讨论它们的优缺点。

12.合成聚硅氧烷时，为什么选用八甲基环硅氧烷作单体，碱作引发剂？如何控制聚硅氧烷的分子量？

13.聚硅氧烷可通过二甲基二氯硅烷与甲基乙烯基二氯硅烷的共聚来改变品种。试写出这种共聚物的结构式，并说明如何利用其中的侧乙烯基，来改善或赋予聚合物的哪些性能。

计 算 题

70℃下用甲醇钠引发环氧丙烷聚合，环氧丙烷和甲醇钠的浓度分别为 $0.80 \, mol \cdot L^{-1}$ 和 $2.0 \times 10^{-4} \, mol \cdot L^{-1}$，有链转移反应，试计算 80% 转化率时聚合物的数均分子量。

8

聚合物化学改性与反应性聚合物

前几章着重介绍高分子的合成，即由小分子单体到大分子聚合物的聚合反应，显现了聚合物的产生。本章介绍聚合物的化学改性与功能化，第 9 章将介绍聚合物的老化与降解。这两章的内容都属于聚合物的化学反应，但本章侧重于利用聚合物的化学反应，赋予聚合物特殊的结构，使其具有特定的性能或功能；第 9 章则讨论聚合物因经受化学反应而出现的老化或降解，以及人为地降解并再资源化的途径，显现为聚合物的凋亡与重生的可能。

聚合物的化学反应种类很多，范围甚广，文献浩繁，目前尚难完全按机理分类，本书按结构和聚合度变化进行归类，即大致归纳成基团反应、接枝、嵌段、扩链、交联、降解等几大类。基团反应时聚合度和总体结构变化较小，因此可称为相似转变；许多聚合物的功能化改性基本可归为基团反应。接枝、嵌段、扩链、交联使聚合度增大，可看成是聚合物的化学改性。降解使聚合度或分子量变小，老化往往兼有降解和交联，情况更加复杂。

8.1 聚合物化学反应的特征

低分子有机化合物有许多反应，如氢化、氧化、卤化、硝化、磺化、醚化、酯化、水解、醇解、加成等，聚合物也可以有类似的基团反应。

乙烯基聚合物往往带有侧基，如烷基、苯基、卤素、羟基、羧基、酯基等，二烯烃聚合物主链上留有双键，这些基团都可进行相应反应，包括加成、取代、消去、成环等。

缩聚物主链中有特征基团，如醚键、酯键、酰胺键等，可以进行水解、醇解、氨解等，这部分已经在逐步聚合的副反应中提及，将在第 9 章进一步介绍。

8.1.1 大分子基团的活性

聚合物和低分子同系物可以进行相似的基团反应，例如纤维素和乙醇中的羟基都可以酯化，聚乙烯和己烷都可以氯化等；但对产率或转化率的表述和基团活性却存在着差异。

在聚合物化学反应中，不宜用分子计，而应以基团计来表述产率或转化率。例如丙酸甲酯水解，可得 80% 纯度的丙酸，残留 20% 丙酸甲酯尚未转化，水解的转化率为 80%（摩尔分数）。聚丙烯酸甲酯也可以进行类似的水解反应，可转变成含 80% 丙烯酸单元和 20% 丙烯酸甲酯单元的无规共聚物，两种单元无法分离，因此应该以"基团"的转化程度（80%）来表述。

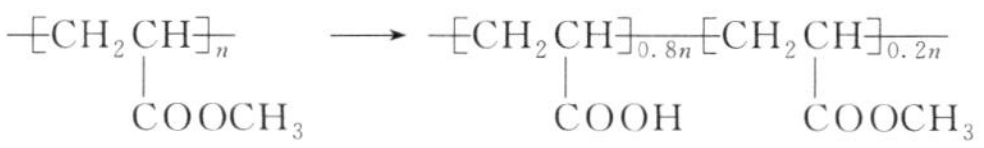

$$\begin{array}{c} -\!\!\!\!\left[CH_2CH\right]_n\!\!\!\!- \\ | \\ COOCH_3 \end{array} \longrightarrow \begin{array}{c} -\!\!\!\!\left[CH_2CH\right]_{0.8n}\!\!\!\!\left[CH_2CH\right]_{0.2n}\!\!\!\!- \\ | \qquad\qquad | \\ COOH \qquad COOCH_3 \end{array}$$

从单个基团比较，聚合物的反应活性似应与同类低分子相同，例如前几章处理聚合动力学时所采用的"等活性"概念。但更多场合，聚合物中的基团活性、反应速率和最高转化程度一般都低于同系低分子物，仅少数有增加的情况。主要原因是基团所处的宏观环境（物理因素）和微观环境（化学因素）不同所引起的。

8.1.2　物理因素对基团活性的影响

聚合物与低分子物质进行化学反应，首先要求基团处于分子级的接触，结晶、相态、溶解度不同，都会影响到低分子反应物的扩散，从而反映出基团表观活性和反应速率的差异。

对于高结晶度聚合物，低分子反应物很难渗透入晶区，反应多局限于表面或非晶区。玻璃态聚合物的链段被冻结，也不利于低分子反应物的扩散和反应。反应之前，最好使这些固态聚合物先溶解，至少是溶胀或熔融；反应过程中也应关注产物溶解度和相态的变化。

8.1.3　化学因素对基团活性的影响

影响聚合物反应的化学因素有概率效应和邻近基团效应。

① 概率效应　当聚合物相邻侧基作无规成对反应时，中间往往留有未反应的孤立单个基团，最高转化程度会因此而受到限制。例如聚氯乙烯与锌粉共热脱氯成环，按概率计算，环化程度只有86.5%，尚有13.5%的氯原子被孤立地隔离在两环之间，无法反应。实验测定结果与理论计算值相近。这就是相邻基团按概率反应引起的。聚乙烯醇缩醛也类似。

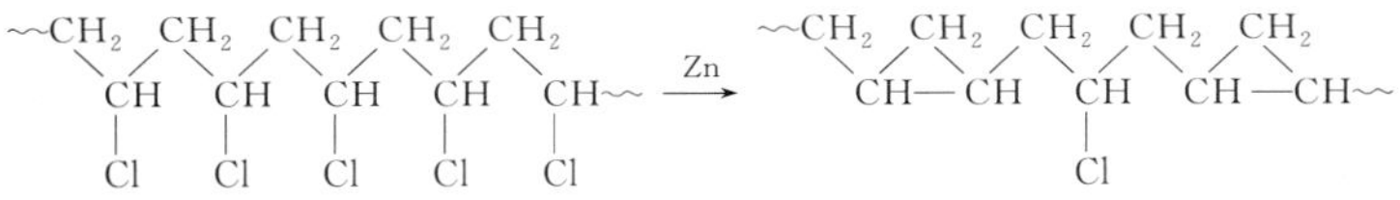

② 邻近基团效应　高分子中原有基团或反应后形成的新基团的位阻效应和电子效应，以及试剂的静电作用，都可能影响到邻近基团的活性和基团的转化程度。

体积较大基团的位阻效应一般将使聚合物化学反应的活性降低，基团转化程度受限。

不带电荷的基团转变成带电荷基团的高分子反应速率往往随转化程度的提高而降低。带电荷的大分子和电荷相反的试剂反应，结果加速；而与相同电荷的试剂反应，则减慢，转化程度也低于100%。现举加速二例。

例如以酸作催化剂，聚丙烯酰胺水解为聚丙烯酸的反应。反应初期水解速率与丙烯酰胺的水解速率相同。但反应进行之后，水解速率自动加速了几千倍。因为水解所形成的羧基—COOH与邻近酰胺基中的羰基 C=O静电相吸，形成过渡六元环，有利于酰胺基中氨基—NH_2的脱除而迅速水解。

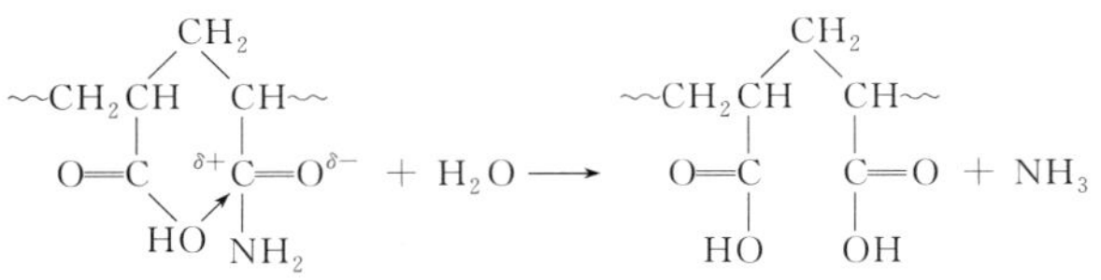

又如聚甲基丙烯酸甲酯用弱碱或稀碱液皂化（水解），也有自动催化效应。因为羧基阴离子形成后，易与相邻酯基形成六元环酐，再开环成羧基，而并非由氢氧离子来直接水解。凡有利于形成五、六元环中间体的，邻近基团都有加速作用。

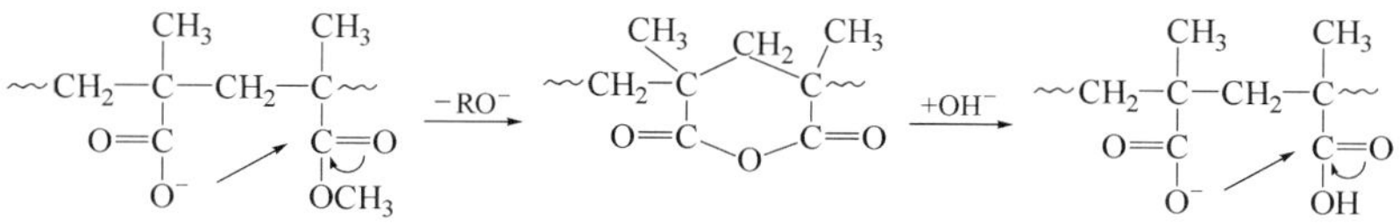

深入研究聚合物的基团反应时，必须注意上述聚集态物理因素和化学因素的综合影响。

8.2　聚合物的基团反应

8.2.1　聚二烯烃的加成反应

与烯烃的加成反应相似，二烯类橡胶分子中含有双键，也可以进行加成反应，如加氢、氯化和氢氯化，从而引入新的原子或基团；也可进行环氧化反应，从而赋予更高的反应活性。

（1）加氢反应

顺丁橡胶、天然橡胶、丁苯橡胶、丁腈橡胶等都是以二烯烃为基础的橡胶，大分子链中含有 C=C 双键，可部分地用以交联反应，从而赋予回弹性。但双键的存在，也易使聚合物氧化和老化。加氢可使它们部分地饱和，从而改变玻璃化温度和结晶度，提高耐候性。

$$\sim CH_2CH=CHCH_2\sim \ + \ H_2 \longrightarrow \ \sim CH_2CH_2-CH_2CH_2\sim$$

二烯类橡胶加氢的关键是寻找加氢催化剂（镍或贵金属类），而且要注意氢在橡胶中的扩散等相关的化工问题。实际过程中，氢气的扩散传质是反应的控制步骤。

SBS（苯乙烯-丁二烯-苯乙烯三嵌段热塑性弹性体）同样含有 C=C 双键。其加氢使聚合物主链中部分形成了聚乙烯链段，使原本仅靠聚苯乙烯链段玻璃化所致的可逆"交联"，附加了作用力更强的聚乙烯结晶，可大幅度提高力学性能。同时，主链不饱和度减小，也可改善耐候性。

（2）氯化和氢氯化

氯化橡胶不透水，耐无机酸、耐碱和大部分化学品，可用作防腐蚀涂料和胶黏剂，如混凝土涂层。氯化天然橡胶能溶于四氯化碳，氯化丁苯橡胶却不溶，但两者都能溶于苯和氯仿中。

聚丁二烯的氯化与加氢反应相似，比较简单。天然橡胶氯化则比较复杂。

天然橡胶的氯化可在四氯化碳或氯仿溶液中于 $80\sim100$℃下进行，产物含氯量可高达 65%（相当于每一重复单元含有 3.5 个氯原子），除在双键上加成外，还可能在烯丙基位置取代和环化，甚至交联。

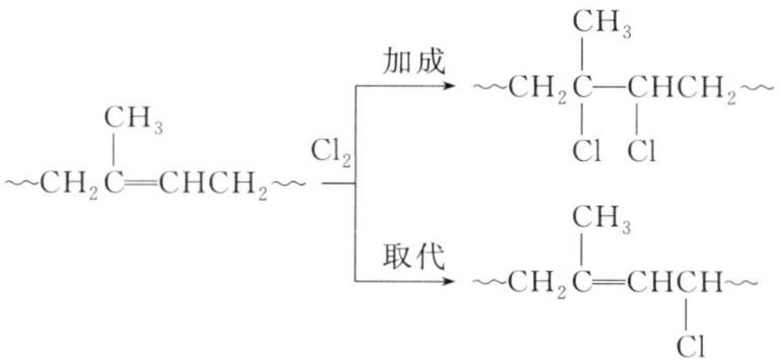

天然橡胶氯化时的取代反应，在以异戊二烯为共聚单体的丁基橡胶的卤化中则主要体现

为叔氢原子的卤代。

丁基橡胶是由异丁烯和少量异戊二烯合成的共聚物，由于分子主链上有密集的侧甲基分布和较少的双键，表现出优异的气密性、耐热老化性和能量吸收性。但丁基橡胶因呈非极性，粘接性差，硫化速度慢，且难与其他橡胶共混。将其卤化（氯化或溴化）可在保持其优良性能的同时克服这些缺点，用于汽车子午线轮胎的气密层、医用瓶塞等。然而，丁基橡胶的卤化并非 C═C 双键上的加成，而主要是烯丙基位置上的卤代。例如，丁基橡胶的溴化反应，实际生产中，约一半的液溴原料以溴元素的形式键连到聚合物上，而另一半液溴则生成了溴化氢，表明几乎都为取代反应。反应式为

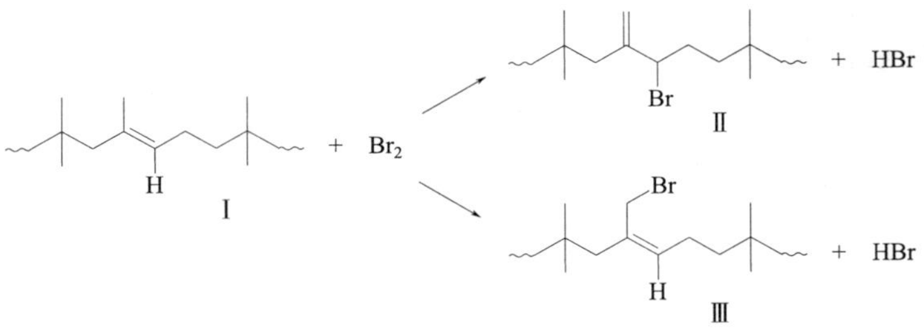

检测结果表明，95％以上的溴化异戊二烯结构单元呈 II 结构。

天然橡胶还可以在苯或氯代烃溶液中与氯化氢进行亲电加成反应。按马氏规则（Markovnikov rules），氯加在三级碳原子上。

$$\sim CH_2C(CH_3){=}CHCH_2\sim \xrightarrow{H^+} \sim CH_2C^+(CH_3)CH_2CH_2\sim \xrightarrow{Cl^-} \sim CH_2CCl(CH_3)CH_2CH_2\sim$$

碳正离子中间体也可能环化。氢氯化橡胶对水汽的阻透性好，除碱、酸外，耐许多化学品的水溶液，可用作食品、精密仪器的包装薄膜。

8.2.2 聚烯烃和聚氯乙烯的氯化

（1）聚乙烯的氯化和氯磺化

聚烯烃的氯化是取代反应，属于比较简单的高分子基团反应。

聚乙烯与烷烃相似，耐酸、耐碱，化学惰性，但易燃。在适当温度下或经紫外光照射，聚乙烯容易被氯化，形成氯化聚乙烯（CPE），释放出氯化氢。总反应式可简示如下：

$$\sim CH_2{-}CH_2\sim + Cl_2 \longrightarrow \sim CH_2{-}CHCl\sim + HCl$$

氯化反应属于自由基连锁机理。氯气吸收光量子后，均裂成氯自由基。氯自由基向聚乙烯转移成链自由基和氯化氢。链自由基与氯反应，形成 CPE 和氯自由基。如此循环，连锁进行下去。

$$Cl_2 \xrightarrow{h\nu} 2Cl\cdot$$
$$\sim CH_2{-}CH_2\sim + Cl\cdot \longrightarrow \sim CH_2{-}\overset{\cdot}{C}H\sim + HCl$$
$$\sim CH_2{-}\overset{\cdot}{C}H\sim + Cl_2 \longrightarrow \sim CH_2{-}CHCl\sim + Cl\cdot$$

高密度聚乙烯多选作氯化的原料，高分子量聚乙烯氯化后可形成韧性的弹性体，低分子量聚乙烯的氯化产物则容易加工。CPE 的氯含量可以调节在 10％～70％（质量分数）范围内。氯化后，可燃性降低，溶解度有增有减，视氯含量而定。氯含量低时，性能与聚乙烯相

近，但含 $30\% \sim 40\%$ Cl 的 CPE 却是弹性体，阻燃，可用作聚氯乙烯抗冲改性剂；氯含量 $>40\%$，则刚性增加，变硬。

工业上聚乙烯的氯化有两种方法：①溶液法。以四氯化碳作溶剂，在回流温度（如$95 \sim 130℃$）和加压条件下进行氯化，产物含 15% 氯时，就开始溶于溶剂，可以适当降低温度继续反应，产物中氯原子分布比较均匀。②悬浮法。以水作介质，氯化温度较低（如$65℃$），氯化多在表面进行，氯含量可到 40%。适当提高温度（如$75℃$），氯含量还可提高，但需克服粘接问题。悬浮法产品中的氯原子分布不均匀。

近年来，研究者试图参照聚氯乙烯的气相法氯化技术，开发在紫外光或 γ 射线辐照下的氯化聚乙烯的方法。因聚乙烯的初级产品多呈粉体，若能在光催化作用下，直接进行气态氯对粉体聚乙烯的氯化，则可免去聚乙烯溶解或溶胀、溶剂或介质分离、产品干燥等步骤。

聚乙烯还可以进行氯磺化。聚乙烯的四氯化碳悬浮液与氯、二氧化硫的吡啶溶液进行反应，则形成氯磺化聚乙烯，含 $26\% \sim 29\%$ Cl 和 $1.2\% \sim 1.7\%$ S，相当于$3 \sim 4$ 单元有 1 个氯原子，$40 \sim 50$ 单元有 1 个磺酰氯基团（$-SO_2Cl$）。

$$\sim CH_2CH_2 \sim \sim CH_2CH_2 \sim \xrightarrow[-HCl]{Cl_2,\ SO_2} \sim CH_2\underset{\underset{Cl}{|}}{C}H \sim \sim CH_2\underset{\underset{SO_2Cl}{|}}{C}H \sim$$

氯磺化聚乙烯是弹性体，$-50℃$ 时仍保持有柔性。少量磺酰氯基团即可供金属氧化物（如氧化铅）、硫或二苯基胍 $[(C_6H_5)_2C:NH]$ 来交联。氯磺化聚乙烯耐化学药品、耐氧化，在较高温度下仍能保持较好的机械强度，可用于特殊场合的填料和软管，也可以用作涂层。

（2）聚丙烯的氯化

聚丙烯含有叔氢原子，更容易被氯原子所取代。聚丙烯经氯化，结晶度降低，并降解，力学性能变差。但氯原子的引入，增加了极性和粘接力，可用作聚丙烯的附着力促进剂。

$$\sim CH_2-\underset{\underset{H}{\overset{\overset{CH_3}{|}}{|}}}{C} \sim + Cl_2 \longrightarrow \sim CH_2-\underset{\underset{Cl}{\overset{\overset{CH_3}{|}}{|}}}{C} \sim + HCl$$

常用的氯化聚丙烯含有 $30\% \sim 40\%$（质量分数）Cl，软化点为 $60 \sim 90℃$，溶解度参数 δ 为$18.5 \sim 19.0 J^{1/2} \cdot cm^{-3/2}$，能溶于弱极性溶剂，如氯仿，不溶于强极性的甲醇（$\delta = 29.21 J^{1/2} \cdot cm^{-3/2}$）和非极性的正己烷（$\delta = 14.94 J^{1/2} \cdot cm^{-3/2}$）。

（3）聚氯乙烯的氯化

聚氯乙烯的氯化可以水作介质在悬浮状态下于 $50℃$ 进行，亚甲基氢被取代。

$$\sim CH_2\underset{\underset{Cl}{|}}{C}H \sim + Cl_2 \longrightarrow \sim \underset{\underset{Cl}{|}}{C}H\underset{\underset{Cl}{|}}{C}H \sim + HCl$$

聚氯乙烯是通用塑料，但其热变形温度低，约$80℃$。经氯化，使氯含量从原来的 56.8% 提高到 $62\% \sim 68\%$，耐热性可提高 $10 \sim 40℃$，溶解性、耐候性、耐腐蚀性、阻燃性等性能也相应改善，因此氯化聚氯乙烯可用于热水管、涂料、化工设备等方面。

聚氯乙烯氯化的工业实施方法有溶液法、悬浮法和气相法三种。气相法的主要缺点是撤除反应热较困难，因此有研究者试图开发低温等离子气相法。

第 8 章

8.2.3 聚醋酸乙烯酯的醇解

聚乙烯醇是维尼纶纤维的原料，也可用作胶黏剂和分散剂。乙烯醇不稳定，无法游离存在，将迅速异构化为乙醛。因此聚乙烯醇只能由聚醋酸乙烯酯经醇解（水解）来制备。

在酸或碱的催化下，聚醋酸乙烯酯可用甲醇醇解成聚乙烯醇，即醋酸根被羟基所取代。碱催化效率较高，副反应少，用得较广。醇解前后聚合度几乎不变，是典型的相似转变。

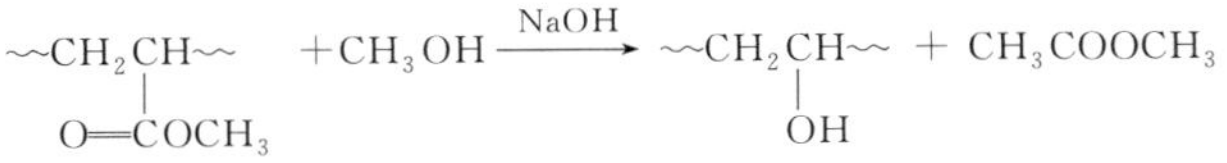

~~CH2CH~~
O=COCH3
+CH3OH
NaOH
~~CH2CH~~
OH
+ CH3COOCH3

在醇解过程中，并非全部醋酸根都转变成羟基，转变的摩尔分数（%）称作醇解度(DH)。产物的水溶性与醇解度有关。纤维用聚乙烯醇要求 DH>99%；用作氯乙烯悬浮聚合分散剂则要求 DH≈80%，这两者都能溶于水；DH<50%，则成为油溶性分散剂。

聚乙烯醇配成热水溶液，经纺丝、拉伸，即成部分结晶的纤维。晶区虽不溶于热水，但非晶区却亲水，能溶胀。进一步以酸为催化剂，与甲醛反应，使缩醛化。分子间缩醛，形成交联；分子内缩醛，将形成六元环。由于概率效应，缩醛化并不完全，尚有孤立羟基存在。但适当缩醛化后，就足以降低其亲水性。因此，维尼纶纤维的生产过程往往由聚醋酸乙烯酯的醇解、聚乙烯醇的纺丝拉伸、缩醛等工序组成。

2~~CH2CH—CH2CH~~
OH
OH
+RCHO
~~CH2CH—CH2CH~~
O
OH
RCO
O
OH
~~CH2CH—CH2CH~~

CH2
~~CH2CH
CH~~
HO
OH
+ RCHO
CH2
~~CH2CH
CH~~
O
O
RCH
+ H2O

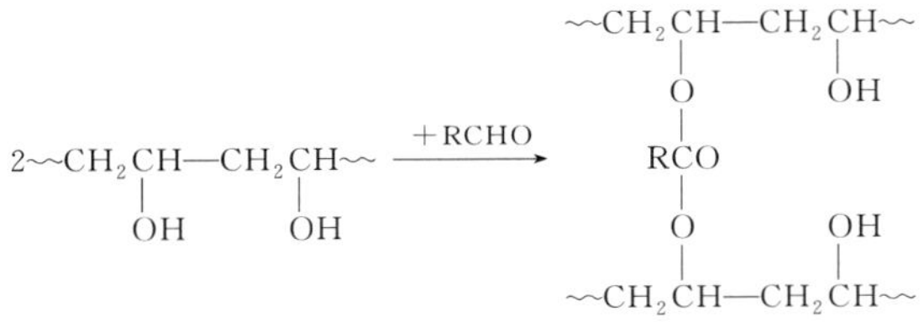

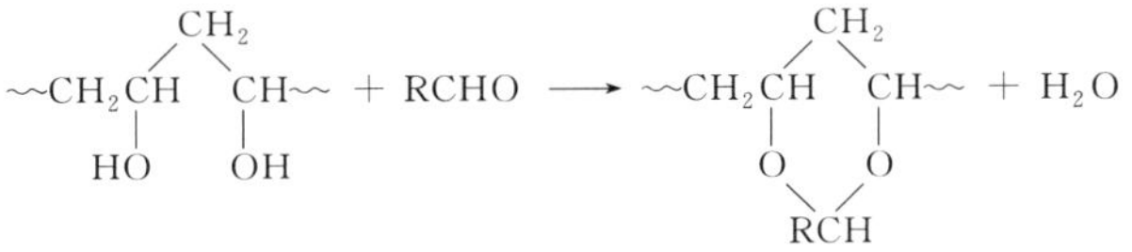

聚乙烯醇缩丁醛（polyvinyl butyral，PVB）由于分子中含有较长支链，故具有良好的柔顺性，玻璃化温度低，拉伸强度和抗冲击强度均比较很高。PVB 同时具有优良的透明性，与玻璃、金属（尤其是铝）等材料很高的粘接力，良好的成膜性，且耐光、耐水、耐热、耐寒，因此广泛用作安全玻璃夹层、铝箔纸、电器材料的胶黏剂，以及电绝缘膜和涂料等。

8.2.4 聚丙烯酸酯类的基团反应

与丙烯腈、丙烯酰胺的水解相似，聚丙烯酸甲酯、聚丙烯腈、聚丙烯酰胺经水解，最终均能形成聚丙烯酸。

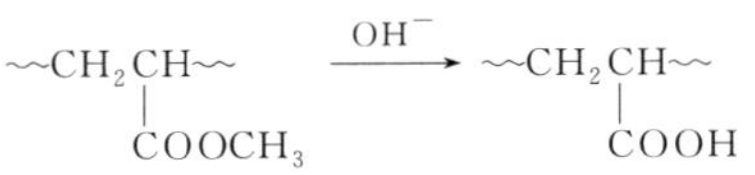

~~CH2CH~~
COOCH3
OH⁻
~~CH2CH~~
COOH

聚丙烯酸或部分水解的聚丙烯酰胺可用于锅炉水的防垢和水处理的絮凝剂，水中有铝离子时，聚丙烯酸成絮状，与杂质一起沉降除去。

8.2.5 苯环侧基的取代反应

聚苯乙烯中的苯环可以进行系列取代反应，如烷基化、氯化、磺化、氯甲基化、硝化等。

苯乙烯和二乙烯基苯的共聚物是离子交换树脂的母体，与发烟硫酸反应，可以在苯环上引入磺酸根基团，即成阳离子交换树脂；与氯代二甲基醚反应，则可引入氯甲基，进一步引入季铵基团，即成阴离子交换树脂。在氯甲基化交联聚苯乙烯中还可以引入其他基团。

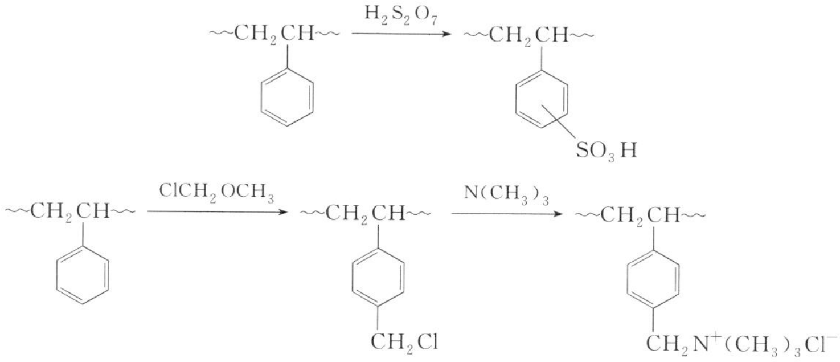

8.2.6 环化反应

有多种反应可在大分子链中引入环状结构，例如前面已经提及的聚氯乙烯与锌粉共热、聚乙烯醇缩醛等的环化。环的引入，使聚合物刚性增加，耐热性提高。有些聚合物，如聚丙烯腈纤维或黏胶纤维，经热解后，还可能环化成梯形结构，甚至稠环结构，用于制备碳纤维。

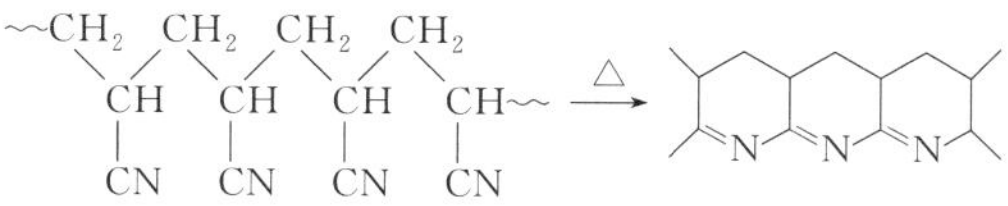

由聚丙烯腈制碳纤维，先要将聚丙烯腈纺成丝，然后在 $200 \sim 300℃$ 下预氧化，继在 $800 \sim 1900℃$ 下碳化，最后在 $2500℃$ 下石墨化，析出碳以外的其他所有元素，形成碳纤维。碳纤维是高强度、高模量、耐高温的石墨态纤维，与合成树脂复合后，成为高性能复合材料，可用于宇航和特殊场合。

8.2.7 纤维素的化学改性

纤维素广泛分布在木材（约含 50% 纤维素）和棉花（约含 96% 纤维素）中。天然纤维素的重均聚合度可达 $10000 \sim 18000$，其重复单元由 2 个 D-葡萄糖结构单元 $[C_6H_7O_2(OH)_3]$ 按 β-1，4-键接而成。每一葡萄糖结构单元有 3 个羟基，都可参与酯化、醚化等反应，形成许多衍生物，如黏胶纤维和铜氨纤维、硝化纤维素和醋酸纤维素等酯类、甲基纤维素和羟丙基纤维素等醚类。

纤维素分子间有强的氢键，结晶度高（$60\% \sim 80\%$），高温下只分解而不熔融，不溶于一般溶剂中，却可被适当浓度的氢氧化钠溶液（约 18%）、硫酸、醋酸所溶胀。因此纤维素在参与化学反应前，需预先溶胀，以便化学试剂的渗透。

（1）再生纤维素——黏胶纤维和铜氨纤维

制备再生纤维素一般使用价廉的木浆或棉短绒为原料，经溶胀和化学反应，再水解沉析凝固而成。与原始纤维素相比，再生纤维素的结构发生了变化：一是因纤维素溶胀过程中的降解，聚合度有所降低；二是结晶度显著降低。

纤维素经碱溶胀，继用二硫化碳处理而成的再生纤维素称作黏胶纤维；用氧化铜的氨溶液溶胀，继用酸或碱处理而成的再生纤维素则称作铜氨纤维。

① 黏胶纤维　从纤维素制备黏胶纤维的原理和过程大致如下：

$$\underset{\text{P}}{\text{P}}-\text{OH} \xrightarrow{\text{NaOH}} \underset{\text{P}}{\text{P}}-\text{ONa}$$

$$\text{P}-\text{O}-\text{CSSH} \xleftarrow{\text{H}^+} \text{P}-\text{O}-\text{CSSNa}$$

首先用 18%～20% 氢氧化钠溶液处理纤维素（P—OH），使溶胀并部分转变成碱纤维素（P—ONa）；室温下放置几天熟化，氧化降解，使聚合度适当降低。

继而在 20～30℃，用二硫化碳对碱纤维素进行黄原酸化处理，形成纤维素黄原酸钠（P—O—CSSNa）胶液，每 3 个羟基只要平均有 0.4～0.5 个黄原酸，就足以使纤维素溶解。黄原酸（RCSSH）及其钠盐的分子结构类似羧酸（RCOOH）和羧酸钠，但在性能上则更不稳定，容易水解，脱去 CS_2，转变成羟基。

黄原酸钠不稳定，在室温下熟化过程中，部分水解成羟基，以增加黏度，成为易凝固的纺前黏胶液。胶液经纺丝拉伸凝固成丝或成膜，进一步入酸浴，与酸反应，水解成纤维素黄原酸（P—O—CSSH），同时脱出二硫化碳，再生出纤维素。

$$\text{P}-\text{O}-\text{CSSNa} + H_2SO_4 \longrightarrow \text{P}-\text{OH} + Na_2SO_4 + CS_2 \uparrow$$

释放出来的 CS_2 应尽量回收循环使用，并解决尾气对大气的污染问题。

② 铜氨纤维　利用纤维素能在铜氨溶液 $[Cu(NH_3)_4]^{2+}[OH]_2^{2-}$ 中溶解以及在酸中凝固的性质，也可以制备再生纤维素。将纤维素溶于铜氨溶液（25% 氨水、40% 硫酸铜、8% NaOH）中，搅拌，利用空气中的氧气使该纺丝清液适当降解，降低聚合度，再经纺丝拉伸，在 7% 硫酸浴中凝固，洗去残留铜和氨，即得铜氨人造丝。玻璃纸的制法也相似，只是浆液浓度较大而已。

铜氨法比较简单，但铜和氨的成本较高，虽然 95% 的铜和 80% 的氨可以回收。

（2）纤维素的酯化

纤维素中的羟基可以进行多种化学反应，产生许多衍生物，例如酯类、醚类乃至接枝共聚物和交联产物等。

纤维素酯类包括硝酸酯、醋酸酯、丙酸酯、丁酸酯以及混合酯等。硝化纤维素是较早研究成功的改性天然高分子（1868 年），醋酸纤维素继后。

① 硝化纤维素　硝化纤维素是由纤维素在 25～40℃ 经硝酸和浓硫酸的混合酸硝化而成的酯类。浓硫酸起着使纤维素溶胀和吸水的双重作用，硝酸则参与酯化反应。

$$\text{P}-\text{OH} + HNO_3 \xrightarrow{H_2SO_4} \text{P}-\text{ONO}_2 + H_2O$$

并非所有羟基都能全部酯化，每单元中被取代的羟基数定义为取代度（DS），工业上则以含氮量（质量分数）来表示硝化度。理论上硝化纤维素的最高硝化度为 14.4%（DS＝3），实际上则低于此值，硝化纤维素的取代度或硝化度可以由硝酸的浓度来调节。混合酸的最高比例为

$H_2SO_4 : HNO_3 : H_2O = 6 : 2 : 1$。

不同取代度的硝化纤维应用于不同场合，高氮（12.5%～13.6%）硝化纤维素用作火药，低氮（10.0%～12.5%）硝化纤维素可用作塑料、片基薄膜和涂料，见表8-1。

表 8-1 硝化纤维的取代度和用途

氮含量	取代度	用途
14.4	3	理论
12.6～13.4	2.7～2.9	火药
11.8～12.4	2.5～2.6	胶卷
10.6～12.4	2.25～2.6	硝化漆
10.6～11.2	2.25～2.4	赛璐珞

赛璐珞（celluloid）是指塑料的旧有名称，由硝化纤维素制成，使用樟脑来增加塑性，无色透明，早期用来制造电影胶片、乒乓球、头饰、仿造玳瑁、象牙等。

供赛璐珞用的硝化纤维素，在硝化之后含有40%～50%水分，用酒精排水，经离心或压榨挤出水分，仍含有30%～45%"湿度"，但其中80%是酒精，20%是水。再与20%～30%樟脑（增塑剂）共混，经辊炼或捏合，将酒精降至12%～18%。在80～90℃和50～300N·cm^{-2}下压成块，切割成棒、管、板等半成品，再加工成塑料制品。但是硝化纤维素最主要的用途还是涂料，其聚合度约200，取代度约2.0。

硝化纤维素易燃，已被醋酸纤维素所取代。

② 醋酸纤维素 醋酸纤维素是以硫酸为催化剂经冰醋酸或醋酐乙酰化而成。硫酸和醋酐还有脱水作用。

$$\text{P}-(OH)_3 \begin{cases} + CH_3COOH \\ + (CH_3CO)_2O \end{cases} \xrightarrow{H_2SO_4} \text{P}-(OOCCH_3)_3 \begin{cases} + H_2O \\ + CH_3COOH \end{cases}$$

经上述反应，纤维素直接酯化成三醋酸纤维素（实际上 DS=2.8）。部分乙酰化纤维素只能由三醋酸纤维素部分皂化（水解）而成。

$$\text{P}-(OOCCH_3)_3 + NaOH \longrightarrow \text{P}-(OOCCH_3)_2(OH) + CH_3COONa$$

虽然三醋酸纤维素能溶于氯仿或二氯甲烷和乙醇的混合物中，也可直接制成薄膜或模塑制品，但使用得更多的醋酸纤维素是2.2～2.8取代度的品种，可用作塑料、纤维、薄膜、涂料等。因其强度和透明，可用来制作眼镜架、玩具、电器零部件等。

纤维素的醋酸-丙酸混合酯和醋酸（29%～6%）-丁酸（17%～48%）混合酯具有更好的溶解性能、抗冲性能和尺寸稳定性，耐水，容易加工，可用作模塑粉、涂料和包装材料等。

（3）纤维素的醚化

纤维素醚类品种很多，如甲基纤维素、乙基纤维素、羟乙基纤维素、羟丙基纤维素、羟丙基甲基纤维素、羧甲基纤维素等。其中乙基纤维素为油溶性，可用作织物浆料、涂料和注塑料，其他为水溶性。甲基纤维素可用作食品增稠剂，以及胶黏剂、墨水、织物处理剂的组分。羧甲基纤维素、羟乙基纤维素、羟丙基纤维素可用作胶黏剂、织物处理剂和乳化剂。羟丙基甲基纤维素用作悬浮聚合的分散剂。

制备纤维素醚类时，首先需用碱液使纤维素溶胀，然后由碱纤维素与氯甲烷、氯乙烷等氯代烷（RCl）反应，就形成甲基纤维素或乙基纤维素。所引入的烷氧基减弱了纤维素分子间的氢键，增加了水溶性。取代度增加过多，又会使溶解度降低。

$$\text{P}-ONa + RCl \longrightarrow \text{P}-OR + NaCl$$

羧甲基纤维素由碱纤维素与氯代醋酸（ClCH$_2$COOH）反应而成，取代度为 0.5～0.8 的品种主要用作织物处理剂和洗涤剂，高取代度品种则用作增稠剂和钻井泥浆添加剂。

$$Ⓟ—ONa + ClCH_2COOH \longrightarrow Ⓟ—OCH_2COOH + NaCl$$

羟乙基纤维素或羟丙基纤维素则由纤维素与环氧乙烷或环氧丙烷反应而成。羟乙基纤维素可用作水溶性整理剂和锅炉水的去垢剂。羟丙基甲基纤维素需用环氧丙烷和氯甲烷来醚化。

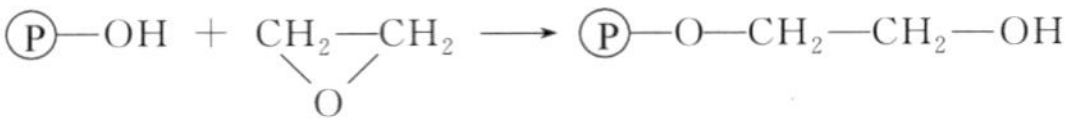

$$Ⓟ—OH + CH_2{-}CH_2 \longrightarrow Ⓟ—O—CH_2—CH_2—OH$$
$$\underset{O}{\diagdown\diagup}$$

8.3　反应性聚合物

8.3.1　概述

商品级的聚合物，如成型加工仅为物理过程，一般都要求不具反应性，从而表现出良好的耐热、耐溶剂、耐候等特性；有些甚至要求具有生物惰性，即在体内稳定，对宿主不产生有害反应。

也有一些聚合物，其成型加工不仅是物理过程，更要依靠化学反应使制品具有特定的性能。如聚氨酯泡沫，无论是闭孔的硬质泡沫，还是开孔的软质泡沫，它们的成型发泡过程都与物理的聚苯乙烯发泡过程不同，都要以多异氰酸酯、聚醚或聚酯多元醇（预聚物）为主要原料，在胺类或有机锡类催化剂及发泡剂的作用下，边反应边产气发泡，同时成型。由于反应剧烈、放热量大，且生成的泡沫又绝热性能好，发泡过程很容易引起火灾。为此，需要在发泡体系中加入一定量的阻燃剂。

再如热固性树脂，人们要求其预聚物必须具有反应性的基团，以便在其固化成型时可通过化学反应形成牢固的交联网络，从而具有优异的机械物理性能和化学稳定性。

又如橡胶，未经交联的橡胶称为生胶，大分子链容易滑移，硬度和强度低，弹性、耐热性和耐溶剂性差，只能用于增韧改性塑料等场合。通过化学反应，将柔性的生胶大分子交联成网络，可使它们在极低的温度下仍具高弹性，从而可制成轮胎、线缆护套、输送带、密封条橡胶管等。

本书第 2 章分别介绍了聚酯多元醇，以及不饱和树脂、环氧树脂、酚醛树脂和氨基树脂等热固性树脂的预聚物的合成；第 3～6 章则介绍了含不饱和双键的二烯类橡胶或胶乳的合成；第 7 章又介绍了聚醚多元醇的合成。这些反应性的聚合物，或两端甚至侧基含反应性官能团，或主链含有反应性官能团。

以下再介绍主链含高活性环氧基的环氧化二烯类橡胶的制备，以及两端含反应性官能团的遥爪型液体橡胶的制备。从环保等角度看，未来这两类反应性聚合物的作用将会越来越重要。

8.3.2　环氧化二烯类橡胶的制备

环氧基因环张力大，故有高的反应活性，可与含活泼氢的碱性化合物（如伯胺、仲胺、酰胺等）和酸性化合物（如羧酸、酚、醇等）以及无活泼氢的叔胺等反应。

如上所述，为了赋予橡胶高弹性等优良性能，需要对生胶进行化学交联。目前生胶交联的主要方法是"硫化"，即将生胶和单质硫进行共热交联（见 8.6.1 节）。但这一传统的交联方法难以避免地存在两个主要问题：①硫化加工过程会释放有毒且难闻的"硫化烟气"；②橡胶体系中会含有硫，废弃的橡胶制品如裂解回收易造成二氧化硫的释放。为此，人们考虑将生胶主链中的 C=C 双键部分环氧化，以便用多元羧酸或多元胺来进行交联。

此外，橡胶硫化成型为间歇过程，不能像热塑性塑料成型加工那样可连续、高度自动化地进行，效率低、能耗高；而且，硫化成型后的橡胶不熔不溶，也不能像热塑性塑料那样可重复加工再使用，废弃后易造成严重的"黑色污染"。热塑性弹性体以物理的热可逆交联替代了硫化橡胶的化学交联，虽可连续化加工和熔融重加工，但物理交联的次价键远弱于化学交联的共价键，其耐热、耐溶剂及力学性能远不及硫化橡胶。利用环氧化聚合物链上的环氧基也可方便地将动态共价键引入到它们链间，从而构建起既强劲又可逆的橡胶交联网络。

对二烯类橡胶中 C=C 双键的部分环氧化，还可使非极性的橡胶极性化，提高其与极性填料的相容性；也可作为增容剂，改善一些聚合物共混体系或复合体系的相容性。如环氧化率 33% 的天然橡胶，可用以增加聚乙烯与炭黑间的相容性，三者按 18∶80∶2（质量比）混合，可用来制备填充型导电聚合物。

最常用的二烯类橡胶环氧化的方法是使用过氧酸，也有研究者采用过渡金属氧化物或者有机氧化剂等。这里介绍过氧酸法对二烯类橡胶的环氧化。

脂肪族过氧酸不稳定，其在水溶液中会与水发生可逆反应生成对应的羧酸和过氧化氢。

$$\text{RCOOOH} + \text{H}_2\text{O} \rightleftharpoons \text{RCOOH} + \text{H}_2\text{O}_2$$

用于二烯类橡胶环氧化的过氧酸，即根据这一原理来原位地制备。反应时，二烯烃橡胶不溶于水，一般会用烃类或含氯有机溶剂将其溶解，这些溶剂与含有羧酸和过氧化氢的水溶液不相溶，因此环氧化反应是在两相体系中进行的。如图 8-1 所示，羧酸在水中和过氧化氢反应生成过氧酸，过氧酸和有机相的亲和性更好，其在界面处将二烯烃橡胶环氧化，之后则被还原为羧酸并进入水相再次和过氧化氢反应，如此循环往复。加入表面活性剂或相转移剂可加快反应速率。

甲酸能较好地自催化过氧化氢生成过氧酸，因此，二烯类橡胶的环氧化一般是在甲酸体系中进行的。

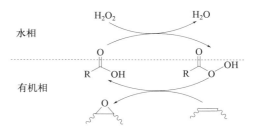

图 8-1 有机过氧酸的原位形成及其对二烯类橡胶的环氧化

许多二烯类橡胶含有 1，2-乙烯基。研究表明，采用过氧酸法，一般只会对聚合物主链上的双键环氧化，即不会使侧基上的双键环氧化。

间氯过氧苯甲酸（mCPBA）已商业化生产，有人直接用于二烯类橡胶的环氧化。研究表明，mCPBA 也可使侧基上的双键环氧化，但主链双键环氧化的速率更快。此外，采用 mCPBA，原子利用率低，反应会产生副产物间氯苯甲酸，不易分离。

8.3.3 遥爪型二烯类液体橡胶的制备

遥爪聚合物（telechelic polymer）通常指分子链两端带有反应性基团的低聚物，也包括除两端外侧基也含反应性基团的低聚物。一些大分子链两端带有羧基、羟基或氨基等反应性基团的高分子量聚合物，如聚酯、聚酰胺等，因应用时首要考虑的不是它们的反应活性，故不称之为遥爪聚合物。聚酯多元醇、聚醚多元醇，应用时特别强调它们与多异氰酸酯间的反应，所以是典型的遥爪聚合物。

这里再介绍大分子链更为柔软、反应性基团更为丰富的遥爪型液体橡胶。

市场供应的液体橡胶有普通型和遥爪型之分。普通型液体橡胶不含或者只含一个反应性基团，应用价值有限。遥爪型液体橡胶至少在分子两端带有反应性基团，分子量约在 $1000\sim10000$ 之间，室温下呈黏稠液体状。使用时，可通过活性基团的交联反应，形成三维网状的结构，制成精密橡胶部件，或用作涂料或黏合剂；或通过端基缩合或加成，制成软硬嵌段的热塑性弹性体或增韧塑料。遥爪型液体橡胶也被用于制作远程导弹和火箭的固体燃料。

遥爪型液体橡胶制备的难点，一是赋予分子两端反应性基团，二是将分子量控制在适当范围，三是大分子链的立构规整性可控可调。因采用的制备方法与原理不同，能解决这些难点问题的程度也有所不同。目前，相对成熟的遥爪型液体橡胶的制备方法主要有单体聚合法和高聚物降解法两种。以遥爪型二烯类液体橡胶的制备为例，分述如下。

（1）单体聚合法

单体聚合法，如通过 1,3-丁二烯单体的聚合来制备遥爪型聚丁二烯液体橡胶（简称丁羟胶）。与高分子量聚丁二烯的合成类似，聚合物主链会存在三种不同的立构，即顺式-1,4、反式-1,4 和 1,2-乙烯基结构。在相同分子量下，1,4-结构，尤其是顺式-1,4 结构含量越高，分子链的柔顺性就越好，黏度和玻璃化温度就越低，由此导致液体橡胶的加工性能、耐低温性能以及制得产品的力学性能就越出色。

制备遥爪型聚丁二烯液体橡胶的单体聚合法，又可分为自由基聚合和阴离子聚合两种。

① 自由基聚合   以溶液聚合的方式实施；聚合物的末端功能基主要由引发剂提供。制备时，通常以醇、醚或酮等为溶剂，应用以下带官能团端基的偶氮或过氧化类引发剂，引发丁二烯、异戊二烯等的均聚或共聚，经偶合终止，即成两端带官能团的齐聚物。

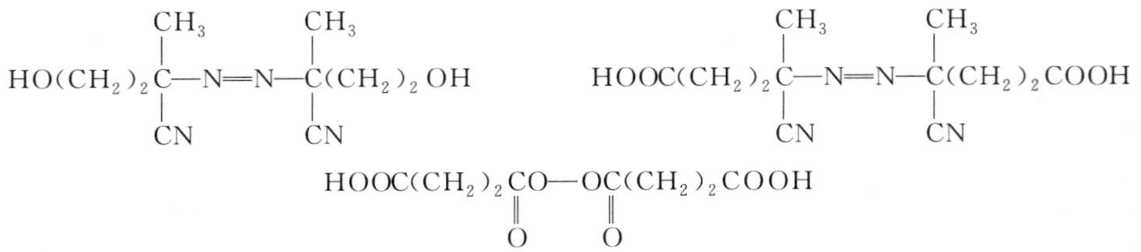

自由基溶液聚合法具有成本低、易操作和可控性强等优点。但该法制得的产物立构规整性不理想，产品一般是高反式-1,4 含量（$45\%\sim65\%$）的聚丁二烯液体橡胶，黏度和 T_g 均比较高。此外，因自由基聚合中常发生的链转移反应和歧化终止反应，会使制得的液体橡胶产品分子量分布较宽，端基官能度很难达到 2.0。向溶剂的链转移和歧化终止较严重时，端基官能度通常小于 2；向聚合物的链转移较严重时，羟基官能度则大于 2.0。分析测试发现，该方法产品以双官能度结构为主，同时存在着单官能度、三官能度和多官能度的结构。

② 阴离子聚合   阴离子聚合法制备丁羟胶通常采用烷基双锂引发剂，以极性较大的 THF 为溶剂。因阴离子活性种与反离子所构成的离子对呈松对，故产品中 1,2-乙烯基含量高，通常在 60% 左右，最高的竟达 90%。聚合结束后，须用环氧乙烷或环氧丙烷对阴离子

活性端封端，再通过盐酸酸化、水洗和干燥制得无色或淡黄色的丁羟胶产品。然而，在环氧乙烷封端时易出现"假凝胶"现象。即在分子链双末端的—C—Li 转化成—O—Li 键时，因—O—Li 键之间具有很强的离子对缔合能力，会使反应体系的黏度骤增，从而使环氧乙烷扩散不完全，聚合物分子链末端无法完全封端。

阴离子聚合因具有活性聚合的特点，极窄的分子量分布、严格为 2.0 的羟基官能度，可望形成均匀的交联网络，所得弹性体的性能优异。然而，较高的 1,2-乙烯基含量，使产品的玻璃化温度偏高、黏度偏大，耐低温性能较差，加工时的能耗也高。

烷基双锂引发剂的缔合程度理论上是单锂引发剂体系的两倍。为了抑制聚合物活性中心在封端过程中的缔合现象，有将引发剂设计为官能团保护的单锂引发剂，在聚合结束后经水解获得双官能度的丁羟胶。目前报道的保护官能化烷基单锂引发剂主要有对锂苯酚盐、缩醛或缩酮类和硅烷保护羟基的烷基锂引发剂。

有机硅是一种极性极低的化合物，若将其修饰至烷基锂引发剂上合成有机硅保护的烷基锂引发剂，则有望改善锂系引发剂在非极性溶剂中难溶的问题。为此，研究者制备了在正己烷、环己烷等非极性溶剂中完全可溶的有机硅保护的烷基锂引发剂。用它制得的丁羟胶产品的 1,4 含量可达 90% 左右；产物中 1,2-乙烯基含量随着溶剂极性的增加而增加，一般在 10%~90% 之间。但有机硅保护的烷基锂引发剂不易保存，工业合成成本较高，目前仍处于研究阶段，未能实现工业推广。

（2）高聚物降解法

自 20 世纪 70 年代起，研究者即开始进行高聚物降解法制备遥爪型二烯类液体橡胶的研究。降解的方法主要有：氧化还原法、光解法、生物降解法和氧化裂解法等。最早应用的是天然橡胶的降解制备遥爪型液体橡胶。

① 氧化还原法   氧化还原法的氧化剂包括有机过氧化物、双氧水、空气或氧气等，还原剂包括芳香族肼、磺胺酸等。双键被氧化还原断链的同时将官能团如苯腙、羰基、羟基引入齐聚物的末端，数均分子量为 3000~35000g•mol^{-1}，分子量分布为 1.70~1.97。因精准调控产品结构不易，且还原剂的成本略高，该法目前仅小规模地用于生产遥爪型液体天然橡胶。

② 光解法   如制备遥爪型液体天然橡胶，光的波长为 300~600nm，相当于 200~400kJ•mol^{-1} 的能量，足够将具有特定结构的化合物光解为自由基，该自由基进而进攻 C≡C 双键，在引起双键断裂的同时引入官能团。一般选择双氧水、氯气、二苯甲酮或硝基苯等作为光敏剂产生自由基，选择日光或紫外光为光源，其中天然胶乳/双氧水/日光被视为最简单、最有经济价值的工艺。然而其产物结构并不明确，副产物较多，且活泼的自由基易导致产物交联；胶液浓度最高为 10%，且需要连续 24h 甚至 50h 的光照，效率低，因此不适合用于放大生产。

③ 生物降解法   生物降解法是利用细菌将高分子量的天然橡胶降解为末端带羰基或醛基的齐聚物，分子量范围较宽，为 200~15000g•mol^{-1}。生物降解橡胶的实质是对 C≡C 双键的氧化裂解，因此其裂解产物末端基本都是醛基或羰基。生物降解法最大的缺点是降解速度慢，周期长，多则 10~12 周，少则 6 周，因此不适用于工业化生产。但就解决"黑色污染"问题而言，橡胶降解菌的发现及研究，对于废橡胶制品的降解处理具有十分重要的意义。

④ 氧化裂解法   包括 O$_3$ 氧化裂解、N$_2$O 氧化裂解、H$_2$O$_2$ 高温氧化裂解和间氯过氧

苯甲酸/高碘酸（mCPBA/H_5IO_6）氧化裂解等。

臭氧氧化裂解聚二烯烃的机理十分复杂，过程中易发生重排、交联等反应，从而产生凝胶，导致产率下降。另外，臭氧氧化裂解双键速率快，导致产物的分子量不可控，一般低于 $1000 g \cdot mol^{-1}$，分子量分布呈宽峰或双峰分布，严重影响其后续的应用，迄今似乎未工业化。

一氧化二氮与二烯类橡胶中的 C═C 双键在高温下成环，将双键转化为羰基，在转化过程中，部分环体裂解为低分子量产物，末端带羰基或双键。N_2O 氧化裂解橡胶也被应用于废橡胶轮胎的回收处理，得到富含羰基的液体橡胶和补强填料。

天然橡胶甲苯溶液中加入双氧水（30％～40％），加热至 150℃，并维持反应器压力为 200～300psi（1psi=6.895kPa），反应 3～4h 可得端羟基遥爪液体天然橡胶，数均分子量为 2500～3000 $g \cdot mol^{-1}$，但官能度较低，羟基官能度仅为 1.4。较低的官能度可能是由副反应导致。

高碘酸可与 C═C 双键发生氧化还原反应形成邻二醇结构过渡态；1mol 邻二醇结构又可进一步被氧化裂解为 2mol 羰基化合物。前已述及 mCPBA 可使二烯类橡胶中的 C═C 双键环氧化。研究发现，若先用 mCPBA 将 C═C 双键环氧化，之后再与高碘酸反应，可大大提高裂解效率，且裂解产物分子量随着环氧化率的增加而降低。H_5IO_6 或 mCPBA/H_5IO_6 氧化裂解制遥爪型聚异戊二烯液体橡胶的反应机理如下：

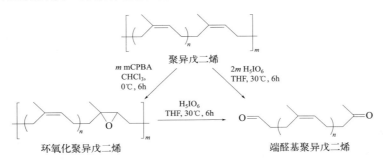

mCPBA/H_5IO_6 配合使用，可将商品化的天然橡胶较高效地制备出末端官能度接近 2.0 的遥爪型液体橡胶，产物分子量可随环氧化率的增大而降低，氧化裂解位置则为 C═C 双键环氧化的位置，且液体橡胶产物的微观结构不会发生异构化。

研究表明，将商品级的顺丁橡胶溶解在环己烷或四氢呋喃中，先用 mCPBA 将顺丁橡胶定量地环氧化，再加 H_5IO_6 使环氧化顺丁橡胶在环氧键处裂解，可制得端醛基聚丁二烯液体橡胶（ATPB）；再用硼氢化钠将 ATPB 的端醛基还原为羟基，可得丁羟胶。所得产品的分子量分布指数接近 1.5，官能度约 2.0，立构规整性保持与原料胶一致（顺-1，4 含量在 96％左右），玻璃化温度低至约－105℃，胶液的黏度仅为以自由基聚合法制得的相同分子量的丁羟胶的 1/10。

（3）末端基团转换

单体聚合法制得的遥爪型液体橡胶初级产品，末端多为羟基；高聚物降解法制得的遥爪型液体橡胶初级产品，末端多为醛基。可通过化学反应，方便地将末端的活性基团转变为羧基、氨基等。如下所示，当用硼氢化钠（$NaBH_4$）对端醛基聚丁二烯（ATPB）还原时，可100％地将醛基转化为羟基，得到端羟基聚丁二烯（HTPB）；当用琼斯试剂对 ATPB 氧化时，可100％地将醛基转化为羧基，得到端羧基聚丁二烯（CTPB）。

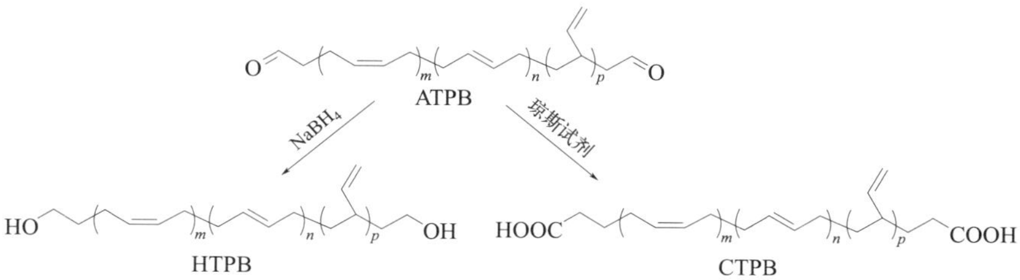

ATPB 与 NaOH 溶液反应，可得端肟基聚丁二烯；再用红铝还原，可得端伯氨基聚丁二烯。

因各步反应都发生在液态聚合物的链端，反应效率与选择性都极高，8.1 节所述的物理与化学因素的影响几乎都不存在。

8.3.4　反应功能高分子

合成树脂和塑料、合成纤维、合成橡胶，即所谓三大合成材料，多用作结构材料。近几十年来，功能高分子发展迅速，涉及面广。功能高分子除了力学性能外，更需要特殊基团和结构，显示特殊功能，包括化学功能（如反应）、物化功能（如吸附）、物理功能（如光电）等。

反应功能高分子主要包括高分子试剂、高分子药物和高分子催化剂等。离子交换树脂兼有试剂和催化功能，而固定化酶则类似于高分子催化剂。

反应功能高分子与大多数其他功能高分子类似，一般由特殊基团和高分子骨架两部分组成，基团和/或骨架对功能均可能有贡献，两者有多种组合。根据这一特征，反应功能高分子的合成大致可以归纳成高分子功能化和功能基团高分子化两大类。

① 高分子功能化　在高分子骨架上键接上功能基团，这一方法的原理可以归属于聚合物化学反应。除对基团有要求外，骨架的形态也很重要。

② 功能基团高分子化　主要由功能单体聚合而成，丙烯酸聚合成聚丙烯酸就是例子。

这两类合成方法遵循聚合物化学反应和聚合反应的一般规律。

（1）高分子试剂

高分子试剂是键接有反应基团的高分子，其品种可以与低分子试剂相对应。现从每一类反应中选择一种高分子试剂作代表，将其母体、反应基团和有关反应示例如表 8-2。

表 8-2　高分子试剂（φ 表示苯环）

高分子试剂	母　　体	功能基团	反　　应
氧化剂	聚苯乙烯	—φ—COOOH	使烯烃环氧化
还原剂	聚苯乙烯	—φ—Sn(n-Bu)H$_2$	将醛、酮等羰基还原成醇
氧化还原树脂	乙烯基聚合物	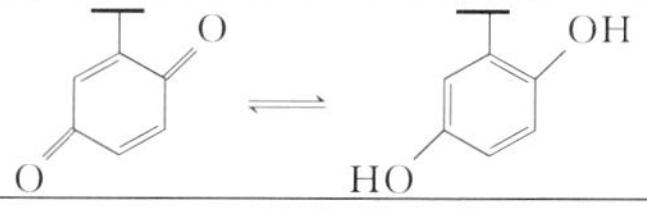 (结构式)	兼有氧化还原可逆反应特性
皂化剂	聚苯乙烯	—φ—P(C$_6$H$_5$)$_2$Cl$_2$	将羟基或羧基转变成氯代或酰氯
酰化剂	聚苯乙烯	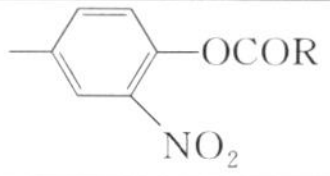 (结构式)—OCOR NO$_2$	可使胺类转变成酰胺，R 为氨基酸衍生物时，则为肽的合成
烷基化剂	聚苯乙烯	—φ—SCH$_2$Li$^+$	与碘代烷反应,增长碳链
亲核合成试剂	聚苯乙烯	—φ—CH$_2$N$^+$(CH$_3$)$_3$(CN$^-$)	卤烷被氰基亲核取代
Wittig 反应试剂	聚苯乙烯	—φ—P$^+$(C$_6$H$_5$)$_2$CH$_2$RCl$^-$	R′C=O 经 Wittig 反应,转化为R′$_2$C=CHR

与低分子试剂相比，高分子试剂有许多优点：不溶，稳定；对反应的选择性高；可就地再生重复使用；生成物容易分离提纯。现以高分子过氧酸的制备和应用为例简介如下。

在二甲基亚砜溶液中，用碳酸氢钾处理氯甲基化交联聚苯乙烯（Ⓟ—φ—CH$_2$Cl），先转变成醛，进一步用过氧化氢氧化成高分子过氧酸。

$$Ⓟ—φ—CH_2Cl \xrightarrow{KHCO_3} Ⓟ—φ—CHO \xrightarrow{H_2O_2,\ H^+} Ⓟ—φ—CO_3H$$

在适当溶剂中，烯烃可用高分子过氧酸氧化成环氧化合物，流程示意如下。

$$Ⓟ—φ—CO_3H \xrightarrow{R_2C=CR_2} 过滤 \begin{cases} Ⓟ—φ—CO_2H \xrightarrow{H_2O_2,\ H^+} Ⓟ—φ—CO_3H \text{（循环使用）} \\ \underset{\text{低分子粗产物}}{R_2C\overset{O}{-}CR_2} \xrightarrow[\text{精制}]{\text{溶剂蒸发}} \text{精制品} \end{cases}$$

高分子过氧酸（高分子过氧酸）被烯烃还原成高分子酸，过滤，使环氧化合物粗产物与高分子酸分离。蒸出粗产物中的溶剂，经纯化，即成环氧化合物精制品。高分子酸则可用过氧化氢再氧化成过氧酸，循环使用。

这一方法显然也可用于二烯类橡胶的环氧化。

（2）高分子药物

高分子药物属于高分子试剂范围，只是在人体内进行反应。大部分药物是小分子，只有少数才是高分子，即药理活性基团连同大分子整体一起才显示药效。高分子材料或以微囊的形式包囊药物，或以微球的形式在骨架上载上药物。用作高分子药物的材料可以是天然高分子材料、半合成高分子材料和合成高分子材料，对它们的基本要求是：①性质稳定；②有适宜的释药速率；③无毒、无刺激性；④能与药物配伍，不影响药物的药理作用及含量测定；⑤有一定的强度、弹性及可塑性；⑥具有符合要求的黏度、渗透性、亲水性、溶解性等。

良好的高分子药物载体，应能改变药物进入人体的方式和在体内的分布、控制药物的释放速度并将药物输送到靶向器官。药物控制释放体系可提高药物的利用率、安全性和有效性，从而可减少给药频率。

农药、除莠剂、杀虫剂等也可能配制成缓释放微囊制品。

（3）高分子催化剂

高分子催化剂由高分子母体Ⓟ和催化基团 A 组成，催化基团不参与反应，只起催化作用；或参与反应后恢复原状。因属液固相催化反应，产物容易分离，催化剂可循环使用。

$$Ⓟ—A + 低分子反应物 \longrightarrow Ⓟ—A + 产物$$

苯乙烯型阳离子交换树脂可用作酸性催化剂，用于酯化、烯烃的水合、苯酚的烷基化、醇的脱水，以及酯、酰胺、肽、糖类的水解等。带季铵羟基的高分子，则可用作碱性催化剂，用于活性亚甲基化合物与醛、酮的缩合以及酯和酰胺的水解等。其他高分子催化剂见表 8-3。

采用高分子催化剂的反应设备类似固定床反应器或色谱柱，将催化剂填装在器内，令液态低分子反应物流过，流出的就是生成物，分离简便，催化剂也容易再生。高分子催化剂另有许多优点，如选择性高、稳定、易储运、低毒、污染少等。

表 8-3　高分子催化剂（ϕ 代表苯环）

聚合物载体	催化剂基团	反　应
聚苯乙烯	$-\phi-SO_3H$	酸催化反应
聚苯乙烯	$-\phi-CH_2N^+(CH_3)_3(OH^-)$	碱催化反应
聚苯乙烯	$-\phi-SO_3H\cdot AlCl_3$	正己烷的裂解和异构化
二氧化硅	$-P\phi_2RhCl(P\phi_3)_2$	氢化，加氢甲酰化
聚苯乙烯	$-P\phi_2P^+Cl$	
聚(4-乙烯基吡啶)	$-\phi-NCu(OH)Cl$	取代酚的氧化聚合
聚苯乙烯	$-\phi-CH_2-Y$	光敏反应，如单线态氧的产生、有机物的光氧化、环化加成、二聚
聚苯乙烯	$-\phi H\cdot AlCl_3$	醚、酯、醛的形成

固定化酶可以看作高分子催化剂。酶是分子量中等的水溶性蛋白质，是生化反应的催化剂，具有反应条件温和、活性高、选择性高等优点；但反应后，混在产物中，难以分离回收循环使用，产物也不易精制。如将酶固定在高分子载体上，活性虽有所降低，但可克服以上缺点，具有稳定、不易失活、可以重复使用等优点。

与高分子药物相似，酶的固定化也有化学法和物理法两大类，载体主要是聚合物，也偶用无机物。化学法系将酶共价键接在聚合物载体上；物理法有吸附和包埋两种。固定化酶可以制成颗粒、膜、微胶囊、纤维、导管等形状。

8.4　接枝共聚

接枝、嵌段、扩链，三者有点相似，都使聚合度增大。三种聚合物的结构特征区别如下：

$$\sim AAAAAAAAAAA\sim \qquad \sim AAAAAA-BBBBBB\sim \qquad \sim AAAAAA\sim AAAAAA\sim$$
$$\qquad\quad |$$
$$\qquad\quad BBBBBB$$

接枝共聚物　　　　　　　　　　嵌段共聚物　　　　　　　　　扩链聚合物

接枝共聚物和嵌段共聚物都是多组分体系，还可能多相。通过接枝共聚和嵌段共聚，可以将亲水的和亲油的、酸性的和碱性的、塑性的和高弹性的以及互不相容的两链段键接在一起，赋予特殊性能。

接枝聚合物和嵌段聚合物虽然都可称作共聚物，但其合成机理与无规共聚、交替共聚有所不同。自由基、离子、逐步等多种聚合机理几乎都可以产生活性点，活性点在主链上，将进行接枝；活性点处于末端，则形成嵌段共聚物。先介绍接枝共聚，嵌段共聚继后。

接枝共聚物的性能决定于主链和支链的组成结构和长度以及支链数，这为分子设计指明了道路。按接枝点产生方式，可分为长出支链（graft from）、嫁接支链（graft onto）、大单体共聚接枝（graft through）三大类。以下介绍各类接枝反应的活性点特点和接枝机理。

8.4.1　长出支链

工业上最常用的接枝是应用自由基向大分子（包括乙烯基聚合物和二烯烃聚合物）链转移的原理来长出支链，也可利用侧基反应而长出支链。

（1）乙烯基聚合物的接枝

高压聚乙烯和聚氯乙烯都有较多的支链，这是自由基向大分子链转移的结果。根据链转移原理，可以在某种大分子的主链上接上另一单体单元的支链，形成接枝共聚物。

$$\sim\!A\!-\!A\!-\!A\!\sim \xrightarrow[-RH]{R\cdot} \sim\!A\!-\!\overset{\cdot}{A}\!-\!A\!\sim \xrightarrow{n\,M} \sim\!A\!-\!\underset{\underset{M_{n-1}M\cdot}{|}}{A}\!-\!A\!\sim$$

乙烯基大分子上的叔氢原子比较活泼，容易被自由基夺取而成为接枝点。单体/乙烯基聚合物体系进行自由基聚合时，除了单体正常聚合成均聚物外，还可能在乙烯基聚合物的主链中间因链转移而形成活性点，再引发单体聚合而长出支链。产物中均聚物和接枝共聚物共存。

$$R\cdot + \underset{H}{\overset{COOR}{\sim\!CH_2\overset{|}{\underset{|}{C}}\sim}} \xrightarrow{-RH} \underset{\cdot}{\overset{COOR}{\sim\!CH_2\overset{|}{\underset{|}{C}}\sim}} \xrightarrow{CH_2=CHX} \underset{CH_2CHX\sim\sim CH_2\overset{\cdot}{C}HX}{\overset{COOR}{\sim\!CH_2\overset{|}{\underset{|}{C}}\sim}}$$

表征接枝共聚效果的两个参数为接枝效率（graft efficiency）和接枝率（graft ratio）。定义如下：

$$接枝效率 = \frac{支链聚合物的质量}{接枝单体生成聚合物的总质量} \times 100\%$$

$$接枝率 = \frac{支链聚合物的质量}{主链聚合物的质量} \times 100\%$$

增长和转移反应相互竞争，链转移反应比增长反应要弱，接枝效率将受到一定的限制，接枝共聚物远比均聚物少，但这并不妨碍工业应用。

接枝效率的大小与自由基的活性有关，引发剂的选用非常关键。以 P(St-g-MMA) 体系为例，用过氧化二苯甲酰作引发剂，可以产生相当量的接枝共聚物；用过氧化二叔丁基时，接枝物很少；用偶氮二异丁腈，就很难形成接枝物。因为叔丁基和异丁腈自由基活性较低，不容易链转移。此外，不论采用何种引发剂，PMMA、PSt 都很难与 VAc 形成接枝共聚物。

温度对接枝效率也有影响。升高聚合温度，一般使接枝效率提高，因为链转移反应的活化能比增长反应高，温度对链转移反应速率常数的影响比较显著。但在聚丙烯酸丁酯乳液中进行苯乙烯接枝时，60～90℃范围内，温度对接枝效率的影响甚微。

（2）二烯烃聚合物的接枝

聚丁二烯、丁苯橡胶、天然橡胶等主链中都含有双键，其接枝行为与乙烯基聚合物有些不同，关键是双键和烯丙基氢容易成为接枝点。现以聚丁二烯（PB）上接枝聚苯乙烯（PSt）合成抗冲聚苯乙烯（HIPS）为例，来说明二烯烃聚合物的链转移接枝原理。

将聚丁二烯和引发剂溶于苯乙烯中，引发剂受热分解成初级自由基，一部分引发苯乙烯聚合成均聚物 PSt，另一部分与聚丁二烯大分子加成或转移，进行下列三种反应而产生接枝点。

① 初级自由基与乙烯基侧基双键加成

$$R\cdot + \underset{CH=CH_2}{\overset{}{\sim\!CH_2CH\sim}} \xrightarrow{k_1} \underset{\cdot CHCH_2R}{\overset{}{\sim\!CH_2CH\sim}} \xrightarrow{CH_2=CHR} \underset{RCH_2CH(CH_2CHR)_n\sim}{\overset{}{\sim\!CH_2CH\sim}}$$

② 初级自由基与聚丁二烯主链中的双键加成

$$R\cdot + \sim CH_2CH=CHCH_2 \sim \xrightarrow{k_2} \sim CH_2CHR-\overset{\cdot}{C}HCH_2 \sim \xrightarrow{CH_2=CHR}$$

$$\sim CH_2CHR-CHCH_2 \sim$$
$$|$$
$$CH_2CHR(CH_2CHR)_n \sim$$

③ 初级自由基夺取烯丙基氢而链转移

$$R\cdot + \sim CH_2CH=CHCH_2 \sim \xrightarrow[-RH]{k_3} \sim \overset{\cdot}{C}HCH=CHCH_2 \sim \xrightarrow{CH_2=CHR}$$

$$\sim CHCH=CHCH_2 \sim$$
$$|$$
$$CH_2CHR(CH_2CHR)_n \sim$$

上述三反应速率常数大小依次为 $k_1 > k_2 > k_3$，可见 1,2-结构含量高的聚丁二烯有利于接枝，因此低顺式丁二烯橡胶（含 30%～40% 1,2-结构）优先选作合成抗冲聚苯乙烯的接枝母体。

上述方法合成得到的接枝产物是接枝共聚物 P(B-g-St) 和均聚物 PB、PSt 的混合物，其中 PSt 占 90% 以上，成为连续相；PB 占 7%～8%，以 2～3μm 的粒子分散在 PSt 连续相内。P(B-g-St) 处于 PB、PSt 两相的界面，类似表面活性剂，起稳定 PB 粒子大小的作用，从而赋予产物的抗冲性能。

60℃ 下研究天然橡胶-MMA-苯-过氧化二苯甲酰体系的接枝聚合机理时发现，60%±5% 属于双键加成反应，40%±5% 则属于夺取烯丙基氢的反应，也说明了 $k_2 > k_3$。

链转移接枝法有些缺点：①接枝效率低；②接枝共聚物与均聚物共存；③接枝数、支链长度等结构参数难以定量测定和控制。但该法简便经济，颇多实际应用，如 St/AN 在聚丁二烯乳胶粒上接枝合成 ABS，广泛用作工程塑料；MMA/St 在聚丁二烯乳胶粒上接枝合成 MBS，MMA 在聚丙烯酸丁酯乳胶粒上接枝合成 ACR，两者均用作透明聚氯乙烯制品的抗冲改性剂；St/AN 在乙丙橡胶上接枝合成 AOS，用作耐候抗冲改性剂等。

（3）侧基反应长出支链

通过侧基反应，产生活性点，引发单体聚合长出支链，形成接枝共聚物。

纤维素、淀粉、聚乙烯醇等都含有侧羟基，具有还原性，可以与 Ce^{4+}、Co^{2+}、V^{5+}、Fe^{3+} 等高价金属化合物构成氧化-还原引发体系，在聚合物侧基上产生自由基活性点，而后进行接枝反应。应用这一原理，由淀粉-Ce^{4+}-丙烯腈体系可合成高吸水性树脂。

$$\sim CH_2CH(OH) \sim + Ce^{4+} \longrightarrow \sim CH_2\overset{\cdot}{C}(OH) \sim + H^+ + Ce^{3+}$$

上述反应，自由基在主链上就地产生，而后形成支链，可防止或减弱均聚物的形成。

聚苯乙烯类通过侧基反应，可以合成多种接枝共聚物。例如，在苯环上引入异丙基，氧化成氢过氧化物，再分解成自由基，而后引发单体聚合，长出支链，形成接枝共聚物。

应用阴离子聚合机理，也可在大分子侧基上引入接枝点，如聚苯乙烯接上丙烯腈。

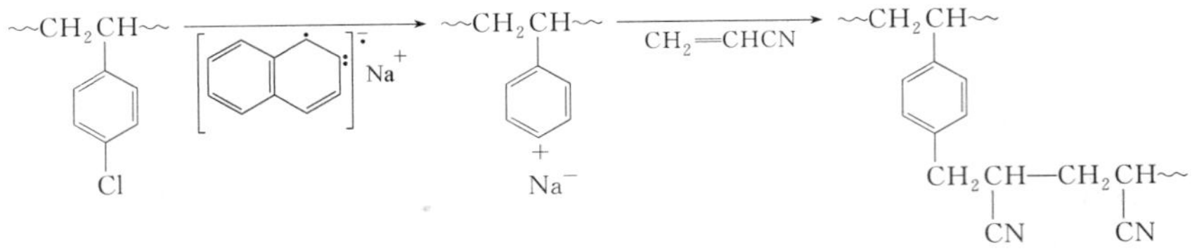

配位阴离子聚合、阳离子聚合、缩聚等都可能用于侧基反应，产生接枝点。

8.4.2　嫁接支链

预先裁制主链和支链，主链中有活性侧基 X，支链中有活性端基 Y，两者反应，就可将支链嫁接到主链上。这类接枝并不一定是加成反应，也可以是缩合反应。

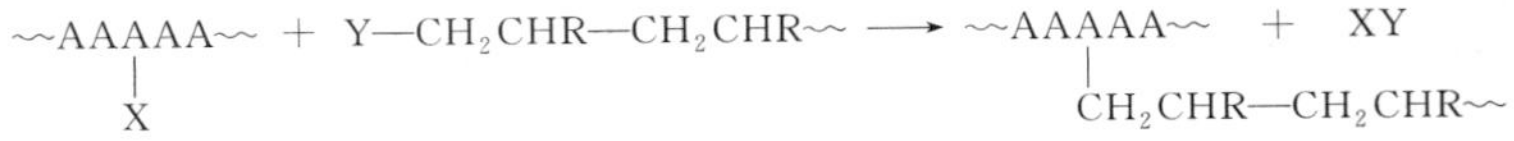

主链和支链可以预先裁制和表征，因此，这一方法为接枝共聚物的分子设计提供了基础。

本世纪初点击化学（click chemistry）概念提出，为此类接枝共聚方法提供了新思路。一些含有侧乙烯基的聚合物，如顺 1,4-式含量不高的聚丁二烯、以乙叉降冰片烯或乙烯基降冰片烯为第三单体的乙丙橡胶，当与单末端为巯基的长链化合物（RSH）均匀混合时，即可发生高效的"巯基-烯"点击反应，通过 C-S 成键将 R 接枝到聚合物的侧乙烯基上。这一点击反应速率快，常温常压下也可进行，且不受空气中氧气的影响；如有紫外光诱导，可以在几秒钟内达到 90% 以上的反应率。这里强调侧乙烯基，主要因为它的点击反应几乎不受位阻效应的影响。尽管主链的 C=C 双键也能进行"巯基-烯"点击反应，但因位阻效应，只有当 R 基链较短时才有可能达到高的反应率。

离子聚合也适用于这一方法。带酯基、酐基、苄卤基、吡啶基等亲电侧基的大分子很容易与活性聚合物阴离子偶合，进行嫁接，接枝效率可达 80%～90%。例如活性阴离子聚苯乙烯，一部分氯甲基化，另一部分羧端基化，两者反应，就形成预定结构的接枝共聚物。

阳离子聚合也可以产生嫁接支链，如活性聚四氢呋喃阳离子可以嫁接到氯羟基化的聚丁二烯上，接枝效率达 52%～89%。同理，也可嫁接到环氧化后的丁基橡胶和环氧化后的乙丙橡胶上。

8.4.3　大单体共聚接枝

大单体与普通乙烯基单体共聚，包括自由基共聚和离子共聚，可以形成接枝共聚物。

大单体多半是带有双键端基的低聚物，或看作带有较长侧基的乙烯基单体，与普通乙烯基单体共聚后，大单体的长侧基成为支链，而乙烯基单体就成为主链。这一方法可避免链转移法的低效率和混有均聚物的缺点。

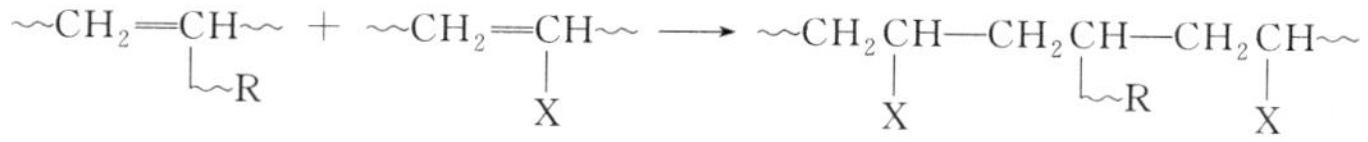

$$\sim CH_2=CH\sim \ + \ \sim CH_2=CH\sim \ \longrightarrow \ \sim CH_2-CH-CH_2-CH-CH_2-CH\sim$$

$$\hspace{3.5cm} | \hspace{2.5cm} | \hspace{4cm} | \hspace{2.5cm} | \hspace{2cm} |$$

$$\hspace{3.5cm} R \hspace{2.5cm} X \hspace{4cm} X \hspace{2.5cm} R \hspace{2cm} X$$

　　大单体一般由活性阴离子聚合制得，活性聚合可以控制链长、链长分布和端基，这一特点有利于分子设计、裁制预定接枝共聚物。如果大单体上的取代基不是很长，与普通乙烯基单体共聚后，就可形成梳状接枝共聚物。这一方法遵循共聚的一般规律，共聚物组成方程和竞聚率均适用。这类接枝共聚物的种类很多，现仅举一例：活性聚苯乙烯锂先与环氧乙烷作用，再与甲基丙烯酰氯反应，形成带甲基丙烯酸甲酯端基的聚苯乙烯大单体；然后以偶氮二异丁腈（AIBN）为引发剂，与丙烯酸酯类共聚，即成接枝共聚物。反应式如下：

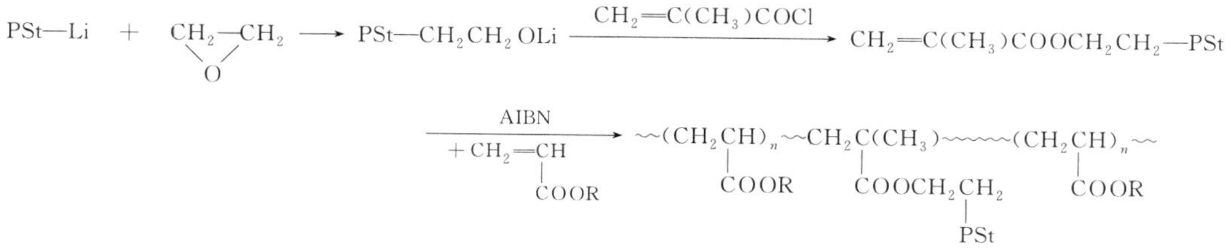

$$PSt-Li \ + \ \underset{O}{\overset{\displaystyle CH_2-CH_2}{\diagdown\diagup}} \longrightarrow PSt-CH_2CH_2OLi \xrightarrow{\ CH_2=C(CH_3)COCl\ } CH_2=C(CH_3)COOCH_2CH_2-PSt$$

$$\xrightarrow[+ \ CH_2=CH]{\quad AIBN \quad} \sim(CH_2CH)_n\sim CH_2C(CH_3)\sim(CH_2CH)_n\sim$$

$$\hspace{2cm} | \hspace{4cm} | \hspace{3.2cm} | \hspace{3.2cm} |$$

$$\hspace{2cm} COOR \hspace{3cm} COOR \hspace{1.8cm} COOCH_2CH_2 \hspace{1.5cm} COOR$$

$$\hspace{7.5cm} |$$

$$\hspace{7.5cm} PSt$$

　　有多种苯乙烯型和甲基丙烯酸酯型大单体，例如：

苯乙烯型大单体　　　　　　　　　　　　　　　　甲基丙烯酸酯型大单体

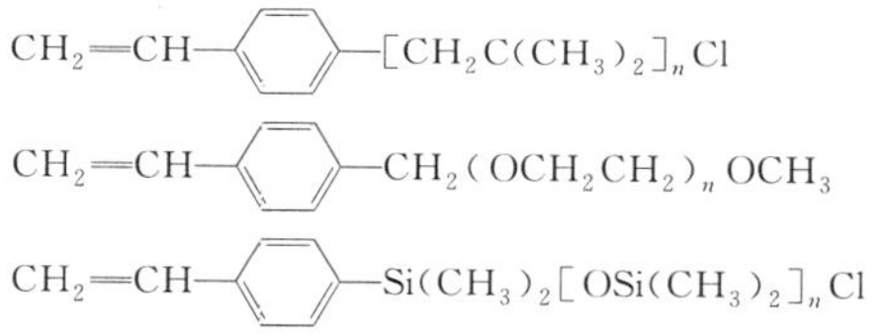

$$CH_2=CH-\langle\!\!\langle\rangle\!\!\rangle-[CH_2C(CH_3)_2]_nCl \hspace{2cm} CH_2=C(CH_3)COO-CH_2CH_2[CH(C_6H_5)CH_2]_nC_4H_9$$

$$CH_2=CH-\langle\!\!\langle\rangle\!\!\rangle-CH_2(OCH_2CH_2)_nOCH_3 \hspace{2cm} CH_2=C(CH_3)COO-(CH_2CH_2O)_nH$$

$$CH_2=CH-\langle\!\!\langle\rangle\!\!\rangle-Si(CH_3)_2[OSi(CH_3)_2]_nCl \hspace{2cm} CH_2=C(CH_3)COO-(CH_2)_3Si(CH_3)_2[OSi(CH_3)_2]_nR$$

8.5　嵌段共聚与扩链

8.5.1　嵌段共聚

　　由两种或多种链段组成的线形聚合物称作嵌段共聚物，有 AB 型、ABA 型（如 SBS），其中 A、B 都是长链段；也有 (AB)$_n$ 型多嵌段共聚物（如 OBC、聚氨酯），其中 A、B 链段相对较短。

　　嵌段共聚物的性能与链段种类、长度、数量有关。有些嵌段共聚物中两种链段不相容，将出现微相分离。如 SBS、OBC 等软硬嵌段的热塑性弹性体，前者微相分离的结果是无定形、玻璃态的聚苯乙烯链段呈分散相，高弹态的聚丁二烯链段呈连续相；后者微相分离的结果是半结晶态的聚乙烯链段呈分散相，高弹态的乙烯/α-烯烃无规共聚物链段呈连续相。

　　嵌段共聚物的合成方法原则上可以概括成两大类：

　　① 某单体在另一活性链段上继续聚合，增长成新的链段，最后终止成嵌段共聚物，应用最多的是活性阴离子聚合法。目前，链穿梭聚合制备烯烃多嵌段共聚物也已工业化；活性自由基法制备嵌段共聚物的研究日趋活跃，工业化已呼之欲出。

$$A_n\cdot \xrightarrow{\ B\ } A_nB\cdot \xrightarrow{\ B\ } A_nB_2\cdot \xrightarrow{\ B\ } \cdots \xrightarrow{\ B\ } A_nB_m\cdot \xrightarrow{\ 终止\ } A_nB_m$$

　　② 两种组成不同的活性链段键合在一起，包括链自由基的偶合、双端基预聚体（遥爪

聚合物）的缩合或加成，以及缩聚中的交换反应。

现按不同机理例举一二。

（1）离子聚合法

活性阴离子聚合是工业上合成嵌段共聚物的常用方法，SBS 就是一例。其中 S 代表苯乙烯链段，分子量为 1 万～1.5 万；B 代表丁二烯链段，分子量为 5 万～10 万。常温下 SBS 反映出 B 段高弹性，S 段处于玻璃态微区，起到物理交联的作用。温度升至聚苯乙烯玻璃化温度（约 95℃）以上，SBS 具有流动性，可以塑化成型加工，因此称作热塑性弹性体，具有无需硫化的优点。

根据 SBS 三段的结构特征，原设想用双功能引发剂经两步法来合成，例如以萘钠为引发剂，先引发丁二烯成双阴离子$^-B^-$，并聚合至预定的长度$^-B_n^-$，然后再加苯乙烯，从双阴离子两端继续聚合而成$^-S_mB_nS_m^-$，最后终止成 SBS 弹性体。但该法需用极性四氢呋喃作溶剂，定向能力差，聚丁二烯链段中顺 1,4-结构很少，玻璃化温度过高，达不到弹性体的要求。

因此，工业上生产 SBS 采用丁基锂（C_4H_9Li)-烃类溶剂体系，以确保顺 1,4-结构的较高含量。一般采用三步法合成，即依次加入苯乙烯、丁二烯、苯乙烯（记作 S→B→S），相继聚合，形成 3 个链段。苯乙烯和丁二烯的加入量按链段长要求预先设计计量。丁二烯的活性略低于苯乙烯，但仍能引发苯乙烯聚合，只是 B→S 聚合速率稍慢一点而已。

$$R^- \xrightarrow{mS} RS_m^- \xrightarrow{nB} RS_mB_n^- \xrightarrow{mS} RS_mB_nS_m^- \xrightarrow{终止} RS_mB_nS_m$$

活性聚合的机理和单体加入的允许次序详见第 5 章阴离子聚合一节。利用这一原理，也可合成环氧丙烷-环氧乙烷嵌段共聚物，用作非离子型表面活性剂。

也有人曾研究活性阳离子聚合用于嵌段共聚物的合成，但副反应多，应用受到限制。

链穿梭聚合是配位聚合制备烯烃多嵌段共聚物的代表。它采用两种对 α-烯烃共聚能力不同的均相引发剂和一种链穿梭剂（如二乙基锌，实为链转移剂），增长聚合物链从一种对 α-烯烃共聚能力非常弱的引发剂［如带取代基的双水杨酸亚胺锆，见图 8-2(a)］活性中心上转移到链转移剂上，再从链转移剂上转移到另一种对 α-烯烃共聚能力较强的引发剂［如带取代基的吡啶-胺铪，见图 8-2(b)］活性中心上继续增长；然后再以链转移剂为媒介，回到共聚能力弱的活性中心上增长。如此反复，即形成硬-软多嵌段的共聚物。其中硬段几乎是乙烯的均聚物，可结晶，软段为乙烯/α-烯烃的共聚物。聚合物链在两种引发剂活性中心上的增长可归为离子聚合机理。

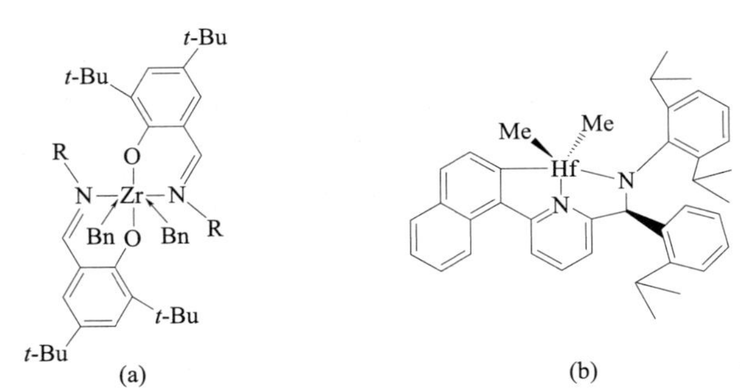

图 8-2　链穿梭聚合的典型引发剂（t-Bu 为叔丁基；Bn 为苄基）

（2）特殊引发剂的自由基聚合法

双功能引发剂先后引发两种单体聚合，可用来制备嵌段共聚物。例如下列偶氮和过氧化酯类双功能引发剂（如下第一式），在 60~70℃下，先由偶氮分解成自由基，引发苯乙烯聚合，经偶合终止成带有过氧化酯端基的聚苯乙烯（如下第二式）。然后加入胺类，使过氧化酯端基分解，在 25℃下就可以使甲基丙烯酸甲酯继续聚合成 ABA 型嵌段共聚物。

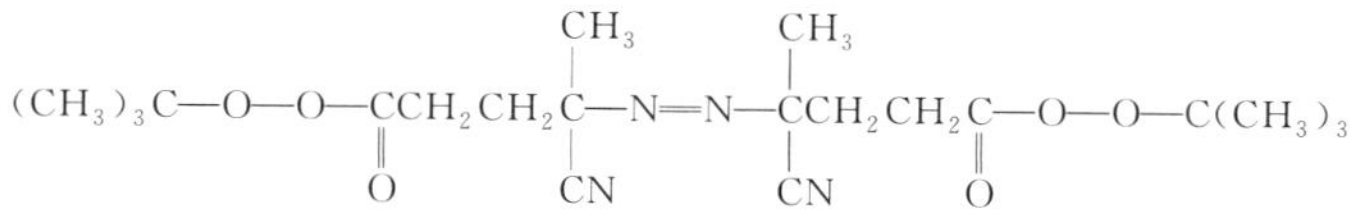

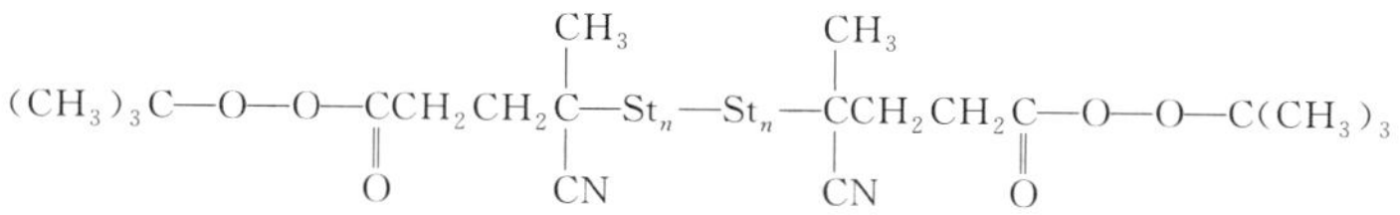

$$(CH_3)_3C—O—O—C(CH_2CH_2C—N=N—CCH_2CH_2C—O—O—C(CH_3)_3$$

$$(CH_3)_3C—O—O—CCH_2CH_2C—St_n—St_n—CCH_2CH_2C—O—O—C(CH_3)_3$$

也可以选用含有偶氮和官能团两种功能的化合物，先后经自由基聚合和缩聚而成嵌段共聚物。

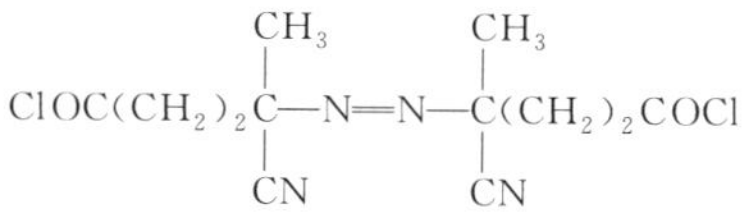

$$ClOC(CH_2)_2C—N=N—C(CH_2)_2COCl$$

用过氧化氢-硫酸亚铁体系引发苯乙烯聚合，使形成的聚苯乙烯带有羟端基，再与带异氰酸端基的聚合物反应，也可形成嵌段聚合物。

（3）力化学反应法

2 种聚合物共同塑炼或在浓溶液中高速搅拌，当剪切力大到一定程度时，2 种主链将断裂成 2 种链自由基，交叉偶合终止就成为嵌段共聚物，产物中免不了混有原来的 2 种均聚物。

$$\sim AA\sim \xrightarrow{塑炼} 2\sim A\cdot$$

$$\sim BB\sim \xrightarrow{塑炼} 2\sim B\cdot$$

$$\sim A\cdot + \cdot B\sim \xrightarrow{偶合终止} \sim AB\sim$$

当一种聚合物 A 与另一种单体 B 一起塑炼时，也可形成嵌段共聚物 AB，但混有均聚物 B。聚苯乙烯在乙烯参与下塑炼，或与聚乙烯一起塑炼，就有P(St—b—E)嵌段共聚物形成。

（4）官能团间交换、缩合和加成法

通过缩聚中的交换反应，例如将 2 种聚酯、2 种聚酰胺或聚酯和聚酰胺共热至熔点以上，有可能形成新聚酯、新聚酰胺或聚酯-聚酰胺嵌段共缩聚物。

包括遥爪型液体橡胶、聚酯二醇、聚醚二醇等在内的遥爪聚合物，两端具有活泼的反应基团。根据端基的不同，选用适当二官能度化合物进行反应，可制备嵌段共聚物，或扩链成高分子量聚合物，见表 8-4。当选用多官能度的化合物时，则可能发生交联反应。

第8章

表 8-4　遥爪聚合物的端基和嵌段、扩链聚合物的基团

遥爪聚合物的端基	嵌段或扩链化合物的端基
—OH	—NCO
—COOH	—CH—CH₂　CH₂—CH₂ ＼／　　＼／ O　　—N ,
CH₂—CH₂ ＼／ —N	—COOH，—X

遥爪聚合物的端基	嵌段或扩链化合物的端基
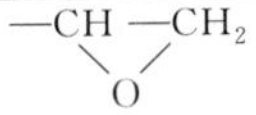 —CH—CH$_2$ ＼O／	—NH$_2$，—OH，—COOH
—SH	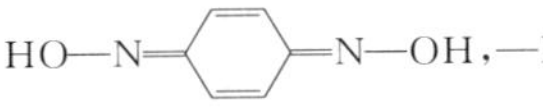 HO—N==⟨　⟩==N—OH，—NCO，金属氧化物，有机过氧化合物
—NCO	—OH，—NH$_2$，—COOH

端羧基的遥爪聚合物与端羟基的遥爪聚合物酯化缩合，或与端氨基的遥爪聚合物酰胺化缩合，均可得多嵌段共聚物。当端羧基遥爪聚合物的主链为聚酯或聚酰胺，端羟基或端氨基遥爪聚合物为液体橡胶时，则可分别得热塑性聚酯弹性体（TPEE）和热塑性聚酰胺弹性体（PATE）。

聚醚二醇或聚酯二醇与二异氰酸酯的聚加成，所得的聚氨酯也可看作嵌段共聚物，只是异氰酸酯部分较短而已。除聚合物二元醇和二异氰酸酯外，通常还加入小分子的二元醇，如1,4-丁二醇，称为扩链剂。其作用是增大聚氨酯的分子量，同时也增加硬段的长度。实际操作时，可将聚合物二元醇、小分子二元醇与二异氰酸酯一次性加入反应器，但因反应活性大的小分子扩链剂会优先与二异氰酸酯反应，容易使聚合物链的嵌段结构不均匀。比较好的办法是，以过量的二异氰酸酯先与聚合物二元醇反应，制得两端为异氰酸酯基的预聚物；再引入小分子二元醇，进行扩链。当聚合物多元醇为柔性的聚醚多元醇，甚至为端羟基液体橡胶时，制得的多嵌段聚氨酯软-硬嵌段结构明显，称为热塑性聚氨酯弹性体（TPU）。

如果聚合物多元醇的全部或部分为含两个以上官能度的柔性链，则制得的聚氨酯有优异的弹性，但因发生了化学交联反应，故而不再具有热塑性，只能称为聚氨酯弹性体。

8.5.2　扩链

分子量不高（如几千）的预聚物，通过适当方法，使两大分子端基键接在一起，分子量成倍增加，这一过程称为扩链。例如遥爪型液体橡胶，在浇注成型过程中，通过端基间反应，扩链成高聚物。但低分子预聚物链的继续增长，一般不称为扩链。两预聚物侧基间的反应，也不宜称作扩链，它们通常形成交联聚合物。

扩链通常需加入能与预聚物端基高活性反应的扩链剂。这种扩链剂的官能度须与预聚物同为2。官能度大于2，易使预聚物交联；小于2，则会使预聚物封端，不能扩链。本书2.9.5节及上一节都介绍了聚氨酯合成过程中的扩链反应。可见二元醇、二元胺均是低分子量聚氨酯的良好扩链剂。学术研究中还常以分子中含有芳基与端羧基的化合物（如1,2,4,5-均苯四甲酸二酐、3,3′,4,4′-联苯四甲酸二酐）为扩链剂，将二异氰酸酯封端的聚氨酯预聚物与其反应，制成主链含芳环和酰亚胺环结构的聚合物，使制得的聚氨酯具有优异的耐热性和力学性能。

8.6　交联

交联可分为化学交联和物理交联两类。大分子间由共价键结合起来的，称作化学交联；往往不可逆，形成的固态聚合物不熔不溶。由极性键、氢键、结晶等次价键力结合的，则称作物理交联，一般是热可逆的，即在高温下易熔融塑化，也被溶解。前述的各种热塑性弹性体均为物理交联的聚合物。本节着重介绍化学交联。

有两种场合会遇到交联问题：一是为了提高聚合物的使用性能，人为地进行交联。如橡胶硫化以发挥高弹性，塑料交联以提高强度和耐热性，漆膜交联以固化，皮革交联以消除溶胀，棉、丝织物交联以防皱等。这将成为本节的主要内容。二是在使用环境中的老化交联，使聚合物性能变差，应该积极采取措施予以防止。这将在第 9 章中提及。

在第 2 章的体形缩聚中已经提到交联反应和凝胶点控制问题，本章将进一步讨论聚合物或预聚物通过化学反应所进行的交联，包括不饱和橡胶的硫化、饱和聚合物的过氧化物交联、类似缩合反应的交联、光或辐射交联等。

8.6.1　二烯类橡胶的硫化

未曾交联的天然橡胶或合成橡胶生胶，硬度和强度低，弹性差，大分子间容易相互滑移，难以应用。1839 年，将天然橡胶和单质硫共热交联，才制得有应用价值的橡胶制品。硫化也就成了交联的同义词。顺丁橡胶、异戊橡胶、氯丁橡胶、丁苯橡胶、丁腈橡胶等二烯类橡胶的大分子主链上都留有双键，都可经硫化交联，发挥其高弹性。乙丙橡胶和丁基橡胶的主单体都不是共轭二烯烃，为方便硫化交联，也在聚合时加入了一定量的二烯烃单体，使聚合物分子的主链或侧基中含 C=C 双键。乙丙橡胶通常以乙叉降冰片烯为共聚单体，形成的聚合物称为三元乙丙橡胶，其双键在侧基中。丁基橡胶的共聚单体通常为异戊二烯，其双键多在主链上，但溴化后一部分双键则转为侧基。

聚丁二烯橡胶中烯丙基氢和双键都是交联的活性点，用硫交联的综合反应式简示如下：

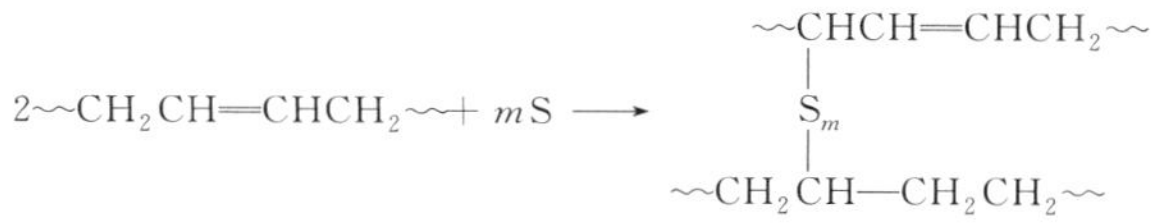

$$2\sim CH_2CH=CHCH_2\sim + mS \longrightarrow \begin{array}{c} \sim CHCH=CHCH_2\sim \\ | \\ S_m \\ | \\ \sim CH_2CH-CH_2CH_2\sim \end{array}$$

研究硫化时发现，自由基引发剂和阻聚剂对硫化并无影响，用电子顺磁共振也未检出自由基；但有机酸或碱以及介电常数较大的溶剂却可加速硫化。因此认为硫化属于离子机理。

单质硫以 S_8 八元环存在，在适当条件下，硫极化或开环成硫离子对。硫化反应的第一步是橡胶和极化后的硫或硫离子对反应成锍离子（sulfonium）。接着，锍离子夺取聚二烯烃中的氢原子，形成烯丙基碳阳离子。碳阳离子先与硫反应，而后再与大分子双键加成，发生交联。通过氢转移，继续与大分子反应，再生出大分子碳阳离子。如此反复，形成大网络结构。

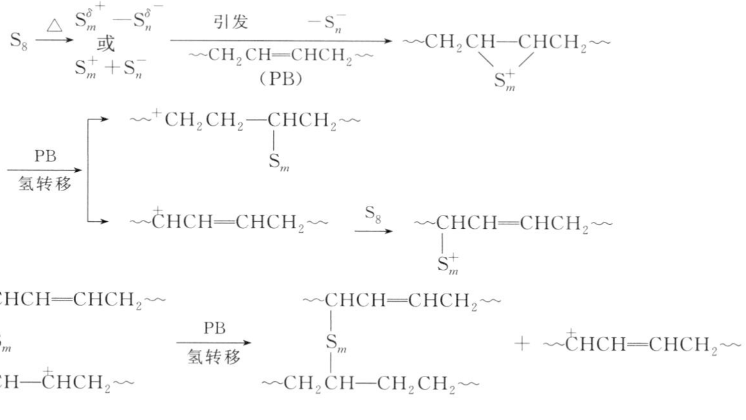

单质硫的硫化速率慢，需要几小时；硫的利用率低（40%～50%）。其原因有：①硫交联过长（40～100 个硫原子）；②形成相邻双交联，却只起着单交联的作用；③形成硫环结构等。

$$\begin{array}{cc} \sim CH_2CH\!-\!CHCH_2\sim & CH_2 \\ \mid\quad\quad\mid & \diagup\quad\diagdown \\ S_m\quad\quad S_m & \sim CH_2CH\quad CH_2 \\ \mid\quad\quad\mid & \mid\quad\quad\mid \\ \sim CH_2CH\!-\!CHCH_2\sim & S\!-\!CHCH_2\sim \end{array}$$

双长硫桥   硫环

为了提高硫化速率和硫的利用效率，工业上硫化常加有机硫化合物作促进剂，例如：

$$\begin{array}{cccc} \text{(CH}_3)_2NC\!-\!S\!-\!S\!-\!CN(CH_3)_2 & [(CH_3)_2NC\!-\!S\!-]_2Zn & & \end{array}$$

四甲基秋兰姆二硫化物   二甲基二硫代氨基甲酸锌   2-巯基苯并噻唑   苯并噻唑二硫化物

单质硫和促进剂单独共用，硫化速率和效率还不够理想，如再添加氧化锌和硬脂酸等活化剂，速率和效率均显著提高，硫化时间可缩短到几分钟，而且大多数交联较短，只有1～2 个硫原子，甚少相邻双交联和硫环。硬脂酸的作用是与氧化锌成盐，提高其溶解度。锌提高硫化效率可能是锌与促进剂的螯合作用，类似形成锌的硫化物。

8.6.2   过氧化物自由基交联

聚乙烯、乙丙二元胶、聚硅氧烷橡胶的大分子中无双键，无法用硫来交联，却可与过氧化二异丙苯、过氧化叔丁基等过氧化物共热而交联。这一交联过程属于自由基机理。聚乙烯交联后，提高了强度和耐热性；硅橡胶交联后，才能成为有用的弹性体。

过氧化物受热分解成自由基，夺取大分子链中的氢（尤其是叔氢），形成大分子自由基，而后偶合交联。

$$ROOR \longrightarrow 2RO\cdot$$
$$RO\cdot + \sim CH_2CH_2\sim \longrightarrow ROH + \sim CH_2\overset{\cdot}{C}H\sim$$
$$2\sim CH_2\overset{\cdot}{C}H\sim \longrightarrow \begin{array}{c} \sim CH_2CH\sim \\ \mid \\ \sim CH_2CH\sim \end{array}$$

过氧化物也可以使不饱和聚合物交联，原理是自由基吸取烯丙基上的氢而后交联。

$$2RO\cdot + 2\sim CH_2CH\!=\!CHCH_2\sim \longrightarrow 2\sim \overset{\cdot}{C}HCH\!=\!CHCH_2\sim + 2ROH$$
$$\downarrow$$
$$\begin{array}{c} \sim CHCH\!=\!CHCH_2\sim \\ \mid \\ \sim CHCH\!=\!CHCH_2\sim \end{array}$$

目前，一些含 C=C 双键的橡胶已部分采用过氧化物交联剂交联，就是依据这一原理。

聚二甲基硅氧烷结构比较稳定，虽然也可以用过氧化物来交联，但效率比聚乙烯交联低得多。如在结构中引入少量乙烯基，则可提高交联效率。

醇酸树脂的干燥原理也相似。有氧存在，经不饱和油脂改性的醇酸树脂可由重金属的有机酸盐（如萘酸钴）来固化或"干燥"。氧先使带双键的聚合物形成氢过氧化物，钴使过氧基团还原分解，形成大自由基而后交联。

$$\sim CH_2CH_2CH{=}CH\sim \xrightarrow{\;O_2\;} \sim CH_2\underset{\underset{OOH}{|}}{C}HCH{=}CH\sim \xrightarrow{\;Co^{2+}\;} \sim CH_2\underset{\underset{O\cdot}{|}}{C}HCH{=}CH\sim \;+\;Co^{3+}\;+\;OH^-$$

$$\downarrow$$

$$交联$$

在自由基聚合过程中，1 个自由基可使成千上万个单体连锁加聚起来，成为 1 个大分子。但在交联过程中，1 个初级自由基最多只能产生 1 个交联，实际上交联效率还少于 1，因为引发剂和链自由基有各种副反应，例如链自由基附近如无其他链自由基形成，就无法交联。链的断裂、氢的被夺取、与初级自由基偶合终止等都将降低过氧化物的利用效率。

不饱和树脂预聚物制成后稀释在苯乙烯中，固化交联时加入过氧化物，则是通过其分解产生的自由基，来引发苯乙烯与不饱和树脂预聚物中的 C=C 共聚，由此实现交联。

8.6.3　缩聚及相关反应交联

在体形缩聚中已经提及交联反应。例如：在模塑成型过程中，酚醛树脂模塑粉受热，交联成热固性制品；环氧树脂用二元胺或二元酸交联固化；含有三官能团化学品的聚氨酯配方，成型和交联同时进行。

以上交联实例可以参照体形缩聚原理来实施，下面只举一些类似反应交联的例子。

四氟乙烯和偏氟乙烯共聚物是饱和弹性体，除了可用过氧化物或金属氧化物（ZnO、PbO）交联外，也可与二元胺反应而交联。交联机理涉及脱氟化氢而后加上二元胺。

$$\sim CH_2CF_2CF(CF_3)\sim \xrightarrow{\;-HF\;} \sim CH{=}CFCF(CF_3)\sim \xrightarrow{\;H_2NRNH_2\;} \begin{array}{c}\sim CH_2CFCF(CF_3)\sim \\ | \\ HN{-}R{-}NH \\ | \\ \sim CH_2CFCF(CF_3)\sim \end{array}$$

氯磺化聚乙烯也可用乙二胺或乙二醇直接交联，但更多的是在有水的条件下用金属氧化物（如 PbO）来交联，因为硫酰氯不能与金属氧化物直接反应，而是先水解成酸，再成盐。

$$\sim\underset{\underset{SO_2Cl}{|}}{C}H\sim \xrightarrow{\;H_2O\;} \sim\underset{\underset{SO_2OH}{|}}{C}H\sim \xrightarrow{\;PbO\;} \sim\underset{\underset{O_2S{-}O{-}Pb{-}O{-}SO_2}{|}}{C}H\sim \quad\sim\underset{}{C}H\sim$$

8.6.4　辐射交联

第 3 章提到辐射引发聚合。聚合物受到光子、电子、中子或质子等高能辐照，将发生交联或降解。中间有系列反应：第一步激发、电离、低速放出电子，产生离子，在极短时间内（10^{-12} s），离子和已激发的分子重排，同时失活或共价键断裂，产生离子或自由基；第二步促使 C—C 和 C—H 断裂，降解和/或交联。降解和交联哪一反应占优势，与辐射剂量和聚合物结构有关。

高剂量辐射有利于降解。辐射剂量低时，哪一反应为主则决定于聚合物结构。α,α-双取代的乙烯基聚合物，如聚甲基丙烯酸甲酯、聚 α-甲基苯乙烯、聚异丁烯、聚四氟乙烯等，趋向于解聚成单体。聚氯乙烯类，则在分解脱氯化氢的同时，在大分子链上产生了不饱和双键，因而易交联。聚乙烯、聚丙烯、聚苯乙烯、聚丙烯酸酯类等单取代聚合物，以及二烯类橡胶，则以交联为主，见表 8-5。

辐射交联与过氧化物交联的机理相似，都属于自由基反应。能辐射交联的聚合物往往也

表 8-5　辐射对聚合物的影响

交联	解聚
聚乙烯	聚四氟乙烯
聚丙烯	聚异丁烯
聚苯乙烯	丁基橡胶
聚氯乙烯	聚 α-甲基苯乙烯
聚丙烯酸酯类	聚甲基丙烯酸甲酯
聚丙烯腈	聚甲基丙烯酰胺
二烯类橡胶	聚偏二氯乙烯
聚甲基硅氧烷	

能用过氧化物交联。交联老化将使聚合物性能变坏，但有目的的交联，却可提高强度，并增加热稳定性。

有些体系交联速率太慢，反不如断链，需要高剂量辐射才能达到一定交联程度，通常还要添加交联增强剂。甲基丙烯酸丙烷三甲醇酯等多活性双键和多官能团化合物是典型的交联增强剂，与聚氯乙烯复合使用，可使交联效率提高许多倍。

有些场合，如宇航，需要采用耐辐射高分子。一般主链或侧链含有芳环的聚合物耐辐射，如聚苯乙烯、聚碳酸酯、聚芳酯等。苯环是大共轭体系，会将能量传递分散，以免能量集中，破坏价键，导致降解和交联。

辐照交联的聚乙烯、聚氯乙烯等已广泛用作电线电缆的绝缘料、通信工程设施的配件热收缩管、农用棚膜、日用热收缩膜。橡胶胶乳的辐照硫化、涂料的辐照固化等也已实现工业应用。

光能也可使聚合物交联。应用光交联原理，发展了光固化涂料和光刻胶。

8.6.5　动态共价化学交联

动态共价化学概念最早由超分子化学之父 J. M. Lehn（莱恩）于 1999 年提出。与传统共价键相比，动态共价键的键能相对较低，在热、光、超声波等刺激下，易发生键的断裂及生成。但动态共价键毕竟是共价键，它的键能通常是极性键、氢键、聚合物晶体内能等次价健力的数倍至十几倍。因此，动态共价化学交联可打破热塑性和热固性聚合物的界限。当无外界刺激时，动态共价交联聚合物类似于热固性聚合物，表现出优异的机械性能、耐溶剂性和尺寸稳定性；当通过一定刺激使动态共价键的交换反应被激活时，体系可以发生网络重排，表现出与热塑性聚合物的再加工能力。

根据断裂-生成机理，目前动态共价键被分为解离型和缔合型两种。在解离型动态共价键中，化学键会断裂然后重新形成，存在解离-缔合平衡，如图 8-3（a）所示。缔合型动态共价键则在交换过程中同时进行旧键断裂和新键形成，通常会经过一个中间过渡态，如图 8-3（b）所示。缔合型和许多解离型动态共价键的平衡常数都足够大，以至于交联网络在高温下短时间内交联密度几乎保持不变。

(a)　　　　　　　　　　　　　　　　(b)

图 8-3　动态共价键断裂-生成机理

借助这两种机理，均可实施多种形式的动态共价化学交联。

（1）解离型动态共价交联

最典型的解离型动态共价键是共轭二烯化合物和亲二烯化合物，通过 Diels-Alder 反应形成的环己烯加合物。

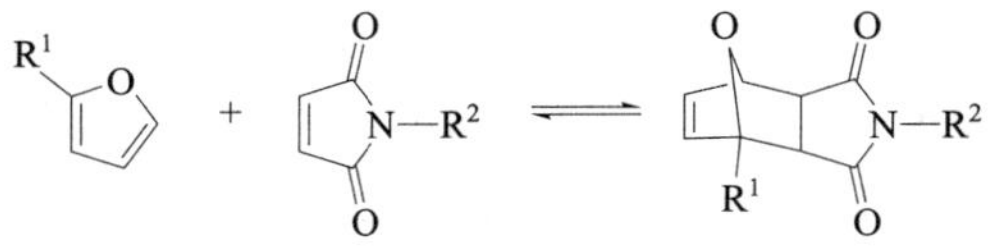

　　若该环己烯加合物的 R^1 和 R^2 含高反应活性的官能团 A（如端羧基），而聚合物链中又富含可与之高效反应的官能团 B（如环氧基）时，即可将这种动态共价键引入到聚合物体系中，形成动态化学交联。

　　当该动态化学交联体系加热至110℃以上时，反 Diels-Alder 解离作用占主导，导致交联网络解开；当温度冷却至50℃以下时，正 Diels-Alder 反应又占主导，交联网络重新形成。

　　(2) 缔合型动态共价交联

　　利用缔合型动态共价键进行聚合物的动态化学交联时，一般也须将含动态共价键的化合物制成官能度≥2、含反应性端基 A 的动态化学交联剂，而聚合物链中则富有能与基团 A 反应的基团 B。

　　2011 年，Leibler 等人首先进行了缔合型动态共价交联聚合物的研究，并将交联体系命名为"vitrimer"。因其类似于玻璃，室温下为力学性能优良的固体，高温下可以成为黏流体，我国学者将其译为"类玻璃高分子"。

　　常见的缔合型动态共价键包括酯键、二硫键、亚胺键、碳碳双键、硼酸酯键等。这些动态共价键的解离/交换机理不同，活化能也各不相同；对于解离/交换活化能高的体系，往往须加入一定量的催化剂或促进剂，简述如下。

　　① 酯键　酯键是一种典型的缔合型动态共价键，但它的解离/交换活化能较高，需在酸或碱的催化作用下进行，通过对酯羰基碳的亲核攻击来形成四面体中间体而发生交换。

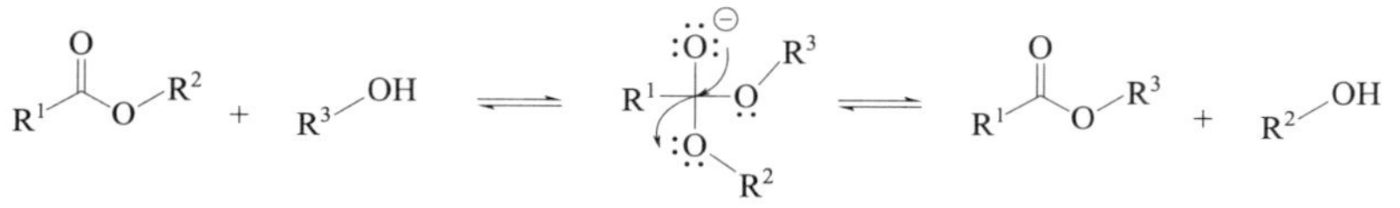

　　② 二硫键　二硫键的解离/交换活化能较低，可以不用催化剂进行解离/交换反应。存在两种可能的机理：一种是［2+1］的自由基介导途径，即一个二硫键断裂成硫化物自由基，然后攻击另一个二硫键；另一种是［2+2］的复分解途径，即两个二硫键直接发生交换。

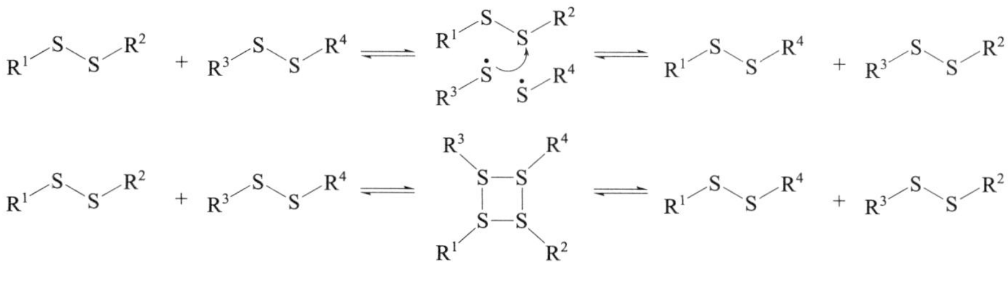

　　③ 亚胺键　亚胺键的解离/交换活化能也相对较低，为了提高交换速率，可以引入少量咪唑类促进剂。交换可以通过四元环过渡态，也可以通过游离的氨基官能团。

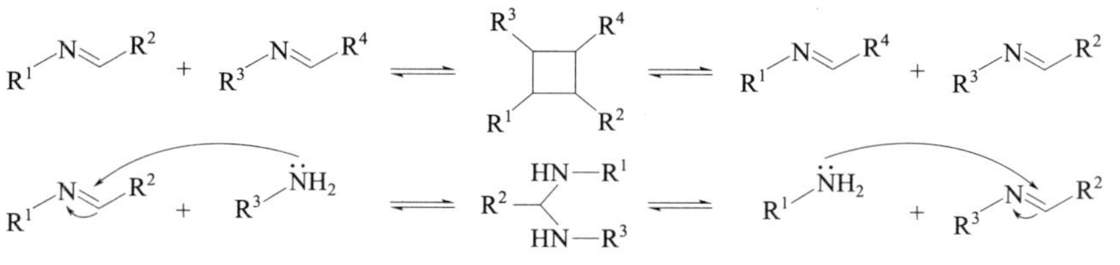

　　④ 碳碳双键　碳碳双键的烯烃复分解反应，即为烯烃易位反应，其中间态可被利用来进行聚合物的动态交联。烯烃复分解反应的活化能较高，需采用 7.7 节介绍的环烯烃开环易位聚合相类似的催化剂。

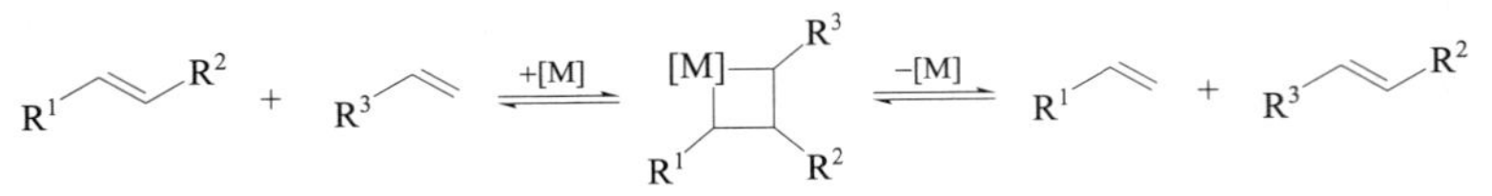

⑤ 硼酸酯键　硼酸酯的解离/交换活化能低，交换反应不需要催化剂。

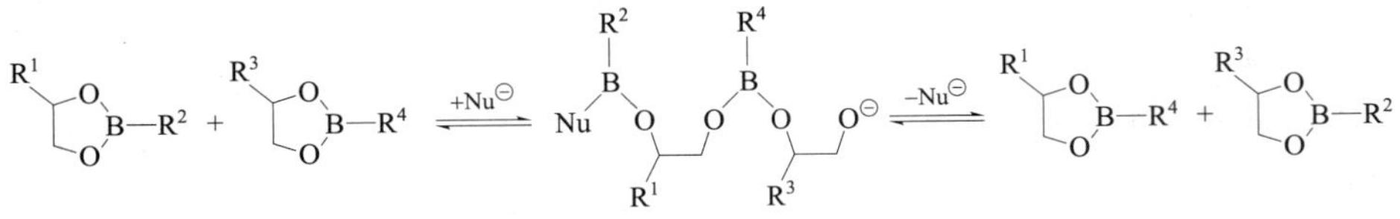

8.7　聚合物的可燃性与阻燃

燃烧是一种化学反应。聚合物的阻燃防火十分重要，需要了解聚合物的可燃性、燃烧机理以及阻燃机理。

可燃物、氧和温度是燃烧的三要素，缺一不可。有机高分子基本上都是可燃物。绝大多数聚合物呈固态，氧呈气态，初看起来，燃烧在聚合物表面进行。实际上，燃烧是一复杂过程，聚合物受热后将解聚和裂解，产生气态或挥发性低分子可燃物质，进行气相燃烧。若氧气和温度条件得到保证，则将加速氧化和燃烧。如此反复循环，有如下式：

除了高温和 CO_2、CO 等窒息性、有毒燃烧产物外，尚需考虑聚氯乙烯、聚丙烯腈燃烧时所产生的氯化氢、氰化氢有毒气体，以及聚酯纤维燃烧时的熔体灼伤。

聚合物的可燃性能差异很大，易燃、缓慢燃烧、阻燃、自熄，程度不等。

物质的燃烧性能常用（最低）氧指数来评价。其测定方法是将聚合物试样直放在一玻璃管内，上方缓慢通过氧、氮混合气流，氧氮比例可以调节。定义能够保证稳定燃烧的最低氧含量［以体积分数（％）计］为（最低）氧指数 LOI 或 OI。

$$LOI = \phi_{O_2} = \frac{V_{O_2}}{V_{O_2} + V_{N_2}} \times 100\%$$

氧指数愈高，表明材料愈难燃烧，借此可以评价聚合物燃烧的难易程度和阻燃剂的效率（见表 8-6）。氧指数大于 22.5％，为难燃；大于 27％，则自熄。聚乙烯、聚丙烯氧指数仅 17.4％，易燃烧，并熔融淌滴，类似石蜡，但不生烟。

聚苯乙烯氧指数与聚烯烃相近（18.2％），也易燃烧，并产生浓重的黑烟。聚丙烯腈尚在易燃之列（21.4％），但同时分解出有毒的 HCN 气体。聚氯乙烯的氧指数为 45％～49％，难燃且自熄，但热解、释放出窒息性有毒的氯化氢气体，并生烟。阻燃和抑烟同等重要。

为了防火需要，聚合物制品中常需添

表 8-6　聚合物和一些低分子物的氧指数

易燃化合物	氧指数/％	难燃化合物	氧指数/％
氢	5.4	聚乙烯醇	22.5
甲醛	7.1	氯丁橡胶	26.3
苯	13.1	涤纶	26.3
聚甲醛	14.9	聚碳酸酯	27
聚氧乙烯	15.0	聚苯醚	28
聚甲基丙烯酸甲酯	17.3	尼龙-66	28.7
聚乙烯和聚丙烯	17.4	聚酰亚胺	36.5
聚苯乙烯	18.2	硅橡胶	26～39
麻、棉	20.5～21	聚氯乙烯	45～49
聚丙烯腈	21.4	聚四氟乙烯	95

加阻燃剂。阻燃原理有三：

① 减弱放热，加速散热，冷却降温，减少热解和可燃气体的产生，抑制气相燃烧；

② 释放不可燃气体（N_2、CO_2、H_2O）或促进炭化，隔离氧，减弱传热和传质；

③ 捕捉自由基，终止连锁氧化反应。

根据上述阻燃原理来选择和设计阻燃剂，主要是 P、N、Cl、Br、Sb、Al、Mg、B 等元素的化合物。各种阻燃剂的阻燃原理有所不同，某一阻燃剂也可能兼有几种阻燃机理。

单质磷（胶囊红磷）、三价或五价有机磷和无机磷常用作聚合物的阻燃剂，兼有多种阻燃机理，包括凝聚相阻燃和气相阻燃、化学机理阻燃和物理因素阻燃等。三聚氰胺是常用的含氮阻聚剂，受热时释放出 N_2 而阻燃。含卤化合物中的卤碳键是弱键，受热易分解成卤自由基 X·，从而及时终止燃烧所产生的初始自由基 HO·。Sb_2O_3 与氯代烃合用，受热时，形成 $SbOCl$、$SbCl_3$ 等挥发性气体，进入气相，终止初始自由基，起到气相阻燃作用。氢氧化铝受热时，转变成氧化铝，形成炭化层，隔热阻氧，凝聚相阻燃；同时释放出结晶水，降温和气相阻燃。氢氧化镁、硼酸锌也有类似阻燃作用。

思 考 题

1. 聚合物化学反应浩繁，如何考虑合理分类，便于学习和研究？

2. 聚集态对聚合物化学反应影响的核心问题是什么？举一例子来说明促使反应顺利进行的措施。

3. 概率效应和邻近基团效应对聚合物基团反应有什么影响？各举一例说明。

4. 在聚合物基团反应中，各举一例来说明基团变换、引入基团、消去基团、环化反应。

5. 从醋酸乙烯酯到维尼纶纤维，需经过哪些反应？写出反应式、要点和关键。

6. 由纤维素合成部分取代的醋酸纤维素、甲基纤维素、羧甲基纤维素，写出反应式，简述合成原理。

7. 简述黏胶纤维的合成原理和过程要点。

8. 聚氨酯发泡与聚苯乙烯发泡有什么不同？聚氨酯发泡涉及什么样的化学反应？

9. 第 2 章～第 7 章介绍的各种合成高分子中，哪些具有较高的反应活性？它们各能进行什么机理的反应？反应产物具有什么样的结构？

10. 对于反应活性相对不高的二烯类橡胶，采取哪些化学反应措施可提高它们主链的反应活性？哪些反应措施可赋予它们链端的反应活性？

11. 高分子试剂和高分子催化剂有何关系？各举一例。

12. 根据链转移原理合成抗冲聚苯乙烯，简述丁二烯橡胶品种和引发剂种类的选用原则，写出相应反应式。

13. 比较嫁接和大单体共聚技术合成接枝共聚物的基本原理。

14. 以丁二烯和苯乙烯为原料，比较溶液丁苯橡胶、SBS 弹性体、遥爪型液体聚丁二烯橡胶的合成原理。

15. 下列聚合物选用哪一类反应进行交联？

    a. 天然橡胶   b. 聚甲基硅氧烷   c. 聚乙烯涂层   d. 乙丙二元胶和三元胶

16. 如何提高橡胶的硫化效率，缩短硫化时间和减少硫化剂用量？

17. 不饱和树脂交联固化时，加过氧化物的目的是什么？写出该交联反应式。

18. 为什么说动态化学交联打破了热塑性聚合物和热固性聚合物的界限？它的意义何在？

19. 简述常见的缔合型动态共价键，指出哪些动态共价键在解离/交换时无需催化剂或促进剂。

20. 比较聚乙烯、聚丙烯、聚氯乙烯、聚氨酯装饰材料的耐燃性和着火危害性。评价耐热性的指标是什么？

9

聚合物的老化与降解

老化与降解过程也属于聚合物的化学反应。本章介绍老化与降解，主要想让读者了解：①如何减弱这两类反应，以延长聚合物制品服役期；②如何可控地强化降解反应，以实现聚合物制品退役后的再资源化。

9.1 老化与耐候性

大多数高分子材料处在大气中、浸在（海）水中或埋在地下使用，在热、光、氧、水、化学介质、微生物等的作用下，聚合物的化学组成和结构会发生变化，如降解和交联；物理性能也会相应变坏，如变色、发黏、变脆、变硬、失去强度等。这些都是降解和/或交联的结果，总称为老化。

材料抵抗内外环境影响而不致老化变质的性能，称为耐老化性；耐气候条件下老化的性能，则称耐候性。

老化是材料所处环境中多因素影响的结果。考察耐老化性和耐候性可在真实环境中进行，但往往须花费很长的时间。因此，常在实验室模拟环境条件的各种老化箱或试验机中进行加速试验。常用的老化箱包括：紫外光老化试验箱、高低温（交变）湿热试验箱、臭氧老化试验箱、盐雾腐蚀试验箱、沙尘试验箱、振动疲劳试验机等；根据材料使用环境，也可自制非标的试验箱。

也可通过考察热、光、氧、水、化学介质、微生物等单一因素的影响，来粗判聚合物对环境的耐受性。表 9-1 列出了一些聚合物的部分耐受性，9.2 节将进一步作详解。

表 9-1　聚合物对使其性能变坏的各因素的相对耐受性

聚合物	裂解	自氧化	光氧化	臭氧化	氧指数/%	水解	吸湿性/%
聚乙烯	好	次	次,变脆	好	18	好	<0.01
聚丙烯	中	次	次,变脆	好	18	好	<0.01
聚苯乙烯	中	中	次,变色	好	18	好	0.03~0.10
聚异戊二烯	好	次	次,软化	次	18	好	低
聚异丁烯	中	中	中,软化	中	18	好	低
聚氯丁二烯	中	次	中	中	26	好	中
聚甲醛	次	次	次,变脆	中	16	次	0.25
聚苯醚	好	次	次,变色	好	28	中	0.07
聚甲基丙烯酸甲酯	中	好	好	好	18	好	0.1~0.4
聚对苯二甲酸乙二醇酯	中	好	中,变色	好	25	中	0.02
聚碳酸酯	中	好	中,变色	好	25	中	0.15~0.18
聚己二酰己二胺	中	次	次,变脆	好	24	中	1.5

聚合物	裂解	自氧化	光氧化	臭氧化	氧指数/%	水解	吸湿性/%
聚酰亚胺	好	好	次,变色	好	51	中	0.3
聚氯乙烯	次	次	次,变色	好	约40	好	0.04
聚偏氯乙烯	次	中	中,变色	好	60	好	0.10
聚四氟乙烯	好	好	好	好	<95	好	<0.01
聚二甲基硅烷	好	好	中	好		中	0.12
ABS 树脂	中	次	次,变色	好	19	好	0.20～0.45
三醋酸纤维	次	次	次,变脆	好	19	次	1.7～6.5

由表 9-1 可见，各种聚合物的耐老化性与耐候性差别很大。如聚乙烯耐臭氧、耐水解、吸水率低、不耐光氧化、易燃等；聚氯乙烯对热不稳定，放出氯化氢，但自熄。

聚合物材料的使用，应根据其性能特点和使用环境进行合理的选择。也可通过改变聚合物的结构，改善其性能，使其满足使用环境的要求。还有一项重要的措施，就是添加防老剂，以防其快速老化。防老剂的种类很多，如热稳定剂、抗氧剂和助抗氧剂、紫外光吸收剂和屏蔽剂、防霉剂和杀菌剂等。9.2 节将予以适当介绍，可根据需要选用。

9.2 降解

降解是使分子量变小的反应。影响降解的因素很多，包括热、机械力、超声波、光和辐射等物理因素，以及氧、水、化学品、微生物等化学因素。在自然界中老化，则物理因素和化学因素并存，而且降解和交联往往相伴进行。

研究降解的目的有三：①考察降解规律，了解老化机理，以提出防老的措施，延长使用寿命；②有效利用降解，如废聚合物的裂解或解聚以回收单体或中间体，进行再资源化；③剖析降解产物，研究聚合物的结构，为合成新聚合物导向，如耐热高分子、易降解塑料等。

为方便起见，先按单一因素来剖析降解问题。

9.2.1 热降解

在聚合物加工和使用过程中，将涉及热降解，包括聚合物的耐热性和热稳定剂的选用。

在介绍热降解以前，有必要了解一下耐热性的几种研究方法和聚合物热降解行为。

① 热重分析法 将一定量的聚合物放置在热重分析仪（TGA）中，在程序升温及空气或惰性气氛下测试其质量随温度的变化。典型的热重分析结果如图 9-1 所示。根据热失重曲线的特征，可分析判断聚合物热降解的情况。如图中，样品 c 的初始失重温度最高（约400℃），表明耐热性最好，样品 b 其次；样品 a 约 150℃就开始失重，且有一平台，表明其在高于 150℃时会发生某一基团的脱除，但这时主链还没有断裂，可根据平台的失重率，初步判断什么基团发生了脱除。

② 恒温加热法 将试样在真空下恒温加热 40～45min（或 30min），用质量减少一半的温度 T_h（半衰期温度）来评价耐热性。一般 T_h 愈高，则耐热性愈好，见表 9-2。

③ 差热分析法 用差示扫描量热仪（DSC）测定聚合物程序升温过程中发生物理变化或化学变化的热效应 ΔH，用以表征玻璃化转变、结晶化、熔化、氧化和热分解等。图 9-2 是差热分析曲线示意图。

需要指出的是，本章所述的耐热性或热稳定性，不同于第 1、2 两章所述耐热性或热稳定性。此前所指的是聚合物的耐热变形能力，而本章所述的是聚合物的耐热分解能力。热变形是物理变化，热分解则是化学变化。聚合物的玻璃化温度（T_g）或熔融温度（T_m）越高，其耐热变形能力越好；其耐热分解能力一般也好，但也有反常，即图 9-2 所示的 DSC 曲线中出峰的顺序可能会有不同。如聚丙烯腈，其结晶的熔融温度就高于分解温度，即聚丙烯腈还未熔融就会出现氰基脱除反应。因此，腈纶不能像涤纶和锦纶那样进行熔融纺丝。

表 9-2　聚合物的热分解特性

聚合物	$T_h/℃$	单体产率 /%	活化能 /(kJ·mol^{-1})
聚氯乙烯	260	0	134
聚醋酸乙烯	269	0	71
聚甲基丙烯酸甲酯	327	91.4	125
聚 α-甲基苯乙烯	286	100	230
聚异戊二烯	323	—	—
聚氧化乙烯	345	3.9	192
聚异丁烯	348	18.1	202
聚苯乙烯	364	40.6	230
聚三氟氯乙烯	380	25.8	238
聚丙烯	387	0.17	243
支链聚乙烯	404	0.03	262
聚丁二烯	407	—	260
聚亚甲基	414		300
聚苄基	430		244
聚四氟乙烯	509	96.6	333

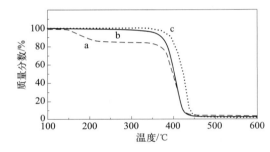

图 9-1　典型的聚合物热失重曲线

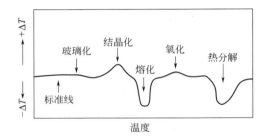

图 9-2　差热分析曲线示意图

目前，TGA 与 DSC 相结合的同步热分析仪也应用广泛，它可获得同一样品的两种热分析曲线。

高温裂解是热降解的极端情况，可以用红外光谱、紫外光谱、色谱-质谱来分析低分子裂解产物和残留物，借以推断原始聚合物的结构。

热降解反应一般包括解聚、无规断链、侧基脱除等，分述如下。

（1）解聚

α,α-双取代乙烯基聚合物受热或高能辐射，易解聚成单体。

解聚是聚合（链增长）的逆反应。往往先形成端基自由基，如果末端的自由基活性不很高，α,α-双取代聚合物又无易被夺取的原子，难以链转移，结果，按"拉链式"地迅速逐一脱除单体，反映出很陡的热失重曲线，如图 9-1 所示。聚甲基丙烯酸甲酯（PMMA）的解聚研究得比较详细，从不饱和端基开始解聚，聚合度逐渐降低，270℃时 PMMA 可以全部解聚成单体。据此，可利用废有机玻璃的热解来回收单体。

聚 α-甲基苯乙烯的解聚机理也相似，受热时，先从链的中间无规断链成两个链自由基，然后从端自由基连锁解聚成单体，200～500℃热解时，单体产率达 95%～100%。凡 α,α-双取代乙烯基聚合物都更容易解聚成单体，见表 9-3。

聚四氟乙烯分子中的 C—F 键能特大，聚合时，无歧化终止和链转移反应，形成分子量很高的线形聚合物。虽然聚四氟乙烯是耐热性较好的高分子，但很高温度时仍会先发生无规断链；又因无链转移反应，即会迅速从端自由基开始"拉链式"地全部连锁解聚成单体。这是实验室内制备四氟乙烯单体的有效方法。

聚甲醛受热时也易解聚，解聚往往从端羟基开始，"拉链式"地脱除甲醛。因此，合成聚甲醛时，需要封端。聚甲醛的受热解聚属于离子机理。

（2）无规断链

聚乙烯受热时，大分子链可能在任何

表 9-3　一些聚合物在真空 300℃ 下热解时的单体产率

聚合物	挥发产物中的单体	
	质量分数/%	摩尔分数/%
聚甲基丙烯酸甲酯	100	100
聚甲基苯乙烯	100	100
聚异丁烯	32	78
聚苯乙烯	42	65
聚丁二烯	14	57
丁苯橡胶	12	52
聚乙烯	3	21

处直接无规断链，聚合度迅速下降。聚乙烯断链后形成的自由基活性高，经分子内"回咬"转移而再断链，形成低分子物，但较少形成单体。聚乙烯热降解气态产物可用色谱来分析，丙烯占主要部分，其他有甲烷、乙烷、丙烷，以及一些饱和烃和不饱和烃，乙烯量较少，而且温度的影响较小。

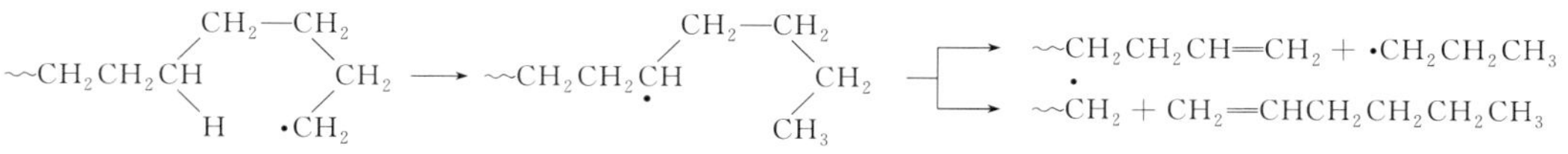

聚苯乙烯在 350℃ 热解，同时有断链和解聚，产生约 40% 单体，伴有少量甲苯、乙苯、甲基苯乙烯，以及二、三、四聚体；725℃ 的高温裂解，则可得 85% 苯乙烯。聚苯乙烯的裂解产物组成复杂，还有许多低分子物，包括苯、乙烯、氢等有利用价值的裂解产物。

（3）侧基脱除

聚氯乙烯、聚氟乙烯、聚醋酸乙烯酯、聚丙烯腈等受热时，在温度不高的条件下，主链可暂不断裂，而脱除侧基。在热失重曲线上往往出现平台，如图 9-1 中的曲线 a。

现着重介绍聚氯乙烯的热解现象和机理。硬聚氯乙烯一般需在 180~200℃ 下成型加工，但在较低温度（100~120℃）下，就开始脱氯化氢，颜色变黄；200℃ 下脱氯化氢更快，形成共轭双键结构生色基团，聚合物颜色变深，强度变差。总反应式如下：

$$\sim CH_2CHClCH_2CHCl \sim \longrightarrow \sim CH=CHCH=CH \sim + 2HCl$$

聚氯乙烯受热脱氯化氢属于自由基机理，大致分三步反应：

① 聚氯乙烯分子中某些薄弱结构，特别是烯丙基氯，分解产生氯自由基。

$$\sim CH=CH-CHCl-CH_2 \sim \longrightarrow \sim CH=CH-\overset{\cdot}{C}H-CH_2 \sim + Cl\cdot$$

② 氯自由基向聚氯乙烯分子转移，从中吸取氢原子，形成氯化氢和链自由基。

$$Cl\cdot + \sim CH_2-CHCl-CH_2-CHCl \sim \longrightarrow \sim \overset{\cdot}{C}H-CHCl-CH_2-CHCl \sim + HCl$$

③ 聚氯乙烯链自由基脱除氯自由基，在大分子链中形成双键或烯丙基。

$$\sim \overset{\cdot}{C}H-CHCl-CH_2-CHCl \sim \longrightarrow \sim CH=CH-CH_2-CHCl \sim + Cl\cdot$$

双键的形成将使邻近单元活化，其中的烯丙基氢更易被新生的氯自由基所夺取，于是按②、③两步反应反复进行，即发生所谓"拉链式"连锁脱氯化氢反应。

在氯乙烯聚合和后处理过程中，难免在大分子链中留有双键、支链等缺陷。分子链中部的烯丙基氯最不稳定，端基烯丙基氯次之。曾测得聚氯乙烯中平均每 1000 个碳原子含有

0.2～1.2 个双键，多的可达 15 个，双键旁的氯就是烯丙基氯。双键愈多，愈不稳定，愈易连锁脱氯化氢。氯化氢一旦形成，对聚氯乙烯继续脱氯化氢有催化作用，加速降解。

除氯化氢外，氧、铁盐对聚氯乙烯脱氯化氢也有催化作用。热解产生的氯化氢与加工设备反应形成的金属氯化物（如氯化铁）又促进催化。因此聚氯乙烯加工时需加入热稳定剂，这是制备硬聚氯乙烯制品获得成功的必要条件。

聚氯乙烯热稳定剂的主要作用有三：①中和氯化氢；②使催化杂质钝化；③破坏和消除残留引发剂和自由基。根据这些机理，需将多种稳定剂复合使用，才能显示更好的效果，包括：①无机酸铅盐和有机羧酸铅盐；②金属皂类；③有机锡类；④亚磷酸酯；⑤不饱和脂肪酸的环氧化合物。

氧易使聚氯乙烯中的烯丙基氢或叔氢原子氧化，增加了氯原子的不稳定性。小于300nm 的紫外光将促进 HCl 的脱除。经历氧接触和光照历史的聚氯乙烯更容易热分解。因此，在伴有氧、光的条件下，聚氯乙烯更不稳定，应该同时添加抗氧剂和光稳定剂。

9.2.2　力化学降解

力化学降解和热降解都是由能使价键断裂而引起的降解。

C—C键能约 $350kJ \cdot mol^{-1}$，当作用力超过这一数值时，例如聚合物经塑炼，受强剪切力作用，就可能断链。机械力平均分布在每一化学键上而超过键能，并不容易，但集中在某一弱键上，就有可能断链。这就是所谓"力化学"反应。

断链产生 2 个链自由基；有氧存在时，则形成过氧自由基。天然橡胶的塑炼是力化学的工业应用。天然橡胶分子量高达百万，经塑炼后，可使分子量降低至几十万，便于成型加工。塑炼时往往加有苯肼一类塑解剂来捕捉自由基，防止重新偶合，以加速降解。

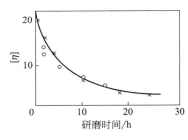

图 9-3　聚苯乙烯的特性黏数
与研磨时间的关系
×—20℃；○—40℃；•—60℃

在机械降解中，剪切应力将链撕断，形成 2 个自由基；分子量随时间的延长而降低，但降到某一数值时，不再降低，如图 9-3 所示。聚苯乙烯的这一数值约为 0.7 万，聚氯乙烯约为 0.4 万，聚甲基丙烯酸甲酯约为 0.9 万，聚醋酸乙烯酯约为 1.1 万。超声波降解也类似。

图 9-3 还表示，聚苯乙烯在一定温度范围（20～60℃）内机械降解时，[η]-时间关系同落在一条曲线上，表明降解速率几乎不受温度影响，活化能几乎是零。

按力化学原理，可制备嵌段共聚物。例如天然橡胶用 MMA 溶胀，然后挤出，由机械作用产生的自由基引发单体聚合和链转移反应，结果形成异戊二烯和 MMA 的嵌段共聚物。两种均聚物一起塑炼时，也有嵌段共聚物形成。

超声波降解是特殊的机械降解。在溶液中，超声能产生周期性的应力和压力，形成"空穴"，其大小相当于几个分子。空穴迅速碰撞，释放出相当大的压力和剪切应力，释放出来的能量超过共价键能时，就使大分子无规断链。超声降解与输入的能量有关。

9.2.3　水解、化学降解和生物降解

日常使用聚合物的环境往往是有一定湿度的大气、水介质或埋在地下。碳碳键耐化学降

解，因而聚烯烃、乙烯基聚合物等饱和的碳链聚合物长期埋在含有细菌的酸性或碱性土壤中，也难降解，可用作防腐材料。相反，缩聚物主链中的碳杂原子键却是水解、醇解、酸解、氨解等化学降解的薄弱环节。缩聚物的化学降解可以看作缩聚的逆反应。因此，化学降解侧重于缩聚物，从第 2 章中的缩聚逆反应可以获得化学降解的基本概念。

（1）水解

纤维素和尼龙含有极性基团，能吸收一定的水分，在室温下，这些水分可以起到增塑、降低刚性和硬度、产生强度的作用。但在较高的加工温度和较高的相对湿度下，却会水解降解，特别是聚酯和聚碳酸酯对水解很敏感，加工前应充分干燥，以防降解使聚合度和强度降低。涤纶树脂和水在密闭的反应釜中升温至涤纶的熔点以上（如 265℃），在自动产生的压力下水解，固体的水解产物是对苯二甲酸，液体产物主要由乙二醇和少量二聚体组成。

水解作用受 pH 值的影响，它可以在酸性或碱性条件下被催化。譬如，pH＝5 时，聚乳酸水解最慢，在酸性或碱性溶液中则降解加速。前述涤纶树脂在水解反应时，产生的对苯二甲酸对水解也有自催化作用，速率常数与温度关系服从 Arrhenius 方程。

（2）生物降解

聚合物生物降解的本质是其在微生物分泌酶作用下发生了酶促水解反应。该过程不仅与材料的链段结构、分子量、结晶性等聚合物自身特性有关，还取决于环境中微生物、环境温度、湿度、pH 值等外在因素。

① 聚合物自身特性的影响　就分子结构而言，如聚合物链含有与自然酶兼容的化学活性位点，则更易触发生物降解过程。带酯键的脂肪族聚酯和带碳酸酯键的聚碳酸酯是两种具有较高生物降解倾向的聚合物。

亲水性基团的存在也可使聚合物更易受到酶的作用而发生生物降解。杂链聚合物的紫外光或热氧化预处理易导致羰基、羧基和酯官能团的形成，从而增加亲水性和生物降解的可能性。

聚合物结构单元也决定了聚合物链运动的灵活性，从而决定了可降解性。若聚合物主链中含有体积较大且具刚性的结构单元（如苯环），则需要更高的能量来使分子链旋转和运动，因而芳香族的聚酯不易降解；而脂肪族聚酯、脂肪族-芳香族共聚酯因大分子链易旋转和运动，则容易降解。此外，同为脂肪族聚酯的聚乳酸因含甲基侧基，分子的灵活性较聚乙醇酸（PGA）弱，其降解速率也比 PGA 慢。

较高聚合度的聚合物通常溶解度较低，这使它对微生物的作用不那么敏感，也不利于微生物的生长。因此，对于水解性质的生物降解过程来说，降解速率会随分子量的降低而加快。

就聚集态结构而言，非晶区的聚合物链较松散，易透水；而晶体结构的聚合物链规整且紧密排列，不透水。因此非晶区聚合物比结晶区聚合物更容易受到生物降解。

② 环境因素的影响　聚合物的水解反应可被蛋白酶、酯酶、脂肪酶、糖苷酶和纤维素酶等催化，微生物则可分泌出这些酶，但至今微生物还是生物降解中的非自由支配因素。

对聚合物降解微生物及其代谢途径的鉴别，开发微生物和采用基因工程方式提高聚合物生物降解效果，仍是目前解决废聚合物污染的一项重要的基础性研究。现已发现，某些蛋白质物质可以诱导微生物产生特异性的降解酶；如果聚合物具有某种与天然物相似的分子结构，则会更容易触发微生物分泌降解酶。

水是微生物生长和增殖所必需的，水的存在支持了微生物的活动。同时，水是聚合物链水解的必要条件。因此，湿度越大，越能加速聚合物的生物降解。相对湿度 70% 以上的环境有利于微生物对天然高分子和一些合成高分子的生物降解。

多数聚合物因自身分子结构不易被水解，也不易被生物降解。一些原本易水解的聚合物因较高的结晶度和较致密的结晶结构，也不太容易被生物降解。天然橡胶和纤维素，作为天然高分子，原本容易生物降解，但分别经交联和乙酰化反应，增加了对生物降解的耐受力。

长期使用的聚合物，如要避免生物降解，可加入酚类或铜、汞、锡的有机化合物，以防止菌解。

聚乳酸（PLA）、聚己二酸/对苯二甲酸丁二酯（PBAT）等脂肪族类聚酯易水解，也易生物降解。PLA 可制成外科手术缝合线；术后无需拆线，经体内生化水解成乳酸，由代谢循环排出体外。PLA、PBAT 等也可制成医用绷带、防护服、便当盒、餐具、吸管、饮料杯、包装膜、气泡膜等一次性塑料用品，废弃后易在土壤中自然降解，成为环境友好的高分子材料。

9.2.4　氧化降解

聚合物在加工和使用过程中，免不了接触空气而被氧化。热、光、辐射等对氧化都有促进作用。氧化初期，聚合物与氧化合而增重，因此，可用增重-时间曲线对氧化作出初步评价，如图 9-4 所示。易氧化的聚合物，无诱导期或诱导期很短，吸氧增重速率很快，即曲线很陡，如图中的左曲线。难氧化的聚合物，或加有抗氧剂时，则有一定的诱导期，诱导期过后，才较快地氧化，如图中的右曲线。

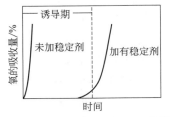

图 9-4　热氧化过程中氧的吸收量

（1）氧化弱键

二烯类橡胶和聚丙烯易氧化，而无支链的线形聚乙烯和聚苯乙烯却比较耐氧化。聚合物的氧化活性与结构有关：碳碳双键、烯丙基和叔碳上的 C—H 键都是弱键，易受氧的进攻。C=C 双键氧化，多形成过氧化物；C—H 键氧化，则形成氢过氧化物；两者分解，都形成自由基，而后进行一系列连锁反应。

聚合物氧化的关键步骤是氢过氧化物的形成，即 C—H 键转变成 C—O—O—H，氧化活性可以通过比较 C—H 和 O—H 的键能差作出初步判断。氢过氧化物 ROOH 中 O—H 的键能约 $377 kJ \cdot mol^{-1}$，低于或近于这一数值的 C—H 键容易氧化，即 C—H 键能愈小，愈易氧化。下列模型化合物的氧化活性次序如下：

$$CH_2=CH—CH_2—H > CH_3C(O)—H > (CH_3)_3C—H > (CH_3)_2CH—H > CH_3CH_2CH_2CH_2—H$$

C—H 键能 /(kJ·mol⁻¹)	356	368	381	402	410
	烯丙基上的氢	羰基上的氢	三级碳上的氢	二级碳上的氢	一级碳上的氢

可见烯丙基氢、叔氢是容易受氧进攻的弱键，而一级、二级碳氢键则较难氧化。

（2）氧化机理

聚合物氧化是自由基反应过程，可以粗分为两个阶段。第一阶段相当于引发阶段，聚合物 RH 与氧反应，直接产生初始自由基 R•，或先形成过氧化合物，而后分解成自由基。聚合物合成时残留的引发剂或包埋自由基对引发都有作用。第二阶段是增长阶段，初始自由基一旦形成，就迅速地增长、转移，进入连锁氧化过程。下列基元反应和相关的活化能可供参考。

引发　　　$RH \longrightarrow R\cdot + \cdot H$

　　　　　$ROOH \longrightarrow RO\cdot + \cdot OH$　　　　　　　$E = 150kJ\cdot mol^{-1}$

增长（快）　$R\cdot + O_2 \longrightarrow ROO\cdot$　　　　　　　　　$E \approx 0kJ\cdot mol^{-1}$

转移（慢）　$ROO\cdot + RH \longrightarrow ROOH + R\cdot$　　　$E = 30\sim45kJ\cdot mol^{-1}$（三级 H 和二级 H）

　　　　　$HO\cdot + RH \longrightarrow H_2O + R\cdot$　　　　　$E = 4\sim8kJ\cdot mol^{-1}$

　　　　　$RO\cdot + RH \longrightarrow ROH + R\cdot$

终止　　　$R\cdot$、$RO\cdot$、$ROO\cdot$ 双基终止成稳定产物

　　自由基 R· 和氧加成极快，活化能几乎等于零，转移反应相对较慢，但比一般化学反应却要快得多，因此抗氧化的关键是防止初始自由基的产生，并及时消灭。

　　氢过氧化物的分解活化能虽然较高，却可被初始自由基诱导分解，或与铁、铜、钛等过渡金属构成氧化-还原体系，加速分解而被氧化。

　　（3）抗氧剂和抗氧机理

　　根据氧化的自由基机理特征，抗氧剂可以分成下列三类，配合使用，各司其能。

　　① 链终止剂型抗氧剂——主抗氧剂　链终止剂型抗氧剂（AH）实际上可以看作阻聚剂或自由基捕捉剂，其作用是通过链转移及时消灭已经产生的初始自由基，而其本身则转变成不活泼的自由基 A·，终止连锁反应。

$$ROO\cdot + AH \longrightarrow ROOH + A\cdot$$

典型的链终止剂型抗氧剂是带有较大体积供电基团的位阻型酚类和芳胺，例如：

2,6-二叔丁基-4-甲基苯酚（264）　　　2,2′-亚甲基双（4-甲基-6-叔丁基苯酚）（2246）

N,N'-二-β-萘基对苯二胺（DNP）　　　苯基-β-萘胺

　　酚类抗氧剂多数是 2,4,6-三烷基苯酚类，—CH_3、—C(CH_3)_3 等供电子基使抗氧能力增强。邻位上的庞大叔丁基，妨碍了酚氧和苯环的 p-π 共轭，从而削弱了 O—H 键，致使其中的 H 容易被过氧自由基所夺取。聚合物氧化产生的大分子自由基 ROO· 夺取酚羟基上的氢而终止，而酚类本身则转变成较稳定的酚氧自由基，进一步转变成醌型化合物，而且一个酚类分子可以终止多个自由基。

　　② 氢过氧化物分解剂——副抗氧剂　氢过氧化物分解剂主要用来及时破坏尚未分解的氢过氧化物，防患于未然。氢过氧化物分解剂实质上是有机还原剂，包括硫醇（RSH）、有机硫化物（R_2S）、三级膦（R_3P）、三级胺（R_3N）等，其作用是使氢过氧化物还原、分解和失活，1 分子还原剂可以分解多个氢过氧化物。下列含硫化合物是常用的氢过氧化物分解剂。

$$S(CH_2CH_2COOC_{12}H_{25})_2 \qquad\qquad S(CH_2CH_2COOC_{18}H_{37})_2 \qquad\qquad (R'_2NCSS)_2Zn$$

硫代二丙酸二月桂酯　　　　　　硫代二丙酸十八醇酯　　　　　　二硫代氨基甲酸锌

③ 金属钝化剂——助抗氧剂　金属钝化剂的作用是与铁、钴、铜、锰、钛等过渡金属络合或螯合，减弱对氢过氧化物的诱导分解。钝化剂通常是酰肼类、肟类、醛胺缩合物等，与酚类、胺类抗氧剂合用非常有效，例如水杨醛肟与铜螯合。

上述三类抗氧剂往往复合使用，复合方案随聚合物而异。

9.2.5　光降解和光氧化降解

聚合物在室外使用，受阳光照射。紫外和近紫外光可能使多数聚合物的化学键断裂，引起光降解和光氧化降解，导致老化。根据聚合物对光降解的稳定程度，可将其分成三类：

① 稳定聚合物，如聚甲基丙烯酸甲酯、高密度聚乙烯；

② 中等稳定聚合物，如涤纶聚酯和聚碳酸酯；

③ 不稳定聚合物，如聚丙烯、橡胶、聚氯乙烯、尼龙等，使用时，需添加光稳定剂。

探明光降解的机理，可为光稳定剂和光敏聚合物的合成指明方向。

（1）光降解和光氧化降解的机理

聚合物受光的照射，是否引起大分子链的断裂，取决于光能和键能的相对大小。共价键的离解能为 $160\sim600kJ\cdot mol^{-1}$。当光能大于这一值时，有可能使聚合物链断裂。

光的能量与波长有关，波长愈短，则能量愈大。

可见光波长范围是 $390\sim780nm$。当光强很大时，有可能使聚合物通过温升而热降解。

紫外光则分 UVA 和 UVB 两种：UVA 波长 $320\sim400nm$，UVB 波长 $290\sim320nm$。UVA 的光能相当于 $400\sim300kJ\cdot mol^{-1}$，有可能使共价键断裂，但通常并不是使聚合物直接分解，而是使聚合物中的 C—H 键处于激发态；被激发的 C—H 键易与氧反应，生成氢过氧化物，然后分解成自由基，按氧化机理降解，故称光氧化降解。

UVB 提供的光能比 UVA 强。聚合物吸收光能后，使其中一部分分子或基团转变成激发态，然后按两种方式进一步变化：一是激发态发射出荧光、磷光，或转变成热能后，恢复成基态；二是激发态能量大，导致自由基的释放，触发氧化过程，最终导致聚合物链的断裂。

与热降解不同，光氧化降解不需要额外的能量来将温度提高到高于环境温度。

聚合物往往对特定的光波长敏感，见表9-4。不同基团或共价键有特定的吸收波长范围，如 C—C 键吸收波长为 $195nm$、$230\sim250nm$ 的光，羟基吸收波长为 $230nm$ 的光，日光中这些波长无法到达地面，因此饱和聚烯烃和含羟基聚合物比较稳定。而醛、酮等中的羰基以及双键、烯丙基、叔氢则是光降解和光氧化降解的薄弱点。此外，聚合产物中的少量残留引发剂或过渡金属，都能促进光氧化反应。

（2）光稳定剂

根据上述分析，光降解机理可以概括为：首先大分子直接吸收光或从吸收光后的物种经转移而获得能，转变成激发态 A*；激发后的 A* 较稳定，不起化学反应，发出荧光、磷光辐射或热而失去多余能，或分解成稳定产物。

激发	$A \longrightarrow A^*$
发射	$A^* \longrightarrow A + 光或热$
降解	$A^* \longrightarrow 分解产物$

按此机理，防止光降解可从下列几方面考虑：防止聚合物的紫外光吸收；使激发态失活；破坏已经形成的过氧化物；防止自由基与聚合物反应。后两点参见 9.2.4 节。

光稳定剂有下列三类：

① 紫外光屏蔽剂　即能反射紫外光，防止透入聚合物内部而使聚合物遭受破坏的助剂。炭黑（粒度 15～25nm，2%～5%）、二氧化钛、活性氧化锌（2%～10%）和很多颜料都是有效的紫外光屏蔽剂，与紫外光吸收剂合用，效果更好。

表 9-4　聚合物对光敏感的波长

聚合物	敏感波长/nm
聚酯	325
聚苯乙烯	318.5
聚丙烯	300
聚氯乙烯	320
EVA	327,364
聚醋酸乙烯酯	280
聚碳酸酯	280.5～305
	330～360
聚乙烯	360
醋酸丁酯纤维素	295～298
聚苯乙烯-丙烯腈	290,325

② 紫外光吸收剂　这类化合物能吸收 290～400nm 的紫外光，从基态转变成激发态，然后本身能量转移，放出强度较弱的荧光、磷光，或转变成热，或将能量转送到其他分子而自身恢复到基态。紫外光吸收剂实际上起着能量转移的作用。

常用的紫外光吸收剂有邻羟基二苯甲酮类、水杨酸酯类、邻羟基苯并三唑三类。

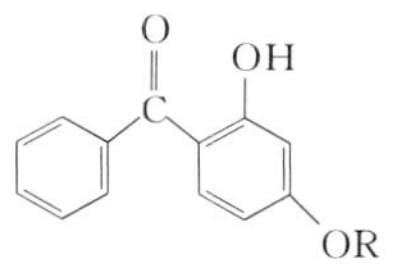

邻羟基二苯甲酮类　　　　水杨酸对叔丁基苯酯 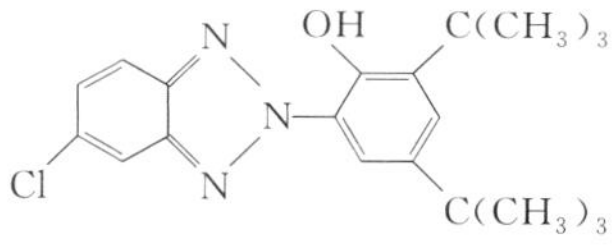　　　　　邻羟基苯并三唑类
R＝OCH₃，OC₈H₁₇　　　　　　　　　　　　　　　　　　　（UV-327）

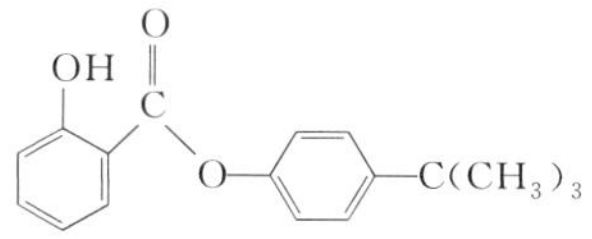

以上诸式中供电的烷氧基可增进与聚合物的混溶性，有利于能量的散失。

以 2-羟基苯基苯酮（2-hydroxybenzophenone）为例，通过分子本身内部能量的转移，来说明紫外线的吸收作用。该化合物的基态是羰基与羟基通过氢键形成的螯合环，吸收光能后开环，即从基态变成激发态，激发态异构成烯醇或醌，同时放出热量，恢复成螯合环基态。光吸收剂本身的结构未变，而把光转变成热。形成的氢键越稳定，则开环所需的能量越多，因此传递给高分子的能量越少，光稳定效果也就越显著。

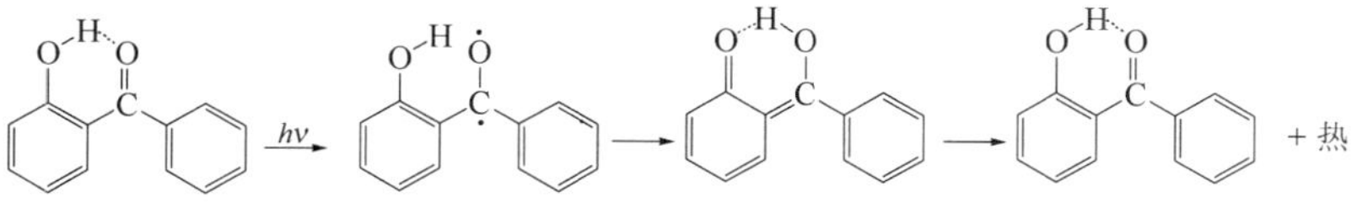

基态　　　　　激发态　　　　　烯醇或醌　　　　　基态

水杨酸酯类是紫外光吸收剂的前体，经光照后，其中酚基芳酯结构重排，成为二苯甲酮结构，成为真正的紫外光吸收剂，其作用机理与 2-羟基苯基苯酮相似。

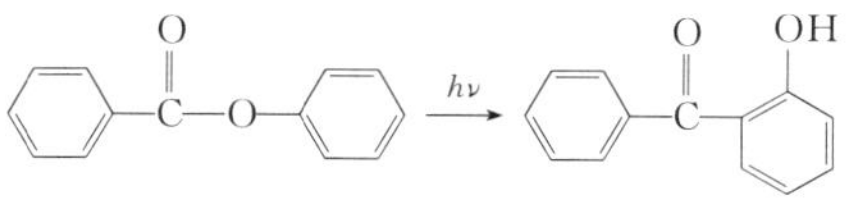

③ 紫外光猝灭剂 紫外光猝灭剂的作用机理简示如下：处于基态的高分子 A 经紫外光照射，转变成激发态 A*。猝灭剂 D 接受了 A* 中的能量，转变成激发态 D*，却使 A* 失活而回到稳定的基态 A。激发态 D* 以光或热的形式释放出能量，恢复成原来的基态 D。

$$A^* + D \longrightarrow A + D^* \longrightarrow A + D + 光或热$$

由此可见，紫外光猝灭剂与紫外光吸收剂的作用机理有点相似，都是使激发态的能量以光或热发散出去，而后恢复到基态。两者的差异是猝灭剂属于异分子之间的能量转移，而吸收剂则是同一分子内的能量转移。

目前用得最广泛的紫外光猝灭剂是二价镍的有机螯合剂或络合物，如双（4-叔辛基苯）亚硫酸镍、硫代烷基酚镍络合物或盐、二硫代氨基甲酸镍盐等。

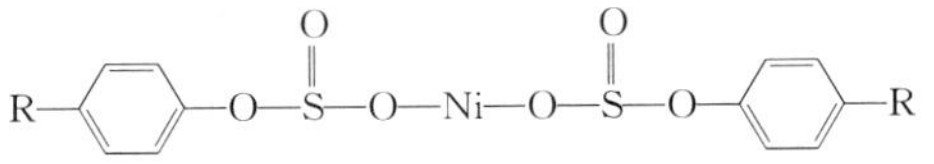

双（4-叔辛基苯）亚硫酸镍

紫外光猝灭剂往往与紫外光吸收剂混合使用，进一步消除未被吸收的残余紫外光能，以提高光稳定效果。户外使用制品常同时添加有光稳定剂和抗氧剂，改善抗老化性能。

9.3 聚合物的化学回收

9.3.1 概述

经过一个多世纪的发展，聚合物材料已成为体积产量最大、应用面最广的材料。目前全世界塑料、合成橡胶和合成纤维的年产量，已分别超过 4 亿吨、1500 万吨和 8000 万吨。另外，全球每年还生产约 4000 万吨涂料、近 2000 万吨的胶黏剂，以及数量不详的密封胶及其他聚合物材料。聚合物材料已深入渗透到工农业生产、国防技术和日常生活的各领域，为生产力的发展和生活水平的提高作出了重要的贡献。

聚合物材料的大量生产和使用，也对生态环境构成了严重威胁，还消耗了大量的石油、煤和天然气等不可再生的化石资源。聚合物材料的这一困境引起了世界各国的重视，对废聚合物材料进行回收利用，已成为目前全球广泛关注的热点。

迄今，废聚合物材料处置方式主要为物理回收、能量回收、填埋及无序丢弃等。

物理回收又称机械回收，可分为两类。第一类，针对来源明确、未受污染的工业废热塑性聚合物（如注塑成型过程中的边角料等），办法是直接对聚合物进行粉碎、加热和重塑。这一回收方法，可在性能损失较小的情况下制造相同的聚合物制品。第二类，针对含有污染物的消费后聚合物，须通过分离、洗涤、研磨、熔融混合、造粒和再塑制件等步骤，实现回收。如果不同种类聚合物的分离不细，这一方法将存在两个问题：①混合物中各聚合物的熔融加工温度差异大，采用熔点最高聚合物加工温度进行熔融挤出时，通常会导致熔点较低聚合物的过热，造成降解和基团脱落，降低了回收物的性能；②混合物中的各聚合物相容性不佳，熔融混合的分散性差、相态不稳定，也会导致回用制品的性能大幅度下降。但无论是第一类物理回收还是第二类，聚合物经多次高温、高剪切的熔融混炼过程，难免会出现侧基或末端基团的脱除、主链断裂等，从而降低聚合物的分子量乃至机械性能；且基团脱除和主链断裂后产生的自由基会进一步引发交联或支化等反应，使聚合物老化、颜色加深等。

能量回收通常指废聚合物的焚烧取热能，其优势在于省去了烦琐的分离步骤。但研究表明，塑料焚烧平均回收热值为 $36MJ\cdot kg^{-1}$，而物理回收可通过节约资源，节能 $60\sim90MJ\cdot kg^{-1}$。从二氧化碳排放的角度，一般认为，物理回收节约了化石燃料，是负的碳排放；焚烧则是将绝大部分 C 变为了 CO_2，但考虑其对化石燃料的替代，其碳排放理论上并未增加。

除了医用产品须采用焚烧的手段外，生物可降解高分子产品的最合适处置方法是填埋。但一方面，生物可降解高分子因性能所限，其制品多为一次性使用产品，使用量不到现今广泛使用的高分子制品总量的 1%；另一方面，填埋可使生物可降解高分子最终变为 CO_2 和水，实际上是一个碳正排放的过程，且也可能造成地下水的污染。

尤其对不可生物降解的高分子来说，填埋不仅可能造成地下水污染，而且还占用土地资源。因此，迄今人们一直在探寻更加科学、合理的废聚合物处置方式。

9.3.2　化学回收的主要方法

近年来，有关废聚合物化学回收的研究日趋活跃。所谓化学回收，就是指利用各种聚合物的化学反应，将废聚合物降解为短链有机化合物甚至单体，作为化工原料或油品回收利用。与物理回收相比，化学回收具有方法多样化的优点，可根据欲回收聚合物的结构特点，设计和控制不同的降解方式，尽可能获得其最有价值的产物，因而具有升级回收的潜力。

目前，已工业化或具工业化前景的聚合物化学回收方法，主要有化学解聚、热裂解、加氢裂解等。

（1）化学解聚

化学解聚，主要指聚酯、尼龙、聚氨酯等杂链聚合物，在小分子化学试剂的作用下分解为低聚物甚至单体的过程。

① 聚酯　以聚对苯二甲酸乙二醇酯（PET）为例。依据所用解聚小分子的不同，PET 的解聚途径可分为水解、甲醇解聚、二元醇解聚、氨解和胺解等。

水解即 PET 在高温高压下与水反应，降解为对苯二甲酸（TPA）和乙二醇，不过这一降解速率慢，且所得 TPA 纯度低。

PET 甲醇解聚是在 $180\sim280℃$、$2\sim4MPa$ 的条件下以甲醇处理 PET，生成对苯二甲酸二甲酯和乙二醇，精制后可重新用于 PET 的生产。

二元醇解聚，又称糖解，是一种已商业化的 PET 回收方法，许多跨国石化企业都曾采用此法来回收 PET。解聚反应实为酯交换反应，PET 与过量乙二醇在 $180\sim280℃$ 下发生反应，产物经历低聚物、二聚物、对苯二酸双（羟乙）酯三个阶段。它们其实都是末端为羟基的二元醇，只是聚合度不同而已。其他种类的二元醇，如二甘醇、聚乙二醇、丙二醇、1,4-丁二醇和己二醇，都可用于 PET 的解聚。

此外，亚临界和超临界的水和醇被认为是 PET 解聚的优良介质。超临界水或醇既作溶剂又作为反应物，可促进 PET 的解聚，无需使用催化剂便可得到单体。

聚酯制品通常加有抗氧剂、光稳定剂、抗静电剂等小分子化合物。若化学解聚成单体小分子，它们之间的分离过程往往能耗高、难度大。制成聚合级的单体成本会比新鲜单体的价格更高。所以，工业上更倾向于解聚成适当分子量的聚酯二元醇，即用于不饱和聚酯、聚氨酯、环氧树脂等的生产。

② 尼龙　尼龙化学解聚分为酸解、氨解、水解和真空解聚等。

尼龙 6（PA6）的酸解以磷酸为催化剂，在熔融条件下解聚成己内酰胺和羧酸，最后精馏得到高纯度单体。

PA6 的水解在高压蒸气反应器中进行，330℃下反应 30min，可 100％解聚为 ε-己内酰胺和 ε-氨基己酸。

PA6 还可以进行真空解聚，以碳酸钾为催化剂，在 270～300℃、4.05Pa 的条件下连续蒸馏出高纯度的己内酰胺。

与 PET 类似，PA6 化学解聚所得己内酰胺单体的分离、纯化成本也较高。解聚成端羧基或端氨基的遥爪型低分子量聚酰胺，再分离，在聚酰胺、聚酯酰胺等聚合物合成中应用，或许经济上更合算。

较有代表性的氨解废尼龙过程，如以地毯中回收的 PA6、PA66 混合物为原料，330℃、7MPa 下与氨反应。产物经初馏塔除去氨基甲酸盐，再由精馏塔分成三部分：己内酰胺、己二胺和氨基己腈、己二腈。氨基己腈、己二腈再经氨化反应，转化为己二胺。

③ 聚氨酯　聚氨酯（PU）也可水解、糖解、醇解和氨解等。

一般认为，水解得到的多元醇和胺，端基较杂，应用价值有限，解聚为单体则缺乏经济价值。

糖解是在乙二醇和碱性催化剂（如乙酸钾）存在下，180～220℃下反应 3～5h，产物为氨基甲酸乙酯和胺，可用于生产 PU 绝缘材料。此方法已投入工业化生产。也有公司将 PU 氨解制多元醇，替代新鲜料生产 PU 泡沫。

（2）热裂解

对于聚烯烃类难以化学解聚的聚合物，较可行的断链方法是热裂解和加氢裂解。

其中，热裂解是指聚合物在惰性气氛下受热分解为小分子的过程。依据是否使用催化剂，可分为热裂解和催化裂解。

① 热裂解　9.2.1 节已介绍了热裂解反应的自由基促进断链机理。

聚烯烃等无取代基或取代基作用不强的聚合物，无催化的热裂解多是无规断链反应。通常在 500～900℃、1～2atm（1atm＝101.325kPa）的无氧条件下进行，产物可分气体、液体和固体残渣三部分。9.2.1 节简述了聚乙烯热裂解气相产物的基本组成，即丙烯占主要部分，也有甲烷、乙烷、丙烷，以及其他低沸点的饱和烃和不饱和烃，乙烯量较少。液相产物呈油状，可进一步精馏分级为轻油、煤油和柴油；固相为残碳。

聚甲基丙烯酸甲酯、聚苯乙烯和聚四氟乙烯等碳链聚合物，因取代基的作用，主链的断裂方式较特殊（如 9.2.1 节介绍），可热裂解为单体。

聚氯乙烯（PVC）的热裂解，则会首先发生 HCl 的脱除，这不仅会严重腐蚀设备，而且会污染裂解产物。因此，PVC 的热裂解一般分两步进行。先将聚合物在 200～300℃下裂解，移除释放出的 HCl 后再进行下一步的热裂解。释放氯化氢后的 PVC 类似聚乙烯，故产物组成也相似。

若某些含氧聚合物进行热裂解，其产物不但有合成气，也会有甲醇或甲醛等化合物。

此外，热裂解的反应温度、压力、停留时间和反应器的形式也会对裂解产物的组成与裂解效率有很大的影响。如聚烯烃在 500℃、短停留时间下裂解，主要生成长链烷烃；在

650～800℃、中等停留时间下裂解，产物以苯、甲苯和二甲苯为主；在800℃以上、极短停留时间下裂解，产物主要是 C_2～C_4 的短链烷烃。

事实上，人们对热裂解的目标产物存在着较大的争议。一些人认为，如以回收单体和高值有机化合物为目标，则需要复杂而又高耗能的分离、纯化过程；但可以考虑与烯烃等生产装置并网，借助它们的分离净化设备使产物达到高纯度的要求。一些人认为，回收单体的分离、纯化过程成本高，经济上比不过新鲜单体，倒不如以燃料油为产物目标。另一些人认为，以燃料油为产物目标，不如直接焚烧取热值，先后提出了单独焚烧、与市政垃圾共焚烧、与传统燃料共燃烧等策略。还有一些人认为，废聚合物制品中残留的引发剂，以及外加的阻燃剂、抗氧剂、稳定剂等助剂，都会影响直接焚烧的热值，并使炉渣中金属等杂质的含量高；而热裂解的能耗仅为其产物热值的10%，燃料油的分离又相对简单，因此以燃料油为目标产物在经济上和生态上是合算的。

废橡胶也可在400～700℃、无氧条件下进行热裂解。以轮胎为例，热裂解的气相产物富含 H_2、CO、CO_2、脂肪烃和硫化氢，去除硫化氢后可用作燃料加热裂解炉；液相产物为高热值的芳烃和脂肪烃，去除硫化物后，可与柴油等石化产品混用；固相产物包括炭黑、金属硫化物、二氧化硅和钢丝等。因绝大多数橡胶采用传统硫化的方法进行交联，热裂解废轮胎的关键是气、液、固三相中含硫化合物的清除，以免造成严重的生态污染。但要清除这些含硫化合物，会大幅度增加设备投入和运行成本。

② 催化裂解　催化剂可降低裂解温度，并收窄裂解产物的分布。如催化裂解聚乙烯，可将裂解温度降低到300～350℃，进而降低能耗及对反应设备的要求，且产物更多地集中于 C_4～C_8，有利于产生更多的燃油和化工原料。

催化裂解所用催化剂多为负载于分子筛、沸石等介孔材料上的酸性催化剂。这些催化剂可促进聚合物的碳正离子裂解、异构化和氢转移等反应。裂解活性主要取决于催化剂的酸度，通过降低 Si/Al 比、增加孔洞表面的 Al 浓度，可提高酸强度，从而提高裂解速率。催化剂的孔洞尺寸和形状则决定了聚合物与活性中心的接触概率，进而影响产物分布。研究表明，大孔径催化剂产生更多长链产物。

应注意到，原料中的 Cl、N 等杂原子或反应生成的残碳均会导致催化剂失活。

（3）加氢裂解

加氢裂解通常在300～500℃、7～10MPa 的高压氢气中进行，所用催化剂为 Ni 或 Ni/Mo 负载型催化剂。氢气的存在可显著提高产品质量，如更高的 H/C 比、饱和成分，以及较低的芳香烃含量和残碳。另一个优势是可以有效地处理 Cl、S、N、O 等杂原子，它们与 H 反应生成 HCl、H_2S、NH_3、H_2O，便于移除。因此，加氢裂解尤其适合于回收混杂聚合物，生成高质量的石脑油和燃料油。另外，加氢反应是放热反应，可与吸热的裂解反应互补。

聚合物的加氢裂解机理和方法都与重质油的加氢裂化过程有相似之处。因此，在20世纪90年代一些海外的石化企业就建立了年处理能力10万吨以上的装置，实现了产业化。因原料为废聚合物，与重质油的加氢裂化过程相比，聚合物的加氢裂解须增加一个聚合物熔融和脱除 Cl、金属、无机物等杂质的步骤，成本（包括氢气成本）仍是聚合物加氢裂解过程推广应用的制约因素。

但是随着聚合物加氢裂解专用催化剂研究的深入，以及绿氢技术的发展，这一聚合物化学回收的方式将会得到进一步的发展。例如，新近文献报道，通过 ZSM-5 沸石纳米片的设计，在 280℃的流动氢气中可直接将聚乙烯裂解为轻烃（$C_1 \sim C_7$）含量高达 74.6% 的石化原料，且其中 83.9% 为 $C_3 \sim C_6$ 的烯烃，并几乎没有焦炭形成。裂解反应涉及的步骤为：聚乙烯熔融、流动进到沸石表面、在沸石表面断链、形成中间体扩散到沸石微孔中，以及在沸石微孔中进一步裂解成小分子。由于氢流量控制得当，且 ZSM-5 沸石纳米片较好地抑制了芳构化和结焦等深度脱氢反应，使产物中具有更高含量的高值低碳烯烃。

9.3.3   混杂聚合物的化学回收

当前，聚合物化学回收的实际应用尚不普遍，基础研究则十分活跃。问题的表象在经济，回收所得化学品的成本往往高于其售价，但实质是现有的研究工作注重聚合物化学回收方法多，考虑废聚合物及其化学回收产物的混杂性少。例如：

① 绝大多数化学回收的实验研究是以纯净、单一聚合物为原料开展的。而实际的废聚合物，即使是来源明确、未受污染的成型加工的边角料，也往往含有抗氧剂、光热稳定剂、增塑剂、阻燃剂、抗静电剂等助剂。这些助剂的存在不仅会影响断链反应的效率和选择性，还会影响产物的品质和性能。

② 许多研究多关注化学回收产品的价值，但忽略了如何从混杂产物中分离出这些高值化学品。另一些研究的目标产品看似高大上，具有特殊的性能或功能，但市场需求量有限，不仅无法解决巨量聚合物的废弃问题，而且分离纯化困难，将其制成纯净产品的经济性远不如直接使用纯净原料。

目前，废聚合物大致可分四类：一是品种明确、单一的热塑性聚合物，如成型加工的边角料，废弃管道、部分汽车零部件、部分建材、部分包装材料等；二是由多种热塑性聚合物混合或复合而成的制品，如塑料合金零部件、复合包装材料、多层共挤出膜等；三是由聚合物与其他材料混合制成的产品，如涤/棉混纺、涤/氨混纺、涤/锦混纺、TPU 涂敷等纺织面料，纸塑复合、铝塑复合的包装材料等；四是不熔不溶的热固性高分子及其复合材料，如环氧树脂及其复合材料、不饱和树脂及其复合材料、酚醛树脂及其复合材料、氨基树脂及其复合材料、硫化橡胶及其制品等。

经多年的实践探索，目前受污染的废聚合物的清洗已基本不成问题；混杂聚合物原料也已形成了官能团识别法、相对密度法、沉降速度法、静电法等分离方法，一定程度上能将碳链聚合物与杂链聚合物、非极性聚合物与极性聚合物等相分离。

因此，对于第一类和第二类废聚合物的化学回收，可综合考虑 9.3.2 节诸方法，采取两种策略：

① 对于聚酯、尼龙、聚氨酯等杂链聚合物，可以不将它们完全解聚为难以分离回收的小分子单体，而是部分解聚成低分子量的遥爪聚合物，除杂后再用于不饱和聚酯、聚酯酰胺、聚氨酯、环氧树脂等新的聚合物的合成。

② 对于聚烯烃、聚氯乙烯类碳链聚合物，可采用催化裂解或加氢裂解的方法将它们裂解为气态轻烃和液态脂肪烃，除杂后，并入石化企业的炼化装置。

对于第三类废聚合物，目前多考虑用特殊的溶剂先将混合物中的一种物质溶出，然后再行化学回收。

对第四类废聚合物及其复合材料的化学回收更具挑战性，目前许多化学化工工作者都在为此而不懈地努力。

思 考 题

1.研究聚合物老化与降解的目的有哪些？影响老化与降解的因素有哪些？

2.为什么要用仪器设备来研究聚合物的老化和耐候性？实验室研究聚合物老化和耐候性的仪器设备有哪些？

3.研究聚合物热降解有哪些方法？简述其要点。

4.聚合物的耐热变形能力和耐热分解能力都称耐热性，两者有何不同？

5.聚合物的热降解有几种类型？简述聚甲基丙烯酸甲酯、聚苯乙烯、聚乙烯、聚氯乙烯热降解的机理特征。

6.为什么芳香族聚酯不易生物降解，而脂肪族聚酯易生物降解？为什么聚乳酸的生物降解速率比聚乙醇酸慢？

7.抗氧剂有几种类型？它们的抗氧机理有何不同？

8.紫外光屏蔽剂、紫外光吸收剂、紫外光猝灭剂对光稳定的作用机理有何不同？

9.什么叫聚合物的物理回收？聚合物经多次物理回收后会出现什么问题？

10.简述生物可降解聚合物的优缺点。

11.聚酯、尼龙、聚氨酯等杂链聚合物的化学解聚方法有哪几种？为什么将它们解聚成低分子量的遥爪聚合物比解聚成单体更合算？

12.聚烯烃热裂解的主要产物是什么？为什么即使目标产物为燃料，聚烯烃的热裂解也被认为是合算的？

13.与热裂解相比，催化裂解的优点有哪些？

14.为什么说加氢裂解还可以有效地处理回收混杂聚合物中的 Cl、S、N、O 等杂原子？

15.为什么说产物分离的难易程度是决定化学回收方法是否具有实用价值的关键？

16.为什么聚烯烃的化学回收难以直接解聚成小分子单体？欲经济地实现废聚烯烃的化学回收，较合适的方法是什么？

参考文献

国外高分子化学教材

[1] Lodge T P，Hiemenz P C. Polymer Chemistry. 3rd. Boca Raton：CRC Press，2020.

[2] Carraher Jr. C E. Introduction to Polymer Chemistry. 4th ed. Boca Raton：CRC Press，2017.

[3] Rodriguez F，Cohen C，Ober C K，et al. Principles of Polymer Systems. 6th ed. Boca Raton：CRC Press，2015.

[4] Ravve A. Principles of Polymer Chemistry. 3rd ed. New York：Springer，2012.

[5] 中条善树，中建介. 高分子化学（合成编）. 东京：丸善株式会社，2010.

[6] Odian G. Principle of Polymerization. 4th ed. New York：John Wiley & Sons，Inc.，2004.

[7] Allcock H R，Lampe F W，Mark J E. Contemporary Polymer Chemistry. 3rd ed. Engelwood Cliffs：Prentice Hall，2003.

[8] 张其锦，董炎明，宗惠娟，等译. 当代聚合物化学. 北京：化学工业出版社，2006.

[9] Ebewele R O. Polymer Science and Technology. Boca Raton：CRC Press，2000.

国内高分子化学教材和习题类文献

[1] 潘祖仁，于在璋，焦书科. 高分子化学. 1 版（1986），2 版（1997），3 版（2003），4 版（2007），5 版（2011）. 北京：化学工业出版社.

[2] 潘祖仁. 高分子化学（增强版）. 北京：化学工业出版社，2007.

[3] 潘祖仁，孙经武. 高分子化学. 北京：化学工业出版社，1980.

[4] 邹华. 国外高分子化学英文教材研究. 大学化学，2020，35（3）：128-133.

[5] 卢江，梁辉. 高分子化学. 3 版. 北京：化学工业出版社，2021.

[6] 董炎明，熊晓鹏. 高分子科学简明教程. 3 版. 北京：科学出版社，2021.

[7] 唐黎明，庹新林. 高分子化学. 2 版. 北京：清华大学出版社，2016.

[8] 贾红兵. 高分子化学（第 5 版）导读与题解. 北京：化学工业出版社，2013.

[9] 董炎明，何旭敏. 高分子化学与物理习题汇编. 北京：科学出版社，2013.

[10] 潘才元. 高分子化学. 2 版. 合肥：中国科学技术大学出版社，2012.

[11] 张兴英，程珏，赵京波，等. 高分子化学. 2 版. 北京：化学工业出版社，2012.

[12] 王槐三，王亚宁，寇晓康. 高分子化学教程. 3 版. 北京：科学出版社，2011.

[13] 韩哲文. 高分子科学教程. 2 版. 上海：华东理工大学出版社，2011.

[14] 王久芬. 高分子化学学习指南. 北京：国防工业出版社，2009.

[15] 焦书科. 高分子化学习题及解答. 北京：化学工业出版社，2004.

高分子专著

[1] Muller A H E，Matyjaszewski K. Controlled and Living Polymerizations. Weinheim：Wiley-VCH Verlag GmbH & Co. KGaA，2009.

[2] Seavey K C，Liu Y A. Step-Growth Polymerization Process Modeling and Product Design. Hoboken：John Wiley & Sons，Inc.，2008.

[3] Moad G，Solomon D H. The Chemistry of Radical Polymerization. 2nd ed（自由基聚合化学，导读版）. 北京：科学出版社，2006.

[4] Meyer T，Keurentjes J. Handbook of Polymer Reaction Engineering. Weinheim：Wiley-VCH Verlag GmbH & Co. KGaA，2005.

[5] 王基铭，袁晴棠. 石油化工技术进展. 北京：中国石化出版社，2002.

[6] 周其凤，胡汉杰. 高分子化学. 北京：化学工业出版社，2001.

[7] 黄葆同，陈伟. 茂金属催化剂及其烯烃聚合物. 北京：化学工业出版社，2000.

[8] 潘祖仁，翁志学，黄志明. 悬浮聚合. 北京：化学工业出版社，1997.

[9] 潘祖仁，于在璋. 自由基聚合. 北京：化学工业出版社，1983.

[10] 全国科学技术名词审定委员会. 高分子化学命名原则. 北京：化学工业出版社，2005.

[11] 黄葆同，丘坤元，王宝瑄. 英汉·汉英高分子词汇. 2 版. 北京：化学工业出版社，2007.

[12] 冯新德，张中岳，施良和. 高分子辞典. 中国石化出版社，1998.

索 引

（按汉语拼音排序）